U0944307

华为“1+X”职业技能
等级证书配套系列教材

移动应用开发

华为软件技术有限公司 ◎ 编著

清华大学出版社
北京

内 容 简 介

本书是一部系统论述移动应用开发的教材，适合零基础学习者。全书共分为五篇：第一篇为 Java 编程和 Web 开发基础(第 1 章～第 4 章)，介绍了开发环境搭建、Java 基础语法、Web 前端开发基础概念、后端开发基础概念以及 Vue、Spring Boot 和 MyBatis 等开发框架；第二篇为 Android 应用开发(第 5 章、第 6 章)，介绍了 Android 开发的基础知识、四大组件(Activity、Service、Broadcast Receiver 和 Content Provider)开发、UI 开发、线程间通信、数据存储、网络开发、多媒体技术、SQLite 数据库存储、Android 的测试和 Android 架构组件的技术基础；第三篇为 HarmonyOS 应用开发(第 7 章、第 8 章)，介绍了 HarmonyOS、Feature Ability 开发、基于 Java 语言和 JavaScript 语言的两种 UI 框架、数据管理、设备管理、多线程开发、网络开发、安全以及分布式应用迁移的开发案例；第四篇为 HMS 应用开发(第 9 章、第 10 章)，概述了 HMS 的基本知识，并以账号服务、推送服务、应用内支付服务、定位服务、广告服务、安全检测服务和机器学习服务为例介绍 HMS 开发的基础服务；第五篇为综合案例，给出了一个实战项目——在线学习网站项目，介绍了项目需求分析、架构设计、接口设计、数据库设计，以及 Android 客户端实现、HMS 功能客户端实现和 Spring Boot 服务器端的实现，最后还增加了客户端的单元测试和 UI 测试的实现。

为便于读者高效学习，快速掌握 Android、HarmonyOS 和 HMS 相关的移动应用开发编程与实践，本书作者精心制作了配套的教学课件、完整的源代码示例、生动的视频教程等内容，以及提供读者在线答疑服务。

本书适合作为广大高校计算机和软件工程专业移动应用开发课程的教材，也可以作为移动应用技术开发者的自学参考用书。

图书在版编目(CIP)数据

移动应用开发：高级/华为软件技术有限公司编著. —北京：清华大学出版社，2021.9
华为“1＋X”职业技能等级证书配套系列教材
ISBN 978-7-302-58990-7

Ⅰ. ①移…　Ⅱ. ①华…　Ⅲ. ①移动终端－应用程序－程序设计－教材　Ⅳ. ①TN929.53

中国版本图书馆 CIP 数据核字(2021)第 174795 号

责任编辑：盛东亮　钟志芳
封面设计：刘　键
责任校对：李建庄
责任印制：杨　艳

出版发行：清华大学出版社
　网　　址：http://www.tup.com.cn，http://www.wqbook.com
　地　　址：北京清华大学学研大厦 A 座　　**邮　　编**：100084
　社 总 机：010-62770175　　**邮　　购**：010-83470235
　投稿与读者服务：010-62776969，c-service@tup.tsinghua.edu.cn
　质量反馈：010-62772015，zhiliang@tup.tsinghua.edu.cn
　课件下载：http://www.tup.com.cn，010-83470236
印 装 者：北京嘉实印刷有限公司
经　　销：全国新华书店
开　　本：186mm×240mm　　**印　张**：26.25　　**字　　数**：588 千字
版　　次：2021 年 10 月第 1 版　　**印　　次**：2021 年 10 月第1 次印刷
印　　数：1～1500
定　　价：89.00 元

产品编号：091797-01

本书编委会

编 委 会 主 任

刘　钦
南京大学软件学院

编委会副主任

王希海
华为技术有限公司

编委会顾问委员

童得力
华为技术有限公司

吴海亮
华为技术有限公司

张莹莹
华为技术有限公司

编 委 会 委 员

王碧波
华为技术有限公司

吕军涛
华为技术有限公司

孙思源
华为技术有限公司

张嘉涛
华为技术有限公司

陈　斌
华为技术有限公司

范瑞群
华为技术有限公司

侯伟龙
华为技术有限公司

翁新瑜
华为技术有限公司

曹立波
华为技术有限公司

崔　春
华为技术有限公司

蔡晓权
华为技术有限公司

前言

PREFACE

2020年9月，习近平总书记主持召开科学家座谈会并发表重要讲话。习近平总书记在谈及创新的时候说道："现在，我国经济社会发展和民生改善比过去任何时候都更加需要科学技术解决方案，都更加需要增强创新这个第一动力。"

过去，Android是智能手机时代创新高峰的体现。而现在是万物互联的时代，需要新的创新。HarmonyOS作为新一代智能终端操作系统，是华为技术有限公司的创新，为不同设备的智能化、互联与协同提供了统一的语言，带来简捷、流畅、连续、安全、可靠的全场景交互体验。而华为移动服务（HUAWEI Mobile Services，HMS）则可以提供端、云开放能力，帮助开发者实现应用高效开发、商业变现，助力开发者创新，为全球用户提供精品内容、服务及体验。

2019年2月，国务院提出在职业院校、应用型本科高校启动"学历证书＋若干职业技能等级证书"制度试点（以下称1＋X证书制度试点）工作。因此，华为技术有限公司为了促进国家科技创新，在落实1＋X证书的过程中与时俱进地引入Android、HarmonyOS和HMS移动应用开发技术。为了帮助对移动应用开发前沿技术和1＋X证书感兴趣的人深入浅出地学习相关基础知识，进一步了解这一领域的技术发展前沿，华为技术有限公司联合南京大学软件学院对移动应用领域的Android、HarmonyOS和HMS开发技术做了循序渐进的介绍，不仅介绍了移动应用开发涉及的Java语言、面向对象编程范式、移动应用前后端原理和开发技术，还通过大量案例加深对移动开发技术的理解和应用。

一、内容特色

与市场上同类书相比，本书有如下特色：

原理透彻，注重整体认知

开发一个完整的移动应用案例包含如下流程：App前端根据用户的UI（用户界面）交互发出一个HTTP请求，服务器端响应请求，访问数据库，得到数据后处理业务逻辑并返回HTTP响应到前端，前端再根据返回结果更新UI。本书通过循序渐进的方式介绍了移动应用案例开发的整个流程及其基本原理和技术，让学生能够见微知著、一目了然。

案例丰富，紧扣技术前沿

本书以编者多年从事移动应用开发与教学的工作经验为基础，书中列举了近300个关于Android、HarmonyOS与HMS移动开发的源代码实例片段，并附有详细的解释说明。通过对源代码片段的解析，不但可以加深读者对相关理论的理解，而且可以有效地提高读者在移动应用开发方面的编程能力。最后,通过一个完整的实战案例,对应之前介绍的Android、HarmonyOS和HMS技术,让读者对技术的认知有了整体上的升华。

图文并茂,语言生动有趣

为了更加生动地诠释知识要点,本书配备了大量新颖的图片,以便提高读者的学习兴趣,加深对相关理论的理解。在文字叙述上,摒弃了枯燥的平铺直叙,采用案例与问题引导方式进行讲述;同时,本书还增加了配套习题与答案,彰显了以读者为本的人性化的特点。

二、配套资源,超值服务

本书提供以下教学相关资料,读者可扫描下方二维码获取。

- 教学课件
- 习题答案
- MOOC视频
- 程序源代码
- 教学大纲
- 考试大纲
- 模拟考试题

配套资源

三、结构安排

本书主要介绍移动应用开发的相关知识,共分11章。考虑到零基础的学生,本书第1～4章加入了关于Java编程、前后端开发技术的介绍,为后面章节的理解提供支撑;第5～10章,分别介绍Android、HarmonyOS和HMS的具体开发技术;第11章通过一个完整的综合案例,将技术融会贯通,加深对移动应用开发的深层次理解。

四、读者对象

- 对移动应用技术感兴趣的读者;
- 信息工程、计算机科学与技术相关专业的本科生、研究生;
- 相关工程技术人员。

五、致谢

感谢南京大学的刘钦老师对本书的支持,感谢他为本书提供课程设计、资料整理和案例代码,以及在具体内容编写、校对工作中付出的辛勤劳动。华为技术有限公司王希海、童得力、吴海亮、张莹莹、孙思源、张嘉涛、崔春、王碧波、吕军涛、陈斌、范瑞群、侯伟龙、翁新瑜、蔡晓权、曹立波、戴永斌为本书的编写提供技术支持,并审校全书。

限于编者的水平和经验,加之时间比较仓促,书中疏漏之处在所难免,敬请读者批评指正。

编　者

2021年6月于南京

目录

CONTENTS

第一篇　Java编程和Web开发基础

第二篇　Android 应用开发

第三篇 HarmonyOS 应用开发

第五篇 综合案例

第一篇

PART 1

Java 编程和 Web 开发基础

第1章 编程之前

本章在具体介绍编程技术之前首先介绍 Android、HarmonyOS 和 HMS 的发展历史，接着介绍如何搭建开发环境，以及如何编写第一个程序 Hello World，最后介绍软件工程的三个常用的最佳实践。

1.1 Android、HarmonyOS、HMS 简介

本节对 Android、HarmonyOS 和 HMS 进行简单的介绍，讲解各自的发展历史和相互关系。

1.1.1 Android、HarmonyOS、HMS 的发展历史

Android 是一个基于 Linux 内核与其他开源软件的移动操作系统，2007 年 11 月由谷歌(Google)公司成立的开放手持设备联盟持续领导和开发，并且免费授权给移动设备制造商使用。2010 年年末超过诺基亚的 Symbian 系统，成为全球第一大智能手机操作系统。2017 年 3 月 Android 超越微软的 Windows 系统，正式成为世界上第一大操作系统。

HarmonyOS 是华为公司于 2019 年发布的一款可以兼容 Android 应用和 Web 应用的跨平台操作系统，是为手机、手表、智慧屏等多种设备提供支持的统一的操作系统，从而，实现华为 $1+8+N$ 的消费者终端生态系统。华为公司的 $1+8+N$ 战略中，1 表示手机；8 表示平板、PC、手表/手环、智慧屏、音箱、耳机、AR/VR、车机；N 则是在 8 基础之上进一步连接的面向移动办公、智能家居、运动健康、影音娱乐和智能出行的物联网设备。$1+8+N$ 战略从手机的优势向外围延展，提供全场景智慧生活，而 HarmonyOS 正是面向此下一代智慧物联网生态而开发的操作系统。

在 Android 系统中通常预装谷歌移动服务(Google Mobile Service，GMS)，提供 Google 应用市场、Google 搜索、Google 地图、Gmail 邮件等 Google 服务，给用户提供了很多的便利。而 HMS 则是华为公司推出的一系列服务的集成，从而能够让用户通过各种消费者终端设备使用华为应用市场、华为账号、应用内支付、推送服务、华为地图、广告服务、机器学习服务等。

表 1-1 列举了 Android、HMS 和 HarmonyOS 发展历史中的大事件。华为计划在 2021 年底，将 HarmonyOS 目标用户数提升至 4 亿。

表 1-1 Android、HMS、HarmonyOS 发展历史中的大事件

时间	大事件
2003.10	安迪·鲁宾等人创建 Android Inc.
2005.7	Google 公司收购 Android Inc.
2007.11	Google 公司与硬件制造商、软件开发商及电信营运商成立开放手持设备联盟来共同研发 Android
2010.12	Android 成为第一大手机操作系统
2011.1	华为账户功能上线
2016.8	华为手机集成华为账号、应用内支付、推送服务
2017.3	Android 成为第一大操作系统
2019.8	HMS 首次面向全球发布
2019.8	HarmonyOS 正式发布
2020.2	当前最新版本 Android 11 发布
2020.9	当前最新版本 HMS Core 5.0 正式发布
2020.12	HarmonyOS 2.0 手机开发者 Beta 版本发布
2021.8	HarmonyOS 2.0 已有超过 5000 万用户

1.1.2 相关关系

下面从技术环节深入讨论一下三者的关系，如图 1-1 所示。首先，Android 和 HarmonyOS 都是移动设备的操作系统，用以隔离多样的硬件平台；目前对手机、手表、智慧屏等设备都可以提供支持。而 HMS 则是运行在操作系统之上的模块，主要有 HMS Core 和预装的 HMS 应用两个部分。HMS Core 是所有 HMS 应用所依赖的基础库。除了 HMS 应用可以调用之外，第三方的应用也可以通过 HMS Core 来享用一系列各式各样的 HMS。这样 HMS Core 其实为上层所有的应用提供了统一的应用开发接口服务。

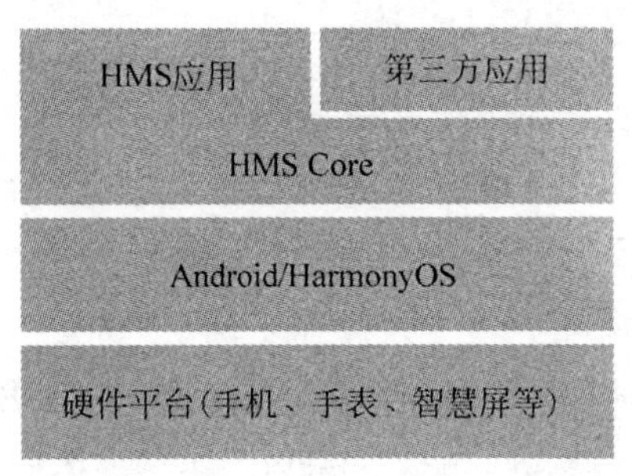

图 1-1 Android、HMS、HarmonyOS 的关系

1.2 搭建开发环境

这里先介绍如何搭建 Android 开发环境。第 7 章会接着介绍 HarmonyOS 开发环境的搭建。而 HMS 开发环境的搭建则在第 9 章中介绍。读者也可以参考附录 A～附录 C 查看具体的操作细节。

1.2.1 下载、安装 JDK

JDK 是 Java 语言的开发工具包，包含了 Java 运行环境、开发工具集合、基础类库等，是

Android、HMS、HarmonyOS 开发必须安装的。具体安装步骤如附录 A 所示。安装完成之后，在命令行环境运行 java 和 javac 命令，就可以编译、运行 Java 程序。

1.2.2 下载、安装 IDE——Android Studio

Android Studio 是官方推荐的 IDE(Integrated Development Environment，集成开发环境)。具体安装步骤如附录 A 所示。安装完成之后，可以通过 Android Studio 来开发 Android 应用，完成对 Android 项目的编辑、构建、测试、模拟器和真机运行调试等工作。

1.2.3 下载、安装 Android SDK

Android SDK 是 Android 开发工具包。Android 开发需要用到的 API 库函数都在 Android SDK 里面，所以在开发之前需要安装 Android SDK。具体安装步骤如附录 A 所示。安装完成之后，可以在 Android 项目中调用对应版本的 Android API 库函数，开始 Android 项目的开发、调试、测试等工作。

1.2.4 创建和启动 Android 虚拟设备

从事 Android 开发时，需要一台 Android 手机，或者一台 Android 虚拟设备来运行所开发的程序。AVD(Android Virtual Device Manager)就是虚拟设备管理器。所以，在开发之前需要借助 AVD Manager 来创建和启动一台 Android 虚拟设备。具体步骤如附录 A 所示。创建和启动 Android 虚拟设备之后，也就完成了整个 Android 开发环境的搭建，可以进入 Android 应用的实际开发了。

1.3 Hello World，Hello Android

本节将从 HelloWorld 项目入手，开始了解一个 Android 应用的创建和使用。

1.3.1 创建 Android 项目

单击创建项目按钮，选择项目模板，如图 1-2 所示。

填写项目名称、包名、存储位置、开发语言(Java 或者 Kotlin)和最小支持的 Android SDK(意味着比这个版本旧的版本无法运行该 App)，最后单击 Finish 按钮，如图 1-3 所示。

1.3.2 项目文件结构

图 1-4 是 Android 示例项目结构。app 是工作文件夹，项目的代码、资源等都在 src 子文件夹下面。关于 Android 的测试代码在 androidTest 文件夹下，主要的代码和资源文件在 main 文件夹下(其中代码在 java 子文件夹，资源在 res 文件夹下)，单元测试文件在 test 文件夹中。

此外，项目中有很多配置文件和构建脚本。下面介绍主要的配置文件和构建脚本。

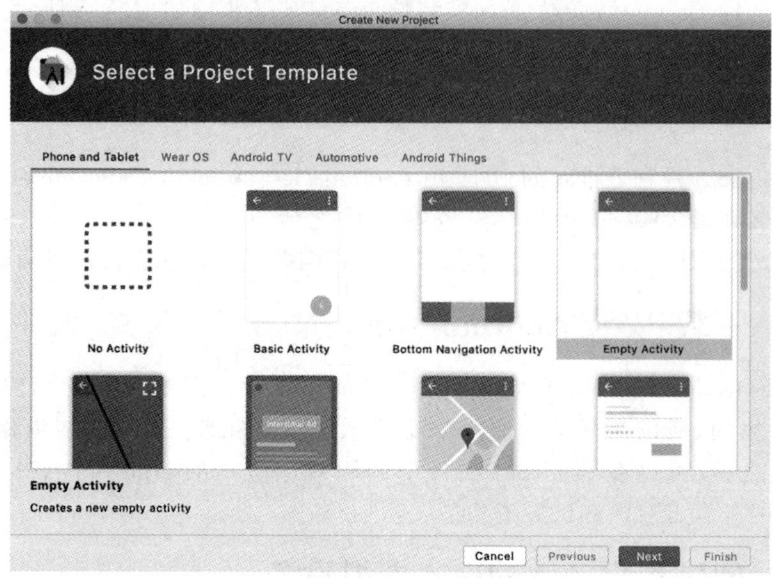

图 1-2　选择项目模板界面

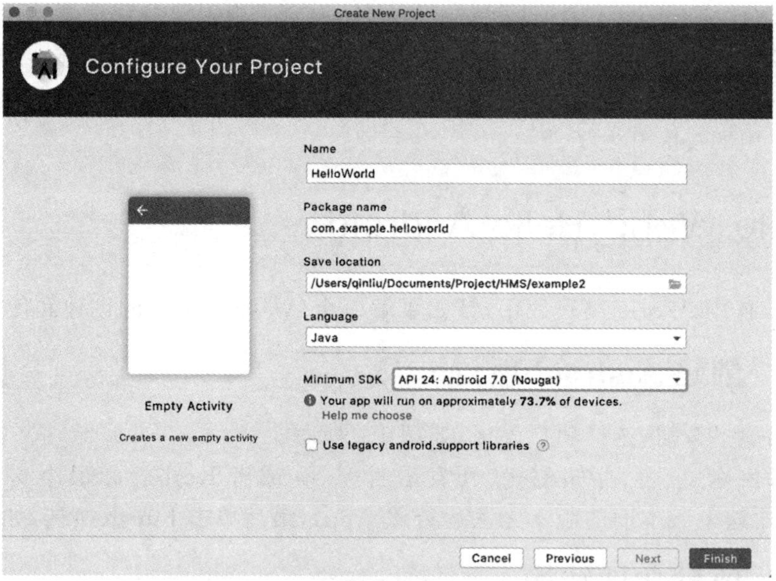

图 1-3　配置项目参数界面

（1）/build.gradle：项目级的 gradle 构建脚本，描述了构建的任务、下载源和依赖的库等信息。具体代码如下：

```
//项目级的配置选项,是所有子模块的公共选项
buildscript {
```

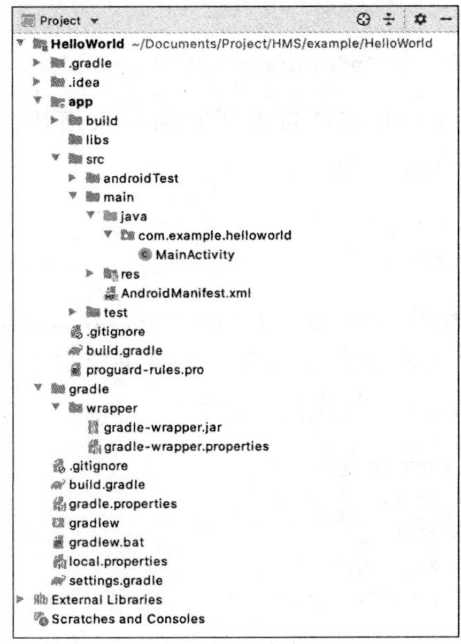

图 1-4 Android 示例项目结构

```
    repositories {
        google()
        jcenter()
    }
    dependencies {
        classpath "com.android.tools.build:gradle:4.1.1"

        // 不要把应用的依赖放在这里,应该放在不同模块的模块级配置文件中
    }
}

allprojects {
    repositories {
        google()
        jcenter()
    }
}

task clean(type: Delete) {
    delete rootProject.buildDir
}
```

(2) /gradle.properties：项目级的 gradle 配置文件。具体代码如下：

```
org.gradle.jvmargs = -Xmx2048m -Dfile.encoding = UTF-8
android.useAndroidX = true
android.enableJetifier = true
```

(3) /local. properties：用于指定本机中的 Android SDK 路径。具体代码如下：

```
sdk.dir = /Users/qinliu/Library/Android/sdk
```

(4) /seettings. gradle：用于指定项目中所有的引入模块。HelloWorld 项目只有一个 app 模块,因此只引入了 app 模块。例如：

```
include ':app'
rootProject.name = "HelloWorld"
```

(5) /gradle/wrapper/gradle-wrapper. properties：系统不需要提前下载 gradle,会根据本地缓存的情况决定是否要联网下载 gradle。如果决定要下载,gradle-wrapper. property 说明了下载的地址和版本等配置。具体代码如下：

```
distributionBase = GRADLE_USER_HOME
distributionPath = wrapper/dists
zipStoreBase = GRADLE_USER_HOME
zipStorePath = wrapper/dists
distributionUrl = https\://services.gradle.org/distributions/gradle - 6.7 - all.zip
```

(6) /app/src/build. gradle：app 模块的模块级 gradle 构建脚本。其中,会设置构建时候所依赖 SDK 的版本、构建工具的版本以及模块具体的依赖等信息。Android 11 对应的版本号是 30,构建工具版本是 30.0.2。具体代码如下：

```
plugins {
    id 'com.android.application'
}

android {
    compileSdkVersion 30
    buildToolsVersion "30.0.2"

    defaultConfig {
        applicationId "com.example.helloworld"
        minSdkVersion 24
        targetSdkVersion 30
        versionCode 1
        versionName "1.0"

        testInstrumentationRunner "androidx.test.runner.AndroidJUnitRunner"
    }

    buildTypes {
        release {
            minifyEnabled false
            proguardFiles getDefaultProguardFile ( 'proguard - android - optimize.txt' ),
'proguard - rules.pro'
        }
    }
```

```
    compileOptions {
        sourceCompatibility JavaVersion.VERSION_1_8
        targetCompatibility JavaVersion.VERSION_1_8
    }
}

dependencies {
    implementation 'androidx.appcompat:appcompat:1.2.0'
    implementation 'com.google.android.material:material:1.2.1'
    implementation 'androidx.constraintlayout:constraintlayout:2.0.4'
    testImplementation 'junit:junit:4.+'
    androidTestImplementation 'androidx.test.ext:junit:1.1.2'
    androidTestImplementation 'androidx.test.espresso:espresso-core:3.3.0'
}
```

(7) /app/src/main/AndroidMainfest.xml：整个项目的配置文件，用于声明项目的Activity、Service、Broadcaster和Content Provider四大组件，以及添加整个应用程序的权限的声明。具体代码如下：

```
<?xml version="1.0" encoding="utf-8"?>
<manifest xmlns:android="http://schemas.android.com/apk/res/android"
    package="com.example.helloworld">

    <application
        android:allowBackup="true"
        android:icon="@mipmap/ic_launcher"
        android:label="@string/app_name"
        android:roundIcon="@mipmap/ic_launcher_round"
        android:supportsRtl="true"
        android:theme="@style/Theme.HelloWorld">
        <activity android:name=".MainActivity">
            <intent-filter>
                <action android:name="android.intent.action.MAIN" />
                <category android:name="android.intent.category.LAUNCHER" />
            </intent-filter>
        </activity>
    </application>

</manifest>
```

(8) /app/src/proguard-rules.pro：用于指定项目代码的混淆规则。当代码开发完成，打包成安装包APK文件时，如果不希望有黑客通过APK文件直接破译出源代码，则必须对APK文件进行代码混淆。

1.3.3 Android的HelloWorld项目

该项目的主体文件在/app/src/main/java/com/example/helloworld/MainAcitvity.java中进行说明，其中定义了项目的Activity是MainActivity。如果要这个Activity可

见，则必须在前面的配置文件 AndroidMainfest. xml 中声明。其中在 Activity 创建时的回调函数 onCreate()中通过 setContentView(R. layout. activity_main)设置了 MainActivity 的界面布局。这个界面布局是在资源 layout 文件夹下的 activity_main. xml 文件中声明了界面中的控件和布局。具体代码如下：

```
package com.example.helloworld;

import androidx.appcompat.app.AppCompatActivity;

import android.os.Bundle;

public class MainActivity extends AppCompatActivity {

    @Override
    protected void onCreate(Bundle savedInstanceState) {
        super.onCreate(savedInstanceState);
        setContentView(R.layout.activity_main);
    }
}
```

界面配置文件/app/src/main/res/layout/activity_main. xml 中设置了一个 TextView 组件。其中的 android:text 属性设置了 TextView 显示的内容是“Hello World!”。具体代码如下：

```
<?xml version = "1.0" encoding = "utf - 8"?>
< androidx.constraintlayout.widget.ConstraintLayout
xmlns:android = "http://schemas.android.com/apk/res/android"
    xmlns:app = "http://schemas.android.com/apk/res - auto"
    xmlns:tools = "http://schemas.android.com/tools"
    android:layout_width = "match_parent"
    android:layout_height = "match_parent"
    tools:context = ".MainActivity">

    < TextView
        android:layout_width = "wrap_content"
        android:layout_height = "wrap_content"
        android:text = "Hello World! "
        app:layout_constraintBottom_toBottomOf = "parent"
        app:layout_constraintLeft_toLeftOf = "parent"
        app:layout_constraintRight_toRightOf = "parent"
        app:layout_constraintTop_toTopOf = "parent" />

</androidx.constraintlayout.widget.ConstraintLayout >
```

1.3.4 在模拟器中运行项目

首先，单击 Sync 按钮进行同步。系统会下载相应版本的 gradle 文件。同步完成之后，Sync 过程的控制台输出如图 1-5 所示。

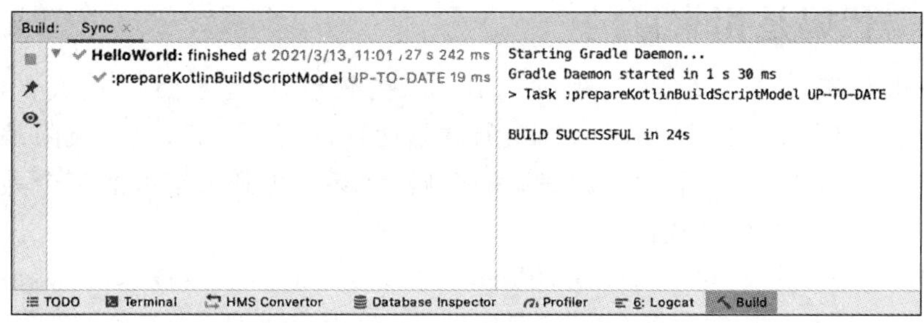

图 1-5　Sync 过程的控制台输出

然后添加运行配置，在如图 1-6 所示的运行工具栏上选择相应的 app 模块和模拟器。单击“运行”按钮。

图 1-6　运行工具栏

图 1-7 是 HelloWorld 项目在虚拟手机设备上的运行效果。

图 1-7　HelloWorld 项目在虚拟手机设备上的运行效果

1.4　软件工程最佳实践

本书除了介绍具体的移动应用开发知识外，还介绍软件工程的诸多最佳实践，从而提高读者的软件开发水平和开发效率。下面介绍在正式开发之前需要了解的最佳实践。

1.4.1 代码是用来读的

Kent Beck 是美国著名软件工程师与作家，在软件工程方面有很大的贡献。他是 Smalltalk 软件的开发者、设计模式的先驱、测试驱动开发的支持者，也是极限编程的创始者之一。他曾经说过这样一句话："当你编程的时候，你必须想到未来可能某个人会读你的代码，而不仅仅是机器执行你的代码。"

对大多数代码来说，写它只有一次，但是读它却会有很多次。首先，代码是团队交流沟通的一个纽带。团队中很多人都会一起读代码，了解项目本身，从而更好地进行项目的沟通。其次，代码写了一次，后面还需要维护。维护的时候，不论是代码编写者本人还是团队其他人员都需要先读懂，然后才能进行进一步的修改。

所以希望所有的读者都记住代码是用来读的。那么，在写代码的时候，可读性就是一个非常重要的标准和要求。下面先从变量的命名上示范什么是不可读的代码。例如：

```
x = x - xx;
xxx = aretha + SalesTax(aretha);
x = x + LateFee(x1, x) + xxx;
x = x + Interest(x1, x);
```

读者能猜出上段代码的意思吗？显然不那么容易，那么再试试下面的代码：

```
balance = balance - lastPayment;
monthlyTotal = NewPurchases + SalesTax(newPurchases);
balance = balance + LateFee(customerID, balance) + monthlyTotal;
balance = balance + Interest(customerID, balance);
```

其实对计算机来说，上面两段代码执行起来是没有任何区别的。但是，对于大多数人来说，第二段代码更容易明白。这主要是代码变量命名的功劳。所以，必须时刻谨记"代码是用来读的"这第一条准则，通过一切方式来增强代码的可读性，从而更加有利于提高团队沟通和代码维护的效率。

1.4.2 有代码就得有测试

"有代码就得有测试"是要谨记的第二条准则。当写好了代码，就要对代码负责，要保证代码尽量没有 Bug(缺陷)，就要更多地进行测试。

基本的测试分为黑盒测试和白盒测试。黑盒测试就是不看代码直接按软件的功能进行的测试，测试代码在设定好的输入下是否能够有期盼的输出。白盒测试则是测试者需要阅读代码，深入代码内部，根据代码的结构构建输入输出来对所写代码进行测试。

先来讨论黑盒测试。HelloWorld 项目的测试用例如表 1-2 所示。

表 1-2 黑盒测试中 HelloWorld 项目的测试用例

测试用例 ID	输　　入	期盼的输出	测 试 结 果
1	无	Hello World! 字符	

当运行 HelloWorld 项目时会看到完全精准匹配"Hello World!"的字符，那么就可以在表 1-2 的"测试结果"栏中输入"通过"；如果没有看到，则输入"不通过"。

1.4.3 使用日志

如果在前面测试的时候发现测试用例没有通过，就说明程序有 Bug，接着就需要进行调试(Debug)。首先，需要重现 Bug；接着，定位造成缺陷产生的代码；最后，修改错误代码。其中就需要日志工具的帮助。

"使用日志"是第三条准则。日志可以帮助查看代码运行时的状态，输出各种信息，其中就包括调试信息。在 Android 中日志工具类是 android. util. Log。这个类提供了如下五个方法。

(1) Log.v()：用于打印最详细的日志信息，对应的是 verbose 级别。

(2) Log.d()：用于打印调试信息，对应的是 debug 级别。

(3) Log.i()：用于打印重要的信息，比如用户的行为数据，对应的是 info 级别。

(4) Log.w()：用于打印警告信息，比如一些潜在的风险，对应的是 warn 级别。

(5) Log.e()：用于打印错误信息，比如严重的必须修复的出错信息，对应的是 error 级别。

这五个方法的级别逐级变高，更高的级别也更加值得关注。在使用前不要忘记加 import。

下面在 HelloWorld 项目中加几句代码来记录 Activity 的声明周期的回调函数的调用。

```
import android.util.Log;

public class MainActivity extends AppCompatActivity {

    @Override
    protected void onCreate(Bundle savedInstanceState) {
        super.onCreate(savedInstanceState);
        setContentView(R.layout.activity_main);
        Log.d("MainActivity","onCreate execute");
    }
}
```

Log. d()方法有两个参数：第一个参数是 tag 标签，一般传入的是当前的类名，主要是对输出日志浏览时过滤用的；第二个参数是 msg 消息，就是希望传递的消息。这里在日志中记录 onCreate()方法被调用了。图 1-8 就是重新运行该程序之后的日志显示。选择 Logcat 页面，然后 tag 标签输入为 MainActivity。这时就看到控制台显示了刚才在代码中设置的日志输出，如图 1-8 所示。完整的日志包括时间、进程号、包名、日志类型(图 1-8 中 D 是 debug)、tag、msg 几部分。

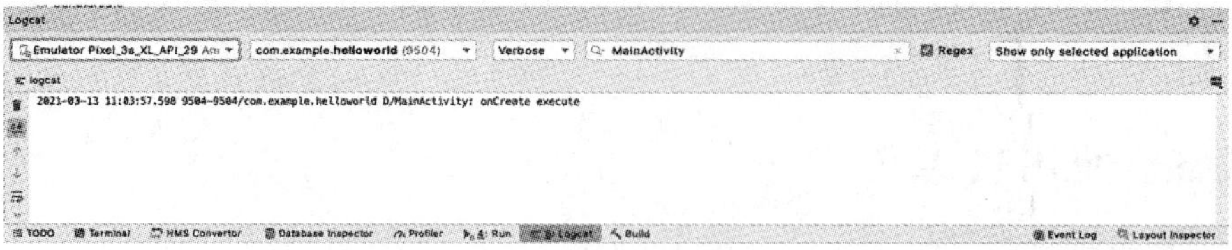

图 1-8 Log 日志的输出

有了更加专业的日志工具，就可以忘记 System. out. println()方法。

练习 1

1. 【单选题】2017 年 3 月，(　　)成为世界第一大操作系统。

   A. Windows　　B. Linux　　C. macOS　　D. Android

2. 【单选题】下列说法错误的是(　　)。

   A. HarmonyOS 是华为公司开发的一款可以兼容 Android 应用程序的跨平台操作系统

   B. HarmonyOS 意图兼容全部 Android 和所有 Web 应用

   C. HarmonyOS 正是面向下一代智慧物联网生态而开发的操作系统

   D. HarmonyOS 是华为公司推出的一系列服务的集成

3. 【多选题】搭建 Android 开发环境需要以下(　　)个步骤。

   A. 下载、安装 JDK

   B. 下载、安装 IDE-Android Studio

   C. 下载、安装 Android SDK

   D. 创建和启动 Android 虚拟设备

4. 【单选题】关于 Android 项目文件描述错误的是(　　)。

   A. Android 的测试代码在 androidTest 文件夹中

   B. 代码在 main 文件夹下的 code 子文件夹中

   C. 资源在 main 文件夹下的 res 子文件夹中

   D. 单元测试在 test 文件夹中

5. 【判断题】增强代码的可读性，从而更加利于提高团队沟通和代码维护的效率。(　　)

6. 【判断题】Android 开发只需要做好黑盒测试。(　　)

7. 【判断题】Android HelloWorld 项目中在 Activity 创建时的回调函数 onCreate()中通过 setContentView(R. layout. activity_main)设置了 MainActivity 这个 Activity 的界面。(　　)

8. 【单选题】声明项目的 Activity、Service、Broadcaster 和 Content Provider 四大组件，以及添加整个应用程序的权限的声明在(　　)配置文件中。

   A. 项目级 build. gradle　　B. 模块级 build. gradle

C. AndroidManifest. xml D. gradle. properties

9.【单选题】设置构建时所依赖 SDK 的版本、构建工具的版本以及模块具体的依赖等信息是在(　　)配置文件中。

A. 项目级 build. gradle B. 模块机 build. gradle

C. AndroidManifest. xml D. gradle. properties

10.【单选题】TextView 组件中设置文字内容是(　　)属性。

A. android:id B. android:layout_width

C. android:layout_height D. android:text

11.【单选题】Android 中使用(　　)方法来打印调试信息。

A. Log. v() B. Log. d() C. Log. i() D. Log. w()

12.【简答题】阐述 Android 项目中各个配置文件的作用。

第 2 章

Java 编程

本章介绍 Java 语言的编程基础、面向对象编程和三个后面章节会使用的设计模式。

2.1 Java 语言基础

本节首先介绍编程的基本概念，并对 Java 语言的特性做了简单的介绍，方便读者后续的学习。

2.1.1 编译、执行

现今运行的绝大多数计算机都是遵循图 2-1 所示的冯·诺依曼体系结构。在这个结构中，数据和指令都是作为二进制数据存储在存储器中。控制器通过总线从存储器读入二进制指令，然后翻译指令、执行指令。控制器从存储器读取数据执行相关算术逻辑操作，再将结果存回存储器。输入输出设备通过存储器的存取完成有关的 I/O 操作。其中能够被机器直接执行的二进制指令被称为机器指令。

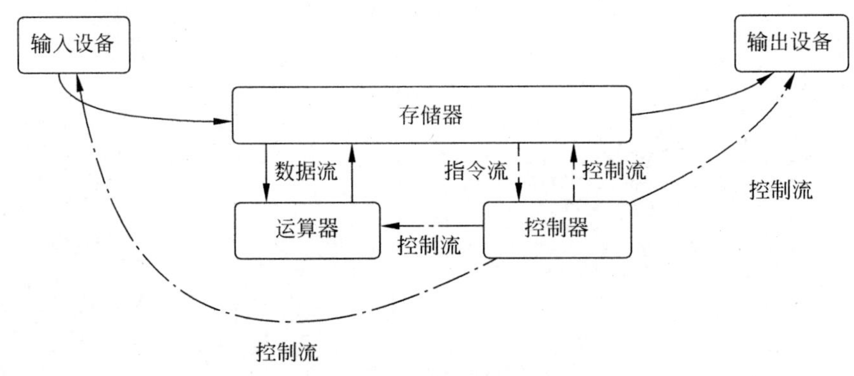

图 2-1　冯·诺依曼体系结构

如图 2-2 所示，二进制的机器指令很难被人理解，离现实世界较远。所以，人们发明了中高级语言，比如 C 语言。当写出更容易理解的中高级语言，然后通过编译器的编译过程，转换为机器指令，再让计算机执行。执行时，结合用户的输入，就可以得到令人期盼的输出了。更仔细地讲，C 语言程序会先经过预处理，再经过编译（这个阶段应该是生成汇编程序），然后由汇编器将上一步的汇编程序编译成机器可识别的二进制程序，最后再通过链接器将一些库文件内容与当前的二进制程序打包成一个计算机可执行文件（机器指令）。

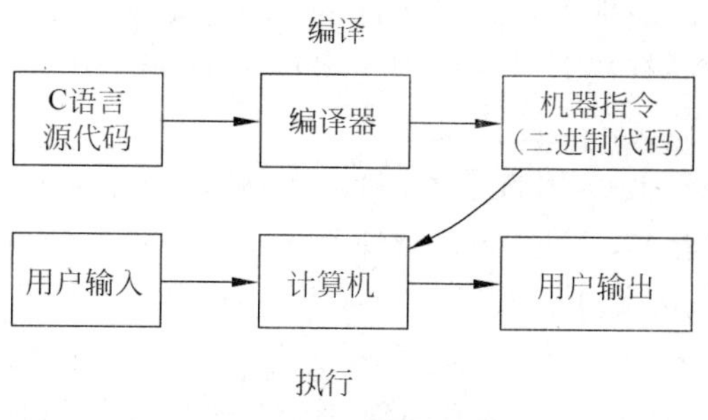

图 2-2 编译与执行

2.1.2 编译与解释

图 2-3 显示了 Java 语言、Basic 语言、C 语言三种不同语言的编译与解释过程。C 语言的程序编译、执行过程：在开发机器上的文本编辑器（Text Editor）或者集成开发环境（IDE）中写成源代码（Source Code），然后通过编译器（Compiler）编译成用户的目标机器的机器指令（Machine Code）。然后将机器指令复制到目标机器就可以在用户的机器上执行。注意，这里不同的机器能够执行的机器指令是不一样的。那么编译时就必须编译成为目标机器上可以执行的指令。所以，机器指令是不能随便跨各种硬件平台来执行的。

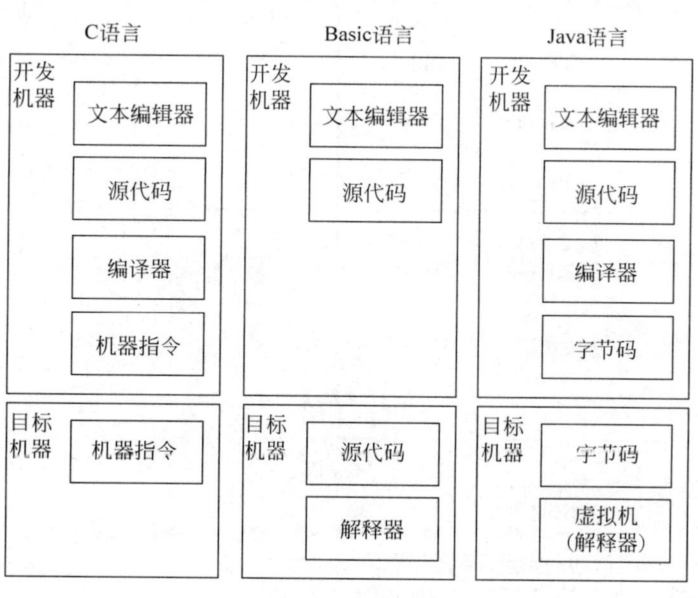

图 2-3 编译与解释

而 Basic 语言则在写好源代码之后，直接将源代码复制到用户机器，在用户机器中有一个解释器（Interpreter）。解释器边解释源代码，边执行结果。这样的好处是只要目标机器上有 Basic 的解释器，就可以解释执行 Basic 的源代码。虽然可以做到 Basic 源代码的跨平台执行，但是这是以为不同硬件平台开发不同的 Basic 解释器为代价的。Basic 解释器本身不跨平台。如果编译执行，有点类似翻译中先将英语笔译为中文，再朗读中文，那么解释执行就类似口译了，直接听英文翻译出中文。

语言再发展后，出现了 Java 语言这类语言。同样写好源代码之后，由编译器进行编译，不过这次并不产生机器指令，而是产生一种称为“字节码”（Bytecode）的中间代码，就是 javac 命令之后产生的 class 文件。然后复制这个 class 文件到目标机器，通过目标机器上的 Java 虚拟机（JVM）来执行 class 文件。这样就实现了 Java 语言的跨平台性，但是 JVM 本身是不跨平台的，在安装 JVM 时是需要根据硬件平台选择安装的版本的。JVM 针对各种操作系统、平台都进行了定制，并且无论在哪种平台 Java 程序经编译器编译之后都可以生成固定格式的字节码供 JVM 使用，从而实现了“一次编译，到处运行”。

最初解释执行启动的效率高，但是相对于编译执行的整体效率会偏低。随着各种 JIT（Just in Time，及时编译）、AOT（Ahead of Time，运行前编译）等新技术的出现，现在解释执行的效率较以往已经有了长足的进步。

2.1.3 Java 语言特性

如图 2-4 所示，Java 是一个静态、强类型的语言。

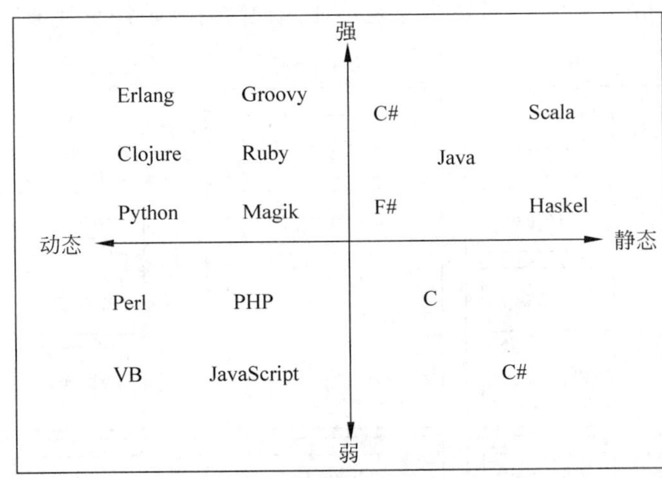

图 2-4 Java 语言特性

所谓的静态语言是相对于动态语言来说的。看编译器/解释器是在什么时间节点、怎样处理变量的。静态语言一般是在编译时就知道变量的类型。每个变量都对应一个类型。不可以将另外一种类型的值赋给这个变量（可以兼容的类型除外）。有的语言需要明确声明变量的类型。

而动态语言则是将一个值绑定到一个名字上。名字本身没有类型。这样就可以将不同类型的值绑定于同一个名字之上。所以,一般直到运行时才关心其类型。

下面代码中动态类型的 Python 语言支持同时将“12”和 12 赋给 age;但是对于静态类型的 Go 和 Java 语言就会出现编译的错误。

```
#Python 语言可以运行
age = 12
age = "12"
//Go 语言编译错误
age = 12
age = "12"
//Java 语言编译错误
int age = 12;
age = "12"
```

强类型语言和弱类型语言在当不同类型的值进行运算的时候会出现区别。强类型语言因为会在运算之前做类型检查,当发现类型不兼容时,无论是运行时还是编译时都会直接报错。一般强类型的语言会对类型所占用的空间、运算可以接受的类型,以及运算的意义有明确的规定。而弱类型语言一般编译时不会检查运算接受的类型,而是会在运行时按某种规则自动做类型的转换而完成相应的运算。这往往就会产生意料之外的结果。

如下代码中,Java 语言的编译器会区别出“/”运算符(整数除法还是浮点数除法),对不同类型的数据输入产生两种不同的运算结果。而 JavaScript 是运行时先进行类型转换再计算的。10 先转换为字符串"10",再和"K"连接。1 先转换为浮点数 1.0,再和 2.5 进行加法运算。

```
//Java 语言(强类型)
int i = 5;
System.out.println(i/2); // 2
System.out.println(i/2.0); // 2.5

//JavaScript 语言(弱类型)
> a = 10
> b = "K"
> a + b
'10K'

> a = 1
> b = 2.5
> a + b
3.5
```

2.1.4 输入、处理、输出

从结构化编程的世界观来说,系统就是输入、处理、输出,然后每个部分又可以再分为输入、处理、输出，从而不断地细分下去，而完成将一件复杂的事转换为若干简单的事。举一个例子，比如输入一个数，然后做这个数和 100 的加法，输出最后的和。下面是 Java 代码的实现：

```
public class SumDemo{
    public static void main(String[ ] args){
        int i = 0;
        int sum = 0;
        String inputString = null;

        // 1. 输入
        try {
            BufferedReader br = new BufferedReader(new InputStreamReader(System.in));
            System.out.println("please enter the first integer:");
            inputString = br.readLine();
            } catch (IOException e) {
            e.printStackTrace();
        }

        // 2.1 处理(转换为 int 型)
        i = Integer.parseInt(inputString);
        // 2.2 处理(求和)
        sum = i + 100;

        // 3. 输出
        System.out.println(one + " + " + two + " = " + sum);
    }
}
```

可以将从控制台输入数作为输入步骤 1，由输入的字符串转换为整数作为处理步骤 2.1，求和作为处理步骤 2.2，最后输出到控制台是输出步骤 3。BufferedReader 类的 readLine 是负责读取控制台输入的一行数据。System.in 代表的就是标准输入，就是控制台输入。try 和 catch 是异常捕获的格式。Integer.parseInt 是完成字符串到整数的转换的语句。“+”是完成加法操作。System.out.println 是负责控制台输出的语句。

2.1.5 变量

1. 变量的类型

物理上，变量是在计算机内存单元的一块存储空间。有一个“地址”，里面存着一个“值”。我们通过地址访问值。逻辑上，变量是软件模型中的抽象数据单元。比如，上面代码中的 int i，代表一个整数。语义上，变量有可能表达的是一个类的属性，也有可能是一个方法的临时状态。比如上面代码中的 sum 就是临时用来存储求和方法的累积和的。

Java 的变量分为两大类：基础数据类型和引用变量。不用其他类型来定义的数据类型被称为基本数据类型。几乎所有程序设计语言都提供一组基本数据类型。Java 包括以下类型：

（1）整数。该组包括字节型(byte)、短整型(short)、整型(int)、长整型(long)。它们是有符号整数。

（2）浮点型数。该组包括浮点型(float)、双精度浮点型(double)。它们代表有小数精度要求的数字。双精度浮点型比浮点型精度更高。

（3）字符。该组包括字符型(char)。它代表字符集的符号，例如字母和数字。

（4）布尔型。该组包括布尔型(boolean)。它是一种特殊的类型，表示真/假值。

基础数据类型是其他类型数据的基础。Java 是完全面向对象的，但基础数据类型不是。因为 Java 可移植性的要求，所有的数据类型都有一个严格的定义范围。

如下面代码所示，Java 在使用变量时首先要声明变量，然后可以赋值，可以运算。给变量赋值时，代表着把相应的值存储到变量对应的内存空间。变量的运算，也是变量的空间存储的值的运算。变量的一个意义就是要暂存相应的状态，方便后续的代码使用。

```
//计算圆的面积
class AreaDemo {
    public static void main(String args[ ]) {
        double r, area;                         //变量声明
        static final int PI = 3.141593;

        r = 10.8;                               //给变量赋值,r代表圆的半径
        area = PI * r * r;                      //变量运算

        System.out.println("Area of circle is " + area);
    }
}
```

在 Java 中，变量名可以有不同的长度，但是它必须由字母、下画线(_)；或者美元符($)开头，其余部分可以是除了 Java 运算符(比如+、-或者*)之外的任何字符，但是通常最好只使用字母、数字和下画线字符。Java 是区分大小写的。pi 和 Pi 代表不同的变量。在名字中间不能包括空格或者制表符。类常量的声明应该全部大写，单词间用下画线隔开，例如“static final int MIN_WIDTH=4;”。

2. 作用域和生命周期

变量的作用域是语句的一个范围，在这个范围之内，变量为可见的。如果一个变量在一条语句中可以被引用，这个变量即在这条语句中为可见的。

如果一个变量声明于一个方法之内，那么它就是这个方法内的局部变量。局部变量对于声明它的方法中的代码都是可见的。

下面代码中 j 被声明了 2 次，这样就无法判断 i+j ==10 中 j 到底等于多少，所以，编译就会报错。

```
int num = 0, i, j;
for (i = 1; i <= 10; i++) {
    for(int j = 1; j <= i; j++) {              /* 错误:变量 j 已经声明过 */
        if (i + j == 10)
```

```
            num++;
    }
}
```

如果在类中声明的变量,则是类的成员变量,在整个类中都是可见的。

在下面代码中,类 ScopeDemo 定义 k 作为成员变量,那么整个类都是 k 的作用域。而在 f()方法中也定义了一个 k。这个 k 的作用域就在这个方法中有效。所以,如果在这个方法中想要引用类的成员变量 k,就要通过 this.k 这样的方式。

```
class ScopeDemo{
    int k = 0;
    void f() {
        int k = 1;
        int m = k;              /* m的值为1 */
        int n = this.k;         /* n的值为0 */
    }
}
```

而对于局部变量来说,它的生命期就是它在时间上的跨度,就到声明它的方法结束。比如,k 就到 f()方法的最后一行代码执行解释,k 的空间就被释放了。

而 this.k 的生命周期是随着创建这个类的对象的生命周期来定的。此问题后续面向对象部分还会补充。

3. 局部变量的语义

作为一个局部变量,一般有以下一些常见的使用场景:收集器、计数、解释、复用、元素。收集器作用类似对 1~100 求和过程中,保存的 sum 这个临时结果。计数作用就是 for 循环中的 int i,用来记录循环的次数。下面代码中 top、left、height、width 这四个变量是在表达现实世界中的长方形左上的坐标及宽和高。所以,变量可以是现实世界的解释和表征。

```
int top = 0;
int left = 0;
int height = 100;
int width = 100;
Rectangle rect = new Rectangle(top,left,height,width);
```

如果像下面第一段代码那样每次要调用同样一个方法 getCurrentTime()获得同样一个值,可以像第二段代码先用一个值 now 来暂存,作为之后复用的对象。

```
for (Clock each : getClocks())
    each.setTime(getCurrentTime());

long now = getCurrenttime();
for(Clock each : getClocks())
    each.setTime(now);
```

下面代码中的 eachSender 和 eachReceiver 就是用来代表集合中的一个元素,利于对集合的遍历。

```
broadcast(){
    for(Source eachSender: getSenders())
        for(Source eachReceiver: getReceivers())
            …
}
```

2.1.6 操作符与表达式语句

1. 操作符简介

Java 有如下操作符：

(1) 赋值操作符：=。

(2) 算术操作符：+(加法)、-(减法)、* 、/、%。

(3) 单操作符：+(正号)、-(负号)、++、--、!(逻辑非)。

(4) 关系操作符：==、!=、>、>=、<、<=。

(5) 条件操作符：&&、||。

(6) 位操作符、位移操作符：<<、>>、>>>、&、^、|。

操作符和数学运算符类似，有优先级。比如，“x=7+3 * 2;”，x 最后被赋值为 13，而不是 20，这是因为乘法的优先级高于加法。

具体算术操作符的示例如下：

```
class ArithmeticDemo {

    public static void main(String[] args) {

        int result = 1 + 2;
        // result is now 3
        System.out.println("1 + 2 = " + result);
        int originalResult = result;

        result = result - 1;
        // result is now 2
        System.out.println(originalResult + " - 1 = " + result);
        originalResult = result;

        result = result * 2;
        // result is now 4
        System.out.println(originalResult + " * 2 = " + result);
        originalResult = result;

        result = result / 2;
        // result is now 2
        System.out.println(originalResult + " / 2 = " + result);
        originalResult = result;

        result = result + 8;
```

```
            // result is now 10
            System.out.println(originalResult + " + 8 = " + result);
            originalResult = result;

            result = result % 7;
            // result is now 3
            System.out.println(originalResult + " % 7 = " + result);
        }
    }
```

注："result = result + 8;"也可以写作"result+=8;"。

上面代码的结果是：

```
1 + 2 = 3
3 - 1 = 2
2 * 2 = 4
4 / 2 = 2
2 + 8 = 10
10 % 7 = 3
```

对于数值变量来说，由于各个变量所占的二进制位数是规定的，因此必然会造成越界问题。如下面代码中，1000000 * 1000000 就超出了 int 的界限。必须要用 long 才能存储整个结果，否则会产生截断，输出 −727379968。用 long 之后会输出期望的 1000000000000。由于 l−i 等于 0，最后程序会抛出 ArithmeticException 异常。

```
class FloatDemo1{
    public static void main(String[ ] args) {
        int i = 1000000;
        System.out.println(i * i);
        long l = i;
        System.out.println(l * l);
        System.out.println(20296 / (l - i));
    }
}
```

关于浮点数，还要留意溢出问题。溢出包括上溢和下溢。由于位数的限制，计算机表达的所有浮点数并不是占据数轴上所有的点，而是分布在数轴上的一些离散的点。双精度浮点数由于位数多，因此表达精度高，相对于单精度浮点数来说，在数轴上占据的数更多，也更密一点。

另一个浮点数如果用"=="进行比较，那就是精确的比较，比较数字的每一位，但是由于并不能表达数轴上所有的点，因此必然会有精度损失。所以如下面代码所示，1.0f/i * i 未必会精确等于 1.0f。而 1.0/i * i 和 1.0 进行比较，因为运算用的是双精度浮点数，所以精度更高，因此损失的概率更低，最后在代码中输出的有损失的数就少。

(int)d 其实是强制将浮点数转换为整数，这样就会截断小数部分。

```
class FloatDemo2{
        public static void main(String[ ] args) {
            for (int i = 0; i < 100; i++) {
                float z = 1.0f / i;
                if (z * i != 1.0f)
                    System.out.print(" " + i);
            }
            System.out.println();
            for (int i = 0; i < 100; i++) {
                double z = 1.0 / i;
                if (z * i != 1.0)
                    System.out.print(" " + i);
            }
            System.out.println();

            d = 12345.6;
            System.out.println((int)d + " " + (int)(-d));
        }
}
```

上述代码的输出为：

```
0 41 47 55 61 82 83 94 97
0 49 98
12345 -12345
```

以下代码显示如何使用比较操作符和逻辑操作符。

```
class ConditionalDemo {

    public static void main(String[ ] args){
        int value1 = 1;
        int value2 = 2;
        if((value1 == 1) && (value2 == 2))
            System.out.println("value1 is 1 AND value2 is 2");
        if((value1 == 1) || (value2 == 1))
            System.out.println("value1 is 1 OR value2 is 1");
    }
}
```

2. 三元操作符和 instanceof

除此之外，Java 中有一个三元操作符，表达式如下：

```
variable x = (expression) ? value if true : value if false
```

上述表达式根据 expression 的值来决定最后的取值。真就取第一个值，否则就取第二个值。具体示例代码如下：

```
public class TernaryOperatorDemo{
```

```
    public static void main(String args[ ]) {
        int a, b;
        a = 10;
        b = (a == 1) ? 20: 30;
        System.out.println("Value of b is : " + b);                //结果输出 30

        b = (a == 10) ? 20: 30;
        System.out.println("Value of b is : " + b);                //结果输出 20
    }
}
```

此外，还有一个 instanceof 操作符可以用来判别变量是否是某个类型，若是则返回 true，否则返回 false。具体示例代码如下，结果输出 true。

```
public class InstanceOfDemo{

    public static void main(String args[ ]) {

        String name = "James";

        boolean result = name instanceof String;
        System.out.println(result);
    }
}
```

3. 表达式语句

Java 中有如下四种表达式语句：

(1) 赋值语句，例如“i=100;”。

(2) 自增(++)、自减(--)语句，例如“i ++ ;”。

(3) 方法调用语句，例如“Integer. parseInt("100");”。

(4) 创建对象语句，例如“Integer integer = new Integer(100);”。

除了表达式语句外，还有声明语句(如“int i = 0;”)、控制语句(如 if-else、while、for)等。0 个或者多个语句顺序排列在{ }中间，就可以组成代码块。代码块是程序的基本组成部分。

2.1.7 决策

当遇到需要进行选择的场景时，就需要引入条件控制语句。比如，如果输入的数是偶数，则执行 A 语句；如果输入的数是奇数，则执行 B 语句。再比如，如果要计算一年总共有多少天，就会发现，每个月有不同的天数，在计算时，就会根据不同的月份进入不同的分支。

Java 语言用 if 和 else 表达不同的两种情况。if 后面的条件要用“()”括起来，后面执行的语句用“{}”括起来。如果{}中间只有一句，则可以省略{}。如果分支有多条，则可以添加多个 else if 语句，以 else 作为最后一个分支。

对于多分支，可以用 switch 语句。在下面的代码中，根据 c 的值，会进入不同的分支。执行完当前分支，必须调用 break 语句而跳出 switch 语句，否则会延续到下一个分支继续执行。所以,如下面代码所示,当 c 的值为'a'、'e'、'i'、'o'、'u'时,执行的结果是一样的。default 是默认的分支,不在上面列表的分支执行 default 分支。Java 7 之前 c 的类型只能是整数类型系列(char、short、int、long),但是 Java 7 之后,c 可以是 String 类型。

```
//如果 i 是偶数,计数加 1
if(i % 2 == 0) {
    count++;
}

//如果 i 是偶数,偶数计数加 1,否则奇数计数加 1
if(i % 2 == 0) countEven++;
else countOdd++;

//i 代表月份.根据 i 的不同,增加不同的天数
if(i == 1 || i == 3 || i == 5 || i == 7 || i == 8 || i == 10 || i = 12) sum += 31;
else if(i == 2) sum += 28;
else sum += 30;

//c 代表字母,根据字母的不同输出元音或辅音
switch(c){
case 'a':
case 'e':
case 'i':
case 'o':
case 'u': System.out.println("vowel");break;
case 'y':
case 'w': System.out.println("vowel");break;
default: System.out.println("consonant");
}
```

2.1.8 方法

方法(有的语言叫函数)是一段代码的集合。那么为什么要有方法?其实有如下三个原因。

(1) 逻辑的封装:把共同表达一个业务逻辑的一段代码放在一起。

(2) 方便重用:可以在空间维度上,反复利用这一段代码的空间。

(3) 方便修改:方便在时间维度上,对一段代码进行修改。

下列代码是方法的声明定义以及调用。在这个例子中,方法定义时的参数 int i 是 f()方法的形参(Parameter)。而方法调用时的参数 n,则是实参(Argument)。对 Java 来说,实参和形参其实是值传递。也就是说 n 传进去赋值给了 i,i 做了改变,但是不会改变原来的 n。

```
public class MethodDemo{
    static int f(int i){                    //方法的声明和定义
        i++;
        return i;
    }
```

```
        public static void main(String[ ] args) {
            int n = 5;
            int value = f(n);                    //方法的调用
            System.out.println("n= " + n);
            System.out.println("f(n) = " + value);
        }
    }
```

上面示例代码的输出是：

```
n= 5
f(n) = 6
```

Java 的返回值只能有一个。f()的返回值是 int 类型。规则中以下三者应保持一致。

（1）返回值本身的类型："return i;"中 i 的类型为 int。

（2）返回值的类型：f()的返回值类型为 int。

（3）返回之后赋值的类型：赋给变量 value 的类型为 int。

就算不一致，至少强制转换之后，不能产生截断造成错误。所以，可以返回 int 类型，赋给 long 类型，但是不能反过来。

Java 支持多参数，多参数时，实参和形参按顺序一一对应。f(int a, int b)对应 f(2,3)。则 a=2，b=3。

2.1.9 重复

当遇到如下典型场景时，会使用重复这个控制语句。

（1）计数器：提示用户输入 5 个数字，计算它们的和。

（2）直到条件满足：当用户输入无效的值时，不要退出，系统不断提示用户输入，直到获得有效的输入值。

（3）嵌套循环：打印乘法表。

Java 的循环控制语句有 while、do-while 和 for 语句三种。值得注意的是，do while 语句最后条件表达式之后有"；"。下面是循环控制语句的示例代码：

```
public class LoopDemo{
    public static void whileLoop(){
        int x = 1;
        while(x < 10) {
            System.out.print("value of x : " + x );
            x++;
            System.out.print("\n");
        }

    }
    public static void doWhileLoop(){
      int x = 1;
```

```
        do{
            System.out.print("value of x : " + x );
            x++;
            System.out.print("\n");
        }while(x < 10);
    }
    public static void forLoop(){
        for(int x = 1; x < 10; x = x + 1) {
            System.out.print("value of x : " + x);
            System.out.print("\n");
        }
    }
    public static void main(String args[ ]) {
        whileLoop();
        doWhileLoop();
        forLoop();
    }
}
```

此外，Java 5 之后引入了用于遍历数组的增强型的 for 循环控制语句。下面代码中，x 和 name 都是每次从数组中取出的元素的临时变量。下面是具体的示例代码：

```
public class ForDemo{
    public static void main(String args[ ]){
        int [ ] numbers = {10, 20, 30, 40, 50};

        for(int x : numbers){
            System.out.print(x);
            System.out.print(",");
        }
        System.out.print("\n");
        String [ ] names = {"James", "Larry", "Tom", "Lacy"};
        for(String name : names) {
            System.out.print(name);
            System.out.print(",");
        }
    }
}
```

在循环中，可能希望有跳出机制。主要有 break 和 continue 两个关键字。break 是跳出上一层循环结构，执行循环语句后面的语句；continue 是结束本次循环，接着再继续本循环结构的循环，相当于跳过本次循环剩余的部分。下面是具体的示例代码：

```
public class ContinueBreakDemo{
    public static void main(String args[ ]) {
        int [ ] numbers = {10, 20, 30, 40, 50};

        for(int x : numbers) {
            // x 等于 30 时跳出循环
```

```
            if(x == 30) {
                break;
            }
            System.out.println(x);
        }
        System.out.println("-----------------");
        for(int x : numbers) {
            if(x == 30) {
                continue;                //x 等于 30 时结束此次循环,接着循环
            }
            System.out.println(x);
        }
    }
}
```

该程序输出如下：

```
10
20
-----------------
10
20
40
50
```

2.1.10 数据结构

重复的控制结构，通常需要和一批数据结合在一起使用。将数据组织在一起，一般语言提供了数组、列表、哈希、映射等多种方式。有了这些方式，可以应对很多典型的场景。

(1) 打印一组姓名中的每一个；

(2) 根据随机数，随机从答案数组中选一个；

(3) 从员工列表中删除一个元素；

(4) 抽奖；

(5) 计算一组数的统计信息；

(6) 过滤值；

(7) 排序。

1. 数组

数组是在内存中连续排列的一组数据元素。如图 2-5 所示，数据元素的个数就是数组的长度，序号是元素的下标。序号是从 0 开始计数的。长度为 10 的数组的下标集合就是从 0 到 9。可以用下标来访问数组中的元素。在创建数组对象时，需要指定数组的长度，这样才可以在内存中分配空间。

下面是数组的示例代码：

```
//创建数组对象的引用变量
```

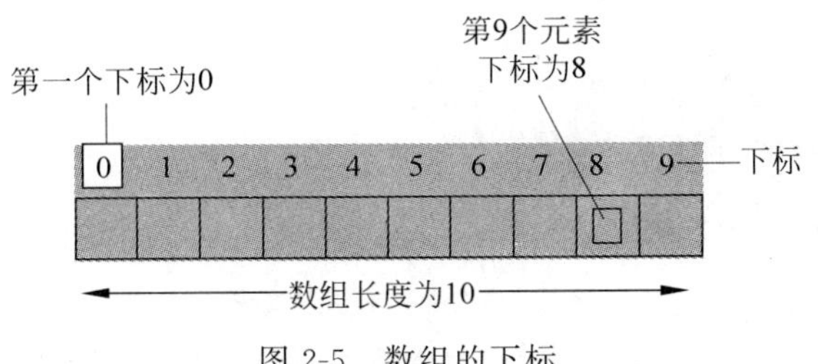

图 2-5 数组的下标

```
int[ ] anArray;                          //声明一个数组对象的引用变量

//创建数组对象,给数组初始化
anArray = new int[10];                   //创建一个长度为 10 的整数数组对象
anArray[0] = 100;                        //初始化第一个元素

int[ ] anArray = {100, 200, 300, 400, 500, 600, 700, 800, 900, 1000};
//创建一个长度为 10 的整数数组对象,批量初始化元素

//数组的访问
System.out.println("Element 1 at index 0: " + anArray[0]);

//数组的长度
System.out.println(anArray.length);

//复制数组
public static void arraycopy(Object src, int srcPos, Object dest, int destPos, int length)

//多维数组
String[ ][ ] names = {
            {"Mr. ", "Mrs. ", "Ms. "},
            {"Smith", "Jones"}
        };
//输出 Mr. Smith
System.out.println(names[0][0] + names[1][0]);
//输出 Ms. Jones
System.out.println(names[0][2] + names[1][1]);
```

2. ArrayList

Java 中的数组需要提前指定数组的长度,但是如果不能预先知道这个长度,可以使用 ArrayList 类。下面是具体的示例代码:

```
//创建 ArrayList 对象,这个列表中可以存放 String 类型的对象
ArrayList<String> myList = new ArrayList<String>();

//在列表中加元素
String a = new String("foo");
myList.add(a);
```

```
//获得列表长度
int theSize = myList.size();

//访问列表中的元素,get 的参数是下标
Object o = myList.get(0);

//列表中是否包含某个对象
boolean isIn = myList.contains(a);

//删除某个下标的元素
myList.remove(0);
```

3. HashMap

Java 中 HashMap 是一个哈希表,用来存储键值对(key-value)映射。HashMap 实现了 Map 接口,根据键的 HashCode 值存储数据,具有很快的访问速度,最多允许一条记录的键为 null,不支持线程同步。下面是具体的示例代码:

```
//引入 HashMap 类
import java.util.HashMap;

public class HashMapDemo{
    public static void main(String[ ] args) {
        //创建 HashMap 对象 Sites
        HashMap< Integer, String> sites = new HashMap< Integer, String>();

        //添加键值对
        sites.put(1, "China");
        sites.put(2, "Japan");
        sites.put(3, "Korea");

        //遍历 HashMap,输出 key 和 value
        for (Integer i : sites.keySet()) {
            System.out.println("key: " + i + " value: " + sites.get(i));
        }

        //返回所有 value 值
        for(String value: sites.values()) {
          //输出每一个 value
          System.out.print(value + ", ");
        }
    }
}
```

2.1.11 使用 API

对于程序员来说,并不需要所有的功能都自己写,可以借助别人写好的功能。Java 提供相当多的 API(Application Programming Interface,应用程序接口)给程序员使用。具体使用细节可以查阅 Java API Specification 文档。

对于 API 的文档，要关注：

（1）包名+类名。

（2）方法的功能。

（3）方法的参数、返回值。

（4）方法抛出的异常。

其实每个类的完整名称必须包含包名和类名。如，javax.sound.midi.Sequencer 才是 Sequencer 接口的完整名称。

方法的功能是使用 API 的前提。而参数和返回值则是使用时编码细节。

异常是一种错误，有可能是用户输入了非法的数据，也有可能是要打开的文件不存在，或者是网络通信的中断等。值得注意的是，异常也是 API 的一部分。因为方法抛出的异常，必须由 throw 抛出或者用 try-catch 捕获。下面是 Sequencer 类的 API 文档的部分信息。

```
包名:javax.sound.midi
类名:Sequencer
方法:
void setSequence(InputStream stream)
          throws IOException,
                 InvalidMidiDataException
功能:Sets the current sequence on which the sequencer operates. The stream must point to MIDI
file data.
This method can be called even if the Sequencer is closed.

参数:
stream - stream containing MIDI file data.
Throws:
IOException - if an I/O exception occurs during reading of the stream.
InvalidMidiDataException - if invalid data is encountered in the stream, or the stream is not
supported.
```

当想要使用别人的类库或者 API 时，需要在代码前面加上 import 命令导入相关的包或者类。这样在书写具体调用的时候，就不用写出完整的包含包名的类名。

```
//完整的类名
graphics.Rectangle myRect = new graphics.Rectangle();

//导入包的成员
import graphics.Rectangle;
Rectangle myRectangle = newRectangle();

//导入整个包
import graphics.*;
Circle myCircle = new Circle();
Rectangle myRectangle = new Rectangle();
```

如果要依赖的库是 Java API 的类库，那么系统已经自动导入相应的 JAR 包。但是，如果要依赖的不是 Java API 的类库，而是别人或自己定义的 API，则首先需要将此 API 打包成 JAR 包，然后在使用 API 的项目中导入外部的 JAR 包才能使用该 API。如图 2-6 所示，在 Eclipse IDE 中，可以导入外部包（单击 Add External JARs 按钮）来使用别人定义好的 API。

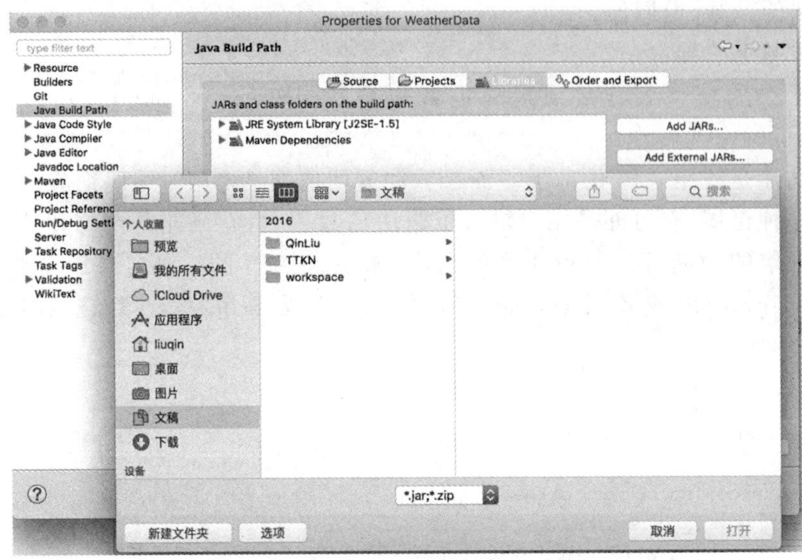

图 2-6　在 Eclipse IDE 中导入外部包

如果使用 IntelliJ IDEA，可以在 Project Settings 下 Modules 设置中的 Dependency 页面选择 JARs or dictionaries，然后选择所要添加的 JAR 包，如图 2-7 所示。

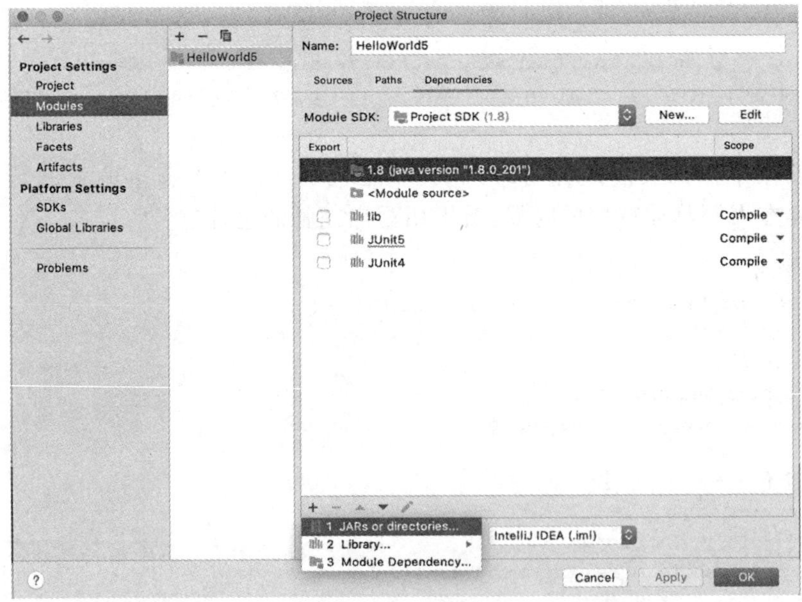

图 2-7　在 IntelliJ IDEA 中导入外部包

为了更方便地导入外部的JAR包,使用其API,可以使用Maven工具。Maven需要在项目中添加pom.xml文件。在pom.xml文件中,指明依赖的外部包,以及其下载的库(Repository)的地址。Maven有一个全球共享的中央库,只要指定好包的信息,系统同步时会直接从中央库去下载包。这样就不用手动下载各个版本的包,再手动导入项目了。当然,也可以指定去自己的Maven库中下载对应的依赖包,下面是具体的示例代码。

```
<repository>
    <id>homework-maven-repo</id>
    <name>Homework Maven Repo</name>
    <url>http://218.94.159.101:8081/repository/homework-central/</url>
   <releases>
        <enabled>true</enabled>
   </releases>
   <snapshots>
        <enabled>true</enabled>
    </snapshots>
</repository>
<dependency>
    <groupId>edu.nju.software</groupId>
    <artifactId>HeWeather</artifactId>
    <version>1.0.0-RELEASE</version>
</dependency>
```

2.1.12 String

String类是用来存储字符串的,其实现机制使用的是字符串数组。创建字符串的方式很多,归纳起来有如下三类。

(1) 使用new关键字创建字符串,如“String s1=new String("abc");”。

(2) 直接指定,如“String s2="abc";”。

(3) 使用串联生成新的字符串,如“String s3="ab"+"c";”。

第一种是在内存堆空间创建一个String对象,分配相应的空间存储"abc"的字符数组,然后将s1这个String类型的引用变量指向这个对象。而第二种,"abc"这种字符串常量随着类加载存储在内存,是被整个类共享的,然后将s2这个String类型的引用变量指向这个字符串常量。而第三种,"ab"和"c"则是两个常量池的字符串,然后系统会在堆区创建StringBuilder对象将其合并存储为"abc",再将StringBuilder对象转换为内容相同的String对象,再让s3这个String类型的引用变量指向这个对象。

String的常用方法如下:

```
public class StringDemo {
    public static void main(String args[]) {
        //连接两个字符串
        String banner = "Welcome to ".concat("SEECODER");

        //求字符串长度
```

```
            int len = banner.length();
            System.out.println("Length of the banner: " + len);

            //字符串子串
            String substr = banner.substring(0,7);
            System.out.println(substr);

            //以空格分隔字符串,得到一个字符串数组
            String[] subs = banner.split(" ");
            for(String s : subs){
                System.out.println(s);
            }
        }
    }
```

上面代码输出的结果为：

```
Length of the banner: 19
Welcome
Welcome
to
SEECODER
```

下面的代码中，==比较的是两个引用变量是否指向同一个对象。正如前面提及的，"abc"是在常量池中被共享的常量字符串，所以 str1==str2 是 true。str3 和 str4 指向的是堆中不同的对象，所以 str3==str4 是 false。而 String 类的 equals()方法比较的是字符串的内容是否相等。所以，str3.equals(str4)是 true。

```
public class StringEqualsDemo{
    public static void main(String[] args) {
        String str1 = "abc";
        String str2 = "abc";
        System.out.println(str1 == str2);

        String str3 = new String("abc");
        String str4 = new String("abc");
        System.out.println(str3 == str4);
        System.out.println(str3.equals(str4));
    }
}
```

2.1.13 Java 文件存储

持久化就是将内存中的数据保存到可以持久访问的硬盘或者网络硬盘上。Java 提供了文件、对象序列化和网络等多种持久化方式。下面的代码用来创建和删除文件。

```
//创建一个 File 对象,代表一个存在的文件
File f = new File("MyCode.txt");
```

```
//删除一个文件或者一个文件夹
boolean isDeleted = f.delete();
```

此外,还可以创建文件夹、获取文件绝对地址、列举文件夹的内容。具体代码如下：

```
//创建一个文件夹
File dir = new File("Chapter2");
dir.mkdir();

//得到文件或者文件夹的绝对地址
System.out.println(dir.getAbsolutePath());

//列举文件夹的内容
if(dir.isDirectory()){
    String[] dirContents = dir.list();
    for(int i = 0;i < dirContents.length;i++){
        System.out.println(dirContents[i]);
    }
}
```

FileWriter 是建立写文件的通道。write()方法是写文件。close()方法是关闭 I/O 通道,将 I/O 资源还给操作系统,让其他的进程使用。由于文件可能不存在等原因,因此文件操作存在一定的风险,所以,必须用 try 语句捕获异常,并在 catch 语句中处理可能发生的异常。Java 7 之后为了使得资源能够自动由系统关闭,提供了 try-with-resource 语句。可以通过如下方法写文件：

```
import java.io.FileWriter;
import java.io.IOException;

public class WriteFileDemo{
    public static void main(String[] args){
        try(FileWriter writer = new FileWriter(("Foo.txt"))){
            writer.write("hello world");
            writer.close();
        }catch (IOException ex){
            ex.printStackTrace();
        }
    }
}
```

此外,可以通过 File、FileReader 类读文件。BufferedReader 类可以一行一行地读出文件的内容,起到缓冲的作用。具体的代码如下：

```
import java.io.BufferedReader;
import java.io.File;
import java.io.FileReader;

public class ReadFileDemo {
    public static void main(String[] args){
```

```
            try(BufferedReader reader = new BufferedReader(new FileReader((new File("Foo.
txt"))))
            ){
                String line = null;
                while((line = reader.readLine())!= null){
                    System.out.println(line);
                }
            }catch (Exception ex){
                ex.printStackTrace();
            }
        }
    }
```

Java 7之后，为了简化对资源的使用，可以使用 try-with-resources 语句。try()中的是要利用的资源，这个资源必须是 java.lang.AutoCloseable 对象。这样 try-with-resources 语句会确保在语句执行完毕之后，自动关闭每一个资源，不需要手动调用 close()方法关闭。

2.2 面向对象编程

本节将介绍面向对象编程范式的概念和相关 Java 语法。

2.2.1 类和对象

关于类和对象，可以从两个角度来理解：一个是现实世界的角度；另一个是计算机世界的角度。

现实世界的确会存在抽象和具体两个概念。比如抽象概念的狗和具体的一条狗。抽象的狗会有一些所有狗都有的属性特征（比如狗的身高），也会有所有狗都有的行为（比如狗会吠）。而具体的狗则会有不同的属性的值（比如，我家的宠物狗身高 20cm），行为的表现也会随着值的不同而略有不同（小的狗一般吠的声音较小）。

而计算机世界会根据类的定义，在计算机中创建狗的对象。这个类的定义的代码空间被放在代码区，是可以重用的。所以，在计算机世界，类是对象创建的蓝图。同一个类可能会创建不同的对象。不同的对象都在堆区，里面存储着不同对象的不同的属性值。

但并不是所有的类都会在现实世界找到对应，有时为了可修改性，会创建计算机世界的类和对象。比如，Collection、Event、Controller 等。

Java 中通过 class 关键字来定义类，用 new 关键字来创建对象。public Point(int a, int b) 是 Point 类的带参数的构造方法。构造方法没有返回值。下面是 Point 类的定义：

```
public class Point {
    public int x = 0;
    public int y = 0;
    //带参数的构造方法
    public Point(int a, int b) {
        x = a;
```

```
        y = b;
    }
    public int getX(){
        return x;
    }
}
```

"Point originOne = new Point(23, 94);"这句代码完成如下三个步骤：

(1) 声明 Point 类型的引用变量 originOne。

(2) 在堆区通过带参数的构造方法创建 Point 类型的对象。

(3) 将引用变量 originOne 指向创建的对象。

最后，通过引用变量 originOne 调用类的成员方法，访问类的成员变量(属性)。具体的代码如下：

```
Point originOne = new Point(23, 94);
int x = originOne.getX();
int y = originOne.y;
```

2.2.2 封装

封装代表了数据职责和行为职责的"在一起"。数据是行为计算时所需要用到的数据；行为是拥有这些数据必然需要提供出来的行为。如果用结构化编程思想，会设计"BadMatrix matrixC=plus(matrixA, matrixB);"这样的 plus()方法，这是一种把操作和数据分开看的思想。对两个矩阵数据做加法操作，得到一个新的矩阵。而在面向对象编程思想下，MyMatrix 类中既有属性又有方法。其中，plus()方法的参数和返回值都是同样 MyMatrix 类型，而且参数只有一个。客户代码通过"MyMatrix matrixC=matrixA.plus(matrixB);"来调用，代表矩阵 A 对象与另一个矩阵 B 对象相加得到矩阵 C 对象。每个矩阵对象代表一个既有数据又有行为的个体，相互协作完成更大的职责。下面是符合面向对象思想的 MyMatrix 类的代码实现：

```
/**
 * 矩阵类,实现矩阵加法、矩阵乘法、点乘以及转置方法
 */
public class MyMatrix {
    private int[][] data;
    private int rows;
    private int columns;

    /**
     * 构造函数,参数为二维 int 数组
     * a[i][j]是矩阵中的第 i+1 行第 j+1 列数据
     * @param a
     */
    public MyMatrix(int[][] a){
        this.data = a;
```

```
        this.rows = a.length;
        if (a != null) {
            this.columns = a[0].length;
        }
    }

    public int getRows() {
        return rows;
    }

    public int getColumns() {
        return columns;
    }

    public int[][] getData() {
        return data;
    }

    /**
     * 实现矩阵加法,返回一个新的矩阵
     * @param B
     * @return
     */
    public MyMatrix plus(MyMatrix B){
        int[][] dataOfB = B.getData();
        int[][] result = new int[rows][columns];
        for (int i = 0; i < rows; i++) {
            for (int j = 0; j < columns; j++) {
                result[i][j] = data[i][j] + dataOfB[i][j];
            }
        }
        //创建新的矩阵对象,不可以复用之前对象的空间
        MyMatrix resultMatrix = new MyMatrix(result);
        return resultMatrix;
    }
    /**
     * 打印出该矩阵的数据
     * 起始是一个空行,结束也是一个空行
     * 矩阵中每一行数据呈一行,数据间以空格隔开
     * example:
     *
     * 1 2 3
     * 1 2 3
     * 1 2 3
     * 1 2 3
     *
     */
    public void print(){
        System.out.println();
        for (int i = 0; i < rows; i++) {
```

```
            for (int j = 0; j < columns; j++) {
                System.out.print(data[i][j]);
                if (j < columns - 1) {
                    System.out.print(" ");
                }
            }
            System.out.println();
        }
        System.out.println();
    }
    public static void main(String[] args){
        int[][] data = {
                {1 , 1 , 1},
                {1 , 1 , 1},
                {1 , 1 , 1}
        };
        MyMatrix matrix = new MyMatrix(data);
        MyMatrix result = matrix.plus(matrix);
        result.print();
    }
}
```

上面代码的输出结果是：

```
2 2 2
2 2 2
2 2 2
```

2.2.3 继承与多态

继承是Java面向对象编程技术的一块基石，因为它允许创建分等级层次的类。继承就是子类继承父类的属性，使得子类对象（实例）具有父类的实例变量，并且子类从父类继承方法，使得子类具有父类相同的行为。注意，这里子类会继承父类所有的属性和行为，包括私有变量。如果子类定义了和父类同样的方法，则会覆盖父类对这个方法的具体实现。这叫作覆盖（Overriding）。Java中通过extends关键字来实现继承。Java中可以存在多重继承（狗类继承犬科动物类、犬科动物类继承动物类），但是不允许多继承。一个类只能继承一个父类（狗类继承了犬科动物类，就不能继承宠物类）。

多态（Polymorphism）从英语字根的角度理解，就是多种形态的意思，是一个对象可以当作多种类型来看待。在Java中特指对于任何一个子类对象都可以当作父类对象来看待；反之不可以。多态的本质是将做什么和怎么做分开。因为所有子类型对象都可以当作父类型对象，所以，可以用父类引用变量来写做什么，而在每个子类的draw()方法中写怎么做。Java编译器在编译时，只说明调用父类Shape的draw()方法；当在JVM中运行时，系统会进行动态绑定，自动运行各个引用变量实际指向的具体子类对象的draw()方法，从而实现覆盖。下面是多态的示例代码：

```
public class Shape {
    void draw() {}

    public static void main(String[] args){
        Shape[] shapes = new Shape[5];

        //子类创建对象,赋给父类的引用变量
        shapes[0] = new Circle();
        shapes[1] = new Square();
        shapes[2] = new Triangle();
        shapes[3] = new Square();
        shapes[4] = new Triangle();

        //通过父类引用变量调用,执行时会调用各自子类对象不同的draw()方法实现
        for(Shape s : shapes)
            s.draw();
    }
}

class Circle extends Shape {
    void draw() {
        System.out.println("Circle.draw()");
    }
}

class Square extends Shape {
    void draw() {
        System.out.println("Square.draw()");
    }
}

class Triangle extends Shape {
    void draw() {
        System.out.println("Triangle.draw()");
    }
}
```

2.2.4 接口

1. 接口的定义

抽象方法是没有实现、只定义了接口的方法。抽象类是不能实例化的类。抽象方法和抽象类都是通过 abstract 关键字来实现的。而 Java 8 之前，接口就是 100% 的纯抽象类（Java 8 引入了 default()方法可以在接口中添加默认实现，以解决修改接口之后不影响以前的接口的实现类）。类中的所有方法都是抽象方法，没有方法的实现。一个类只能继承一个类，但是可以实现多个接口。实现接口也是除了继承之外实现多态的另一种方式。

下面是一个典型的使用继承和接口的案例。狗是一种动物，且是一种宠物。Dog 类继

承了 Animal 类，实现了 Pet 接口。main()方法中是用 Animal 类型的引用变量来调用 eat()和 sleep()方法，但由于实际是 Dog 对象，因此运行时还是调用 Dog 类的 eat()和 sleep()方法。由于 Dog 类没有写自己的 eat()方法，因此 Dog 的 eat()方法复用的是 Animal 的 eat()方法。如果调用 animal.play()方法，由于 Java 是强类型语言，编译器会发现 Animal 类没有 play()方法，因此会直接报错。必须通过类型强制转换，转成 Pet 类型的引用变量，才能调用 play()方法。具体的代码实现如下：

```
public abstract class Animal {
    int height;

    public void eat(){
        System.out.println("Animal eat!");
    }
    public abstract void sleep();
}

public interface Pet {
    public void play();
}

public class Dog extends Animal implements Pet {

    public void sleep() {
        System.out.println("Dog sleep");
    }
    public void play(){
        System.out.println("Dog play");
    }
    public static void main(String[] args){
        Animal animal = new Dog();
        animal.eat();
        animal.sleep();

        Pet pet = (Pet) animal;
        pet.play();
    }
}
```

以上代码的输出结果为：

```
Animal eat!
Dog sleep
Dog play
```

2. Lambda 表达式

Lambda 表达式也可称为闭包，它是推动 Java 8 发布的最重要的新特性。Lambda 表达式允许把函数作为一个方法的参数(函数作为参数传递进方法中)。使用 Lambda 表达式可以使代码变得更加简洁、紧凑,可以提供更好的算法的抽象。

Lambda 表达式的语法格式如下:

(1) (parameters) -> expression。

(2) (parameters) -> { statements;}。

以下是一些示例代码:

```
// 1. 不需要参数,返回值为 5
() -> 5

// 2. 接收一个参数(数字类型),返回其 2 倍的值
x -> 2 * x

// 3. 接收两个参数(数字),并返回它们的差值
(x, y) -> x - y

// 4. 接收两个 int 型整数,返回它们的和
(int x, int y) -> x + y

// 5. 接收一个 String 对象,并在控制台打印,不返回任何值(看起来像是返回 void)
(String s) -> System.out.print(s)
```

下面是 Lambda 表达式的一个应用案例。旧方法是传入一个匿名类。新方法直接是一个 Lambda 表达式。具体的代码示例如下:

```
//旧方法
button.addActionListener(new ActionListener() {
@Override
public void actionPerformed(ActionEvent e) {
   System.out.println("The button was clicked using old fashion code!");
}
});

//新方法
button.addActionListener( (e) -> {
    System.out.println("The button was clicked. From Lambda expressions !");
});
```

2.3 设计模式

本节介绍三种常见的设计模式。这些模式在 Android 和 HarmonyOS 的开发中都会遇到。

2.3.1 Observer 模式

Observer 模式是观察者(Observer)对被观察者(Subject)的一种订阅。当关注的事件发生时,观察者会被通知,从而做出适当的回应。一般以通知的方式通过事件机制,从而将

Observer 和 Subject 进一步解耦。

如图 2-8 所示，观察者模式允许文本编辑器对象将自身的状态改变通知给其他服务对象。Editor 是被观察者，EventManager 管理了所有的观察者（诸多 Listener）。当 Editor 状态改变之后，EventManager 会根据之前的订阅[通过 subscribe()方法订阅]，通知所有观察者，调用其 update()方法。

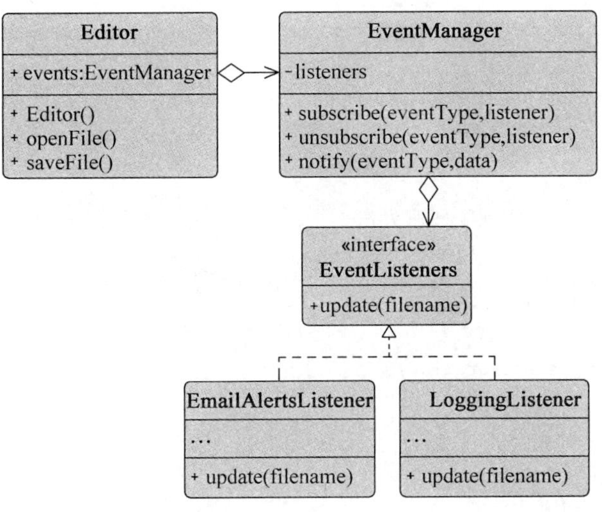

图 2-8 Observer 模式案例类图

Observer 模式具体的代码示例如下：

```
import java.util.List;
import java.util.ArrayList;
import java.util.Scanner;

class EventSource {
    public interface Observer {
        void update(String event);
    }
    //观察者 List
    private final List < Observer > observers = new ArrayList <>();

    //遍历观察者 List,通知观察者,调用回调方法 update
    private void notifyObservers(String event) {
        observers.forEach(observer -> observer.update(event));
    }

    //增加观察者,主要是设置其回调方法
    public void addObserver(Observer observer) {
        observers.add(observer);
}

    //通过输入字符串,模拟状态改变,通知观察者
```

```
    public void scanSystemIn() {
        Scanner scanner = new Scanner(System.in);
        while (scanner.hasNextLine()) {
            String line = scanner.nextLine();
            notifyObservers(line);
        }
    }
}
public class ObserverDemo {
    public static void main(String[] args) {
        System.out.println("Enter Text: ");
        EventSource eventSource = new EventSource();

        //增加观察者
        //Lambda 表达式实现了回调方法
        eventSource.addObserver(event -> {
            System.out.println("Received response: " + event);
        });

        eventSource.scanSystemIn();
    }
}
```

2.3.2 Adapter 模式

Adapter 模式往往是在一个类的接口和用户期望的不一致，或者不希望暴露过多的接口给用户时使用的。它利用一个适配器类来解决接口不兼容的问题。

如图 2-9 所示，Client 类想调用 Target 接口的方法，用 Adapter 实现 Target 接口。而这个方法的具体实现其实是调用了 Adaptee 类的方法。这样就解决了 Target 接口和 Adaptee 接口不兼容的问题。

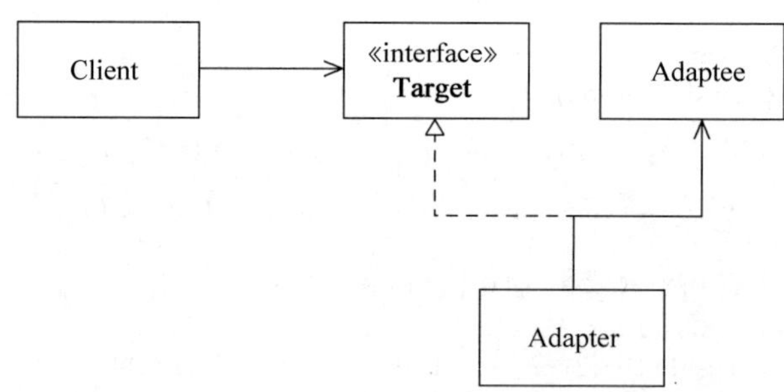

图 2-9　Adapter 模式类图

下面代码的目标是新的日志操作的 API 接口 LogDbOpeApi。其中新增日志的方法是 createLog() 方法。但是现有的日志功能 Adaptee 类是 LogFileOperate，其接口是 LogFileOperateApi()方法，提供读写日志文件的方法。两个接口不兼容，不适配。所以，创建 LogAdapter 类，利用 LogAdapter 类的接口实现 LogDbOpeApi 接口。createLog()方法的实现是通过 LogFileOperate 类的读写日志文件的方法实现，从而解决了接口不适配的问题。其中的具体业务逻辑用桩代码替换。

```
import java.io.File;
import java.io.ObjectInputStream;
import java.io.ObjectOutputStream;
import java.util.ArrayList;
import java.util.List;

interface LogDbOpeApi {
    /*
     * 新增日志
     * @param 需要新增的日志对象
     */
    public void createLog(LogBean logbean);
}


/*
 * 适配器对象,将记录日志到文件的功能适配成数据库功能
 */
class LogAdapter implements LogDbOpeApi{
    private LogFileOperateApi adaptee;
    public LogAdapter(LogFileOperateApi adaptee){
        this.adaptee = adaptee;
    }
    @Override
    public void createLog(LogBean logbean) {
        List<LogBean> list = adaptee.readLogFile();
        list.add(logbean);
        adaptee.writeLogFile(list);
    }
}

/*
 * 读取日志文件,从文件中获取存储的日志列表对象
 * @return 存储的日志列表对象
 */
interface LogFileOperateApi {
    public List<LogBean> readLogFile();
    /**
     * 写日志文件,把日志列表写到日志文件中
     * @param list 要写到日志文件的日志列表
     */
    public void writeLogFile(List<LogBean> list);
}

/*
 * 日志数据对象
 */
```

```
class LogBean {
    private String logId;                           //日志编号
    private String opeUserId;                       //操作人员

    public String getLogId(){
        return logId;
    }
    public void setLogId(String logId){
        this.logId = logId;
    }

    public String getOpeUserId(){
        return opeUserId;
    }
    public void setOpeUserId(String opeUserId){
        this.opeUserId = opeUserId;
    }
    public String toString(){
        return "logId = " + logId + ",opeUserId = " + opeUserId;
    }
}

/*
 * 实现对日志文件的操作
 */
class LogFileOperate implements LogFileOperateApi{
    /*
     * 设置日志文件的路径和文件名称
     */
    private String logFileName = "file.log";
    /*
     * 构造方法,传入文件的路径和名称
     */
    public LogFileOperate(String logFilename){
        if(logFilename!= null){
            this.logFileName = logFilename;
        }
    }

    @Override
    public List<LogBean> readLogFile() {
        List<LogBean> list = null;
        ObjectInputStream oin = null;

        //业务代码,这里写的是桩代码,创建了一个长度为 1 的 List<LogBean>对象
        LogBean logbean = new LogBean();
        logbean.setLogId("2");
        logbean.setOpeUserId("jordan");
        list = new ArrayList<LogBean>();
        list.add(logbean);
```

```
        return list;
    }

    @Override
    public void writeLogFile(List < LogBean > list) {

        File file = new File(logFileName);
        ObjectOutputStream oout = null;

        //业务代码,这里直接打印输入 list 的 size,代表写日志到文件中
        System.out.println(list.size());
    }

}
public class AdapterClient {

    public static void main(String[ ] args){
        LogBean logbean = new LogBean();
        logbean.setLogId("1");
        logbean.setOpeUserId("michael");

        LogFileOperateApi logFileApi = new LogFileOperate("");
        //创建操作日志的接口对象
        LogDbOpeApi api = new LogAdapter(logFileApi);
        api.createLog(logbean);
    }
}
```

Android 源码中,Spinner 控件使用的 ArrayAdapter、Array 就是利用了适配器模式。

2.3.3 Composite 模式

Composite 模式主要用在创建复合对象上,将对象组合成树形结构以表示"部分—整体"的层次结构,同时使得对单一对象和组合对象的操作具有一致性。如果球队和联赛都是一种团体,联赛可以由球队和联赛混合组成。如图 2-10 所示,firstTeam 和 secondTeam 构成本地联赛,再和 thirdTeam、fourthTeam 构成顶级联赛,这时候就要用上 Composite 模式。

如图 2-11 所示,Composite 模式中,队伍就是 Leaf 类,联赛就是 Composite 类。两者都是 Component 类的子类。Composite 中持有一个 Component 类型的 List。

Composite 具体的示例代码如下:

```
import java.util.ArrayList;

// Component
abstract class Group {
    private String name;
    Group(String name) {
```

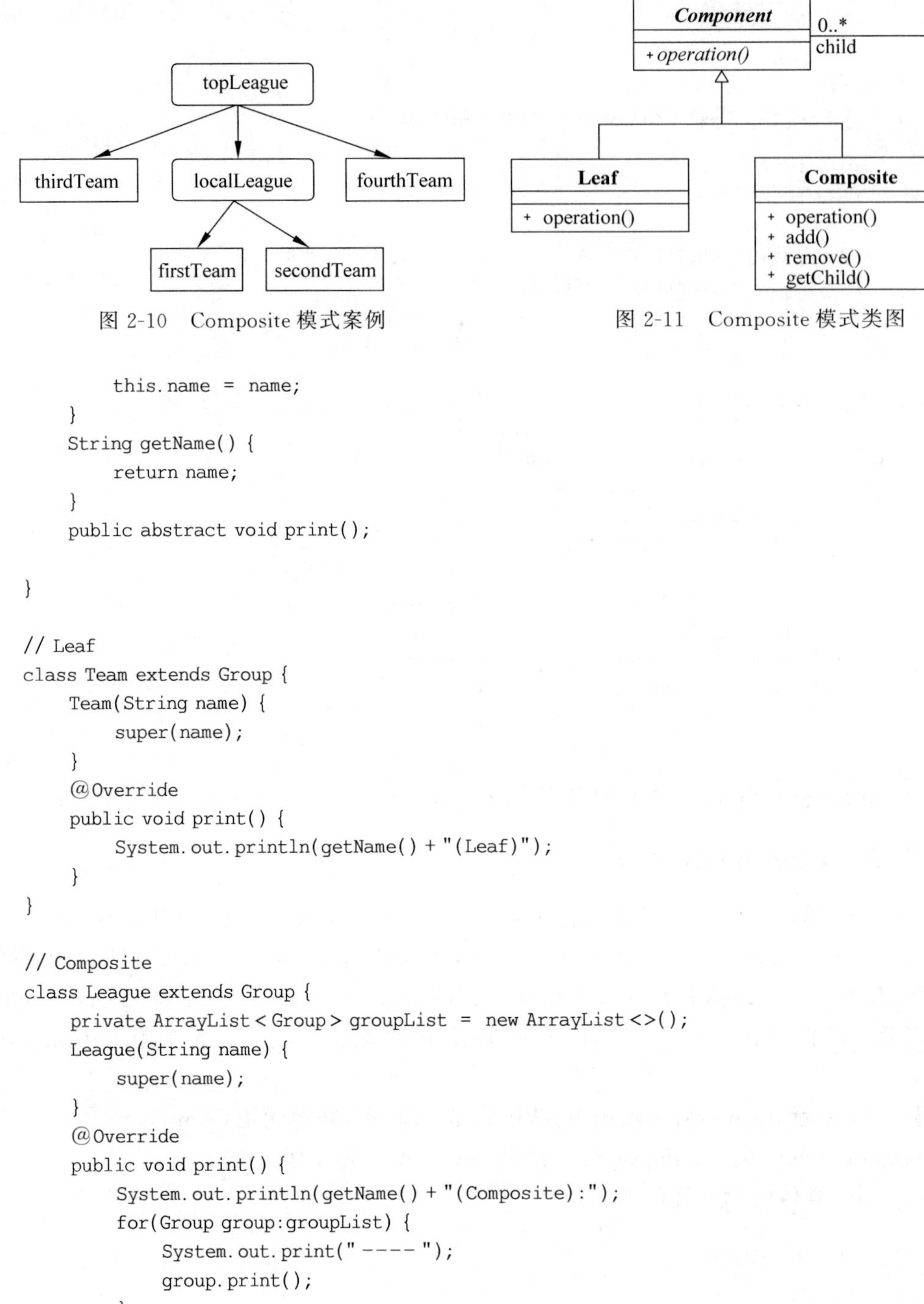

图 2-10 Composite 模式案例

图 2-11 Composite 模式类图

```
        this.name = name;
    }
    String getName() {
        return name;
    }
    public abstract void print();

}

// Leaf
class Team extends Group {
    Team(String name) {
        super(name);
    }
    @Override
    public void print() {
        System.out.println(getName() + "(Leaf)");
    }
}

// Composite
class League extends Group {
    private ArrayList<Group> groupList = new ArrayList<>();
    League(String name) {
        super(name);
    }
    @Override
    public void print() {
        System.out.println(getName() + "(Composite):");
        for(Group group:groupList) {
            System.out.print("----");
            group.print();
        }
    }
    public void addGroup(Group group) {
        groupList.add(group);
```

```
    }
}

public class CompositeClient {
    public static void main(String[ ] args) {
        League topLeague = new League("Top League");
        League localLeague = new League("Local League");
        Group firstTeam = new Team("First Team");
        Group secondTeam = new Team("Second Team");
        Group thirdTeam = new Team("Third Team");
        Group fourthTeam = new Team("Fourth Team");

        localLeague.addGroup(firstTeam);
        localLeague.addGroup(secondTeam);

        topLeague.addGroup(thirdTeam);
        topLeague.addGroup(localLeague);
        topLeague.addGroup(fourthTeam);
        topLeague.print();
    }
}
```

以上代码的输出结果为:

```
Top League(Composite):
---- Third Team(Leaf)
---- Local League(Composite):
---- First Team(Leaf)
---- Second Team(Leaf)
---- Fourth Team(Leaf)
```

在 Android 源码中,View 和 ViewGroup 就是运用 Composite 模式。

练习 2

1. 【编程题】编写一个货币兑换程序,将欧元兑换成美元。输入手中的欧元数,以及欧元的当前汇率,打印可以兑换的美元数。

示例输出:

```
How many euros are you exchanging? 81
What is the exchange rate? 137.51
81 euros at an exchange rate of 137.51 is
111.38 U.S. dollars.
```

2. 【编程题】编写一个程序,让用户输入三个数。首先确认所有数字各不相同,如果存在相同的数,则退出程序,否则显示其中最大的数。

示例输出：

```
Enter the first number: 1
Enter the second number: 51
Enter the third number: 2
The largest number is 51.
```

3.【编程题】计算卡蒙内心率。计算公式如下：

```
TargetHeartRate = (((220 - age) - RestingHR) * intensity) + RestingHR
```

示例输出：

```
Resting Pulse: 65
Age: 22 //提示输入
Intensity    |Rate
55 %         |138bpm
60 %         |145bpm
…
95 %         |191bpm
```

4.【编程题】验证输入。

编写一个程序验证输入的数据(first name, last name, employee ID, ZIP code). first name 和 last name 为必填项，至少为两个字母；employee ID 必须为如下格式："AA-1234". ZIP code 必须是数字。

示例输出：

```
Enter the first name: J
Enter the last name:
Enter the ZIP code: ABCDE
Enter an employee ID: A12 - 1234
"J" is not a valid first name. It is too short.
The last name must be filled in.
The ZIP code must be numeric.
A12 - 1234 is not a valid ID.
```

5.【编程题】计算退休计划。

输入输出：

```
What is your current age? 25
At what age would you like to retire? 65
You have 40 years left until you can retire.
It's 2021, so you can retire in 2061.
```

使用系统当前时间来计算。

6.【编程题】编写一个程序，读入以下数据文件：

```
Ling,Mai,55900
Johnson,Jim,56500
```

```
…
Zarnecki,Sabrina,51500
```

处理该记录,并以格式化的表格形式显示结果,间隔均匀(4 个空格)。

示例输出:

```
Last        First       Salary
Ling        Mai         55900
Johnson     Jim         56500
…
Zarnecki    Sabrina     51500
```

第3章 前端开发基础

本章首先介绍 Web 前端开发的基本知识，然后介绍 Vue.js 入门，最后介绍 Node.js 入门。

3.1 Web 前端

本节介绍 Web 前端的基础知识，主要包括浏览器架构、HTML、CSS、渲染流程和 JavaScript。

3.1.1 浏览器架构

通常，浏览器架构如图 3-1 所示，最上层是用户界面（User Interface），主要负责与用户的交互，包括地址栏输入、刷新/向前/后退、书签、浏览记录、偏好设置等功能。

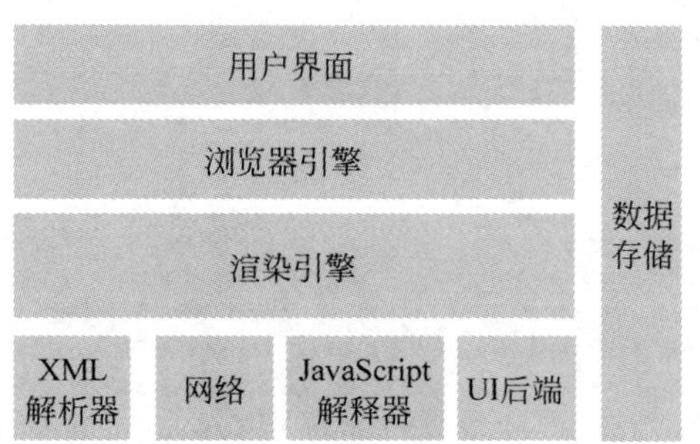

图 3-1 浏览器架构

下面一层是浏览器引擎（Browser Engine）。协调上层的用户界面和下层的渲染引擎（Rendering Engine）。浏览器引擎主要是实现浏览器的动作（初始化加载、刷新、向前、后退等）。

渲染引擎则是为给定的 URL 提供可视化展示，它解析 HTML、XML、JavaScript。不同的浏览器使用不同的渲染引擎。例如，IE 使用 Trident，Firefox 使用 Gecko，Safari、Chrome 和 Opera 使用 Webkit。

最底层是一些组件库。XML 解析器(XML Parser)负责解析 XML。Firefox 使用的是 Expat 库,Chrome 使用的是 libXML 库。网络模块负责基于 HTTP 和 FTP 处理网络请求,还提供文档的缓存功能以减少网络传输。JavaScript 解释器负责解释执行页面的 JavaScript 代码,将得到的结果传输给渲染引擎。Chrome 用的是 C++实现的 V8 引擎,Firefox 用的 SpiderMonkey。UI 后端是 UI 的基础控件,实现隔离平台,提供与平台无关的接口给上层。数据存储模块则负责对用户数据、书签、Cookie 和偏好设置等数据的持久化工作。

3.1.2 用 HTML 生成内容

HTML(HyperText Markup Language,超文本标记语言)是一种用于创建网页的标准标记语言,用来描述网页的内容。HTML 使用标记标签(Tag)来描述网页,通常包含 HTML 标签及文本内容。HTML 标签通常是成对出现的,比如< b >和</b >。标签内可以嵌套标签。

```
<!DOCTYPE html >
< html lang = "en">

< head >
    < meta charset = "utf - 8">
    < title > Title </title >
</head >

< body >
< h1 > Heading 1 </h1 >
< p > This is a paragraph. </p >
< p > This is a paragraph. </p >
</body >


</html >
```

上述代码在浏览器中的显示如图 3-2 所示。

HTML 运行在浏览器上,由浏览器来解析,生成 DOM(Document Object Model,文档对象模型)树。DOM 树是由 HTML 文件解析生成代表内容的树状结构。比如下列 HTML 代码生成的 DOM 树如图 3-3 所示。

```
< doc >
< title > A few quotes </title >
< para >
  Franklin said that < quote >"A penny saved is a penny earned. "</quote >
</para >
< para >
  FDR said < quote >"We have nothing to fear but < span > fear itself. </span >"</quote >
</para >
</doc >
```

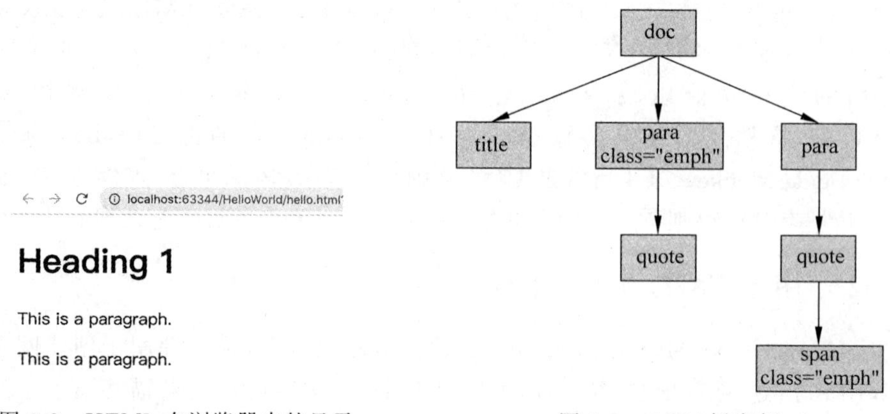

图 3-2 HTML 在浏览器中的显示

图 3-3 DOM 树案例

3.1.3 用 CSS 生成样式

CSS(Cascading Style Sheets,层叠样式表)用于控制网页的样式和布局。CSS 3 是最新的 CSS 标准。CSS 不能单独使用,必须与 HTML 或 XML 一起协同工作,对 HTML 或 XML 起装饰作用。其中,HTML 负责确定网页中有哪些内容,CSS 确定以何种外观(大小、粗细、颜色、对齐和位置)展现这些元素。CSS 可以用于设定页面布局、设定页面元素样式、设定适用于所有网页的全局样式。CSS 可以零散地直接添加在要应用样式的网页元素上,也可以集中内置于网页、链接式引入网页以及导入式引入网页。

下列 CSS 代码中定义了 doc、title、para 的样式,以及 class 值为"emph"的元素的样式。

```
/* rule 1 */ doc { display: block; text-indent: 1em; }
/* rule 2 */ title { display: block; font-size: 3em; }
/* rule 3 */ para { display: block; }
/* rule 4 */ [class = "emph"] { font-style: italic; }
```

同样,由 CSS 代码解析生成的样式规则的树状结构称为 CSSOM(CSS Object Model,层叠样式表对象模型)树,如图 3-4 所示。

图 3-5 所示的内容树(Content Tree)则同时包含内容和样式信息。

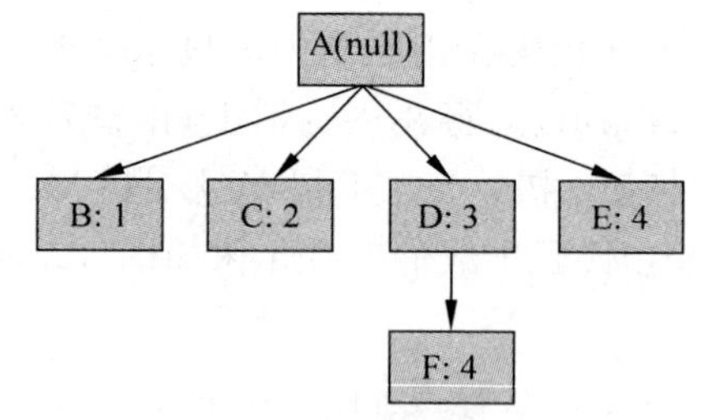

图 3-4 CSSOM 树案例

3.1.4 渲染流程

渲染树(Render Tree)是渲染流程的输出目标。它包含具有显示属性(颜色和大小)的长方形组成的树状结构。如图 3-6 所示,渲染的目标就是将最初写的页面内容 HTML、样式 CSS 渲染为最后的渲染树,然后调用系统图形 API 来显示。

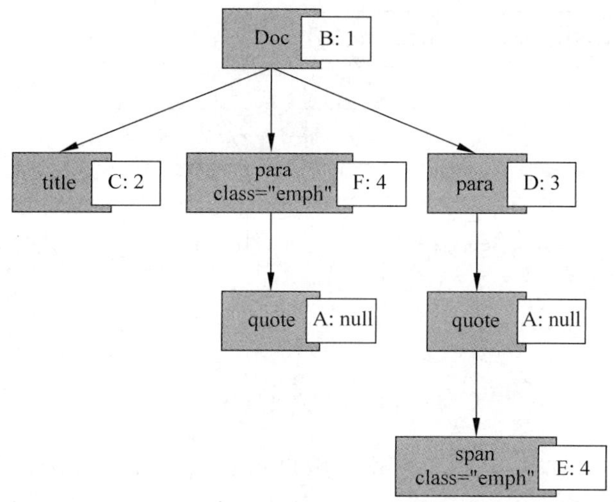

图 3-5 内容树案例

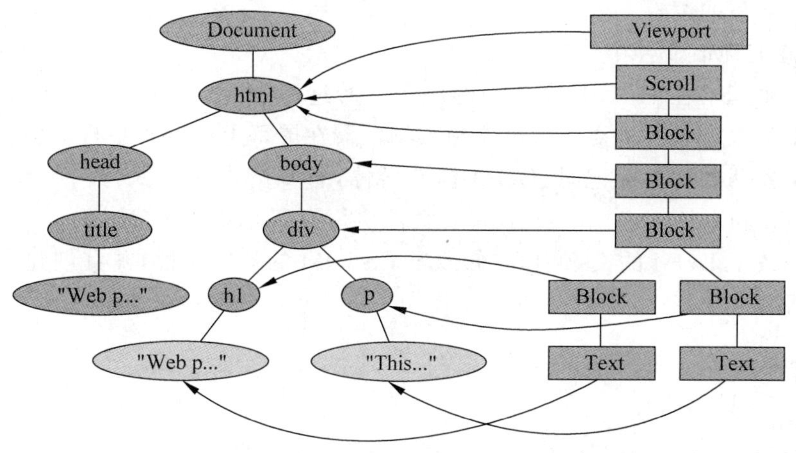

图 3-6 渲染树案例

渲染流程如图 3-7 所示。

(1) 解析。解析 HTML/SVG/XHTML 文件,产生 DOM 树;解析 CSS 文件生成 CSSOM 树。

(2) 附着合成。DOM 树和 CSSOM 树连接在一起合成内容树。

(3) 布局。通过内容树计算出渲染树每个节点的具体大小和位置。

(4) 绘制。调用系统图形 API,通过显卡,将布局后的节点内容分别呈现到屏幕上。

3.1.5 用 JavaScript 完成交互

用 HTML 和 CSS 已经可以显示页面的静态内容,但是网页还需要与用户服务器进行

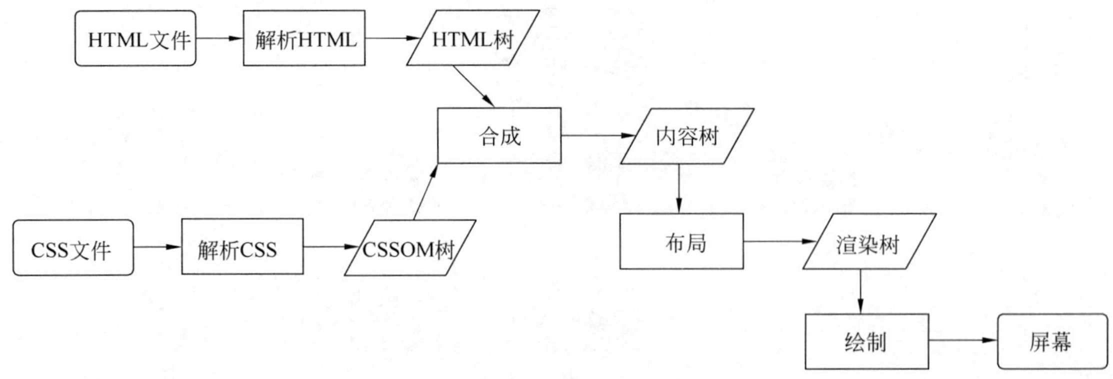

图 3-7　渲染流程

交互。所以，可以用 JavaScript 语言完成与用户的交互。可以直接在 HTML 文件中加入 JavaScript 脚本，也可以使用单独的文件，再导入。JavaScript 语言可以通过 API 完成对 DOM 树和 CSS 树的操作，可以完成与用户的交互，完成与远端服务器的交互，也可以执行简单的前端和业务的逻辑。

1. 脚本在 HTML 文件中

下面是一个脚本在 HTML 文件中的例子。通过< script >标签，加入 JavaScript 脚本。脚本在文档中的位置非常重要。这可能导致浏览器在屏幕上处理和呈现页面时出现严重的延迟。当浏览器遇到脚本标记时，DOM 构造暂停，直到脚本完成执行。JavaScript 可以查询和修改 DOM 和 CSSOM。JavaScript 会暂停执行直到 CSSOM 就绪。

该案例修改了 DOM 的文字内容，修改了 CSSOM 的样式属性，并且创建了一个新的元素，插入 DOM 树中。

```
<! DOCTYPE html >
< html >
  < head >
    < meta name = "viewport" content = "width = device - width, initial - scale = 1">
    < link href = "style.css" rel = "stylesheet">
    < title > Critical Path: Script </title >
  </head >
  < body >
    < p > Hello < span > web performance </span > students! </p >
    < div >< img src = "awesome - photo. jpg"></div >
    < script >
      var span = document.getElementsByTagName('span')[0];
      span.textContent = 'interactive';                 //修改 DOM 文字内容
      span.style.display = 'inline';                    //修改 CSSOM 属性
      //创建一个新的元素，添上样式
      var loadTime = document.createElement('div');
      loadTime.textContent = 'You loaded this page on: ' + new Date();
      loadTime.style.color = 'blue';
      document.body.appendChild(loadTime);
```

```
    </script>
  </body>
</html>
```

2. 脚本在 JavaScript 文件中

如果希望代码可读性更强，可以将脚本写在单独的文件中。不过必须在< script >标签中通过 src="app.js"属性来定义所要导入的 JavaScript 文件。具体代码如下：

```
<!DOCTYPE html><html>
  <head>
    <meta name="viewport" content="width=device-width, initial-scale=1">
    <link href="style.css" rel="stylesheet">
    <title>Critical Path: Script External</title>
  </head>
  <body>
    <p>Hello <span>web performance</span> students!</p>
    <div><img src="awesome-photo.jpg"></div>
    <script src="app.js"></script>
  </body>
</html>
```

下面的 JavaScript 文件与上面的例子中的代码相同。

```
var span = document.getElementsByTagName('span')[0];
span.textContent = 'interactive';
span.style.display = 'inline';
var loadTime = document.createElement('div');
loadTime.textContent = 'You loaded this page on: ' + new Date();
loadTime.style.color = 'blue';
document.body.appendChild(loadTime);
```

3. 添加 async 关键字

如果将 async 关键字添加到< script >标签中，会告诉浏览器在等待脚本可用时不要阻止 DOM 构造，将脚本的执行和 DOM 的构造异步化，这可以显著提高性能。具体代码如下：

```
<!DOCTYPE html>
<html>
  <head>
    <meta name="viewport" content="width=device-width, initial-scale=1">
    <link href="style.css" rel="stylesheet">
    <title>Critical Path: Script Async</title>
  </head>
  <body>
    <p>Hello <span>web performance</span> students!</p>
    <div><img src="awesome-photo.jpg"></div>
    <script src="app.js" async></script>
  </body>
</html>
```

3.2 Vue.js 入门

本节介绍 Vue.js 的特性、安装步骤和简单的入门案例。

3.2.1 Vue.js 介绍

Vue.js 是一个用于创建用户界面的开源 JavaScript 框架，也是一个创建单页应用的 Web 应用框架。

Vue.js 具有如图 3-8 所示的特性，可以随意组合需要用到的模块，如 vue＋component＋vue-router＋vuex＋vue-cli。

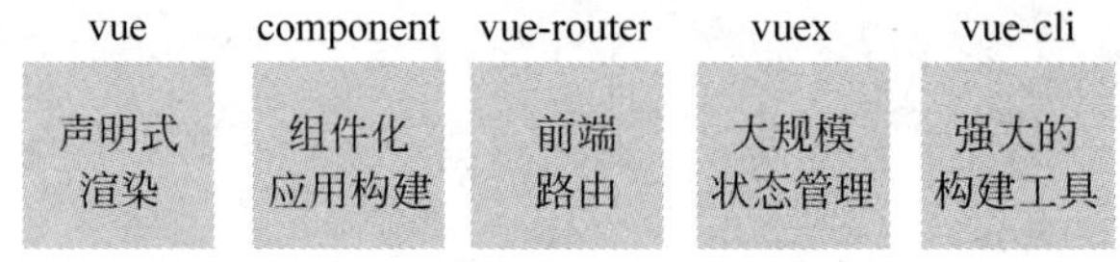

图 3-8　Vue.js 特性

1. 声明式渲染

Vue.js 的核心是一个允许采用简洁的模板语法来声明式地将数据渲染进 DOM 的系统。下列代码中界面< div >标签内的内容和数据 message 实现了双向绑定，当 message 变量值改变时，界面也会自动随之而改变。

```
<div id = "app">
  {{ message }}
</div>
var app = new Vue({
  el: '#app',
  data: {
    message: 'Hello Vue!'
  }
})
```

2. 组件化应用构建

组件系统是 Vue.js 的另一个重要概念，因为它很抽象，允许使用小型、独立和通常可复用的组件构建大型应用。如图 3-9 所示，几乎任意类型的应用界面都可以抽象为一个组件树。

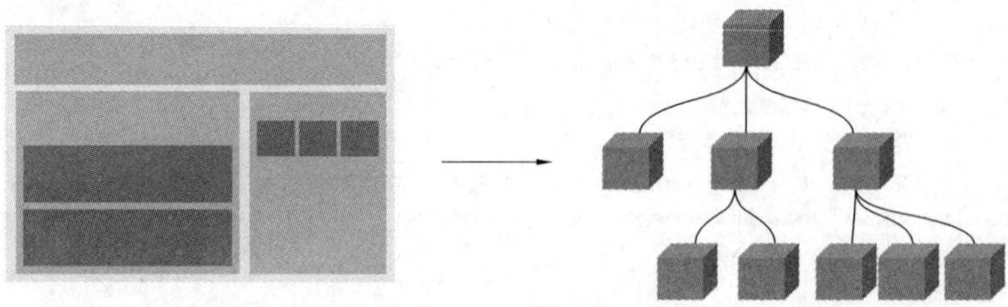

图 3-9　组件树

在 Vue 中,一个组件本质上是一个拥有预定义选项的一个 Vue 实例。在 Vue 中注册组件很简单,例如:

```
//定义名为 todo - item 的新组件
Vue.component('todo - item', {
  template: '<li>这是个待办项</li>'
})

var app = new Vue(...)
```

3. 前端路由

路由是将 URL 请求映射到代码的过程。当在 Web 应用中单击链接时,URL 的改变将会给用户提供新的数据或者跳转到新的网页。

传统的路由是服务器端路由,或者说是后端路由。对于如下网页上的链接:

```
<a href = "/hello"> Hello!</a>
```

操作的过程如图 3-10 所示。详细说明如下:

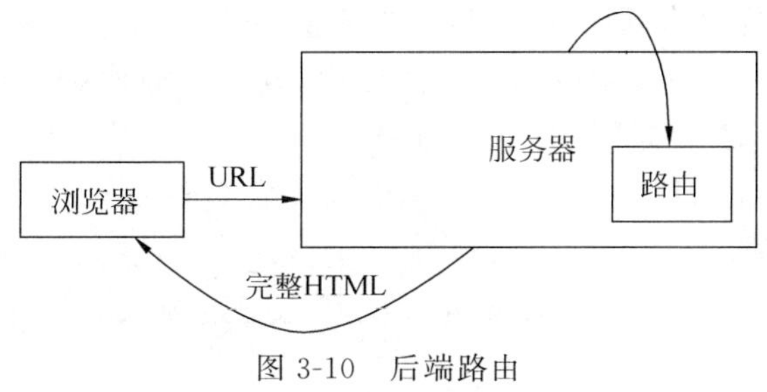

图 3-10 后端路由

(1) 浏览器向当前 URL 路径下的子路径/hello 发送 GET 请求(ContentType 一般为 text/html)。

(2) 服务器端解析请求并进行路由,向浏览器发送 HTML。

(3) 浏览器解析 HTML 中的 DOM、CSS、JavaScript 并进行渲染。

后端路由每次都是一个完整网页的加载,网页的 HTML 一般是在后端服务器中通过模板引擎渲染好后再交给前端的。但是对于同一个网站的页面中很多 DOM 结构(导航栏、脚注、广告位)都是相似的甚至是重复的。每次都反复请求是对网络资源的浪费。

如果单击链接之后,不需要后端发送完整的页面,甚至不需要向后端请求,这就是 SPA (Single Page Application,单页面应用)。单页面应用一般采用前端路由,如图 3-11 所示。

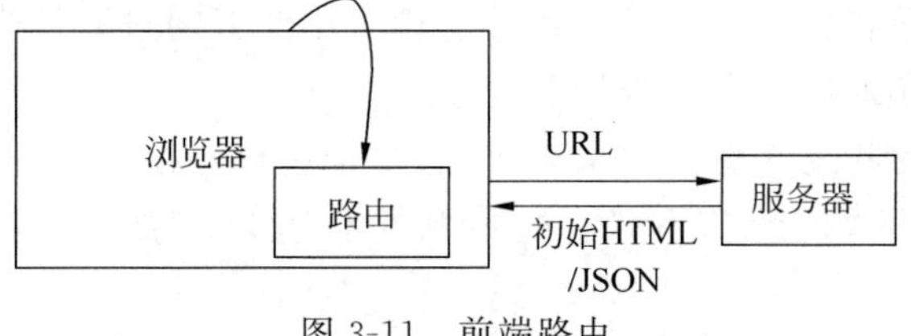

图 3-11 前端路由

SPA 中单击链接加载页面的完整过程如下。

(1) 在首屏加载时，需要对应用需要的资源进行请求，得到完整 HTML。

(2) 单击链接时检测请求事件，阻止浏览器发送 GET 请求。

(3) 前端路由代码改变地址栏 URL(利用 Hash、HTML 5 History API 等)。

(4) 如果需要从服务器端接收数据，发送 Ajax 请求获取 JSON 数据。

(5) 路由代码利用接收的 JSON 数据对页面需要改变的 DOM 结构进行加载和渲染。

这样虽然首次加载的耗时较长，但是之后的加载速度大幅提高。浏览器从服务器端拿到的初始 HTML，可能只有一个<div id="app"></div>入口的 div 以及下面配套的一系列 JavaScript 文件。之后看到的页面其实是通过那些 JavaScript 渲染出来的。前端渲染把渲染的任务交给了浏览器，通过客户端的算力来解决页面的构建，这在很大程度上缓解了服务器端的压力。而且配合前端路由，无缝的页面切换体验自然是对用户友好的。

而 Vue.js 中 vue-outer 模块提供了如下功能。

(1) 前端路由：让页面中的部分内容可以无刷新地跳转，就像原生 App 一样。

(2) 懒加载：结合异步组件以及在组件的 created hook(已创建钩子)上触发获取数据的 Ajax 请求可以最大化地降低加载时间，减少流量消耗。

(3) 重定向：可以实现某些需要根据特定逻辑改变页面原本路由的需求，比如未登录状态下访问“个人信息”时应该重定向到登录页面。

(4) 美化 URL：通过 HTML 5 History 模式优化 URL。

4. 大规模状态管理

Vuex 是一个专为 Vue.js 应用程序开发的状态管理模式。它采用集中式存储管理应用的所有组件的状态。

Vuex 包含以下几部分。

(1) state，驱动应用的数据源。

(2) view，以声明方式将 state 映射到视图。

(3) action，响应在 view 上的用户输入导致的状态变化。

Vuex 强调数据流的单向流动。界面中 view 被单击后，回调 action，然后改变状态 state，又重新渲染 view。但是，当应用遇到多个组件处于共享状态时，单向数据流的简洁性很容易被破坏。比如：

(1) 多个视图依赖于同一状态。

(2) 来自不同视图的行为需要变更同一状态。

对于问题(1)，传参的方法对于多层嵌套的组件将会非常烦琐，并且无法在兄弟组件间进行状态传递。对于问题(2)，采用父子组件直接引用或者通过事件来变更与同步状态的多份复制的方法通常会导致代码无法维护。

为什么不把组件的共享状态抽取出来，以一个全局单例模式管理呢？在这种模式下，组件树构成了一个巨大的“视图”，不管在树的哪个位置，任何组件都能获取状态或者触发行为。

通过定义和隔离状态管理中的各种概念并通过强制规则维持视图和状态间的独立性，代码将会变得更具结构化且易于维护。

这就是 Vuex 背后的基本思想。如图 3-12 所示，Vue 组件接收交互行为，调用 dispatch()方法触发 action 相关处理，若页面状态需要改变，则调用 commit()方法提交 mutation 修改 state，通过 getter()方法获取到 state 新值，重新 render(渲染)Vue Components，界面随之更新。

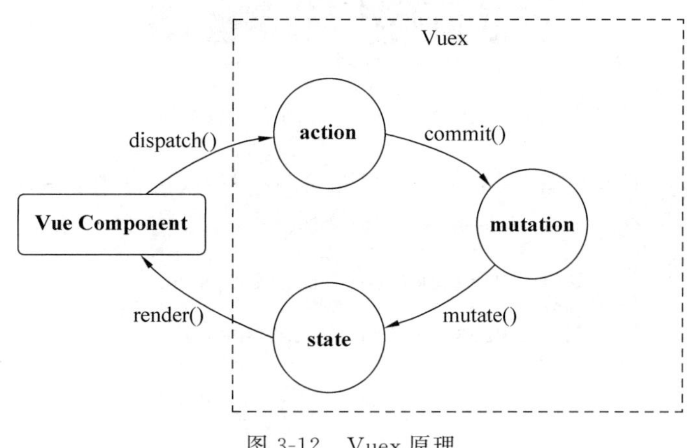

图 3-12　Vuex 原理

5. 强大的构建工具

vue-cli 是一个基于 Vue.js 进行快速开发的完整系统。

(1) 通过@vue/cli 命令实现交互式的项目脚手架的搭建。

(2) 通过@vue/cli + @vue/cli-service-global 实现零配置原型开发。

(3) 提供一个运行时依赖(@vue/cli-service)。该依赖的特点如下：

① 可升级；

② 基于 Webpack 构建，并带有合理的默认配置；

③ 可以通过项目内的配置文件进行配置；

④ 可以通过插件进行扩展。

(4) 一个丰富的官方插件集合，集成了前端生态中最好的工具。

(5) 一套完全图形化的创建和管理 Vue.js 项目的用户界面。

vue-cli 致力于将 Vue 生态中的工具基础标准化。它确保了各种构建工具能够基于智能的默认配置即可平稳衔接，这样可以专注在撰写应用上，而不必花时间去纠结配置的问题。

3.2.2 Vue.js 的安装

1. 安装 Node.js 和 npm

如图 3-13 所示，安装 Node.js 可以访问 https://nodejs.org/en/官方网站，选择对应操作系统的安装软件。

Node.js® is a JavaScript runtime built on Chrome's V8 JavaScript engine.

#BlackLivesMatter

The 2021 Node.js User Survey is open now

Download for macOS (x64)

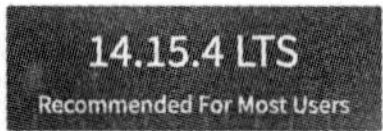

15.8.0 Current
Latest Features

Other Downloads | Changelog | API Docs　Other Downloads | Changelog | API Docs

图 3-13　Node.js 官方网站安装页面

npm 为 Node.js 下的包管理器。一般安装 Node.js 后，会自动安装 npm。如图 3-14 所示，运行命令 node -v 查看 Node.js 版本。运行命令 npm -v 查看 npm 版本。

```
[QindeMacBook-Pro:~ qinliu$ node -v
v10.11.0
[QindeMacBook-Pro:~ qinliu$ npm -v
6.14.3
```

图 3-14　查看 Node.js 和 npm 版本

2. 安装 cnpm

cnpm 是中国 npm 镜像的客户端，用以访问 npm 相关的镜像文件在国内的备份站点，以提高国内用户镜像文件的下载速度。

运行命令 npm install -g cnpm --registry=http://registry.npm.taobao.org 可安装 cnpm。

3. 安装 vue-cli

vue-cli 是一种全局脚手架，用于帮助搭建所需的模板框架。

运行命令 npm install -g vue-cli 可安装 vue-cli。

运行命令 vue -V 可查看 vue 版本。

4. 创建第一个 Vue.js 项目

运行命令 vue init webpack helloworld 可创建 Vue.js 项目、设置项目名称，其他项可以直接按 Enter 键选择默认参数。具体项目的文件夹可以查看图 3-15。

5. 安装依赖

运行命令 npm install 或者 cnpm install 可安装依赖。安装完成之后，会在项目文件夹中多出一个 node_modules 文件夹，这就是项目需要的依赖包资源。

6. 运行项目

如图 3-15 所示，进入项目的文件夹，运行 npm run dev，启动本地服务器。最后，通过浏览器访问 http://localhost:8080/#/，如图 3-16 所示。

```
QindeMacBook-Pro:~ qinliu$ cd helloworld
QindeMacBook-Pro:helloworld qinliu$ ls
README.md              index.html             package.json           test
build                  node_modules           src
config                 package-lock.json      static
QindeMacBook-Pro:helloworld qinliu$ npm run dev

> helloworld@1.0.0 dev /Users/qinliu/helloworld
> webpack-dev-server --inline --progress --config build/webpack.dev.conf.js

 12% building modules 23/31 modules 8 active ...!/Users/qinliu/helloworld/src/App.vue{ parser: "babylon"
} is deprecated; we now treat it as { parser: "babel" }.
 95% emitting

 DONE  Compiled successfully in 3442ms                                                    下午4:20:34

 Your application is running here: http://localhost:8080
```

图 3-15　运行项目

图 3-16　浏览器显示

3.2.3　Vue.js 基本使用

1. 计数器

下列代码是一个简单计数器的案例。

```
<! DOCTYPE html >

< head >
    < meta charset = "utf - 8">
    < title > Vue Example </title >
    < script src = "https://cdn.staticfile.org/vue/2.2.2/vue.min.js"></script >
</head >
< body >
< div id = "app">
    < button v - on:click = "increment"> plus 1 </button >
    < p > This button is clicked {{ count }} times.</p >
</div >
```

```
<script>
    const app = new Vue({
        el:'#app',
        // state
        data:{
            count: 0
        },
        // actions
        methods: {
            increment:function() {
                this.count++
            }
        }
    })
</script>
</body>
</html>
```

单击按钮，button 显示计数的次数。将 count 数据和 View 中的单击次数进行双向绑定。事件响应每次单击按钮，调用 increment 方向 counter 数据加 1，View 中 button 的单击次数也随之改变。单击 3 次之后，显示效果如图 3-17 所示。

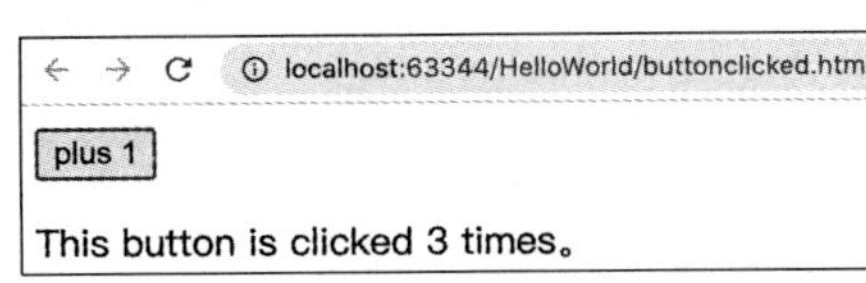

图 3-17 计数器案例显示效果

2. 网站列表

客户端 ViewModel 有时会异步请求 Model 数据。比如下列代码的 info 数据是向服务器发送 GET 请求得来的。当服务器应答后，再根据 response 数据设置 ViewModel，从而达到 View 的改变。response.data.sites 数据赋给了 info 参数。

```
<div id = "app">
  <h1>网站列表</h1>
  <div
    v - for = "site in info"
  >
    {{ site.name }}
  </div>
</div>
<script type = "text/javascript">
new Vue({
  el: '#app',
  data() {
    return {
      info: null
    }
  },
  mounted() {
    axios
      .get('https://www.runoob.com/try/ajax/json_demo.json')
```

```
        .then(response => (this.info = response.data.sites))
        .catch(function(error) { //请求失败处理
          console.log(error);
        });
    }
  })
  </script>
```

具体显示效果如图 3-18 所示。

上述代码如果是在本地运行，由于要访问 www.runoob.com 域名的接口，因此会出现跨域问题。可以在 https://www.runoob.com/try/try.php?filename=vue2-ajax-axios3 页面查看效果。

3. Vuex 实现计数器

下面将根据一个 Vuex 实现的计数器介绍 Vue.js 的基本使用。项目的主要文件夹如图 3-19 所示。

网站列表

Google
Runoob
Taobao

图 3-18　网站列表案例显示效果

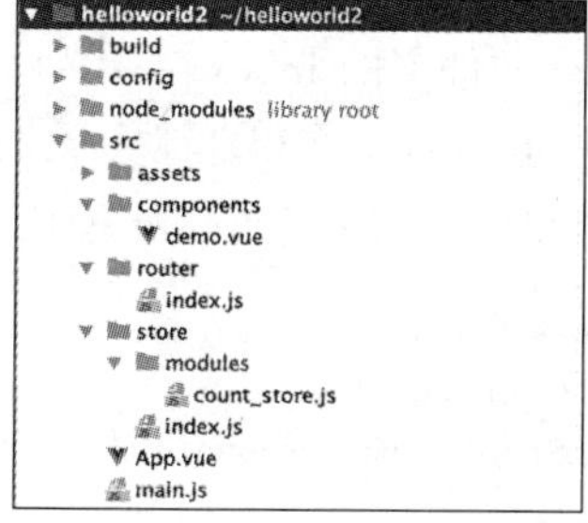

图 3-19　Vuex 实现的计数器项目主要文件夹

App.vue 是根页面级组件，main.js 是入口文件。在 src 文件夹下，router 子文件夹下有 index.js，实现了路由。store 子文件夹下有 index.js 文件和 modules 文件夹，把相关的状态分离到 modules 子文件夹下，再在 index.js 中引入。component 子文件夹是界面组件。

App.vue 根页面级组件中引入了 components 子文件夹的 demo 组件。具体代码如下：

```
<template>
  <div id="app">
    <Demo></Demo>
  </div>
</template>

<script>
import Demo from './components/demo.vue'

export default {
  components: {
    Demo
  }
}
```

```
</script>
```

main.js 中引入了 router 和 store。具体代码如下：

```
import Vue from 'vue'
import App from './App'
import router from './router'
import store from './store'

Vue.config.productionTip = false

new Vue({
  el: '#app',
  router,
  store,
  components: { App },
  template: '<App/>'
})
```

下面是 store 文件夹的 index.js 代码。当应用比较简单时，可以把状态都写在一个 store 对象 index.js 中，但当应用变得非常复杂时，index.js 就有可能很臃肿。所以将 store 分割成模块(Module)。这里定义了一个 count 模块，其内容来自 modules 文件夹的 count_store.js。

```
import Vue from 'vue'
import Vuex from 'vuex'
import countStore from './modules/count_store.js'

Vue.use(Vuex)

export default new Vuex.Store({
  modules: {
    count: countStore
  }
})
```

下面是 count_store.js 代码。其中定义了保存状态 count。Commit mutation(提交更改)是更改 Vuex 的 store 中的状态的唯一方法。Vuex 中的 mutation 非常类似于事件：每个 mutation 都有一个字符串的事件类型(Type)和一个回调函数(Handler)。这个回调函数就是实际进行状态更改的地方，并且它会接受 state 作为第一个参数。代码中的 increment 是使计数加 1，decrement 是使计数减 1。

```
export default{
  state: {
    count: 1
  },
  mutations: {
    increment(state) {
      state.count++
```

```
    },
    decrement(state) {
      state.count--
    }
  }
}
```

demo.vue 定义一个< p >标签，MVVM 双向绑定了{{ $store.state.count.count }}值。另外有两个按钮，单击之后的回调分别执行"$store.commit('increment')"和"$store.commit('decrement')"提交变更。具体代码如下：

```
<template>
  <div>
    <p>{{ $store.state.count.count }}</p>
    <div>
      <button @click="$store.commit('increment')">+</button>
      <button @click="$store.commit('decrement')">-</button>
    </div>
  </div>
</template>

<script>
export default {
  name: 'demo'
}
</script>

<style scoped>

</style>
```

可以通过命令行执行 npm run dev 命令来运行项目。如果使用类似 WebStorm 的 IDE 成功编译并启动服务器，可以在 IDE 的终端中看到如图 3-20 所示的输出。如果失败，则及时修改代码，系统会自动运行命令来完成编译和启动服务器的工作。

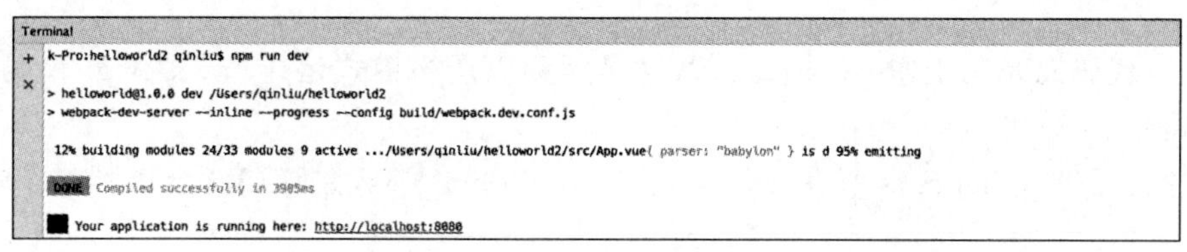

图 3-20　在 WebStorm IDE 的终端中编译运行项目

如图 3-21 所示，访问 http://localhost:8080 网站，就可以看到项目的显示效果。单击+按钮 4 次，单击－按钮 1 次，数字显示为 3。

图 3-21　Vuex 实现的计数器运行效果

3.3 Node.js 入门

本节介绍 Node.js 的特性、HelloWorld 项目和简单的基于 Node.js 的服务器案例。

3.3.1 Node.js 介绍

Node.js 就是能够在服务器端运行的 JavaScript 开放源代码、跨平台 JavaScript 环境。Node.js 采用 Google 公司开发的 V8 引擎运行代码，使用事件驱动、非阻塞和异步输入输出模型等技术来提高性能，可优化应用程序的传输量和规模。这些技术通常用于资料密集的即时应用程序。

Node.js 大部分基本模块都用 JavaScript 语言编写。在 Node.js 出现之前，JavaScript 通常作为客户端程序设计语言使用，用来完成前端的交互逻辑，用 JavaScript 写出的程序常在用户的浏览器上运行。Node.js 出现之后，使得 JavaScript 应用于服务器端编程成为可能。Node.js 的一系列内置模块，使得程序可以脱离 Apache HTTP 服务器或微软 Web 服务器，作为独立服务器运行。这使得 JavaScript 成了全栈开放语言，大大提升了其在编程语言中的地位。

由于大量第三方库的存在，在安装和使用 Node.js 时会给用户带来相当大的困扰。Node.js 附带了包管理器——npm。npm 是一个命令行工具，用于从 NPM Registry 中下载、安装 Node.js 程序，同时解决依赖问题，大大提高了开发的速度。

3.3.2 Node.js 基本使用

1. Hello World，Hello Node.js

在任何文本编辑器上输入下列代码，然后保存为 hello.js。

```
'use strict';

console.log('Hello, World.');
```

第一行代码总是写上“'use strict';”，这是因为以严格模式运行 JavaScript 代码，避免各种潜在陷阱。

在控制台，进入 hello.js 所在文件夹，执行 node hello.js，控制台就会得到如下输出。

```
Hello, World.
```

2. Hello World，Hello Server

服务器端使用 CommonJS 模块化方案，用 require 指令来载入 CommonJS 模块。require 是同步加载的，后面的代码必须等待这个命令执行完才会执行。如果是浏览器端则使用 ES6 模块化方案。由于浏览器通过网络加载 ES6 模块无法保证速度，因此一般以 import 命令进行异步加载，或者更准确地说，ES6 模块有一个独立的静态解析阶段，依赖关系的分析是在那个阶段完成的，最底层的模块第一个执行。

Node.js 中自带 http 模块，在代码中请求它并将返回它的实例化对象赋给一个本地变量，通过这个本地变量可以调用 http 模块所提供的公共方法。然后，使用 http.createServer()方法来创建服务器，并使用 listen()方法绑定 8888 端口。服务器通过 request、response 参数来接收和响应数据。

```
var http = require('http');

http.createServer(function(request, response) {

    //发送 HTTP 头部
    //HTTP 状态值: 200 : OK
    //内容类型: text/plain
    response.writeHead(200, {'Content - Type': 'text/plain'});

    //发送响应数据 "Hello World"
    response.end('Hello World\n');
}).listen(8888);

//终端打印如下信息
console.log('Server running at http://127.0.0.1:8888/');
```

如图 3-22 所示，执行命令 node server.js 启动服务器。通过浏览器访问 http://127.0.0.1:8888/网址，可以看到如图 3-23 所示的效果。

```
QindeMacBook-Pro:nodehelloworld qinliu$ node server.js
Server running at http://127.0.0.1:8888/
```

图 3-22　启动 Node.js 服务器

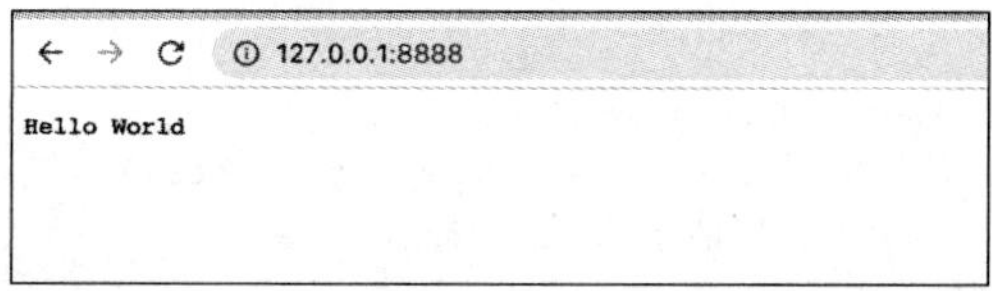

图 3-23　Node.js HelloWorld 案例显示效果

3. 网站列表服务器

在 3.2 节中访问网站列表是通过第三方服务器得到数据的。如果想从自己的 Node.js 服务器得到数据，只需要向自己的服务地址发出 REST 请求。

修改之前创建第一个 Vue.js 项目的 HelloWorld 项目中 router 文件夹下的 index.js。具体代码如下：

```
import Vue from 'vue'
import Router from 'vue - router'
import WebSites from '@/components/WebSites'
```

```
Vue.use(Router)

export default new Router({
  routes: [
    {
      path: '/',
      name: 'OurWebSites',
      component: WebSites
    }
  ]
})
```

在 components 文件夹下创建新的 Vue component：WebSites.vue。具体代码如下：

```
<template>

  <div>
    <h1>网站列表</h1>
      <div v-for="site in info" v-bind:key="site">{{ site.name }}</div>
  </div>
</template>

<script>
import axios from 'axios'

export default {
  name: 'OurWebSites',
  data() {
    return {
      info: null
    }
  },
  mounted() {
    axios
      .get('http://localhost:8081/getWebSites')
      .then(response => (this.info = response.data.sites))
      .catch(function(error) { //请求失败处理
        console.log(error)
      })
  }
}
</script>

<style scoped>

</style>
```

Express 是一种保持最低程度规模的灵活 Node.js Web 应用程序框架，为 Web 和移动应用程序提供一组强大的功能。Express 框架的核心特性：可以设置中间件来响应 HTTP 请求；定义路由表用于执行不同的 HTTP 请求动作；可以通过向模板传递参数来动态渲染

HTML 页面。下面的案例中，服务器根据 URL 映射到具体的处理函数，通过 req 参数得到请求，经过业务逻辑处理后，通过 res 参数设置回复。通过 JSON. stringify()将数据转换为 JSON 格式返回。

__dirname()方法可以获得当前文件夹名称。下面代码中用__dirname()方法构建数据文件的路径。

```
var express = require('express');
var app = express();
var fs = require("fs");
var cors = require('cors')

//解决跨域问题
app.use(cors({
    credentials: true,
    origin: '*',
}))

//映射 URL 和处理函数
app.get('/getWebSites', function(req, res) {
   fs.readFile( __dirname + "/" + "data.json", 'utf8', function(err, data) {
       data = JSON.parse(data);
       console.log(data);
       res.end(JSON.stringify(data));
   });
})

//设置监听端口,启动服务器
var server = app.listen(8081, function() {

  var host = server.address().address
  var port = server.address().port

  console.log("应用实例,访问地址为 http://%s:%s", host, port)

})
```

本案例中服务器是从本地一个 JSON 文件中读取的数据。JSON 文件内容如下。

```
{
    "sites":[
        { "name":"Sina", "info":["News", "Blog"] },
        { "name":"Baidu", "info":["Search", "Netdisk"] },
        { "name":"Taobao", "info":["Shopping"] }
    ]
}
```

最后，显示效果如图 3-24 所示。

图 3-24　Node.js 网站列表案例显示效果

练习 3

1.【多选题】浏览器架构由以下(　　)部分组成。

A. 用户界面

B. 浏览器引擎

C. 渲染引擎

D. 数据存储、网络、JavaScript 引擎、UI 后端等基本库

2.【多选题】浏览器渲染包括以下(　　)步骤。

A. 解析　　B. 附着合成　　C. 布局　　D. 绘制

3.【单选题】下列说法不正确的是(　　)。

A. HTML 使用标记标签(Tag)来描述网页的内容

B. CSS 确定以何种外观(大小、粗细、颜色、对齐和位置)展现这些元素

C. JavaScript 语言可以通过 API 完成对 DOM 树和 CSS 树的操作

D. JavaScript 脚本只能写在 HTML 中才有效，不能作为单独的文件引用

4.【多选题】下列(　　)是 Vue.js 的特点。

A. 声明式渲染　　B. 组件化应用构建

C. 前端路由　　D. 大规模状态管理

E. 强大的构建工具

5.【简答题】论述前端路由和后端路由的区别和优缺点。

6.【单选题】下列关于 Vuex 的说法错误的是(　　)。

A. Vuex 强调数据流的单向流动

B. Vuex 采用集中式存储管理应用的所有组件的状态

C. Vue 组件接收交互行为，调用 dispatch()方法触发 action 相关处理，若页面状态需要改变，则调用 commit()方法提交 mutation()方法修改 state，通过 getters 获取到 state 新值，重新渲染 Vue Components，界面随之更新

D. Vuex 既可以直接调用 mutation()方法，也可以通过 commit()方法来提交 mutation()方法

7.【简答题】简述 Vuex 项目各文件夹与文件的作用。

8.【简答题】简述 Node.js Express 框架的功能。

第 4 章 Java Web 开发

本章介绍 HTTP、Tomcat 和 Servlet 原理、REST 风格和 JSON 格式、数据设计以及 Spring Boot 和 MyBatis 框架技术。

4.1 TCP/IP 协议栈和 HTTP

本节按照协议栈、数据包、HTTP 的顺序让读者了解 HTTP 的基础知识。

4.1.1 TCP/IP 协议栈

网络中计算机之间互相通信,就必须制定一些规则,比如怎么搜索到目标计算机、怎么开始和结束通信、怎么保证可靠性。这些达成一致的规则称为协议。如图 4-1 所示,TCP/IP 是与互联网相关的各类协议族的总称,计算机网络就是在 TCP/IP 协议族的基础上运作的,通常抽象为四层的协议栈。从上到下依次为应用层、传输层、网络层和网络接口层。应用层为操作系统或网络应用程序提供访问网络服务的接口。HTTP 属于它内部的一个子集,提供了超文本数据的传输。传输层将上层数据分段并提供端到端的、可靠的或不可靠的传输以及端到端的差错控制和流量控制问题;主要用到的是 TCP、UDP。网络层对子网间的数据包进行路由选择,还可以实现拥塞控制、网络互连等功能。网络接口层则为网络层提供物理上的可靠的数据传输。

应用层	• HTTP(超文本传输协议) • FTP(文件传输协议) • DNS(域名系统)
传输层	• TCP(传输控制协议) • UDP(用户数据协议)
网络层	• IP(网络协议) • ARP(地址解析协议) • ICMP(因特网控制消息协议)
网络接口层	• SLIP(串行线路网际协议) • PPP(点到点协议) • IEEE 802.1A

图 4-1 TCP/IP 协议栈

4.1.2 数据包

当应用层协议使用 TCP/IP 传输数据时，TCP/IP 协议族可能会将应用层发送的数据分成多个包依次发送，而数据接收方收到的数据可能是分段的或者拼接的，所以它需要对接收的数据进行拆分或者重组。应用层数据的单位称为消息。IP 和 UDP 会分片传输过大的数据包(Packet)避免物理设备的限制；TCP 会分段传输过大的数据段(Segment)保证传输的性能。在网络接口层中的数据链路子层，传输的单位是帧(Frame)。在传输数据时，其实是按相应的单位来传输的。由于在各层都有相应的传输功能要实现，所以，发送时必须在各层的数据单位中增加头信息。如图 4-2 所示，各层会增加相应的头信息，再通过下一层传输过去。网络中的机器收到数据后，同样要根据头信息逐层解开各级数据，直到目标机器收到并解析出源机器最初要传输的应用层数据消息。

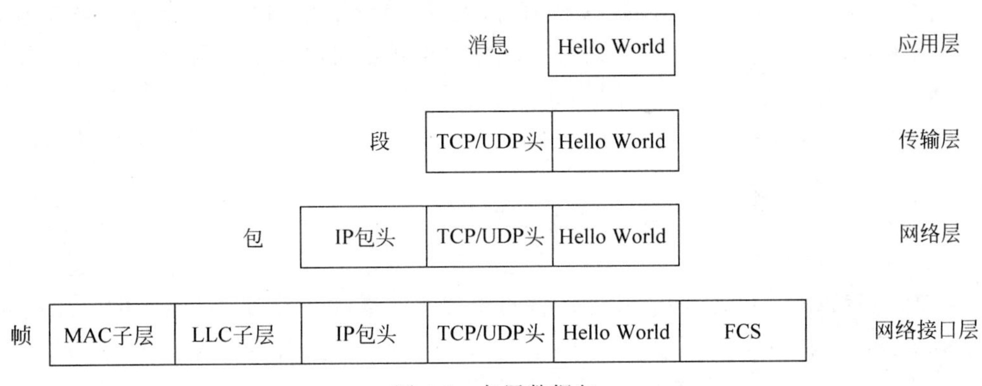

图 4-2 各层数据包

4.1.3 HTTP

1. 客户端服务器模式

如图 4-3 所示，HTTP 是 TCP/IP 协议栈应用层的一个协议，是一个客户端/服务器端(C/S)模型。客户端(Client)发起请求(Request)，服务器端(Server)回送响应(Response)。HTTP 是一个无状态的协议。无状态是指客户机(Web 浏览器)和服务器之间的每个请求、如果在非保活(Keep-Alive)模式下，每次建立连接都是完全独立的，这意味着当一个客户端向服务器端发出请求，然后服务器返回响应，连接就被关闭了，在服务器端不保留连接的有关信息。当使用 Keep-Alive 模式时，Keep-Alive 功能使客户端到服务器端的连接持续有效，当出现对服务器的后继请求时，Keep-

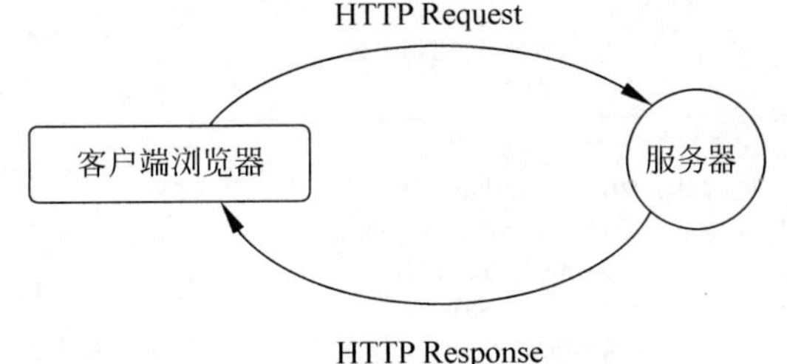

图 4-3 HTTP 客户端服务器模型

Alive 功能避免了建立或者重新建立连接。

2. HTTP 工作过程

一次 HTTP 操作称为一个事务，其工作整个过程如下。

（1）地址解析：客户端浏览器需要通过 URL 请求某个网站页面。例如，http://localhost.com:8080/index.htm。从 URL 中分解结果如下：协议名，http；主机名，localhost.com；端口，8080；对象路径，/index.htm。真实访问时，还需要通过域名系统（DNS）解析域名 localhost.com，得到主机的 IP 地址。

（2）封装 HTTP 请求数据包：把以上部分结合本机自己的信息，封装成一个 HTTP 请求数据包。

（3）封装成 TCP 包，建立 TCP 连接（TCP 的三次握手）：在 HTTP 工作开始之前，客户端（Web 浏览器）首先要通过网络与服务器建立连接，该连接是通过 TCP 来完成的，该协议与 IP 共同构建 Internet，即著名的 TCP/IP 协议族。HTTP 是比 TCP 更高层次的应用层协议，根据规则，只有低层协议建立之后，才能进行更高层协议的连接，因此，首先要建立 TCP 连接，一般 TCP 连接的端口号是 80。这里是 8080 端口。

（4）客户端发送请求命令：建立连接后，客户端发送一个请求给服务器。例如 GET/sample/hello.jsp HTTP/1.1。

（5）服务器端响应：服务器端接到请求后，给予相应的响应信息。例如 HTTP/1.1 200 OK。服务器端向浏览器发送头信息后，它会发送一个空白行来表示头信息的发送到此为结束，接着，它就以 Content-Type 应答头信息所描述的格式发送用户所请求的实际数据。

（6）服务器端关闭 TCP 连接：一般情况下，一旦 Web 服务器向浏览器发送了响应数据，它就要关闭 TCP 连接。但如果浏览器或者服务器端在其头信息加入了代码：Connection：Keep-Alive，TCP 连接在发送后将仍然保持打开状态，于是，浏览器可以继续通过相同的连接发送请求。保持连接节省了为每个请求建立新连接所需的时间，还节约了网络带宽。

3. URL 格式请求

统一资源定位符（Uniform Resource Locator，URL）是因特网上标准的资源的地址，如同在网络上的门牌。URL 标准格式由三部分组成：协议类型、服务器地址（和端口号）、路径（Path）。HTTP URL 可以携带键值对形式的参数。参数以问号“?”开始并采用 name=value 的格式。如果存在多个 URL 参数，则参数之间用一个 & 隔开。具体格式和示例如下。

（1）格式：协议类型://服务器地址[:端口号]路径；

（2）示例：http://blog.csdn.com/users?gender=male。

4. Request

图 4-4 是 HTTP Request（请求）的格式，主要有方法、路径、HTTP 版本、头信息（Head）和主体（Body）。其中，常用的方法有 GET 和 POST。GET 方法用于获取资源，不会对服务器数据进行修改，所以不发送 Body。例如：

```
        方法 路径 HTTP版本
         |    |    |
请求行：GET/ users HTTP/1.1
头信息：Host:api.github.com
        Content-Type:text/plain
        Content-Length:243
主体：  body body body body body
        body body body body body
        body body body body body
        body body body body body
```

图 4-4 HTTP Request（请求）的格式

```
GET /users/1 HTTP/1.1
Host: api.github.com
```

POST 方法用于增加或修改资源，它会将发送给服务器的内容写在 Body 里面。例如：

```
POST /users HTTP/1.1
Host: api.github.com
Content - Type: application/x - www - form - urlencoded
Content - Length: 13
name = rengwuxian&gender = male
```

5. Response

图 4-5 是 HTTP Response(回答)的格式。其中包括 HTTP 版本、状态码、状态消息、头信息、空行、主体。

```
            HTTP版本  状态码  状态消息

状态行：HTTP/1.1       200    OK
头信息：Date:Sun,10 Oct 2010 23:26:07 GMT
        Server:Apache/2.2.8 (Ubuntu) mod_ssl/2.2.8 OpenSSL/0.9.8g
        Last-Modified:Sun, 26 Sep 2010 22:04:35 GMT
        ETag："45b6-834-49130cc1182c0"
        Accept-Ranges:bytes
        Content-Length：12
        Connection:close
        Content-Type:text/html
主体：Hello World!
```

图 4-5 HTTP Response(回答)的格式

状态码是一个三位数字，用于对响应结果做出类型化描述(如“获取成功”“内容未找到”)。常用状态码对应的含义如下。

(1) 1xx：临时性消息。如 100(继续发送)、101(正在切换协议)。

(2) 2xx：成功。最典型的是 200(OK)、201(创建成功)。

(3) 3xx：重定向。如 301(永久移动)、302(暂时移动)、304(内容未改变)。

(4) 4xx：客户端错误。如 400(客户端请求错误)、401(认证失败)、403(被禁止)、404(找不到内容)。

(5) 5xx：服务器错误。如 500(服务器内部错误)。

4.2 Tomcat 和 Servlet 原理

本节介绍 Tomcat 的职责，以及 Servlet 在 Tomcat 中是如何工作的。

4.2.1 Tomcat

如图 4-6 所示，Apache Tomcat 是一个用 Java 语言编写的运行在 JVM 上的 Web 服务器(Java Servlet 容器)。它和 HTTP 服务器一样，绑定 IP 地址并监听 TCP 端口，同时还包含以下职责。

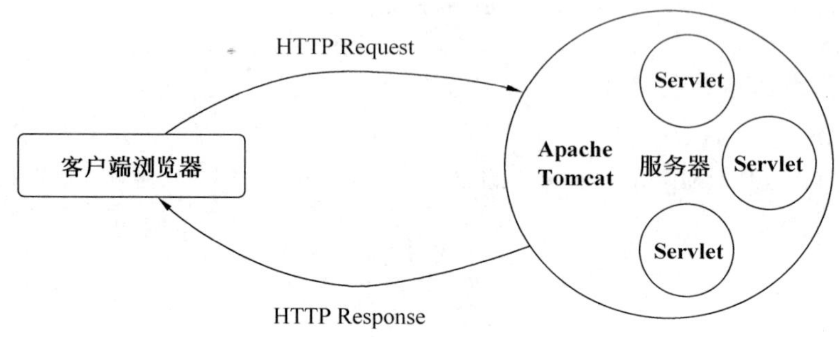

图 4-6 Apache Tomcat 工作原理

(1) 管理 Servlet 对象的生命周期。

(2) 将 URL 映射到指定的 Servlet 进行处理。

(3) 与 Servlet 程序合作处理由 Web 浏览器发来的 HTTP 请求：根据 HTTP 请求生成 HttpServletRequest 对象并传递给 Servlet 对象进行处理，将 Servlet 对象中的 HttpServletResponse 对象生成的内容返回给浏览器。

4.2.2 Servlet

Java Servlet 是用 Java 编写的服务器端程序。其主要功能在于交互式地浏览和修改数据，生成动态 Web 内容。Java Servlet 运行在 Web 服务器或应用服务器上，作为来自 Web 浏览器或其他 HTTP 客户端的请求和 HTTP 服务器上的数据库或应用程序之间的中间层。

1. Servlet 生命周期

如图 4-7 所示，一个典型的 Servlet 生命周期方案(即 Servlet 工作原理)如下。

(1) 到达服务器的 HTTP 请求被委派到 Servlet 容器。

(2) Servlet 容器在调用 service()方法之前需要加载 Servlet 类，创建 Servlet 对象，调用 init()方法完成初始化工作。

(3) Servlet 容器处理由多个线程产生的多个请求，每个线程执行一个单一的 Servlet 对象的 service()方法。

(4) 容器想销毁 Servlet 对象之前会调用 destroy()方法。

2. service()方法

service()方法是执行实际任务的主要方法。Servlet 容器(即 Web 服务器)调用 service()方

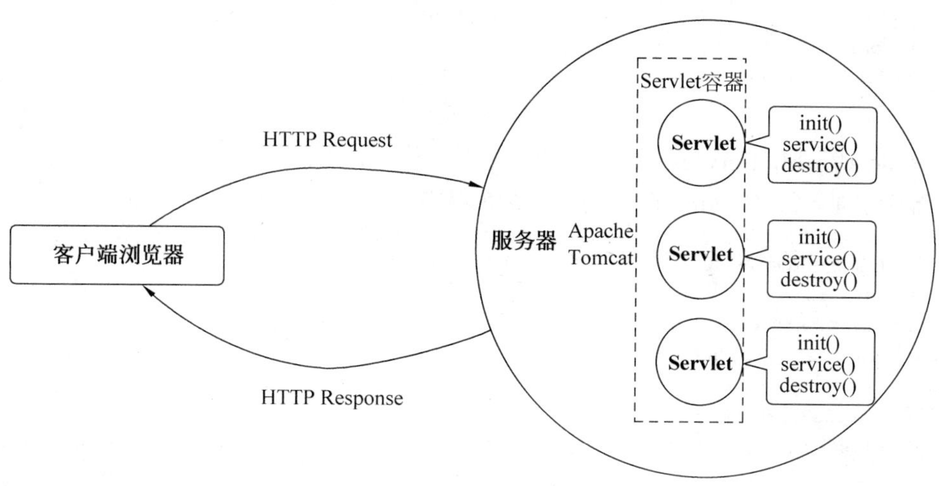

图 4-7 Servlet 工作原理

法来处理来自客户端(浏览器)的请求,并把格式化的响应写回给客户端。每当服务器接收到一个 Servlet 请求时,服务器都会产生一个新的线程并调用服务。service()方法检查 HTTP 请求类型(GET、POST、PUT、DELETE 等),并在适当的时候调用 doGet()、doPost()、doPut()、doDelete()等方法。

下面是该方法的接口。

```
public void service(ServletRequest request,
                    ServletResponse response)
      throws ServletException, IOException{
}
```

service()方法由容器调用,在适当的时候调用 doGet()、doPost()、doPut()、doDelete()等方法。所以,不用对 service()方法做任何动作,只需要根据来自客户端的请求类型来重写 doGet()或 doPost()即可。

doGet()和 doPost()方法是每次服务请求中常用的方法。

(1) doGet()方法：GET 请求来自一个 URL 的正常请求,或者来自一个未指定 METHOD 的 HTML 表单,它由 doGet()方法处理。具体代码如下：

```
public void doGet(HttpServletRequest request,
                  HttpServletResponse response)
    throws ServletException, IOException {
    // Servlet 代码
}
```

(2) doPost()方法：POST 请求来自一个特别指定了 METHOD 为 POST 的 HTML 表单,它由 doPost() 方法处理。具体代码如下：

```
public void doPost(HttpServletRequest request,
```

```
                        HttpServletResponse response)
        throws ServletException, IOException {
        // Servlet 代码
    }
```

3. Hello World, Servlet

下面代码是一个 Servlet 的 Hello World 程序:

```
//导入必需的 Java 库
import java.io.*;
import javax.servlet.*;
import javax.servlet.http.*;

//扩展 HttpServlet 类
public class HelloWorld extends HttpServlet {

  private String message;

  public void init() throws ServletException
  {
      //执行必需的初始化
      message = "Hello World";
  }

  public void doGet(HttpServletRequest request,
                    HttpServletResponse response)
          throws ServletException, IOException
  {
      //设置响应内容类型
      response.setContentType("text/html");

      //实际的逻辑在这里
      PrintWriter out = response.getWriter();
      out.println("<h1>" + message + "</h1>");
  }

  public void destroy()
  {
      //
  }
}
```

首先,通过如下命令编译 Servlet:

```
$ javac HelloWorld.java
```

接着,部署 Servlet。默认情况下,Servlet 应用程序位于路径/webapps/ROOT 下,且类文件放在/webapps/ROOT/WEB-INF/classes 中。类 com.huawei.MyServlet 必须位于 WEB-INF/classes/com/huawei/MyServlet.class 中。把 HelloWorld.class 复制到 /webapps/

ROOT/WEB-INF/classes 中，并在位于/webapps/ROOT/WEB-INF/的 web. xml 文件中创建以下条目：

```
<web-app>
    <servlet>
        <servlet-name>HelloWorld</servlet-name>
        <servlet-class>HelloWorld</servlet-class>
    </servlet>

    <servlet-mapping>
        <servlet-name>HelloWorld</servlet-name>
        <url-pattern>/HelloWorld</url-pattern>
    </servlet-mapping>
</web-app>
```

最后，运行 Servlet。启动 Tomcat 服务器，最后在浏览器的地址栏中输入 http://localhost:8080/HelloWorld，显示效果如图 4-8 所示。

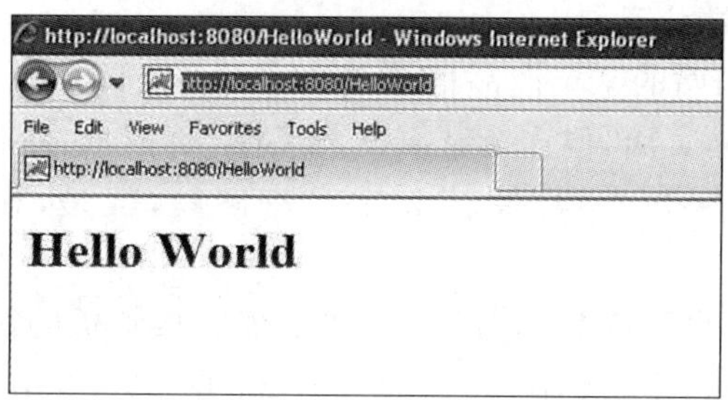

图 4-8 Servlet Hello World 项目显示效果

4.3 REST 和 JSON

本节介绍 REST 风格和 JSON 数据格式。

4.3.1 REST 风格

1. REST 风格的提出

The modern Web is one instance of a REST-style architecture.

—Roy Fielding

自从 Roy Fielding 博士在 2000 年他的博士论文中提出表述性状态传递(Representational State Transfer，REST)风格的软件架构模式后，REST 就基本上迅速取代了复杂而笨重的 SOAP，成为 Web API 的标准。图 4-9 给出了 REST 风格的软件架构模式满足的各种要求：可重复(Replicated)、分层(Layered)、无状态(Stateless)、可靠(Reliable)、统一接口(Uniform Interface)、可扩展(Extensible)、可重用(Reusable)、可水平扩展(Scalable)和可缓存(Cacheable)等。

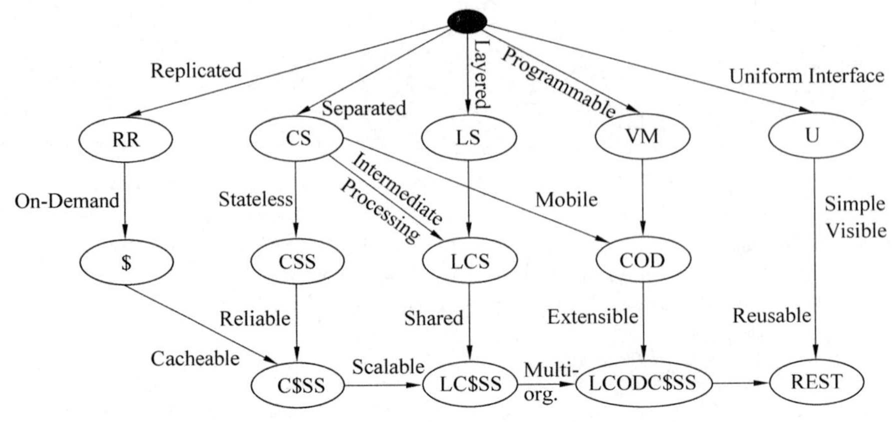

图 4-9 REST 风格的软件架构模式

2. Web API 与前后端分离

如果想要获取电商网站的某个商品信息，输入 http://localhost:3000/products/123 就可以看到 id 为 123 的商品页面，但这个结果是 HTML 页面，它同时混合包含了商品数据和商品展示两部分。对于用户来说，阅读起来没有问题，但是，如果机器读取，就很难从 HTML 中解析出商品数据。

如果一个 URL 返回的不是 HTML，而是机器能直接解析的数据，这个 URL 就可以看成是一个 Web API。比如，读取 http://localhost:3000/api/products/123，如果能直接返回商品数据，那么机器就可以直接读取。

REST 风格就是一种设计 Web API 的风格。由于 JSON 能直接被 JavaScript 读取，因此，以 JSON 格式编写的 REST 风格的 Web API，即 REST API，具有简单、易读、易用的特点。

编写 REST API 有什么好处呢？如图 4-10 所示，由于 REST API 就是把 Web App 的功能全部封装了，所以通过 REST API 操作数据，可以极大地把前端和后端的代码隔离，使得后端代码易于测试，前端代码编写更简单。

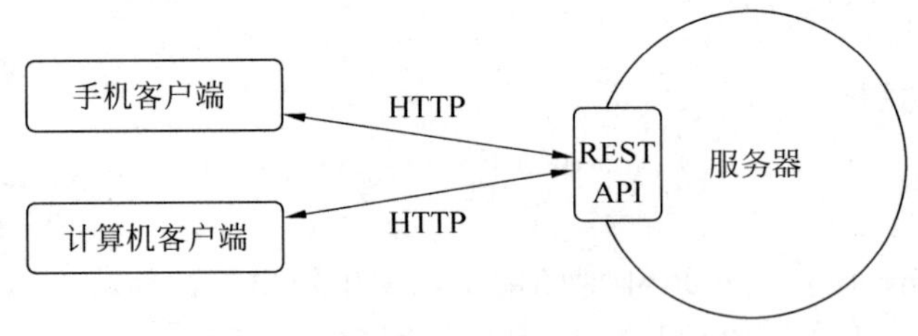

图 4-10 REST API 工作原理

此外，如果把前端页面看作是一种用于展示的客户端，那么 REST API 就是为客户端提供数据、操作数据的接口。这种设计可以获得极高的扩展性。例如，当用户需要在手机客户端或者计算机客户端上购买商品时，只需要开发针对各自的操作系统的两个客户端，通过客户端访问同一个 REST API，就可以完成通过浏览器页面提供的功能，而后端代码基本无须改动，从而达到真正的前后端分离。

3. REST API 规范

REST API 是遵从 REST 风格的体系架构 Web Service。REST 请求和普通的 HTTP 请求有所不同，通常会遵循下列规范。

(1) REST 请求仍然是标准的 HTTP 请求。

(2) 除了 GET 请求外，POST、PUT 等请求的主体是 JSON 数据格式；因此，相应的 Content-Type 也是 application/json。

(3) REST 规范定义了资源的通用访问格式，虽然它不是一个强制要求，但遵守该规范可以让人易于理解。

- 假如商品 Product 就是一种资源。获取所有 Product 的 URL 是 GET/api/products。
- 获取某个指定的 Product，例如，ID 为 123 的 Product，URL 是 GET/api/products/123。
- 新建一个 Product 使用 POST 请求，JSON 数据包含在主体中，URL 是 POST/api/products。
- 更新一个 Product 使用 PUT 请求，例如，更新 ID 为 123 的 Product，URL 是 PUT/api/products/123。
- 删除一个 Product 使用 DELETE 请求，例如，删除 ID 为 123 的 Product，URL 是 DELETE/api/products/123。
- 资源还可以按层次组织。例如，获取某个 Product 的所有评论，使用的 URL 是 GET/api/products/123/reviews。
- 当只需要获取部分数据时，可通过参数限制返回的结果集，例如，返回第 2 页评论，每页 10 项，按时间排序，使用的 URL 是 GET/api/products/123/reviews? page＝2&size＝10&sort＝time。

4.3.2 JSON 数据格式

JavaScript 对象表示法(JavaScript Object Notation，JSON)是一种轻量级的数据交换语言，以易于让人阅读的文字为基础，用来传输由属性值或者序列性的值组成的数据对象。JSON 数据格式与语言无关。即便它源自 JavaScript，但当前很多编程语言都支持 JSON 格式数据的生成和解析。JSON 的官方 MIME 类型是 application/json，文件扩展名是.json。

如图 4-11 所示，JSON 本质是一个正则表达式。大括号{}保存对象。对象(object)可以由不定个“键值对”组成，由逗号分隔。键值对由字符串(string)：值(value)表示。中括号[]保存数组(array)，数组可以包含不定个数值。数值可以由字符串、数字(number)、数组、逻辑真假(true、false)和空(null)组成。所以，JSON 的解析器(parser)是一个有限状态机。下面代码是一个 JSON 的示例。

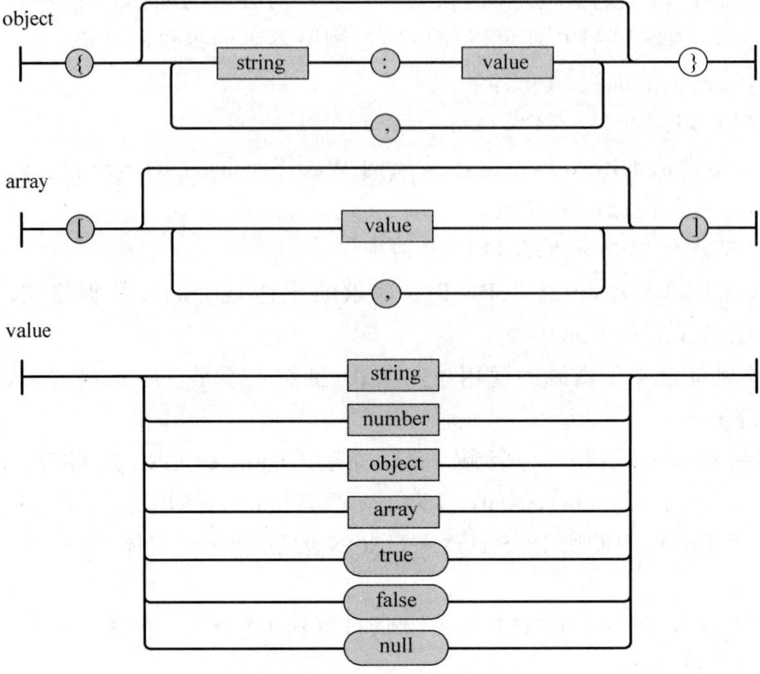

图 4-11　JSON 数据格式

```
{
    "firstName": "John",
    "lastName": "Smith",
    "sex": "male",
    "age": 25,
    "address":
    {
        "streetAddress": "21 2nd Street",
        "city": "New York",
        "state": "NY",
        "postalCode": "10021"
    },
    "phoneNumber":
    [
        {
          "type": "home",
          "number": "212 555 - 1234"
        },
        {
          "type": "fax",
          "number": "646 555 - 4567"
        }
    ]
}
```

4.4 Spring Boot 入门

本节介绍 Spring Boot 的特色和 HelloWorld 项目。

4.4.1 Spring Boot 简介

Spring Boot 是由 Pivotal 团队提供的全新框架，其设计目的是简化新 Spring 应用的初始搭建以及开发过程。其具有如下特色。

(1) 简化依赖，提供整合的依赖项，告别逐一添加依赖项的烦恼。

(2) 简化配置，提供约定俗成的默认配置，告别编写各种配置的烦琐。

(3) 简化部署，内置 Servlet 容器，开发时一键即运行。可打包为 jar 文件，部署时一行命令即启动。

(4) 简化监控，提供简单方便的运行监控方式。

4.4.2 Spring Boot 的 HelloWorld 项目

1. POM 文件

Spring Boot 的 HelloWorld 项目中 Maven 的 POM 文件如下：

```xml
<?xml version="1.0" encoding="UTF-8"?>
<project xmlns="http://maven.apache.org/POM/4.0.0" xmlns:xsi="http://www.w3.org/2001/
XMLSchema-instance"
    xsi:schemaLocation="http://maven.apache.org/POM/4.0.0 http://maven.apache.org/xsd/
maven-4.0.0.xsd">
    <modelVersion>4.0.0</modelVersion>

    <groupId>com.dudu</groupId>
    <artifactId>chapter1</artifactId>
    <version>0.0.1-SNAPSHOT</version>
    <packaging>jar</packaging>

    <name>chapter1</name>
    <description>Demo project for Spring Boot</description>

    <parent>
        <groupId>org.springframework.boot</groupId>
        <artifactId>spring-boot-starter-parent</artifactId>
        <version>1.5.1.RELEASE</version>
        <relativePath/> <!-- lookup parent from repository -->
    </parent>

    <properties>
        <project.build.sourceEncoding>UTF-8</project.build.sourceEncoding>
        <project.reporting.outputEncoding>UTF-8</project.reporting.outputEncoding>
        <java.version>1.8</java.version>
```

```
    </properties>

    <dependencies>
        <dependency>
            <groupId>org.springframework.boot</groupId>
            <artifactId>spring-boot-starter-web</artifactId>
        </dependency>

        <dependency>
            <groupId>org.springframework.boot</groupId>
            <artifactId>spring-boot-starter-test</artifactId>
            <scope>test</scope>
        </dependency>
    </dependencies>

    <build>
        <plugins>
            <plugin>
                <groupId>org.springframework.boot</groupId>
                <artifactId>spring-boot-maven-plugin</artifactId>
            </plugin>
        </plugins>
    </build>
</project>
```

2. 程序入口

Spring Boot 要求 main()方法所在的启动类必须放到根 package 下，命名不做要求。启动 Spring Boot 应用程序只需要一行代码加上一个注解@SpringBootApplication。具体代码如下：

```
// Application.java
package hello;

import org.springframework.boot.SpringApplication;
import org.springframework.boot.autoconfigure.SpringBootApplication;

@SpringBootApplication
public class Application {

    public static void main(String[] args) {
        SpringApplication.run(Application.class, args);
    }

}
```

3. Controller

启动之后，对 URL“/”路径的响应是通过 HelloController 类来实现的，需要添加@RestController 和@RequestMapping("/")注解来说明。如果是其他路径，修改 RequestMapping

注解的参数为对应的路径即可。具体代码如下：

```
// HelloController.java
package hello;

import org.springframework.web.bind.annotation.RestController;
import org.springframework.web.bind.annotation.RequestMapping;

@RestController
public class HelloController {

    @RequestMapping("/")
    public String index() {
        return "Greetings from Spring Boot!";
    }

}
```

4. 启动和浏览器访问

启动项目有如下三种方式。

(1) 在 IDE 中运行 Application 的 main()方法。

(2) 使用命令 mvn spring-boot:run 在命令行启动该应用。

(3) 运行 mvn package 进行打包时，会打包成一个可以直接运行的 JAR 文件，使用 java-jar 命令就可以直接运行。

启动项目之后，通过浏览器访问 URL，得到如图 4-12 所示的效果。

图 4-12 Spring Boot 的 HelloWorld 项目运行效果

4.5 数据设计

本节介绍服务器如何通过关系数据库进行数据持久。

4.5.1 数据持久化

为什么持久化？因为数据只有能够被记录(Record)、存储(Storage)、回忆(Recall)才能成为知识，才能被人类所利用。在人类漫长的历史中出现了很多持久化的方法，实物记录(绳结、泥板、竹片、绢布、纸张)电子文件以及数据库管理系统。

4.5.2 关系数据库

1. 关系

在关系数据库中，用一张表表达一个关系。如图 4-13 所示，表(关系，Relation)是以行

(元组,Tuple)和列(属性,Attribute)的形式组织起来的数据的集合。一个数据库包括一个或多个表。例如,可能有一个有关作者信息的名为 authors 的表。每列都包含特定类型的信息,如作者的姓氏。每行都包含有关特定作者的所有信息,如姓、名、住址等。

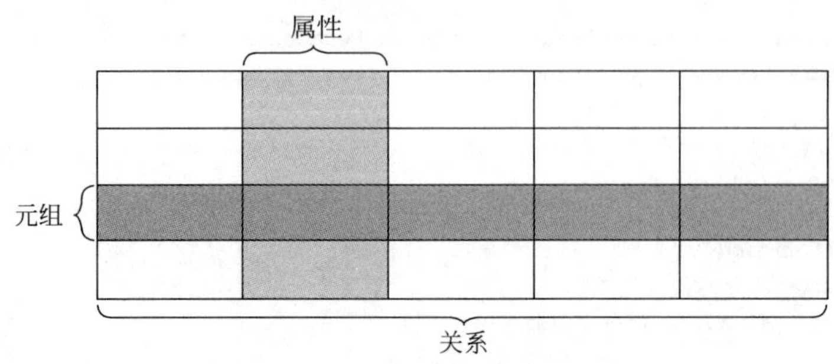

图 4-13 关系数据库中的表

2. 概念模型

概念模型是从用户的需求及其业务领域出发,经过分析和总结,提炼出来用以描述用户业务的概念类,以及概念类之间的关系。如图 4-14 所示,一个顾客可能买了多个商品。这时可以不关注概念的属性,主要关注类和类之间的关系。

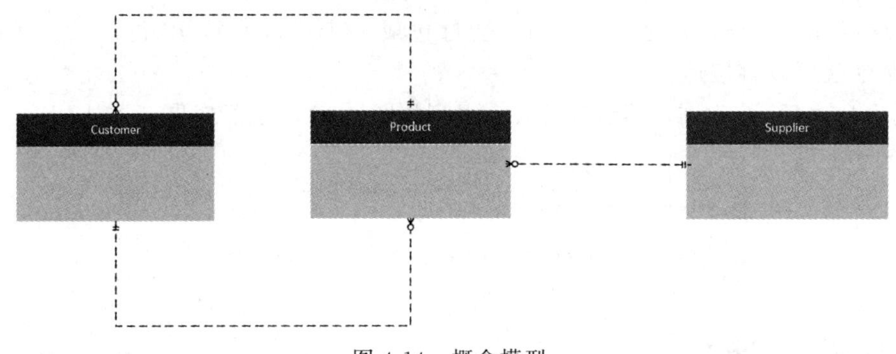

图 4-14 概念模型

3. 逻辑模型

逻辑模型就是将概念模型具体化,实现概念的功能时需要具体的实体和属性。如图 4-15 所示,新的订单实体和客户的属性被加入逻辑模型中。

4. 物理模型

物理模型则是对逻辑模型在真实数据库中实现的描述。物理模型包括数据表、主键、外键、字段、数据类型、长度、是否为空、默认值等。如图 4-16 所示,订单类被转换为 Purchase_Order 表。其中,ID 是主键,是 Integer 类型的。订单商品表则以 OrderID 和 ProductID 作为主键,商品数量 qty 作为属性记录某个订单买了多少个某一商品。

5. 将类图转换为关系表

通常用 Java 面向对象设计类图实现逻辑模型之后,主要要解决的问题就是向物理模型

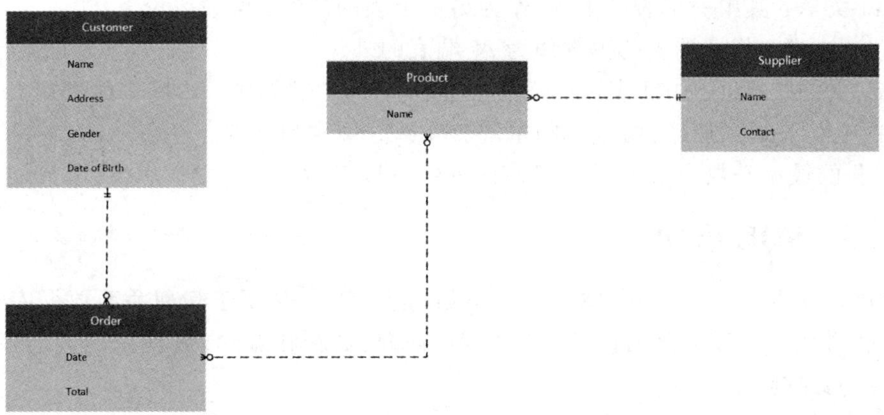

图 4-15 逻辑模型

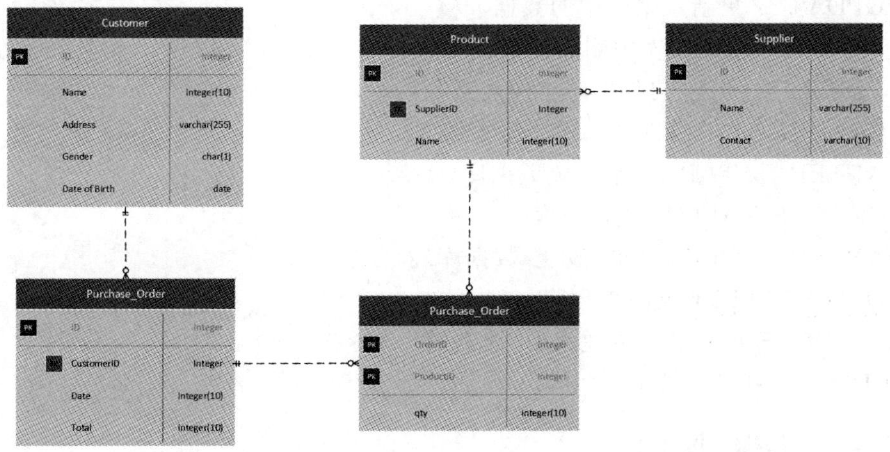

图 4-16 物理模型

的转换。这样用面向对象编程范式设计的业务逻辑，就可以方便地和底层关系型数据对应起来。通常的转换过程如下。

(1) 通常一个类/对象映射为一张表。

① 类的属性映射为表的列名。

② 类的实例对象就是表的行。

(2) 要为每个转换后的表建立主键。

① 类/对象通过引用唯一标识自己。

② 关系/表通过主键类唯一标识自己。

(3) 处理关联。

① 类/对象通过持有引用变量实现关联。

② 关系/表通过主键/外键实现关联。

a. 1:1 关联:其中一个表的主键,作为另一个表的外键;两端等价。

b. 1:N 关联:将一端表的主键作为 N 端表的外键。

c. M:N 关联:建立中间表,将 M 的主键和 N 的主键都作为中间表的外键。

d. 在包含/聚合关联中,将整体的主键放在部分中作为外键。

e. 关联的最小基数为 0,意味着相应的外键可以为 NULL。

4.5.3 SQL 语句

结构化查询语言(Structured Query Language,SQL)是用于管理关系数据库管理系统的一套标准语言。SQL 的范围包括数据插入、查询、更新和删除,数据库模式创建和修改,以及数据访问控制。

一些重要的 SQL 命令如下。

(1) SELECT:从数据库中提取数据。

(2) UPDATE:更新数据库中的数据。

(3) DELETE:从数据库中删除数据。

(4) INSERT INTO:向数据库中插入新数据。

(5) CREATE DATABASE:创建新数据库。

(6) ALTER DATABASE:修改数据库。

(7) CREATE TABLE:创建新表。

(8) ALTER TABLE:变更(改变)数据库表。

(9) DROP TABLE:删除表。

(10) CREATE INDEX:创建索引(搜索键)。

(11) DROP INDEX:删除索引。

4.5.4 JDBC 原理

Java 数据库连接(Java DataBase Connectivity,JDBC)是 Java 语言中用来规范客户端程序如何访问数据库管理系统的应用程序接口,提供了如查询和更新数据库中工具的方法。

如图 4-17 所示,客户端通过各种方式访问 Java 应用服务器,通过 ORM 将对业务对象的操作转换为统一的 JDBC 方式,再由 JDBC 和数据库服务器进行通信。其中主要的步骤如下。

(1) 登记并加载 JDBC 驱动器。

(2) 建立与 SQL 数据库的连接。

(3) 传送一个 SQL 操作。

(4) 获得数据结果。

下面是使用 JDBC 完成一个 SQL 操作的示例代码:

```
//1.加载驱动程序
Class.forName("com.mysql.jdbc.Driver");
```

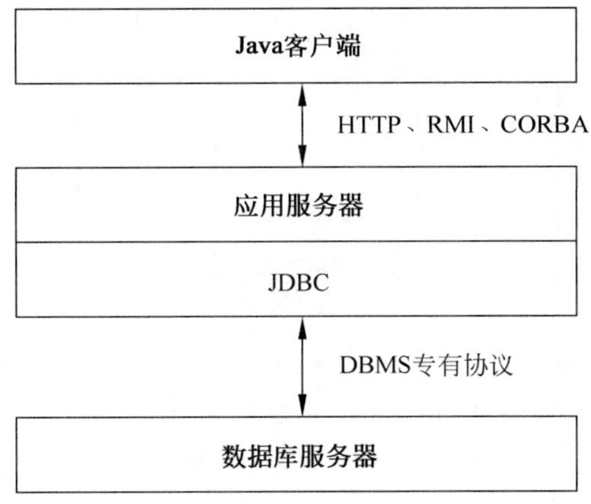

图 4-17 JDBC 原理

```
//2. 获得数据库连接
Connection conn = DriverManager.getConnection(URL, USER, PASSWORD);
//3.操作数据库,实现增、删、改、查
Statement stmt = conn.createStatement();
ResultSet rs = stmt.executeQuery("SELECT user_name, age FROM imooc_goddess");
//如果有数据,则 rs.next()返回 true
while(rs.next()){
  System.out.println(rs.getString("user_name") + " 年龄:" + rs.getInt("age"));
}
```

4.5.5 DAO 框架

1. 数据存取对象

如图 4-18 所示,数据存取对象(Data Access Objects,DAO)是指位于业务逻辑层和数据层之间实现以面向对象 API 为形式的对持久化数据进行 CRUD(创建、检索、更新和删除)操作的对象。通俗来讲,就是将数据库操作都封装起来。这样对逻辑对象的操作,就直接转换为对数据库中记录的操作。

DAO 的优势就在于:

(1) 提供了数据访问的 DAO 接口。隔离了数据访问代码和业务逻辑代码。业务逻辑代码直接调用 DAO 方法即可,完全感觉不到数据库表的存在,都是对逻辑对象的操作方法。

(2) 隔离了不同数据库实现。采用面向接口编程,如果底层数据库变化,如由 MySQL 变成 Oracle 只要增加 DAO 接口的新实现类即可,原有 MySQL 实现不用修改。这符合"开闭原则"。该原则降低了代码的耦合性,提高了代码扩展性和系统的可移植性。

2. DAO 组成部分

实现 DAO 的时候需要实现以下几部分。

(1) DAO 接口:把对数据库的所有操作定义成抽象方法,可以提供多种实现。

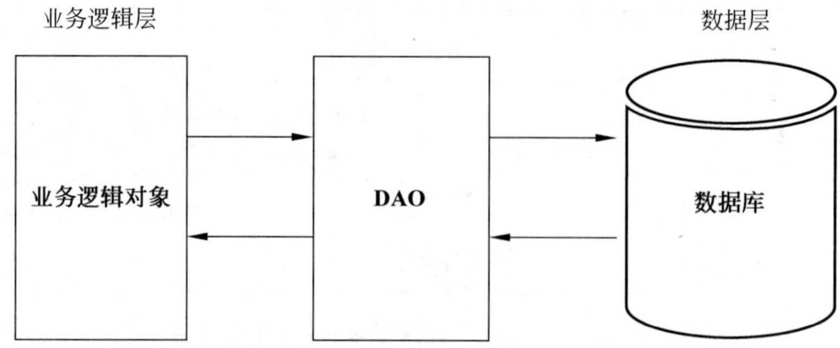

图 4-18 DAO 原理

(2) DAO 实现类：针对不同数据库给出 DAO 接口定义方法的具体实现。
(3) 实体类：用于存放与传输对象数据。
(4) 数据库连接和关闭工具类：避免了数据库连接和关闭代码的重复使用，方便修改。
下面是 DAO 的样例代码中的 DAO 接口。

```
//DAO 接口
public interface PetDao {
    /**
     * 查询所有宠物
     */
    List<Pet> findAllPets() throws Exception;
}
```

下面是 DAO 的样例代码中的 DAO 接口的实现类。

```
//DAO 实现类
public class PetDaoImpl extends BaseDao implements PetDao {
    /**
     * 查询所有宠物
     */
    public List<Pet> findAllPets() throws Exception {
        Connection conn = BaseDao.getConnection();
        String sql = "select * from pet";
        PreparedStatement stmt = conn.prepareStatement(sql);
        ResultSet rs = stmt.executeQuery();
        List<Pet> petList = new ArrayList<Pet>();
        while(rs.next()) {
            Pet pet = new Pet(
                    rs.getInt("id"),
                    rs.getInt("owner_id"),
                    rs.getInt("store_id"),
                    rs.getString("name"),
                    rs.getString("type_name"),
                    rs.getInt("health"),
```

```
                    rs.getInt("love"),
                    rs.getDate("birthday")
                    );
                petList.add(pet);
            }
            BaseDao.closeAll(conn, stmt, rs);
            return petList;
    }
}
```

下面是DAO的样例代码中的实体类。

```
//宠物实体类(省略了getter()和setter()方法)
public class Pet {
    private Integer id;
    private Integer ownerId;                    //主人ID
    private Integer storeId;                    //商店ID
    private String name;                        //姓名
    private String typeName;                    //类型
    private int health;                         //健康值
    private int love;                           //爱心值
    private Date birthday;                      //生日
}
```

下面是DAO的样例代码中的DAO父类,共享了数据库连接和关闭工具的工作。

```
//通过JDBC连接数据库
public class BaseDao {
    private static String driver = "com.mysql.jdbc.Driver";
    private static String url = "jdbc:mysql://127.0.0.1:3306/epet";
    private static String user = "root";
    private static String password = "root";
        static {
            try {
                Class.forName(driver);
            } catch (ClassNotFoundException e) {
                e.printStackTrace();
            }
        }

    public static Connection getConnection() throws SQLException {
        return DriverManager.getConnection(url, user, password);
    }

    public static void closeAll (Connection conn, Statement stmt, ResultSet rs) throws
SQLException {
        if(rs!= null) {
            rs.close();
        }
        if(stmt!= null) {
```

```
            stmt.close();
        }
        if(conn!= null) {
            conn.close();
        }
    }

    public int executeSQL(String preparedSql, Object[ ] param) throws ClassNotFoundException {
        Connection conn = null;
        PreparedStatement pstmt = null;
        /* 处理 SQL,执行 SQL */
        try {
            conn = getConnection();                              //得到数据库连接
            pstmt = conn.prepareStatement(preparedSql);  //得到 PreparedStatement 对象
            if (param != null) {
                for (int i = 0; i < param.length; i++) {
                    pstmt.setObject(i + 1, param[i]);         //为预编译 SQL 设置参数
                }
            }
            ResultSet num = pstmt.executeQuery();             //执行 SQL 语句
        } catch (SQLException e) {
            e.printStackTrace();                               //处理 SQLException 异常
        } finally {
            try {
                BaseDao.closeAll(conn, pstmt, null);
            } catch (SQLException e) {
                e.printStackTrace();
            }
        }
        return 0;
    }
}
```

4.5.6 MySQL 数据库

MySQL 是现在最流行的关系数据库管理系统。具体可以参考官方网站 https://dev.mysql.com/doc/refman/8.0/en/installing.html 的说明，安装并使用。注意，安装完毕要设置 root 用户的密码。

使用 MySQL 时，在 POM 文件中添加如下依赖：

```
<!-- mysql -->
<dependency>
    <groupId>mysql</groupId>
    <artifactId>mysql-connector-java</artifactId>
    <scope>runtime</scope>
</dependency>
```

在 Spring Boot 项目中使用前需要在 application.yml 文件中修改 MySQL 的用户和密

码，具体代码如下：

```
spring:
  datasource:
    url: jdbc:mysql://localhost:3306/mysql_test
    username: root
    password: root
    driver: com.mysql.jdbc.Driver
```

4.6 MyBatis

本节从 ORM 出发，介绍 MyBatis 框架的机制。

4.6.1 ORM

DAO 实现了业务逻辑和数据访问的隔离，而在 DAO 具体实现的过程中，往往会使用关系数据库。结合面向对象编程的思想，可以将关系数据库中的关系用对象来表达，其中就是要解决面向对象和关系数据库之间存在的如表 4-1 所示的映射，也就是对象关系映射(Object Relation Mapping，ORM)。

表 4-1 关系数据库和面向对象的映射

关系数据库	面向对象
表(Table)	类(Class)
记录(Record)	对象(Object)
字段(Field)	属性(Attribute)

举例来说，下面是一行 SQL 语句：

```
SELECT id, first_name, last_name, phone, birth_date, sex FROM persons WHERE id = 10
```

如果直接在逻辑代码中通过 SQL 操作数据库，那么具体代码写法如下：

```
res = db.execSql(sql);
name = res[0]["FIRST_NAME"];
```

如果改成 ORM 的写法，则具体代码写法如下：

```
p = Person.get(10);
name = p.first_name;
```

这样逻辑代码就直接操作对象，而不是具体的 SQL 数据操作了。具体的 SQL 操作由 ORM 框架自身来实现。开发者可以更加关注于逻辑代码的编写。ORM 具体框架如图 4-19 所示。最上层是数据访问接口层，提供数据访问接口，中间是数据处理层，通过参数映射、SQL 解析、SQL 执行、结果映射完成对象和关系数据库的映射，最底层是基础支撑层，提供一个基础管理的服务。

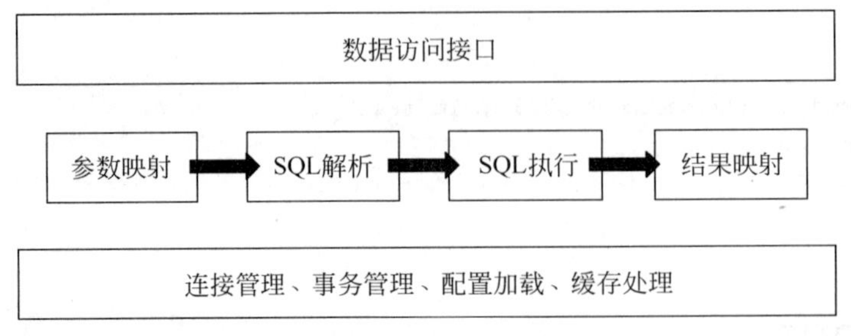

图 4-19 ORM 具体框架

ORM 是 Object（对象）和 Relation（关系）之间的映射，包括 Object-> Relation 和 Relation-> Object 两方面。Hibernate 和 MyBatis 是常见的两种 ORM 框架。Hibernate 是一个完整的 ORM 框架，而 MyBatis 完成的是 Relation-> Object，也就是所说的数据映射框架(Data Mapper Framework)。Hibernate 完全可以通过对象关系模型实现对数据库的操作，拥有完整的 JavaBean 对象与数据库的映射结构来自动生成 SQL。而 MyBatis 仅有基本的字段映射，对象数据以及对象实际关系仍然需要通过编写 SQL 来实现和管理。

4.6.2 MyBatis 框架简介

MyBatis 是支持定制化 SQL、存储过程以及高级映射的优秀的持久层框架。MyBatis 避免了几乎所有的 JDBC 代码和手动设置参数以及获取结果集。MyBatis 可以对配置和原生 Map 使用简单的 XML 或注解，将接口和持久化对象(Persistent Object，PO)映射成数据库中的记录。PO 通常使用普通的 Java 对象(Plain Old Java Objects，POJO)来实现。

主流的 ORM 框架都实现了 Java 持久化 API(Java Persistence API，JPA)。MyBatis 没有实现 JPA，它和 ORM 框架的设计思路不完全一样。MyBatis 是拥抱 SQL，而 ORM 则更靠近面向对象，不建议编写 SQL，则推荐用框架自带的类 SQL 代替。所以，更准确的说法是，MyBatis 是一种持久层框架，是一种 SQL 映射框架，而不是完整的 ORM 框架。

4.6.3 MyBatis 的安装和使用

要使用 MyBatis，只需将 MyBatis-x. x. x. jar 文件置于类路径(classpath)中即可。如果使用 Maven 构建项目，则需将下面的依赖代码置于 pom. xml 文件中：

```
<dependency>
  <groupId>org.MyBatis</groupId>
  <artifactId>MyBatis</artifactId>
  <version>x.x.x</version>
</dependency>
```

Spring Boot 中可以使用如下依赖：

```
<!-- spring boot MyBatis -->
```

```
<dependency>
    <groupId>org.MyBatis.spring.boot</groupId>
    <artifactId>MyBatis-spring-boot-starter</artifactId>
    <version>2.1.4</version>
</dependency>
```

下面是 MyBatis 的示例代码。具体的 MyBatis 相关的文件包括：

(1) Mapper 接口：业务逻辑使用的 API。

(2) PO 对象：接口传递的持久化数据对象。

(3) Mapper 实现的 XML 文件：用 SQL 语句实现 Mapper 接口。

(4) 项目 POM 文件：包括 MyBatis 和 MySQL 相关类库的依赖。

(5) 项目 application.yml 文件：其中包括 JDBC 和 MyBatis 的配置。

下面是 MyBatis 的示例代码中 Mapper 接口：

```
@Mapper
@Repository
public interface AdminMapper {

    int addManager(User user);

    List<User> getAllManagers();
}
```

下面是 MyBatis 示例代码中的 PO 类：

```
public class User { //省略 getter、setter
    private Integer id;
    private String email;
    private String password;
    private String userName;
    private String phoneNumber;
    private double credit;
    private UserType userType;
}
```

下面是 MyBatis 示例代码中 Mapper 接口实现的 XML 文件：

```
<?xml version="1.0" encoding="UTF-8"?>
<!DOCTYPE mapper PUBLIC "-//MyBatis.org//DTD Mapper 3.0//EN" "http://MyBatis.org/dtd/
MyBatis-3-mapper.dtd">
<mapper namespace="com.example.hotel.data.admin.AdminMapper">
    <insert id="addManager" parameterType="com.example.hotel.po.User" useGeneratedKeys=
"true" keyProperty="id">
        insert into User(email,password,usertype)
        values(#{email},#{password},#{userType})
    </insert>
    <select id="getAllManagers" resultMap="User">
        select * from User where usertype='HotelManager'
```

```
    </select>

    <resultMap id = "User" type = "com.example.hotel.po.User">
        <id column = "id" property = "id"></id>
        <result column = "email" property = "email"></result>
        <result column = "password" property = "password"></result>
        <result column = "username" property = "userNzame"></result>
        <result column = "phonenumber" property = "phoneNumber"></result>
        <result column = "credit" property = "credit"></result>
        <result column = "usertype" property = "userType"></result>
    </resultMap>
</mapper>
```

下面是 MyBatis 示例代码中 POM 文件的部分：

```
<!-- MyBatis -->
<dependency>
    <groupId>org.MyBatis.spring.boot</groupId>
    <artifactId>MyBatis-spring-boot-starter</artifactId>
    <version>2.1.0</version>
</dependency>
<dependency>
    <groupId>mysql</groupId>
    <artifactId>mysql-connector-java</artifactId>
    <scope>runtime</scope>
</dependency>
```

下面是 MyBatis 示例代码中项目的 application.yml 文件：

```
spring:
  datasource:
    url: jdbc:mysql://localhost:3306/Hotel?serverTimezone = CTT&characterEncoding = UTF-8
    username: root
    password: ******
    driver-class-name: com.mysql.cj.jdbc.Driver
    max-active: 200
    max-idle: 20
    min-idle: 10
  thymeleaf:
    cache: false
  jackson:
    time-zone: GMT+8

MyBatis:
  mapper-locations: classpath:dataImpl/*/*Mapper.xml
```

4.7 Spring Boot+MyBatis 案例解析

本节介绍结合了 MyBatis 的 Spring Boot 的实战案例的代码及解析。

4.7.1　项目结构

图 4-20 是 Spring Boot＋MyBatis 项目的结构。其中主要由以下部分组成。

（1） controller：负责处理 REST API 请求。

（2） bl：业务逻辑层接口。

（3） blImpl：业务逻辑层实现。

（4） data：数据层接口。

（5） po：持久化对象，用于数据层和逻辑层之间的数据传递。

（6） vo：值对象，用于逻辑层和展示层（前端）之间的数据传递。

（7） dataImpl：数据层实现，MyBatis 是 XML 文件。

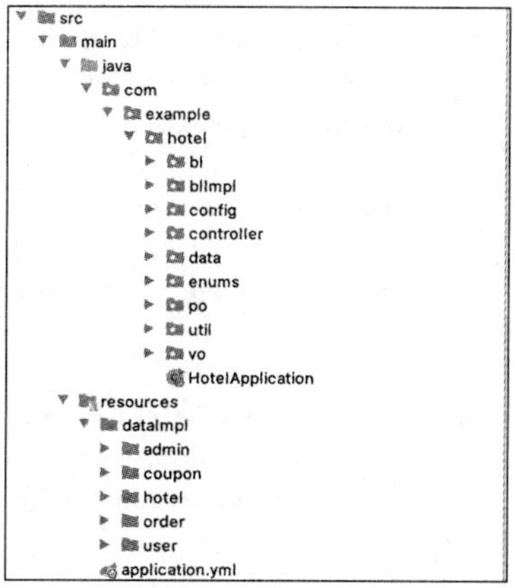

```
▼ src
  ▼ main
    ▼ java
      ▼ com
        ▼ example
          ▼ hotel
            ▶ bl
            ▶ blImpl
            ▶ config
            ▶ controller
            ▶ data
            ▶ enums
            ▶ po
            ▶ util
            ▶ vo
              HotelApplication
    ▼ resources
      ▼ dataImpl
        ▶ admin
        ▶ coupon
        ▶ hotel
        ▶ order
        ▶ user
        application.yml
```

图 4-20　Spring Boot＋MyBatis 项目的结构

4.7.2　后端调用流程

整个后端调用的流程是 controller-> bl-> blImpl-> data-> dataImpl。

controller 是控制器，承担了接受 REST API 请求之后，根据 URL 找到对应的 bl 来处理。bl 是业务逻辑的接口。blImpl 才是业务逻辑的实现。blImpl 会调用数据层的接口 data。dataImpl 则是通过 MyBatis 给出的关于数据层接口的实现，将 data 接口与 SQL 语句相映射。

4.7.3　代码解析

1. controller

controller. coupon. CouponController 类是 Coupon 相关需求的控制器，用来将 REST API 请求的 URL 映射到对应的业务逻辑接口 bl。下面列举了部分代码。其中可以通过注解来标识，从而实现自动的映射。

（1） @RestController：REST 风格 API 的控制器。

（2） @RequestMapping("/api/coupon")：请求的 URL。

（3） @PostMapping("/hotelTargetMoney")：Post 请求子路径。

（4） @RequestParam：请求参数。

（5） @Autowired：自动装配。

couponVO 是逻辑层传递给前端的数据。ResponseVO. buildSuccess(couponVO)是本项目自己实现的方法，用来构建返回的 Response 对象。具体代码如下：

```
@RestController
@RequestMapping("/api/coupon")
```

```
public class CouponController {

    @Autowired
    private CouponService couponService;

    @PostMapping("/hotelTargetMoney")
    public ResponseVO addHotelTargetMoneyCoupon (@RequestBody HotelTargetMoneyCouponVO
hotelTargetMoneyCouponVO) {

        CouponVO couponVO = couponService.addHotelTargetMoneyCoupon(hotelTargetMoneyCouponVO);

        return ResponseVO.buildSuccess(couponVO);
    }

    @GetMapping("/hotelAllCoupons")
    public ResponseVO getHotelAllCoupons(@RequestParam Integer hotelId) {
        return ResponseVO.buildSuccess(couponService.getHotelAllCoupon(hotelId));
    }
}
```

2. bl

bl. coupon. CouponService 类是 Coupon 需求的业务逻辑接口 bl。下面列举了其部分代码，包含了实现 Controller 中一个 POST 请求和一个 GET 请求的接口。其中：

(1) HotelTargetMoneyCouponVO、hotelId 是前端输入的参数。

(2) OrderVO 是逻辑层返回的结果。

```
public interface CouponService {
    /**
     * 查看某个酒店提供的所有优惠策略(包括失效的)
     * @param hotelId
     * @return
     */
    List<Coupon> getHotelAllCoupon(Integer hotelId);

    /**
     * 添加酒店满减优惠策略
     * @param couponVO
     * @return
     */
    CouponVO addHotelTargetMoneyCoupon(HotelTargetMoneyCouponVO couponVO);
}
```

3. blImpl

下面是 blImpl. coupon. CouponServiceImpl 类的代码，实现了之前业务逻辑的接口。其中，@Service 是逻辑对象的注解。CouponServiceImpl 的构造方法标记了 @Autowired，是通过依赖注入方式自动注入的。而逻辑层服务的实现主要调用数据层 Mapper 的接口。比如 getHotelAllCoupon()方法中调用了 selectByHotelId()方法。addHotelTargetMoneyCoupon()

方法中调用了 Mapper 接口的 insertCoupon()方法。

```
@Service
public class CouponServiceImpl implements CouponService {


    private final TargetMoneyCouponStrategyImpl targetMoneyCouponStrategy;

    private final TimeCouponStrategyImpl timeCouponStrategy;
    private final CouponMapper couponMapper;

    private static List<CouponMatchStrategy> strategyList = new ArrayList<>();

    @Autowired
    public CouponServiceImpl(TargetMoneyCouponStrategyImpl targetMoneyCouponStrategy,
                             TimeCouponStrategyImpl timeCouponStrategy,
                             CouponMapper couponMapper) {
        this.couponMapper = couponMapper;
        this.targetMoneyCouponStrategy = targetMoneyCouponStrategy;
        this.timeCouponStrategy = timeCouponStrategy;
        strategyList.add(targetMoneyCouponStrategy);
        strategyList.add(timeCouponStrategy);
    }

    @Override
    public List<Coupon> getHotelAllCoupon(Integer hotelId) {
        List<Coupon> hotelCoupons = couponMapper.selectByHotelId(hotelId);
        return hotelCoupons;
    }

    @Override
    public CouponVO addHotelTargetMoneyCoupon(HotelTargetMoneyCouponVO couponVO) {
        Coupon coupon = new Coupon();
        coupon.setCouponName(couponVO.getName());
        coupon.setDescription(couponVO.getDescription());
        coupon.setCouponType(couponVO.getType());
        coupon.setTargetMoney(couponVO.getTargetMoney());
        coupon.setHotelId(couponVO.getHotelId());
        coupon.setDiscountMoney(couponVO.getDiscountMoney());
        coupon.setStatus(1);
        int result = couponMapper.insertCoupon(coupon);
        couponVO.setId(result);
        return couponVO;
    }
}
```

4. data

下面是 Data.coupon.CouponMapper 的代码，其中：

(1) @Mapper 是 MyBatis 的注解，用来说明这是一个 Mapper，对应的 xxxMapper.xml

就是来实现这个 Mapper 的。

（2）@Repository 是 Spring 的注解，使用该注解把当前类注册成一个 Java Bean，并将其标记为数据持久层。

```
@Mapper
@Repository
public interface CouponMapper {
    int insertCoupon(Coupon coupon);
    List<Coupon> selectByHotelId(Integer hotelId);
}
```

5. dataImpl

下面是 dataImpl.coupon.CouponMapper.xml 文件，其中：

（1）namespace 是接口的 ID。

（2）id 是方法的 ID。

下面代码中显示了 selectByHotelId 方法和 insertCoupon 方法对应的 SQL 语句。而 resultMap 则定义了 SQL 语句的返回的记录如何与 PO 对象进行对应。

```
<?xml version="1.0" encoding="UTF-8" ?>
<!DOCTYPE mapper PUBLIC "-//MyBatis.org//DTD Mapper 3.0//EN" "http://MyBatis.org/dtd/
MyBatis-3-mapper.dtd" >
<mapper namespace="com.example.hotel.data.coupon.CouponMapper">

    <insert id="insertCoupon" parameterType="com.example.hotel.po.Coupon"
            useGeneratedKeys="true" keyProperty="id">
        insert into coupon(description,couponName,target_money,discount_money,start_time,
end_time,hotelId,couponType,discount,status)
        values (#{description},#{couponName},#{targetMoney},#{discountMoney},
#{startTime},#{endTime},#{hotelId},#{couponType},#{discount},#{status})
    </insert><!-- 插入一个优惠券 -->

    <select id="selectByHotelId" resultMap="Coupon">
        select * from Coupon where hotelId=#{hotelId}
    </select>


    <resultMap id="Coupon" type="com.example.hotel.po.Coupon">
        <result column="description" property="description"></result>
        <result column="id" property="id"></result>
        <result column="couponName" property="couponName"></result>
        <result column="hotelId" property="hotelId"></result>
        <result column="couponType" property="couponType"></result>
        <result column="discount" property="discount"></result>
        <result column="status" property="status"></result>
        <result column="target_money" property="targetMoney"></result>
        <result column="discount_money" property="discountMoney"></result>
        <result column="start_time" property="startTime"></result>
```

```
        <result column = "end_time" property = "endTime"></result>
    </resultMap>
</mapper>
```

练习 4

1. 【单选题】下列说法错误的是(　　)。

   A. TCP/IP 协议栈分为四层,分别是应用层、传输层、网络层和网络接口层

   B. HTTP 属于应用层

   C. TCP 与 UDP 是传输层协议

   D. 网络层为上层提供物理上的可靠的数据传输

2. 【判断题】当应用层协议使用 TCP/IP 传输数据时,TCP/IP 协议族可能会将应用层发送的数据分成多个包依次发送,而数据的接收方收到的数据可能是分段的或者拼接的,所以它需要对接收的数据进行拆分或者重组。

3. 【判断题】HTTP 是一个基于客户端和服务器模型的无状态的协议。

4. 【简答题】简述 HTTP 一次操作的工作流程。

5. 【简答题】如果 HTTP 请求的头信息加入了 Connection:keep-alive,则服务器会如何处理?

6. 【单选题】HTTP 中 URL 携带多个参数时用(　　)符号隔开。

   A. ?　　B. &　　C. =　　D. /

7. 【判断题】HTTP 请求中,GET 请求用于获取资源,POST 请求用户增加或修改资源。

8. 【判断题】HTTP 回答中状态码,4xx 表示服务器错误。例如 404(找不到内容)。

9. 【简单题】简述 Tomcat 的工作原理和 Servlet 的作用。

10. 【判断题】每次服务器接收到一个 Servlet 请求时,服务器会产生一个新的线程并调用服务。service()方法检查 HTTP 请求类型(GET、POST、PUT、DELETE 等),并在适当的时候调用 doGet()、doPost()、doPut()、doDelete()等方法。

11. 【简答题】前后端分离的好处是什么?为什么 REST API 可以实现前后端分离?

12. 【单选题】获取 id 为 123 的 Product 用(　　)REST API。

    A. GET /api/products/123　　B. GET /api/products

    C. POST /api/products/123　　D. PUT /api/products/123

13. 【判断题】JSON 本质是一个正则表达式,JSON 的 parser 是一个有限状态机。

14. 【判断题】启动 Spring Boot 应用程序只需要一行代码加上一个注解@SpringBootApplication。

15. 【判断题】对 URL"/"路径的响应是通过 HelloController 类来实现的。需要添加@RestController 和@RequestMapping("/")注解来说明。

16.【简答题】简述启动 Spring Boot 项目的三种方式。

17.【判断题】表(关系,Relation)是以行(值组,Tuple)和列(属性,Attribute)的形式组织起来的数据的集合。

18.【简答题】论述概念模型、逻辑模型和物理模型的区别和转换过程。

19.【简答题】简述如何将类图转换为关系表。

20.【简答题】论述 JDBC 完成 SQL 操作的主要步骤。

21.【单选题】下列关于 DAO 的描述错误的是(　　)。

A. DAO 是实现以面向对象 API 为形式的对持久化数据进行 CRUD 操作的对象

B. DAO 位于业务逻辑层和数据层之间

C. DAO 只是为了实现对不同数据库有统一的访问 API

D. 利用 DAO 可以将对逻辑对象的操作直接转换为对数据库中记录的操作

22.【判断题】Hibernate 和 MyBatis 是常见的两种 ORM 框架,都实现了关系到对象的双向映射。

第二篇 Android 应用开发

PART 2

第 5 章

Android 开发基础

本章介绍 Android 开发的基础知识、Activity 组件、UI、线程间通信、数据存储和 Android 测试等技术基础。

5.1 基础知识

本节介绍 Android 开发的基础知识，包括 Android 平台架构、App 基础知识、应用组件介绍、应用清单文件和应用资源。

5.1.1 Android 平台架构

Android 是一种基于 Linux 内核的移动设备操作系统及其系列开源代码软件栈。其整个平台架构如图 5-1 所示，采用分层体系结构风格，分为五层：Linux 内核（Linux Kernel）层、硬件抽象层（Hardware Abstraction Layer，HAL）、本地 C/C++ 库（Native C/C++ Libraries）层和 Android 运行时（Android Runtime，ART）层、Java API 框架（Java API Framework）层和系统应用（System Apps）层。

Linux 内核为体系结构中的上层提供了基础的操作系统功能，如进程间通信、文件管理、内存管理、设备管理等。但是针对移动设备资源相对紧张的应用场景，Android 使用的 Linux 内核版本包含一些特殊的补充功能，例如低内存终止守护程序（一个内存管理系统，可更主动地保留内存）、唤醒锁定（一种 PowerManager 系统服务）、Binder IPC 驱动程序以及对移动嵌入式平台来说非常重要的其他功能。

Linux 已经是一个经过业界反复证明的系统，除了基础操作系统功能之外，还给 Android 系统提供了一些关键的安全功能。其中包括：

（1）基于用户的权限模式。

（2）进程隔离。

（3）用于实现安全 IPC 的可扩展机制。

（4）能够移除内核中不必要的和可能不安全的部分。

Android 系统硬件抽象层运行在用户空间中，它向下屏蔽了硬件驱动的实现细节，向上

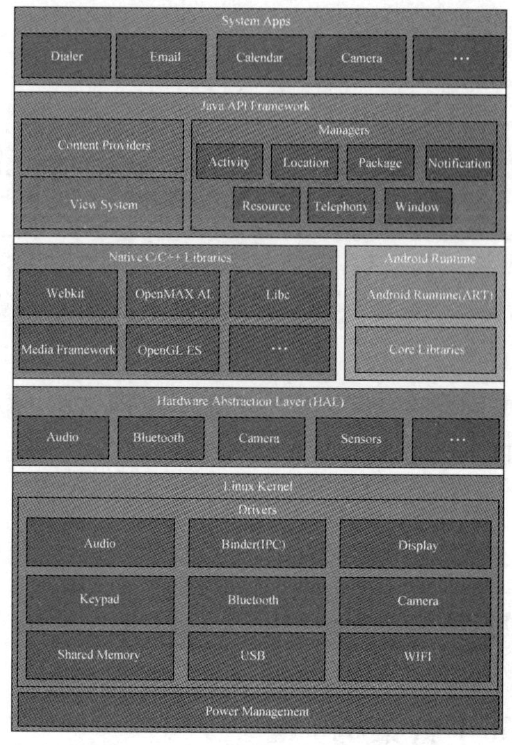

图 5-1 Android 整个平台架构

提供了硬件访问的服务。Android 系统分为两层来支持硬件设备，其中一层就是通过硬件抽象层实现在用户空间中，另外一层通过驱动(Driver)实现在内核空间中。传统的 Linux 系统则把对硬件的支持和管理全部放在内核空间中的硬件驱动模块中，由于 Linux 使用 GPL 的许可证(License)，硬件厂商就得完全公开其源代码，不利于其商业利益的保护。所以 Android 就将硬件的一些重要操作都放在硬件抽象层中完成，将操作都封装在厂商所提供的一个动态链接库中。这样既向上提供了硬件访问的服务，又保护了硬件厂商的商业利益。

对应 Android 5.0(API 级别 21)或更高版本的设备，每个应用都运行在自己的进程中，都有自己的 ART 实例。ART 是 Android 上的应用和部分系统服务使用的托管式运行时，可执行被 Jack 等工具链从 Java 代码编译出的遵循 Dex 字节码规范的 Dalvik 可执行文件，以替代之前的 DVM(Dalvik Virtual Machine)。相比于 Dalvik，ART 引入了预先(Ahead-of-Time，AOT)编译功能，可以在安装 APK 或者动态加载 DEX 文件时将其中的 Java 方法编译为本地机器码，运行程序时不需要再做 JIT 编译，从而提高了应用的性能。

许多 Android 核心的系统组件和服务，都是构建自开源的 C 和 C++编写的开源的原生库。所以，Android 平台为 Java 框架层提供了 Java API 接口通过 JNI 原理访问 C 和 C++原生库。例如，可以通过 Android 框架的 Java OpenGL API 访问 OpenGL ES 库，以支持在应用中绘制和操作 2D 和 3D 图形。这些 C 和 C++原生库也大多是被业界证明过的稳定的库，大大加速了 Android 平台的开发。

Java API 框架层则对移动应用操作系统所需要的核心模块化系统组件和服务进行了封装，提供一整套完整的 Android 应用开发的 API，其中包括以下组件和服务：

（1）UI 组件，包括列表、网格、文本框、按钮甚至可嵌入的网络浏览器。

（2）资源管理器，用于访问非代码资源，例如本地化的字符串、图形和布局文件。

（3）通知管理器，可让所有应用在状态栏中显示自定义提醒。

（4）Activity 管理器，用于管理应用的生命周期，提供常见的导航返回栈。

（5）内容提供程序，可让应用访问其他应用（例如"联系人"应用）中的数据或者共享其自己的数据。

除此之外，Android 系统应用层还包含了用于电子邮件、短信、日历、互联网浏览和联系人等的核心应用。当然，更多的第三方应用也都位于此层，大大地丰富了用户的使用体验。

5.1.2 App 基础知识

Android 应用可以使用 Kotlin、Java 和 C++ 语言来编写。所有的数据和资源文件会被 Android SDK 的相关工具编译、打包成为一个带有 .apk 扩展名的归档文件，作为 Android 应用的安装包。

安装之后，每个 Android 应用是用一个独立的进程来运行，处于各自的安全沙盒中。每一个应用都有唯一的 Linux 用户 ID；每个进程都有自己的虚拟机（VM）；每个应用都独立运行于各自的虚拟机，如图 5-2 所示。Android 系统需要运行某个应用时就会启动应用的进程，然后当不需要该应用或者资源紧张时，Android 系统就会结束该进程。每个应用只能访问自身的进程资源，如果要访问设备数据（如联系人、短信、SD 存储卡、相机、蓝牙等），则需要请求相应的权限。在被明确授予权限后才能进行安全的访问。

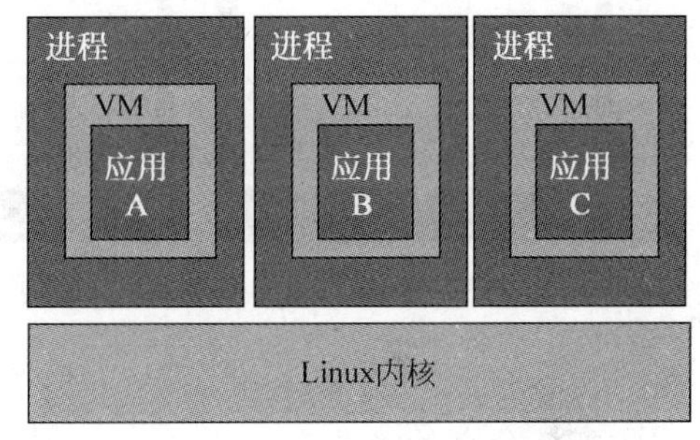

图 5-2 Android 进程和应用

Android 应用主要由四种基本的应用组件组成，分别是 Activity、服务（Service）、广播接收器（Broadcast Receiver）和内容提供程序（Content Provider）。每个组件都是一个入口点。系统或者用户可以通过这个入口点启动或者访问应用。应用组件之间会产生相互依赖，共同形成复杂的业务功能。

5.1.3 应用组件

应用组件是 Android 应用的基本构建块，每个组件都可作为入口点访问应用。Android 系统共有四类应用组件：Activity、Service、BroadcastReceiver 和 ContentProvider，下面是对它们的介绍。

1. Activity

Activity 拥有界面的单个屏幕显示，是 App 和用户交互的入口点。比如一个电子邮件应用至少拥有一个查看邮件列表的列表 Activity、一个阅读单封邮件的细节 Activity 和一个撰写邮件的表单 Activity。如图 5-3 所示，这些独立 Activity 通过协作（Activity 之间的跳转）提供一个完整的用户体验。甚至，可以在不同的应用中的 Activity 之间进行跳转，完成更丰富的功能。

图 5-3　应用内 Activity 之间的跳转

如图 5-4 所示，可以从自身的 App 跳转到相机 App 完成拍照功能，或者跳转到邮箱 App 完成邮件分享功能。定制自己的 Activity 时需要作为 android. app. Activity 类的子类来实现。

2. Service

Service（服务）是一个使应用保持在后台运行的组件，一般用于执行长时间计算或者访问网络远程进程的作业。比如，后台播放音乐、后台上传文件等。服务不提供界面，但也是一个通用入口点，可以从其他的如 Activity 等其他组件来启动或者绑定含有服务的应用，从而与该服务进行交互。动态壁纸、通知侦听器、屏幕保护程序、输入方法、无障碍功能服务以及众多其他核心系统功能均可构建为在其运行时由应用实现、系统绑定的服务。如果要定制自己的 Service 时需要作为 Service 类的子类来实现。

3. BroadcastReceiver

系统在对应用传递事件的时候是通过广播机制。而决定应用对什么样的广播事件采取什么响应，则是通过在应用中定义 BroadcastReceiver（广播接收器）组件。广播接收器组件也是一个明确定义的应用入口，所以系统可以向当前未运行的应用传递广播。系统自身会

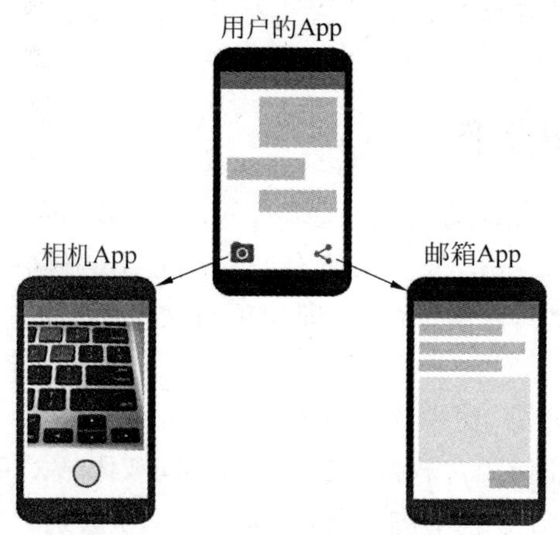

图 5-4 应用间 Activity 之间的跳转

发起很多广播，比如屏幕已关闭、电量不足、已拍摄照片等。每个需要响应这些事件的应用都会定义相应的广播接收器来实现对这些广播的处理。比如，电量不足则采取待机节省能耗的算法。此外，应用本身也可以发起广播，以方便其他应用接收到广播之后做相应的应对。比如，通知其他应用某些应用数据已经下载完毕，可供其使用。广播接收器作为 BroadcastReceiver 的子类实现，并且每条广播都作为 Intent 对象进行传递。

4. ContentProvider

ContentProvider(内容提供程序)提供了对在应用之间共享的数据的管理的接口。这些数据可以存储在文件系统、SQLite 数据库、网络中或者应用可访问的任何其他持久化存储位置。内容提供程序提供了对共享数据的查询或者修改的方法接口。比如，Android 系统中提供了管理用户联系人信息的内容提供程序，方便其他应用 App 可以读取或者写入特定人员的联系人数据。对整个系统而言，内容提供程序也是应用的入口点，用于发布有 URI 架构识别的已命名的数据项。应用决定了将其内部的数据实体映射到 URI 的命名空间，从而提供相应的数据访问。内容提供程序也适用于读取和写入用户的应用不共享的私有数据。内容提供程序作为 ContentProvider 的子类实现，并且其必须实现一组标准 API，以便其他应用能够执行事务。

5. 组件之间的通信——Intent 消息对象

Android 系统设计的独特之处在于，任何应用都可启动其他应用的组件。这样对于所有应用而言，别人的应用功能同时也是自己的功能。所以，Android 应用并没有单个入口点(即没有 main()函数)。当系统启动某个组件时，它会启动该应用的进程(如果尚未运行)，并实例化该组件所需的类。

在上面介绍的四种基本组件类型中，有三种(Activity、Service 和 Broadcast Receiver)均通过异步消息 Intent 进行启动。Intent 会在运行时对各个组件进行互相绑定。可以将 Intent 视为从其他组件(无论该组件是属于用户的应用还是其他应用)请求操作的信使，使用时需创建 Intent 对象，该对象通过定义消息来启动特定组件（显式 Intent）或特定的组件类型（隐式 Intent）。

5.1.4 应用清单文件

在 Android 系统启动应用组件之前，系统必须通过读取位于应用项目根文件夹的应用清单文件（AndroidManifest.xml）来确认所有组件。应用必须在此文件中声明其所有的组件，这些组件才能正式发挥其作用；否则，即使项目文件中有相应组件的源代码，系统也不会对这些组件做出响应。

除了声明应用的组件之外，清单文件还承担了其他功能：

（1）确定应用需要的任何用户权限，如互联网访问权限或对用户联系人的读取权限。

（2）根据应用使用的 API，声明应用所需的最低 API 级别。

（3）声明应用使用或需要的硬件和软件功能，如相机、蓝牙服务或多点触摸屏幕。

（4）声明应用需要链接的 API 库（Android 框架 API 除外），如 Google 地图库。

下面代码声明了用于撰写邮件的 Activity，通过声明 Intent filter 表示这个应用会响应"android.intent.action.SEND"，其目的是发送新邮件的 Intent。当有别的应用发出这样 Intent 的请求时，系统就会自动启动这个 Activity 来帮助用户草拟并发送电子邮件。

如果应用需要相机功能，并使用 Android 2.1 的 API，就必须在清单中声明如下请求。

```
<manifest ... >
    ...
    <application ... >
        <activity android:name = "com.example.project.ComposeEmailActivity">
            <intent-filter>
                <action android:name = "android.intent.action.SEND" />
                <data android:type = "*/*" />
                <category android:name = "android.intent.category.DEFAULT" />
            </intent-filter>
        </activity>
</application>

    <uses-feature android:name = "android.hardware.camera.any"
                  android:required = "true" />
    <uses-sdk android:minSdkVersion = "7" android:targetSdkVersion = "19" />
</manifest>
```

5.1.5 应用资源

项目中除了源代码，还包括代码使用的附加文件和静态内容，例如位图、布局定义、界面字符串、动画说明等。各类资源放入项目 res/ 文件夹的特定子文件夹中。例如，以下是一个简单项目的文件层次结构。

```
MyProject/
```

```
src/
    MyActivity.java
res/
    drawable/              包含可绘制资源文件
        graphic.png
    layout/                包含布局文件
        main.xml
        info.xml
    mipmap/                适用于不同启动器图标密度的可绘制对象文件
        icon.png
    values/                包含字符串、整型数和颜色等简单值的 XML 文件
        strings.xml
```

可以使用在项目 R 类中生成的资源 ID 来访问这些资源。例如，strings.xml 定义如下：

```
<?xml version = "1.0" encoding = "utf - 8"?>
< resources >
    < string name = "hello"> Hello </string >
    < string name = "hi">@string/hello </string >
</resources >
```

则 R.string.hello 这个 ID 对应的字符串资源的值就是"Hello"。R.string.hi 这个 ID 对应的是 R.string.hello 这个 ID 同样的值"Hello"。

5.2 Activity 组件

本节介绍 Android 开发中的最重要的组件——Activity。

5.2.1 Activity 简介

移动应用体验与桌面应用体验不尽相同。移动应用很难同时处理多任务，对于单个应用来说通常会占据整个屏幕。虽然由于手机屏幕不断扩大，浮动窗口的出现使移动应用相对还是会有一个主界面的。此外，由于移动应用之间的相互关联，移动应用之间会产生非常频繁的切换，用户与应用的互动并不总是在同一位置开始。比如，既可以从主屏幕打开电子邮件应用来看到电子邮件列表；也可能在浏览社交媒体应用后想要将浏览的图片通过邮件方式分享，这时从社交媒体应用启动电子邮件应用，直接进入电子邮件应用的邮件撰写界面。所以，由于以上移动应用场景，Android 系统通过 Activity 的协同工作来形成统一的用户体验。

Activity 类的目的就是促进这种范式的实现。当一个应用调用另一个应用时，调用方应用会调用另一个应用中的 Activity，而不是整个应用。通过这种方式，Activity 充当了应用与用户互动的入口点。可以将 Activity 实现为 Activity 类的子类。Activity 提供窗口提供应用在其中绘制界面。大多数应用包含多个屏幕，这意味着它们包含多个 Activity。通常，应用中的一个 Activity 会被指定为主 Activity，这是用户启动应用时出现的第一个屏幕。然后，每个 Activity 可以启动另一个 Activity，以执行不同的操作。

5.2.2 创建 Activity

1. 以 Empty Activity 模板创建项目

在启动页选择创建项目，然后如图 5-5 所示选择项目模板，再如图 5-6 所示填写项目信息，最后单击 Finish 按钮，完成项目的创建。

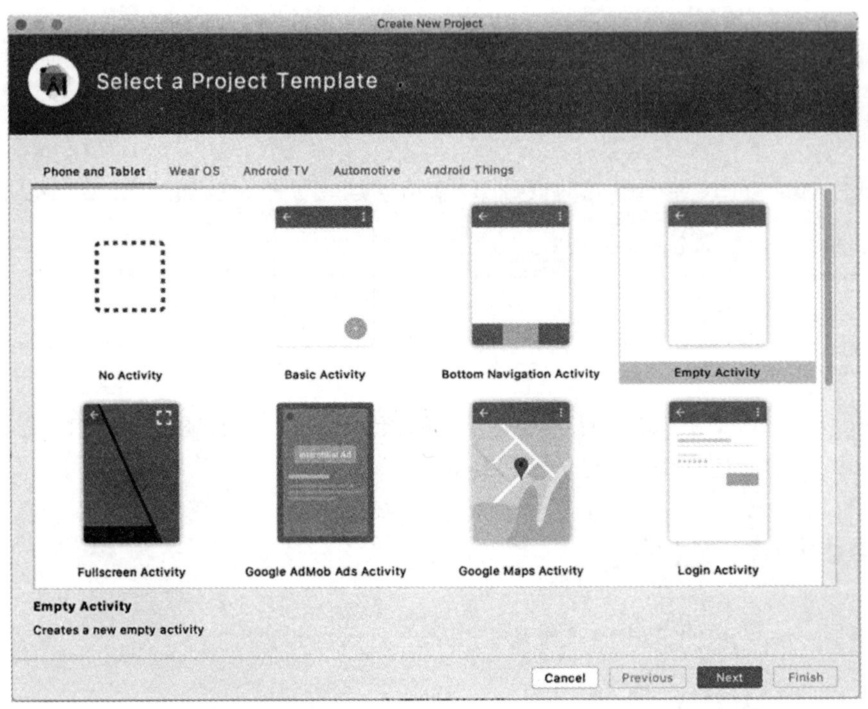

图 5-5 选择项目模板

项目创建好之后，项目文件结构如图 5-7 所示。app 文件夹是项目的入口，src 文件夹是源代码文件夹，java 是 Java 源代码文件夹，res 是资源文件夹，AndroidManifest. xml 是项目的配置文件。

2. 创建 Layout 文件

Android 提供了如图 5-8 所示的布局编辑器。可以在 app/src/main/res/layout 文件夹下创建 activity_main. xml 文件。然后，既可以直接编写布局 XML 代码，也可以在布局编辑器中进行拖曳控件和编辑属性操作。

通过拖曳按钮，得到如下 XML 文件：

```
<?xml version = "1.0" encoding = "utf - 8"?>
< androidx.constraintlayout.widget.ConstraintLayout
xmlns:android = "http://schemas.android.com/apk/res/android"
    xmlns:app = "http://schemas.android.com/apk/res - auto"
    xmlns:tools = "http://schemas.android.com/tools"
```

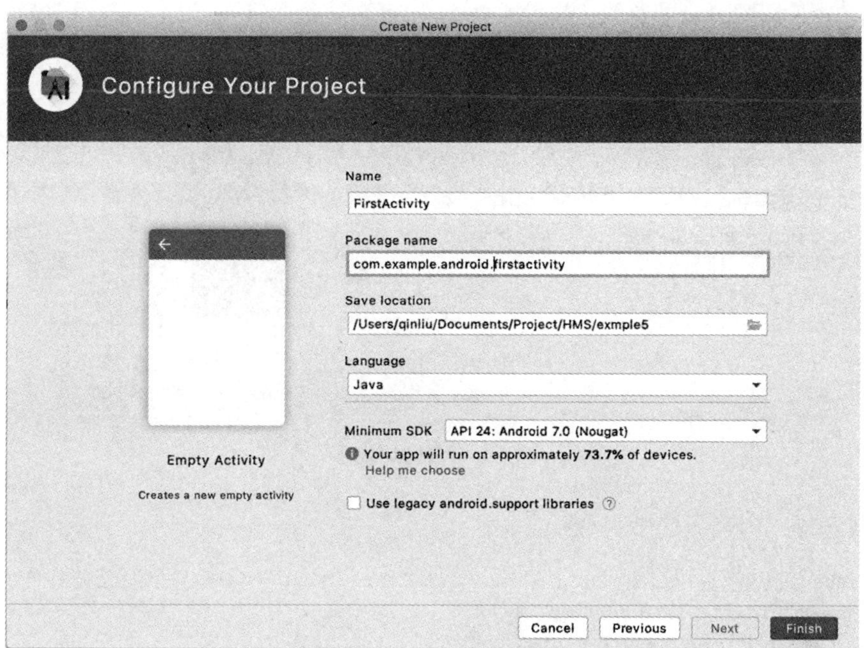

图 5-6 填写项目信息

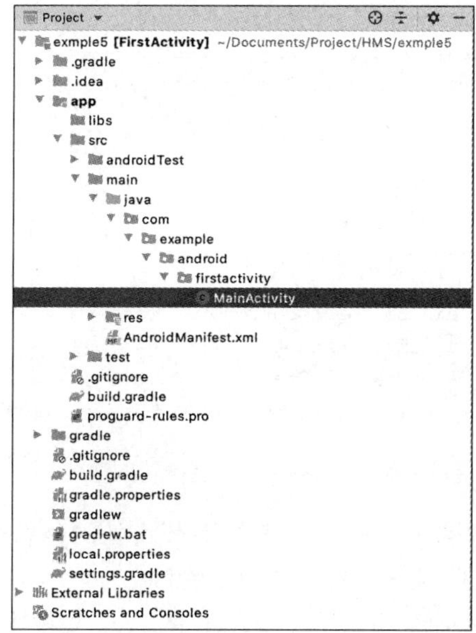

图 5-7 项目文件结构

```
android:layout_width = "match_parent"
android:layout_height = "match_parent"
```

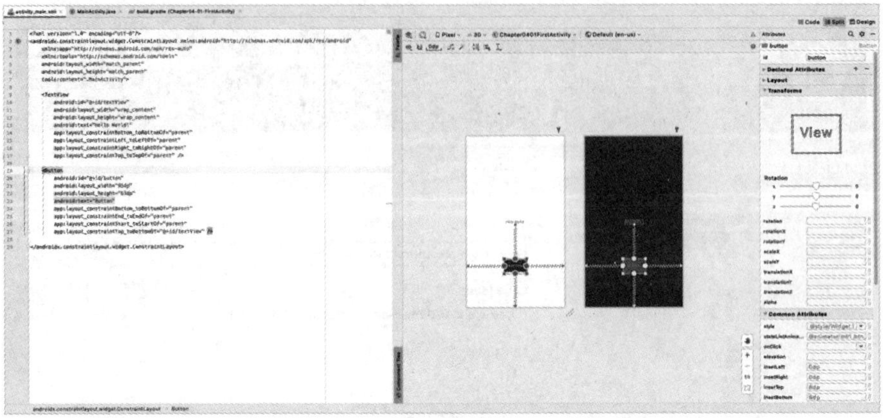

图 5-8　布局编辑器

```
    tools:context = ".MainActivity">

    < TextView
        android:id = "@ + id/textView"
        android:layout_width = "wrap_content"
        android:layout_height = "wrap_content"
        android:text = "Hello World! "
        app:layout_constraintBottom_toBottomOf = "parent"
        app:layout_constraintStart_toStartOf = "parent"
        app:layout_constraintEnd_toEndOf = "parent"
        app:layout_constraintTop_toTopOf = "parent" />

    < Button
        android:id = "@ + id/my_button"
        android:layout_width = "95dp"
        android:layout_height = "63dp"
        android:text = "Button"
        app:layout_constraintBottom_toBottomOf = "parent"
        app:layout_constraintEnd_toEndOf = "parent"
        app:layout_constraintStart_toStartOf = "parent"
        app:layout_constraintTop_toBottomOf = "@ + id/textView" />

</androidx.constraintlayout.widget.ConstraintLayout >
```

其中，android:id 是所有控件的唯一标识。字符串开头处的@符号指示 XML 解析器应解析并展开 ID 字符串的其余部分，并将其标识为 ID 资源。加号(+)表示这是一个新的资源名称，必须创建该名称并将其添加到资源列表内(在 R.java 文件中)。然后就可以通过 R.id.my_button 来对应新创建的控件。具体代码如下：

```
Button myButton = (Button) findViewById(R.id.my_button);
```

android:text 是控件上显示的文字。Android 5.0 以后 button 的默认属性 textAllCaps

被改为 true。所以，即使写的是 Button，实际显示效果依然是 BUTTON。android：layout_width 和 android：layout_height 是对空间的宽和高的约束。wrap_content 表示布局将完整显示内容中的文字或者图片，根据内容来决定大小。如果 TextView 的字大，则高度和宽度相应就变高。

3. onCreate()回调函数

在 MainActivity 中添加 onCreate()方法的回调函数的实现。通过 setContentView 设置布局文件。R. layout. activity_main 指向的就是上面在 layout 文件夹下的 activity_main . xml 文件。具体代码如下：

```
@Override
protected void onCreate(Bundle savedInstanceState) {
    super.onCreate(savedInstanceState);
    setContentView(R.layout.activity_main);
}
```

4. 在 manifest 文件中注册 Activity

最后，不要忘记在 AndroidManifest. xml 文件中声明 MainActivity 类。具体代码如下：

```
<?xml version = "1.0" encoding = "utf - 8"?>
< manifest xmlns:android = "http://schemas.android.com/apk/res/android"
    package = "com.example.android.firstactivity">

    < application
        android:allowBackup = "true"
        android:icon = "@mipmap/ic_launcher"
        android:label = "@string/app_name"
        android:roundIcon = "@mipmap/ic_launcher_round"
        android:supportsRtl = "true"
        android:theme = "@style/Theme.android.FirstActivity">
        < activity android:name = ".MainActivity">
            < intent - filter >
                < action android:name = "android.intent.action.MAIN" />
                < category android:name = "android.intent.category.LAUNCHER" />
            </intent - filter >
        </activity >
    </application >

</manifest >
```

package=""指定了包名。Activity 标签中的 android：name 说明 Activity 的名字。其值".MainActivity"表示是当前包下面的 MainActivity 类。Android：label 表示的是应用标题栏的内容，如图 5-9 所示，在运行时会显示在 Activity 的最顶部。< action android：name＝"android. intent. action. MAIN" />和< category android：name＝"android. intent. category. LAUNCHER" />两句指定了这个应用的主 Activity，应用启动时首先进入主 Activity。

5. Button 的响应和 Toast

可以在如下 XML 文件中通过 android：onClick 设置 Button 的响应函数。这个函数的

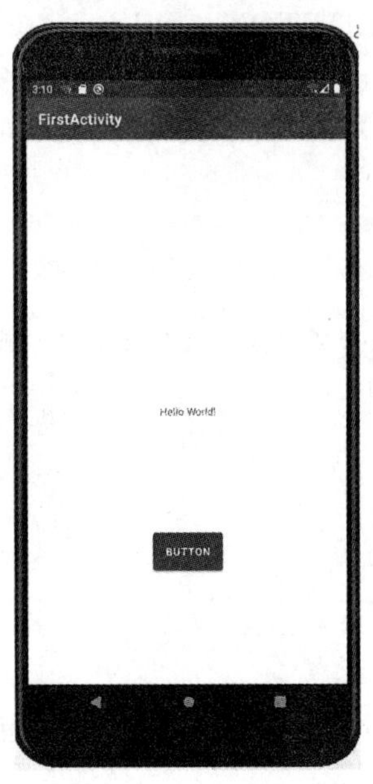

图 5-9　运行截图

实现是在 MainActivity 中。具体函数的要求是：public 函数；返回值为 void；函数有一个参数是 View 类型的引用变量。这里的 View 类型引用变量指向被单击的界面元素。

```
<Button
    android:id = "@ + id/my_button"
    android:layout_width = "95dp"
    android:layout_height = "63dp"
    android:onClick = "sendToast"
    android:text = "Button"
    app:layout_constraintBottom_toBottomOf = "parent"
    app:layout_constraintEnd_toEndOf = "parent"
    app:layout_constraintStart_toStartOf = "parent"
     app: layout _ constraintTop _ toBottomOf  =  " @  +  id/
textView" />
```

在下面的代码中，方法被调用时传入的 view 就是当前的 Button 元素。

```
public void sendToast(View view){
    Log.d("MainActivity","sendToast");
     Toast. makeText ( this, " You clicked the Button", Toast
.LENGTH_LONG).show();
}
```

在 sendToast()的实现中首先通过 Log 日志记录了一条日志。然后，通过 Toast 设置了一条提醒。Toast 是 Android 系统中提供的一种通知用户的方式。这个消息会在屏幕下方显示文字，过一段时间之后就自动消失，如图 5-10 所示。makeText()是一个静态方法，用来创建 Toast 对象，然后调用.show()方法，会显示 Toast。makeText()有三个参数：第一个是 Context 对象，也就是 Toast 要求的上下文，这里就是 Activity 自身；第二个是所要显示的文本内容；第三个是 Toast 所要显示的时长。代码中用到了一个常量。

图 5-10　Toast 运行截图

6. 销毁 Activity

可以通过手机的 Back 键销毁当前 Activity，也可以通过代码的方式来销毁当前 Activity。比如在之前 Button 的响应函数 sendToast()中加入 finish()方法。具体代码如下：

```
public void sendToast(View view){
    Log.d("MainActivity","sendToast");
```

```
        Toast.makeText(this,"You clicked the Button",Toast.LENGTH_LONG).show();
        finish();
    }
```

重新运行程序，单击按钮之后，MainActivity 显示 Toast，随后就退出了，回到手机主页面。

5.2.3　使用 Intent 进行 Activity 之间的跳转

1. 显式 Intent

可以通过 Intent 从一个 Activity 跳转到另一个 Activity。首先介绍使用显示 Intent 的方法。如图 5-11 所示，右击开发包，在弹出的快捷菜单中该选择 New→Activity→Empty Activity 菜单，创建第二个 Activity。

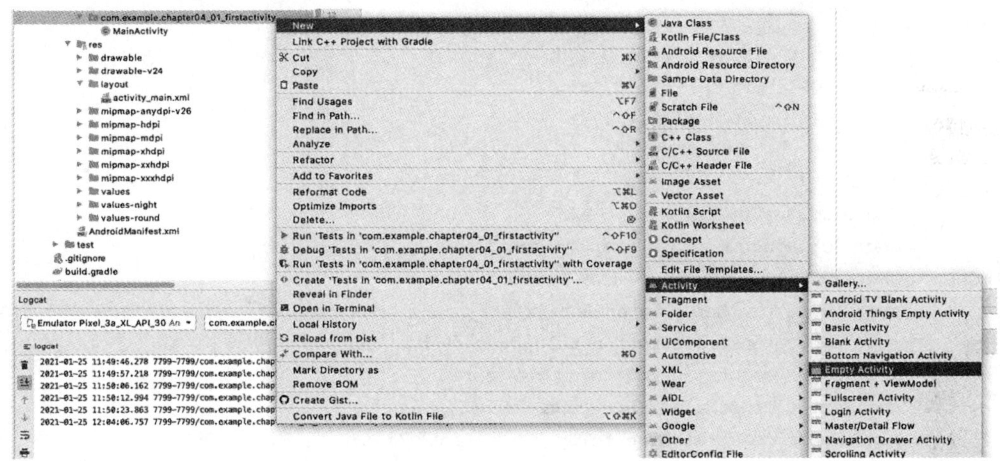

图 5-11　创建第二个 Activity

填完相应的设置之后，系统会创建 SecondActivity。具体代码如下：

```
package com.example.android.firstactivity;

import androidx.appcompat.app.AppCompatActivity;

import android.os.Bundle;

public class SecondActivity extends AppCompatActivity {

    @Override
    protected void onCreate(Bundle savedInstanceState) {
        super.onCreate(savedInstanceState);
        setContentView(R.layout.activity_second);
```

```
    }
}
```

并且在 AndroidManifest. xml 文件中添加如下语句注册 SecondActivity。

```
<activity
    android:name=".SecondActivity"
    android:label="@string/title_activity_second">
</activity>
```

可以在 layout 文件夹下的 activity_second. xml 文件中定义新的 Activity 的界面。具体代码如下：

```
<?xml version="1.0" encoding="utf-8"?>
<androidx.constraintlayout.widget.ConstraintLayout
xmlns:android="http://schemas.android.com/apk/res/android"
    xmlns:app="http://schemas.android.com/apk/res-auto"
    xmlns:tools="http://schemas.android.com/tools"
    android:layout_width="match_parent"
    android:layout_height="match_parent"
    tools:context=".SecondActivity">

    <TextView
        android:id="@+id/textView2"
        android:layout_width="wrap_content"
        android:layout_height="wrap_content"
        android:text="Hello SecondActivity!"
        app:layout_constraintBottom_toTopOf="@+id/button"
        app:layout_constraintEnd_toEndOf="parent"
        app:layout_constraintStart_toStartOf="parent"
        app:layout_constraintTop_toTopOf="parent" />

    <Button
        android:id="@+id/button"
        android:layout_width="wrap_content"
        android:layout_height="wrap_content"
        android:layout_marginBottom="172dp"
        android:text="Button"
        app:layout_constraintBottom_toBottomOf="parent"
        app:layout_constraintEnd_toEndOf="parent"
        app:layout_constraintStart_toStartOf="parent" />
</androidx.constraintlayout.widget.ConstraintLayout>
```

接下来修改 MainActivity 的代码，单击 MainActivity 页面中的 Button 按钮之后，会跳转到 SecondActivity。先修改单击 Button 按钮的响应函数为 jumpToSecondActivity()。具体代码如下：

```
<Button
    android:id="@+id/my_button"
    android:layout_width="95dp"
    android:layout_height="63dp"
    android:onClick="jumpToSecondActivity"
    android:text="Button"
    app:layout_constraintBottom_toBottomOf="parent"
    app:layout_constraintEnd_toEndOf="parent"
    app:layout_constraintStart_toStartOf="parent"
    app:layout_constraintTop_toBottomOf="@+id/textView" />
```

在 MainActivity 中，添加 jumpToSecondActivity()方法。在该方法中，创建 Intent 对象。在对象的构造方法参数中明确指定所要跳转的 Activity 的类。注意，结尾是.class 而不是.java。然后通过 startActivity()完成跳转。startActivity()方法的参数是刚才创建的 Intent 对象。具体代码如下：

```
public void jumpToSecondActivity(View view){
    Intent intent = new Intent(this, SecondActivity.class);
    startActivity(intent);
}
```

在 MainActivity 页面单击 Button 按钮，则如图 5-12 所示跳转到 SecondActivity。

图 5-12 跳转到 SecondActivity

2. 隐式 Intent

相比较显式 Intent，隐式 Intent 方法并不直接指定所要跳转的 Intent，而是通过 action 和 category 等信息，让系统自己去分析和匹配相适合的 Activity 去启动。

添加 android:click()响应方法。具体代码如下：

```
<Button
    android:id="@+id/button"
    android:layout_width="wrap_content"
    android:layout_height="wrap_content"
    android:layout_marginBottom="172dp"
    android:text="Button"
    android:onClick="jumpToMainActivity"
    app:layout_constraintBottom_toBottomOf="parent"
    app:layout_constraintEnd_toEndOf="parent"
    app:layout_constraintStart_toStartOf="parent" />
```

然后在实现 jumpToMainActivity()方法中，创建 Intent 时，参数是相应的 action。并且通过 addCategory()方法设置 category。自定义类别应将软件包名称用作前缀，以确保它们的唯一性。具体代码如下：

```
public void jumpToMainActivity(View view){
    Intent intent = new Intent("com.example.chapter04_01_firstactivity.action.START");
```

```
        intent.addCategory("com.example.chapter04_01_firstactivity.MY_CATEGORY");
        startActivity(intent);
    }
```

系统获得相应的 Intent 信息之后，会去寻找匹配的 Activity。本案例中，让 SecondActivity 中 Button 按钮被单击后跳转到 MainActivity。所以，必须在 AndroidManifest.xml 文件中关于 MainActivity 的配置中增加新的 intent filter。这里的 action 和 category 对应前面代码中的即可。系统就会自动选中 MainActivity，并完成跳转。如果系统中存在多个 Activity 同时可以响应某 action 及 category 信息，则系统会跳出界面让用户来选择下一步的动作到底跳转到哪个 Activity。具体代码如下：

```
<activity android:name = ".MainActivity">
    <intent-filter>
        <action android:name = "android.intent.action.MAIN" />

        <category android:name = "android.intent.category.LAUNCHER" />
    </intent-filter>

    <intent-filter>
        <action android:name = "com.example.chapter04_01_firstactivity.action.START" />
        <category android:name = "com.example.chapter04_01_firstactivity.MY_CATEGORY" />
        <category android:name = "android.intent.category.DEFAULT"/>
    </intent-filter>
</activity>
```

Android 会自动将 CATEGORY_DEFAULT 类别应用于传递给 startActivity() 和 startActivityForResult() 的所有隐式 Intent，因此一般还会在期望接收隐式 Intent 的 Activity 对应的配置文件的<intent-filter>中加上<category android:name="android.intent.category.DEFAULT"/>，否则调用时可能会遇到 No Activity found to handle Intent 的报错。

5.2.4 Activity 之间数据的传递

1. 向下一个 Activity 传递数据

如果想向下一个 Activity 传递数据，可以调用 putExtra()方法将数据附在 Intent 上传输给下一个 Activity。Extra 数据是以键值对的形式存储在 Intent 中的。所以，putExtra()方法的参数中第一个是键，用于取数据时候的凭据；第二个参数是要传递的值，可以是整数、浮点数、布尔值和字符串。仔细阅读 Android 源码会发现，系统重载了很多不同参数的 putExtra()方法。具体代码如下：

```
public void jumpToSecondActivityWithData(View view){
    Intent intent = new Intent(this, SecondActivity.class);
    intent.putExtra("id",67);
    intent.putExtra("website","https://www.zhihu.com/people/liu-qin-97-71");
    startActivity(intent);
}
```

该示例中，MainActivity 将数据传给了 SecondActivity。首先，通过 getIntent()方法得到当前 Activity 被跳转的 Intent。然后，通过类似 getIntExtra()和 getStringExtra()的系列方法分别获得不同的 Extra 值。参数都是之前传入时对应的键。具体代码如下：

```
@Override
protected void onCreate(Bundle savedInstanceState) {
    super.onCreate(savedInstanceState);
    setContentView(R.layout.activity_second);
    Intent intent = getIntent();
    Log.i("SecondActivity",intent.toString());
    int id = intent.getIntExtra("id",0);
    String website = intent.getStringExtra("website");
    TextView tv = (TextView) findViewById(R.id.textView2);
    tv.setText(id + ":" + website);
}
```

2. 返回数据给上一个 Activity

当前 Activity 启动了另一个 Activity，往往希望接收返回的数据。比如，启动了照相的 Activity，希望得到所拍摄的照片。

可以通过 startActivityForResult()启动另一个 Activity，并且通过 onActivityResult()设置收到数据之后的处理逻辑。startActivityForResult 方法有两个参数：第一个是要跳转的 Intent；第二个是 requestCode，它是一个整数，用以在回调中判断数据的来源。具体代码如下：

```
public void jumpToSecondActivityForResult(View view){
    Intent intent = new Intent(this, SecondActivity.class);
    startActivityForResult(intent,401);
}

protected void onActivityResult(int requestCode,
                                int resultCode,
                                Intent data) {

    super.onActivityResult(requestCode, resultCode, data);
    if(resultCode == RESULT_OK){
        if(requestCode == 401){
            Intent intent = (Intent)data;
            // Handle the Intent
            s = intent.getStringExtra("comment");
            TextView tv = findViewByld(R.id.textView);
            tv.setText(s);

        }
    }
}
```

然后在另一个 Activity 方法中，设置返回的结果。返回结果同样可以通过 Intent 的

Extra 数据作为 setResult()方法的参数,然后返回。同样设置键值对,然后在回调函数中通过 get()方法获得返回的数据。具体代码如下:

```
public void returnData(View view){
    setResult(RESULT_OK, new Intent().putExtra("comment", "Good"));
    finish();
}
```

如图 5-13 所示,MainActivity 在接收 SecondActivity 返回的数据之后,显示在 TextView 对象中。

虽然所有 API 级别的 Activity 类均提供底层 startActivityForResult()和 onActivityResult() API,但随着应用的扩展和回调数据的不断增多,onActivityResult()回调方法中处理回调数据的业务逻辑必须根据 requestCode 的值分别处理,这样就会形成越来越复杂的 switch 语句,使程序难以维护。所以,强烈建议使用新推出的 AndroidX Activity 1.2.0-alpha02 中引入的 Activity Result API。

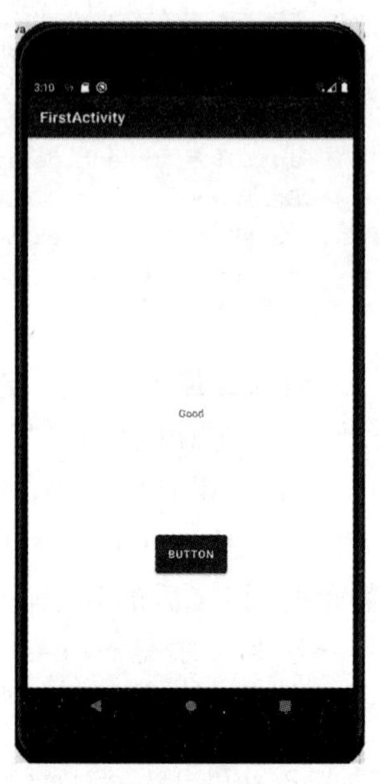

图 5-13 显示返回的数据

5.2.5 生命周期

当用户浏览、退出和返回应用时,应用中的 Activity 实例会在其生命周期的不同状态间转换,Android 系统通过在不同状态切换后的回调函数来为开发者提供相应操作的方法。例如,如果正构建流媒体视频播放器,当用户切换至另一应用时,可能要暂停视频或终止网络连接。当用户返回时,可以重新连接网络并允许用户从同一位置继续播放视频。换言之,每个回调都支持执行适合给定状态变更的特定作业。在合适的时间执行正确的作业,并妥善处理转换,这将提升应用的稳健性和性能。

如表 5-1 所示,为了在 Activity 生命周期的各个阶段之间转换,Activity 类提供六个核心回调:onCreate()、onStart()、onResume()、onPause()、onStop() 和 onDestroy()。当 Activity 进入新状态时,系统会调用其中每个回调。图 5-14 是 Activity 的生命周期。

表 5-1 Activity 状态和回调函数

进程状态	Activity 状态	可见性	状态之后的回调方法
前台(拥有或即将获得焦点)	已创建	在内存中	onCreate()
	已开始	可见	onStart()
	已恢复	可见且可操作	onResume()
后台(失去焦点)	已暂停	可见但不可操作	onPause()
后台(不可见)	已停止	不可见	onStop()
空	已销毁	不在内存中	onDestroy()

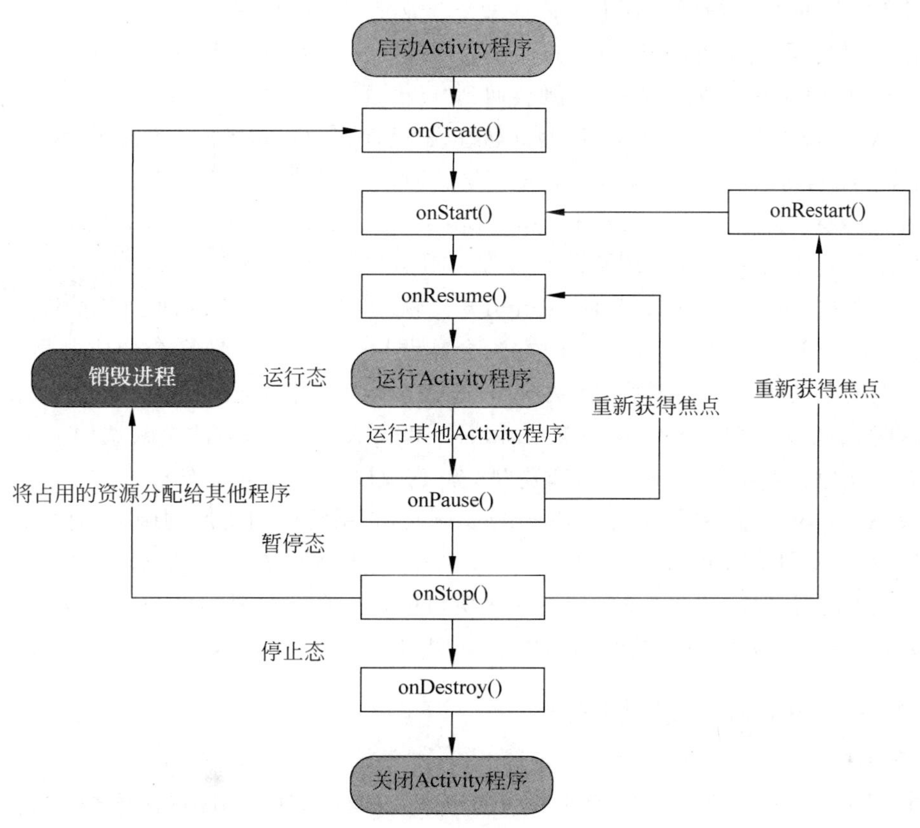

图 5-14 Activity 的生命周期

onCreate()会在系统首次创建 Activity 时触发。Activity 会在创建后进入"已创建"状态。在 onCreate()方法中需执行基本应用启动逻辑,该逻辑在 Activity 的整个生命周期中只应发生一次。例如,onCreate()的实现可能会将数据绑定到列表,以便后续对列表的显示。此外,onCreate()的实现可能会执行 Activity 某些基本设置的一些代码,例如声明界面(在 XML 布局文件中定义)、定义成员变量以及配置某些界面。

当 Activity 进入"已开始"状态时,系统会调用此回调。onStart()调用使 Activity 对用户可见,因为应用会为 Activity 进入前台并支持互动做准备。例如,应用通过此方法来初始化维护界面的代码。onStart()方法会非常快速地完成,并且与"已创建"状态一样,Activity 不会一直处于"已开始"状态。一旦此回调结束,Activity 便会进入"已恢复"状态,系统将调用 onResume()方法。

Activity 会在进入"已恢复"状态时来到前台,然后系统调用 onResume()进行回调。这是应用与用户互动的状态。应用会一直保持这种状态,直到某些事件发生,让焦点远离应用。此类事件包括接到来电、用户导航到另一个 Activity,或设备屏幕关闭。

如果 Activity 只是失去了焦点,Activity 进入"已暂停"状态。可以使用 onPause()方法释放系统资源、传感器(例如 GPS)句柄,或当 Activity 暂停且用户不需要它们时仍然可能影响电池续航时间的任何资源。onPause()执行非常简单，但不一定会有足够的时间来执行保存操作。因此，不应使用 onPause()来保存应用或用户数据、进行网络调用或执行数据库事务。如果此时 Activity 又恢复了焦点，则会回到“已恢复”状态，重新调用 onResume()方法。

如果 Activity 不再对用户可见，说明其已进入“已停止”状态，因此系统将调用 onStop()进行回调。例如，当新启动的 Activity 覆盖整个屏幕时，可能会发生这种情况。如果 Activity 已结束运行并即将终止，系统还可以调用 onStop()。在 onStop()方法中，应用应释放或调整在应用中对用户不可见时的无用资源。例如，应用可以暂停动画效果，或从精确位置更新、切换到粗略位置更新。如果此时 Activity 又恢复到可见，则会回到“已开始”状态，onReStart()、onStart()和 onResume()方法会被调用。Activity 最终会变成既可见又可操作。如果此时系统因为资源紧张，将 App 的进程杀死，而后又通过单击“回退”按钮退回该应用。这时，onCreate()、onRestart()、onStart()和 onResume()方法会被调用。Activity 最终会重新经历“已创建”“已开始”“已恢复”状态，变成既可见又可操作。

销毁 Activity 之前，系统会先调用 onDestroy()。系统调用此回调函数的原因如下：

(1) Activity 即将结束(由于用户彻底关闭 Activity 或由于系统为 Activity 调用 finish())。

(2) 由于配置变更(例如，设备旋转或多窗口模式)，系统暂时销毁 Activity。

(3) onDestroy()回调应释放先前的回调(例如 onStop())尚未释放的所有资源。

5.2.6 Activity 启动模式

1. 任务栈

任务(Task)是指在执行特定作业时与用户交互的一系列 Activity。这些 Activity 按照各自的打开顺序排列在堆栈(即返回栈)中，可以通过“返回”按钮在各个 Activity 之间按照一定的逻辑进行切换。如图 5-15 所示，当先启动 Activity 1，然后再启动 Activity 2 时，就形成了一个任务栈。然后再启动 Activity 3，任务栈的高度就是 3。这时，如果通过“返回”按钮，就回到之前的 Activity 2，这时任务栈的高度降为 2。如果用户继续单击“返回”按钮，则堆栈中的 Activity 会逐个退出，以显示前一个 Activity，直到用户返回到主屏幕(或任务开始时运行的 Activity)。移除堆栈中的所有 Activity 后，该任务将不复存在。而整个 Android 系统中，可以同时存在多个不同的任务栈，只有一个是前台任务栈，其他是后台任务栈。对不同任务栈来说，“返回”按钮的效果是不一样的。

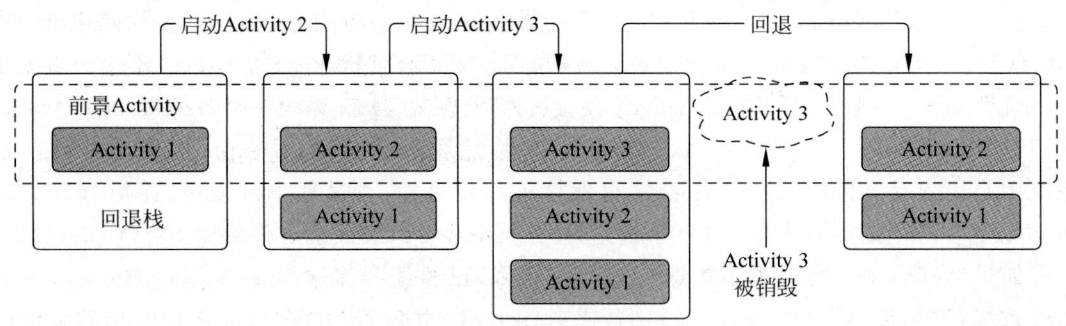

图 5-15　Activity 的任务栈

2. 启动模式

启动模式就是描述开始 Activity 的方式。一共有 4 种，分别是 standard、singleTop、singleTask 和 singleInstance。可以在 AndroidManifest.xml 中通过<activity>标签指定 android:launchMode 属性来选择启动模式。

standard 是默认模式。系统在启动该 Activity 的任务中创建 Activity 的新实例，并将 intent 传送给该实例。Activity 可以多次实例化，每个实例可以属于不同的任务，一个任务可以拥有多个实例。如果任务堆栈为 A-B-C-D，此时启动收到以 D 类型 Activity 为目标的 intent。如果 D 采用默认的 standard 启动模式，则会启动该类的新实例，并且堆栈将变为 A-B-C-D-D。

singleTop 模式下，如果当前任务的顶部已存在 Activity 的实例，则系统会通过调用其 onNewIntent()方法来将 intent 转送给该实例，而不是创建 Activity 的新实例。如果任务堆栈为 A-B-C-D，此时启动收到以 D 类型 Activity 为目标的 intent。如果 D 采用默认的 singleTop 启动模式，则 D 的现有实例会通过 onNewIntent()接收 intent，因为它位于堆栈顶部，堆栈仍为 A-B-C-D。

singleTask 模式下，系统会创建新任务，并实例化新任务的根 Activity。但是，如果另外的任务中已存在该 Activity 的实例，则系统会通过调用其 onNewIntent()方法将 intent 转送到该现有实例，而不是创建新实例。如果 Activity 已经存在于某个具有自己的返回堆栈的后台任务中，那么整个返回堆栈也会转到前台，覆盖当前任务，两者合并为同一个任务，如图 5-16 所示。Activity 一次只能有一个实例存在。

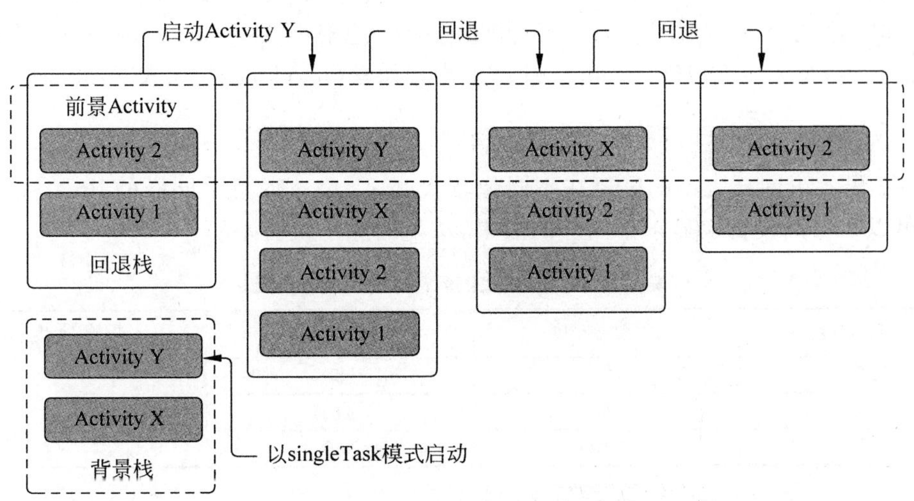

图 5-16 singleTask 模式中的任务合并

singleInstance 与 singleTask 相似，唯一不同的是系统不会将任何其他 Activity 启动到包含该实例的任务中。该 Activity 始终是其任务栈唯一的成员；由该 Activity 启动的任何 Activity 都会在其他的任务中打开。如图 5-17 所示，singleInstance 模式启动的 Activity E

中启动另一个 Activity F，Activity F 会在新的任务中。

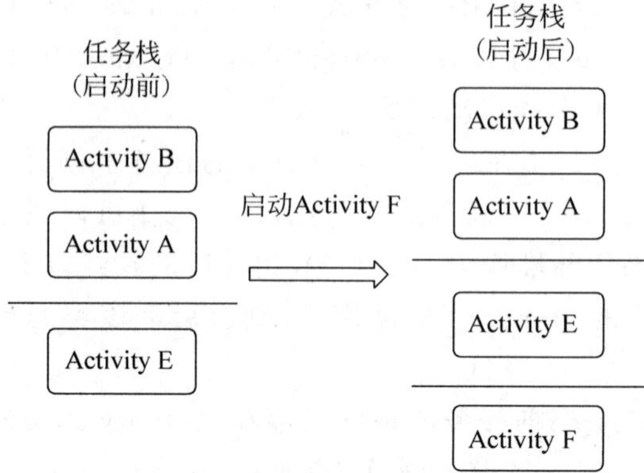

图 5-17 在 singleInstance 模式启动的 Activity E 中启动另一个 Activity F

5.3 UI 开发

本节介绍在 Android 系统如何设计并编写 UI 界面。

5.3.1 View 和 ViewGroup

Android 的 UI 中的基本构件叫作 View。View 代表的是一个界面中的长方形块，拥有坐标、长和宽这几个基本属性。这几个属性的单位是密度无关像素（density-independent pixel，dp）。dp 等于屏幕密度为 160 下的一个物理像素（pixel，px）。计算公式如下：

```
dp = (width in pixels * 160) / screen density
```

表 5-2 显示了同样大小的屏幕在不同像素大小下，仍然保持了同样的 dp。从而，以 dp 为单位可以在不同设备上显示出同样的效果，从而消除了设备差异。

表 5-2 不同屏幕密度下的密度无关像素

屏幕物理宽度/in	屏 幕 密 度	屏幕宽度/px	屏幕宽度/dp
1.5	120	180	240
1.5	160	240	
1.5	240	360	

View 对象又可以组合成为一个 ViewGroup 对象。图 5-18 显示了 View 和 ViewGroup 的关系。View 可以组合 ViewGroup，ViewGroup 又可以结合 View 再组成 ViewGroup。这种设计模式很明显是 Composite 设计模式。图 5-18 中的 1 代表的是作为根节点的 ViewGroup，2 代表是作为叶节点的 View。

对 ViewGroup 来说，它是由它的子对象按照一定的方式排布构成的，所以，ViewGroup

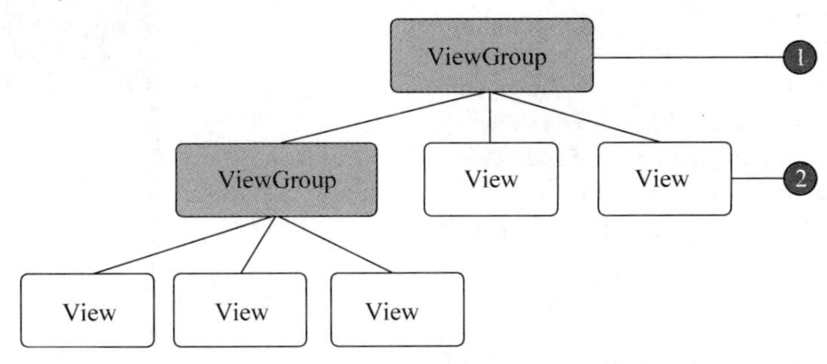

图 5-18 View 和 ViewGroup 的关系

重要的属性就是 Layout，也就是对子对象的排布。根据不同的排布策略，可以分为 LinearLayout、RelativeLayout、TableLayout、GridLayout 和 TableLayout，如图 5-19 所示。其中常用的 LinearLayout 中 View 之间是线性顺序排布的，而 RelativeLayout 则定义了 View 之间的相对关系。

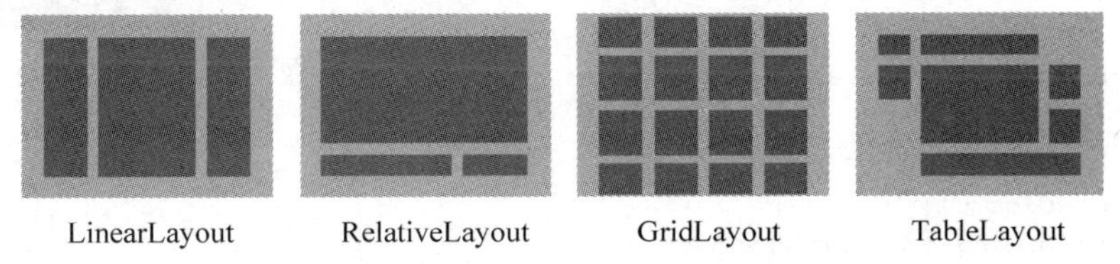

图 5-19 多种 Layout 策略

最近几年，Android 又推出了全新的界面布局 ConstraintLayout。这种布局方式更利于在可视化的编辑器上，通过拖曳的方式调整 View 组件的大小、约束、文字基线对齐等属性。

5.3.2 编写界面的两种方式

在 Android 系统中有两种方式来编写界面：一种是通过编写 XML 文件的方式；另一种是直接用 Java 代码来编写。

1. 用 XML 文件来编写界面

用 XML 文件来描述 TextView 的属性，系统会自动解析 XML 文件，然后转换为 Java 代码的实现。具体代码如下：

```
<?xml version = "1.0" encoding = "utf - 8"?>
< RelativeLayout xmlns:android = "http://schemas.android.com/apk/res/android"
    xmlns:app = "http://schemas.android.com/apk/res - auto"
    xmlns:tools = "http://schemas.android.com/tools"
    android:layout_width = "match_parent"
    android:layout_height = "match_parent"
    tools:context = ".ThirdActivity">


    < TextView
```

```
            android:id = "@ + id/textView3"
            android:layout_width = "wrap_content"
            android:layout_height = "wrap_content"
            android:text = "用 XML 文件来编写界面"
            android:textColor = "#ff0000"
            android:textSize = "18dp"
            android:layout_centerInParent = "true"/>
</RelativeLayout>
```

显示效果如图 5-20 所示。

图 5-20　用 XML 文件来编写界面

2. 用 Java 代码来编写界面

首先创建 Layout 对象并设置其参数；然后创建 View 对象并设置其属性值；再通过 addView()方法把 View 对象加入 Layout 对象中去；最后，通过将 Layout 对象传入 setContentView()方法显示界面。具体代码如下：

```
package com.example.android.firstactivity;

import androidx.appcompat.app.AppCompatActivity;

import android.graphics.Color;
import android.os.Bundle;
import android.widget.RelativeLayout;
import android.widget.TextView;

public class FourthActivity extends AppCompatActivity {

    @Override
    protected void onCreate(Bundle savedInstanceState) {
        super.onCreate(savedInstanceState);
        RelativeLayout relativeLayout = new RelativeLayout(this);
        RelativeLayout.LayoutParams params = new RelativeLayout.LayoutParams (RelativeLayout.
LayoutParams.WRAP_CONTENT,RelativeLayout.LayoutParams.WRAP_CONTENT);
        params.addRule(RelativeLayout.CENTER_IN_PARENT);
        TextView tv = new TextView(this);
        tv.setText("用 Java 代码来编写界面");
        tv.setTextColor(Color.RED);
        tv.setTextSize(18);
        relativeLayout.addView(tv,params);
        setContentView(relativeLayout);
    }
}
```

显示效果如图 5-21 所示。

5.3.3 常用控件

1. EditText

如图 5-22 所示，对于用户的输入，一般会采用 EditText 控件。在 EditText 编辑框输入之后，再单击 Button 按钮，然后将输入的内容显示在上方的 TextView 中。具体代码如下：

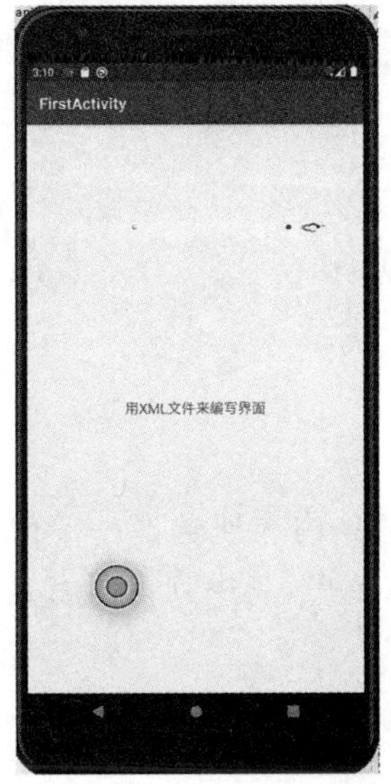

图 5-21 用 Java 代码来编写界面

图 5-22 EditText 案例

```
<EditText
        android:id = "@ + id/edit_simple"
        android:layout_width = "match_parent"
        android:layout_height = "wrap_content"
        app:layout_constraintBottom_toTopOf = "@ + id/button4"
        app:layout_constraintTop_toTopOf = "parent">
        android:hint = "@string/enter_text_here"</EditText >

    < TextView
        android:id = "@ + id/textView4"
        android:layout_width = "wrap_content"
        android:layout_height = "wrap_content"
        android:text = "TextView"
        app:layout_constraintBottom_toTopOf = "@ + id/edit_simple"
        app:layout_constraintEnd_toEndOf = "parent"
        app:layout_constraintStart_toStartOf = "parent"
        app:layout_constraintTop_toTopOf = "parent" />

    < Button
        android:id = "@ + id/button4"
        android:layout_width = "wrap_content"
        android:layout_height = "wrap_content"
        android:layout_marginBottom = "424dp"
        android:text = "Button"
        android:onClick = "setText"
        app:layout_constraintBottom_toBottomOf = "parent"
        app:layout_constraintEnd_toEndOf = "parent"
```

```
            app:layout_constraintHorizontal_bias = "0.858"
            app:layout_constraintStart_toStartOf = "parent" />
```

单击 Button 按钮后的回调方法 setText()的具体代码如下：

```
public void setText(View view){
        //通过 ID 获取 View 对象
        EditText editText = findViewById(R.id.edit_simple);
        TextView textView = findViewById(R.id.textView4);
        //将 EditText 对象的文字内容设置到 TextView 对象的文字属性中
        textView.setText(editText.getText());
    }
```

2. Spinner

微调框(Spinner)提供了一种方法可以让用户从值集内快速选择一个值。默认状态下，微调框显示其当前所选的值。轻触微调框可显示下拉菜单，其中列有所有其他可用值，用户可从中选择一个新值。

在 layout 文件夹下的 XML 文件中定义 Spinner。具体代码如下：

```
<Spinner
   android:id = "@+id/spinner"
   android:layout_width = "wrap_content"
   android:layout_height = "wrap_content"/>
```

然后在 values 文件夹下 strings.xml 文件中，定义一个常量值数组。可以用 R.array.spinner_array 来标识。具体代码如下：

```
<string-array name = "spinner_array">
        <item>Home</item>
        <item>Work</item>
        <item>Mobile</item>
        <item>Other</item>
</string-array>
```

如图 5-23 所示，Spinner 中的数据是来自 Array，但是需要通过 Adapter 设计模式，由 ArrayAdapter 来适配。通过 R.array.spinner_array 来创建 ArrayAdapter 对象，再通过 setAdapter()方法把这个对象设置到 Spinner 对象中。同时 Activity 实现了 AdapterView.OnItemSelectedListener 接口的 onItemSelected()方法来响应 Spinner 中被选择的事件。具体代码如下：

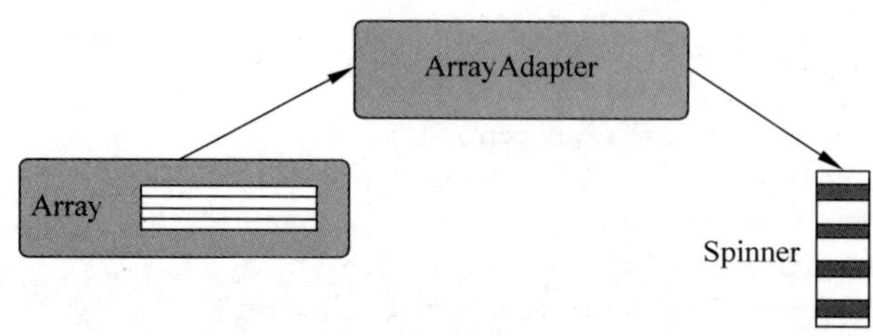

图 5-23　Array、ArrayAdapter、Spinner 之间的关系

```
package com.example.android.firstactivity;

import androidx.appcompat.app.AppCompatActivity;

import android.os.Bundle;
import android.view.View;
import android.widget.AdapterView;
import android.widget.ArrayAdapter;
import android.widget.EditText;
import android.widget.Spinner;
import android.widget.TextView;

public class FifthActivity extends AppCompatActivity implements AdapterView.OnItemSelectedListener {

    ArrayAdapter<CharSequence> adapter;
    @Override
    protected void onCreate(Bundle savedInstanceState) {
        super.onCreate(savedInstanceState);
        setContentView(R.layout.activity_fifth);

        Spinner spinner = findViewById(R.id.spinner);
        if (spinner != null) {
            spinner.setOnItemSelectedListener(this);
            adapter = ArrayAdapter.createFromResource(this,
                    R.array.spinner_array, android.R.layout.simple_spinner_item);

            // Specify the layout to use when the list of choices appears
            adapter.setDropDownViewResource
                    (android.R.layout.simple_spinner_dropdown_item);
            // Apply the adapter to the spinner

            spinner.setAdapter(adapter);

        }
    }

    public void setText(View view){
        EditText editText = findViewById(R.id.edit_simple);
        TextView textView = findViewById(R.id.textView4);
        Spinner spinner = findViewById(R.id.spinner);

        textView.setText(editText.getText());
    }

    @Override
    public void onItemSelected(AdapterView<?> parent, View view, int position, long id) {

        String spinner_item = parent.getItemAtPosition(position).toString();

        EditText editText = findViewById(R.id.edit_simple);
```

```
            TextView textView = findViewById(R.id.textView4);
            textView.setText(spinner_item + ":" + editText.getText());

        }

        @Override
        public void onNothingSelected(AdapterView<?> parent) {

        }
    }
```

在 EditText 中输入一个邮件地址，然后在 Spinner 中选择邮件地址的类型，在 onItemSelected()方法中实现被选择的监听，将选中的 item 的值作为邮件地址的前缀显示在上方的 TextView 中，如图 5-24 所示。

图 5-24 Spinner 案例

5.3.4 Android UI 事件响应

1. 用 onClick()方法来实现响应

一种快速的定义 Button 的响应方式是在 XML 文件中关于 Button 的属性的定义时，定义 onClick 的值，代表着单击之后的回调方法。示例中是 sendMessage()方法。具体代码如下：

```
<Button
    android:id="@+id/button_send"
    android:layout_width="wrap_content"
    android:layout_height="wrap_content"
    android:text="@string/button_send"
    android:onClick="sendMessage" />
```

然后在 sendMessage()方法的实现中，实现单击按钮之后的业务逻辑操作。具体代码如下：

```
public void sendMessage(View view) {
    // Do something in response to button click
}
```

2. 用事件监听器来实现响应

此外，还可以通过在代码中为界面元素注册监听器的方式来实现响应，这种方式是设计模式中观察者模式的一种体现。操作步骤如图 5-25 所示。

(1) 通过 findViewById()方法找到所要操作的 Button 对象的引用。具体代码如下：

```
Button button = findViewById(R.id.button_send);
```

(2) 创建一个 View.OnClickListener 对象，然后通过 setOnClickListener()方法向

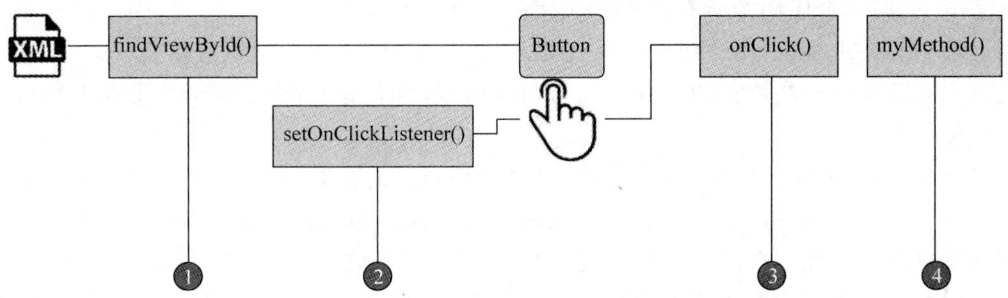

图 5-25 Button-Listener 设计模式实现的步骤

Button 注册。这个监听器接口有一个方法是 onClick()方法。具体代码如下：

```
button.setOnClickListener(new View.OnClickListener() {
    // ... The onClick method goes here
}
```

(3) 覆盖这个 onClick()方法，调用业务逻辑方法。具体代码如下：

```
button.setOnClickListener(new View.OnClickListener() {
    @Override
    public void onClick(View v) {
        // Do something in response to button click
    }
}
```

(4) 实现单击按钮的业务逻辑方法。

除了通过 View.OnClickListener 的 onClick()方法来实现单击按钮的事件响应外，还有如下方法。

(1) View.OnLongClickListener 的 onLongClick()方法：用来处理用户长按某一个 View 组件；

(2) View.OnTouchListener 的 onTouch()方法：用来处理单点或多点触控、手势动作等交互；

(3) View.OnFocusChangeListener 的 onFocusChange()方法：用来处理焦点的切换；

(4) View.OnKeyListener 的 onKey()方法：用来处理硬件设备的按键响应。

5.4 Android 线程间通信

本节介绍 Android 中的多线程编程、Handler 机制以及如何实现多线程通信。

5.4.1 多线程

当应用组件新启动时，Android 系统会使用单个执行线程为应用启动新的 Linux 进程。

默认情况下,同一个应用的所有组件会在相同的进程和执行线程(主线程)中运行。如果该应用组件已经在进程中,则该组件会在此进程内启动并使用相同的执行线程。但是,仍然安排应用中的其他组件在单独的进程中运行,也可以为任何进程创建额外的线程来执行多线程的任务。

启动应用时,系统会为应用刚创建一个称为 main 的执行线程。这个线程负责将事件分发给相应的 widget 和 view。因此,主线程有时也被称为 UI 线程。系统不会为每个组件实例创建单独的线程。在同一进程中运行的所有组件均在 UI 线程中进行实例化,并且对每个组件的系统调用均由该线程进行分派。因此,响应系统回调的方法(例如,报告用户操作的 onKeyDown() 或生命周期回调方法)始终在进程的 UI 线程中运行。

当应用执行繁重的任务以响应用户交互时,除非正确实现应用,否则这种单线程模式可能会导致性能低下。具体地讲,如果 UI 线程需要处理所有任务,则执行耗时较长的操作(例如,网络访问或数据库查询)将会阻塞整个 UI 线程。一旦被阻塞,线程将无法分派任何事件,包括绘图事件。从用户的角度来看,应用会显示为挂起状态。更糟糕的是,如果 UI 线程被阻塞超过几秒时间(目前大约是 5s),用户便会看到令人厌烦的"应用无响应"(ANR)对话框。如果引起用户不满,他们可能就会决定退出并卸载此应用。

此外,Android UI 库并非线程安全。所以不得通过工作线程操纵界面,而只能通过 UI 线程操纵界面。因此,Android 的单线程模式必须遵守两条规则:

(1) 不要阻塞 UI 线程;

(2) 不要在 UI 线程之外访问 Android UI 工具包。

5.4.2 Handler 机制

Android 的线程通信是通过消息的发送机制进行的。每一个要通信的线程都会有一个消息队列(Message Queue)来接收消息。所以,每个要通信的线程都通过 Looper. prepare()方法来创建消息队列,通过 Looper. loop()方法来处理对象。可以通过 Looper. myLooper()方法获取当前线程保存的唯一的 Looper 对象 mLooper。而每个 Looper 对象都会有一个消息队列 mQueue。UI 线程也是如此,每个应用启动的最后一步都会在 UI 线程中创建一个 Looper 对象,通过调用 Looper. loop()的方法,就会进入一个无限循环当中。在 loop()方法的无限循环中就是每当发现消息队列中存在一条消息,就会将它取出,并执行消息中 handler 的 handleMessage()方法中。

所以,如图 5-26 所示,当创建了新的工作线程,完成相应的具体操作(比如,下载网络数据)之后,如果需要更新 UI 界面,需要经过下列步骤。

(1) 在 UI 线程创建的 Handler 类的对象 handler,定义对 UI 界面的更新。handler 对象会对应 UI 线程的消息队列。

(2) 通过 Message. obtain()方法创建 Message 对象。

(3) 通过 handler 找到 UI 线程的消息队列,通过 handler. sendMessage(message)方法发送消息到该 handler 对应 UI 线程的消息队列。

（4）UI 线程的 loop()方法无限循环取出消息。

（5）将消息作为参数，在 UI 线程中执行 handleMessage()方法。

不同的线程都会有自己的 Looper 对象和自己的消息队列。那么在其线程中创建 Handler 对象，就可以互相向各自的消息队列发消息，执行所需要的 handleMessage()方法，从而实现线程间通信。需要注意的是，由于界面的操作不是线程安全的，因此，只能在 UI 线程中执行界面的更新。

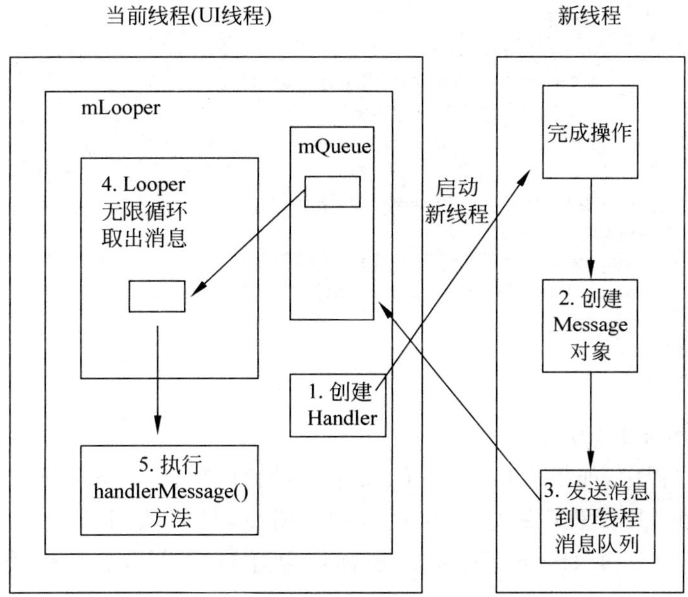

图 5-26　Handler 机制

5.4.3　Android 线程间通信的实现

1. 通过 Handler 机制

在下面的案例中，“Message message＝Message.obtain()；”创建了 Message 对象。后面设置了对象的属性。一般会携带要传递的数据。然后通过 handler.sendMessage(message)方法发送消息到该 handler 对应线程的消息队列。当消息队列的消息被取出时，将会执行 handleMessage()方法中的内容。具体代码如下：

```
private void byHandler() {
        handler = new Handler(){
            @Override
            public void handleMessage(Message msg) {
                super.handleMessage(msg);
                switch (msg.what){
                    case 123:
                        tv.setText("" + msg.obj);          //textview 刷新
```

```
                    break;
                }
            }
        };
        new Thread(){
            @Override
            public void run() {
                super.run();
                for (int i = 0;i < 3;i++){
                    try {
                        sleep(1000);
                    } catch (InterruptedException e) {
                        e.printStackTrace();
                    }
                }
                Message message = Message.obtain();
                message.what = 123;
                message.obj = "通过 Handler 机制";
                handler.sendMessage(message);
            }
        }.run();
    }
```

2. runOnUiThread()方法

在其他执行线程中，如果想执行 UI 的操作，不能直接写 tv.setText()代码。因为所有界面的操作都是在 UI 线程（主线程）中执行的。所以，可以调用 runOnUiThread()方法。该方法的参数传递了一个 Runnable 对象，里面包含对 UI 的操作。具体代码如下：

```
private void byRunOnUiThread(){
        new Thread(){
            @Override
            public void run() {
                super.run();
                for (int i = 0;i < 3;i++){
                    try {
                        sleep(1000);
                    } catch (InterruptedException e) {
                        e.printStackTrace();
                    }
                }
                runOnUiThread(new Runnable() {
                    @Override
                    public void run() {
                        tv.setText("通过 runOnUiThread()方法");
                    }
                });
            }
        }.run();
    }
```

3. View.post(Runnable r)

除了 runOnUiThread()方法，View.post()方法也可以让任务在 UI 线程中执行。另外，postDelayed()方法可以在 UI 线程中延迟执行，这也是另一种调度线程执行的方法。具体代码如下：

```
private void byPost(){
        new Thread(){
            @Override
            public void run() {
                super.run();
                for (int i = 0;i < 3;i++){
                    try {
                        sleep(1000);
                    } catch (InterruptedException e) {
                        e.printStackTrace();
                    }
                }
                tv.post(new Runnable() {
                    @Override
                    public void run() {
                        tv.setText("通过 View.post(Runnable r) 方法");
                    }
                });
            }
        }.run();
    }
```

4. AsyncTask

AsyncTask 允许对界面执行异步操作。它会先阻塞工作线程中的操作，然后在 UI 线程中发布结果，而无须用户亲自处理线程。

如要使用该类，必须创建 AsyncTask 的子类并实现 doInBackground()回调方法，该方法会在后台线程池中运行。如要更新界面，应实现 onPostExecute()（该方法会传递 doInBackground()返回的结果并在 UI 线程中运行），以便安全更新界面。然后，可以通过从 UI 线程调用 execute()来运行任务。具体代码如下：

```
private void byAsyncTask(){
        new MyAsyncTask().execute("通过 AsyncTask");
    }
private class MyAsyncTask extends AsyncTask{
        @Override
        protected Object doInBackground(Object[] objects) {
            for (int i = 0;i < 3;i++){
                try {
                    sleep(1000);
                } catch (InterruptedException e) {
                    e.printStackTrace();
                }
```

```
            }
            return objects[0].toString();
        }
        @Override
        protected void onPostExecute(Object o) {
            super.onPostExecute(o);
            tv.setText(o.toString());
        }
    }
```

5.5 Android 数据存储

本节介绍 Android 中两种数据存储方式：文件存储、SharedPreference 存储。

5.5.1 Android 文件存储

文件存储是 Android 最基本的数据存储方式。如果只需要存储一些文本数据或者二进制数据，那么就可以将数据直接存到本地。Android 的本地存储分为内部存储和外部存储。内外部存储都是手机机身的存储，只是内部存储系统磁盘中/data 文件夹内部存储中一般存储一些应用数据，如 APK，SharedPreference、Database 数据，WebView 缓存和图片缓存等。内部存储中每个应用都有一个文件夹，其中数据在应用卸载之后就会被删除。结构如下：/data/data/应用的包名/。外部存储可能包含两部分：一部分是机身存储的外部存储；另一部分是 SD 卡，一般在 mnt 或者 storage 文件夹中。外部存储中分为两类文件夹：私有文件夹和公有文件夹。私有文件夹的数据会随着应用的卸载而删除，公有文件夹则不会。

1. 写数据到文件

Context 类中提供的 openFileOutput()方法可以获得文件输出流，然后通过 write()方法可以写数据到文件。Context. MODE_PRIVATE 表示当指定相同文件名时，所写入的内容将会覆盖源文件中的内容。而另一种 MODE_APPEND 则表示该文件如果已经存在，则在文件末尾追加内容。如果文件不存在，则创建新文件。具体代码如下：

```
String filename = "myfile";
String fileContents = "Hello world!";
try (FileOutputStream fos = context.openFileOutput(filename, Context.MODE_PRIVATE)) {
    fos.write(fileContents.toByteArray());
}
```

2. 读文件数据

同样，openFileInput()方法是获得文件输入流。然后通过输入流可以进行读取操作。readLine()方法会一行一行地读取字符串。具体代码如下：

```
FileInputStream fis = context.openFileInput(filename);
InputStreamReader inputStreamReader =
        new InputStreamReader(fis, StandardCharsets.UTF_8);
```

```
StringBuilder stringBuilder = new StringBuilder();
try (BufferedReader reader = new BufferedReader(inputStreamReader)) {
    String line = reader.readLine();
    while (line != null) {
        stringBuilder.append(line).append('\n');
        line = reader.readLine();
    }
} catch (IOException e) {
    // Error occurred when opening raw file for reading.
} finally {
    String contents = stringBuilder.toString();
}
```

5.5.2 SharedPreference 存储

不同于文件的存储方式，SharedPreference 使用键值对的方式来提供对数据的便捷存取。

1. 获取 SharedPreference 的句柄

可以通过调用以下方法之一创建新的 SharedPreference 文件或访问已有 SharedPreference 文件：

(1) getSharedPreferences()。如果需要多个由名称(使用第一个参数指定)标识的 SharedPreference 文件，则使用此方法。可以从应用中的任何 Context 调用此方法。具体代码如下：

```
Context context = getActivity();
    SharedPreferences sharedPref = context.getSharedPreferences(
            getString(R.string.preference_file_key), Context.MODE_PRIVATE);
```

(2) getPreferences()。如果只需使用 Activity 的 SharedPreference，则从 Activity 中使用此方法。由于这会检索属于该 Activity 的默认 SharedPreference 文件，因此无须提供名称。具体代码如下：

```
SharedPreferences sharedPref = getActivity().getPreferences(Context.MODE_PRIVATE);
```

2. 将数据存储到 SharedPreference

获得句柄之后，就可以利用句柄调用 edit()创建一个 SharedPreferences.Editor，传递想要使用 putInt()和 putString()等方法写入的键和值。然后，调用 apply()或 commit()以保存更改。apply()会立即更改内存中的 SharedPreferences 对象，但会将更新异步写入磁盘。或者，也可以使用 commit()将数据同步写入磁盘。但是，由于 commit()是同步的，应避免从主线程调用它，因为它可能会暂停界面呈现。具体代码如下：

```
SharedPreferences sharedPref = getActivity().getPreferences(Context.MODE_PRIVATE);
SharedPreferences.Editor editor = sharedPref.edit();
editor.putInt(getString(R.string.saved_high_score_key), newHighScore);
```

```
editor.apply();
```

3. 从 SharedPreference 读数据

如需从共享偏好设置文件中检索值，可调用 getInt()和 getString()等方法，为想要的值提供键；如果键不存在，则可以选择返回默认值。具体代码如下：

```
SharedPreferences sharedPref = getActivity().getPreferences(Context.MODE_PRIVATE);
int defaultValue = getResources().getInteger(R.integer.saved_high_score_default_key);
int highScore = sharedPref.getInt(getString(R.string.saved_high_score_key), defaultValue);
```

5.6 Android 测试

本节介绍测试技术中的测试金字塔，以及如何在 Android 中做本地单元测试和 UI 测试等基础知识。

5.6.1 测试金字塔

如图 5-27 所示，测试金字塔说明了应用应如何包含三类测试（即小型、中型和大型测试）。

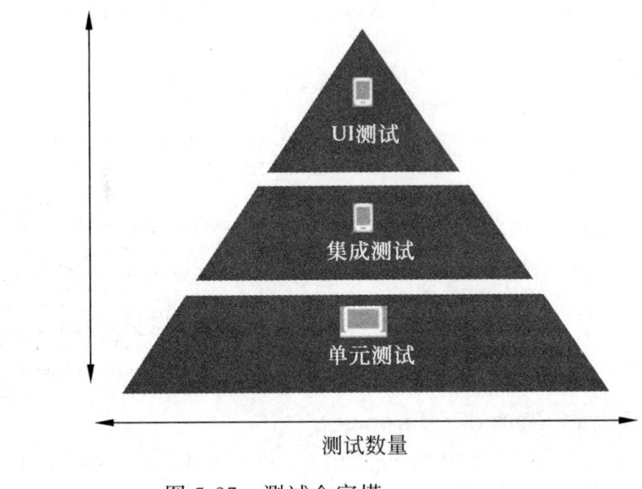

图 5-27 测试金字塔

（1）小型测试是指单元测试，用于验证应用的行为，一次验证一个类。

（2）中型测试是指集成测试，用于验证模块内堆栈级别之间的互动或相关模块之间的互动。

（3）大型测试是指端到端测试，主要是 UI 测试，用于验证跨越了应用的多个模块的用户操作流程。

沿着金字塔逐级向上，从小型测试到大型测试，各类测试的保真度逐级提高，但维护和调试工作所需的执行时间和工作量也逐级增加。因此，编写的单元测试应多于集成测试，集成测试应多于端到端测试。虽然各类测试的比例可能会因应用的用例不同而异，但通常建议各类测试所占比例如下：小型测试占 70%，中型测试占 20%，大型测试占 10%。

5.6.2 Android 本地单元测试

首先，设置依赖。具体代码如下：

```
dependencies {
    // Required -- JUnit 4 framework
    testImplementation 'junit:junit:4.12'
    // Optional -- Robolectric environment
    testImplementation 'androidx.test:core:1.0.0'
    // Optional -- Mockito framework
    testImplementation 'org.mockito:mockito-core:1.10.19'
    }
```

如果直接使用 JUnit 测试，和 Java 代码的单元测试无异。样例代码如下：

```
import com.google.common.truth.Truth.assertThat;
import org.junit.Test;

public class EmailValidatorTest {
    @Test
    public void emailValidator_CorrectEmailSimple_ReturnsTrue() {
        assertThat(EmailValidator.isValidEmail("name@email.com")).isTrue();
    }
}
```

如果测试与多个 Android 框架依赖项互动，或以复杂的方式与这些依赖项互动，可使用 AndroidX Test 提供的 Robolectric 工具。Robolectric 在本地 JVM 或真实设备上执行真实的 Android 框架代码和原生框架代码的虚假对象。适用于 Java（版本 1.9.5 及更高版本）的 Mockito 模拟框架提供了与 Android 单元测试的兼容性。通过 Mockito，可以将模拟对象配置为在被调用时返回某个特定值。

首先，在 app/build.gradle 文件中设置配置选项。具体代码如下：

```
android {
    // ...
    testOptions {
        unitTests.includeAndroidResources = true
    }
}
```

其中，使用 when()和 thenReturn()方法来指定某种条件以及满足该条件时的返回值。最后，使用“assertThat(result, is(FAKE_STRING));”查看测试类的方法的返回值是否是 Mock 的值。具体代码如下：

```
import android.content.Context;
import org.junit.Test;
import org.junit.runner.RunWith;
import org.mockito.Mock;
import org.mockito.junit.MockitoJUnitRunner;

import static com.google.common.truth.Truth.assertThat;
import static org.mockito.Mockito.when;

@RunWith(MockitoJUnitRunner.class)
public class UnitTestSample {

    private static final String FAKE_STRING = "HELLO WORLD";

    @Mock
    Context mockContext;

    @Test
    public void readStringFromContext_LocalizedString() {
        // Given a mocked Context injected into the object under test
        when(mockContext.getString(R.string.hello_world))
                .thenReturn(FAKE_STRING);
        ClassUnderTest myObjectUnderTest = new ClassUnderTest(mockContext);

        // ...when the string is returned from the object under test
        String result = myObjectUnderTest.getHelloWorldString();

        // ...then the result should be the expected one
        assertThat(result, is(FAKE_STRING));
    }
}
```

5.6.3 Android UI 测试

由 AndroidX Test 提供的 Espresso 测试框架提供了一些 API，用于编写界面测试以模拟单个目标应用内的用户交互。Espresso 测试可以在搭载 Android 2.3.3（API 级别 10）及更高版本的设备上运行。使用 Espresso 的主要好处在于，它可以自动同步测试操作与正在测试的应用的界面。

首先，配置依赖。具体代码如下：

```
dependencies {
    androidTestImplementation 'androidx.test.espresso:espresso-core:3.2.0'
}
```

以下代码段中显示的测试类提供了对 Activity 的简单测试，分别测试了 Activity 的上下文、启动和文字的输入输出。具体代码如下：

```
@RunWith(AndroidJUnit4.class)
```

```
public class ActivityInputOutputTest {

    @Rule
    public ActivityTestRule mActivityRule = new ActivityTestRule<>(
            MainActivity.class);

    @Test
    public void useAppContext() throws Exception {
        // Context of the app under test.
        Context appContext = InstrumentationRegistry.getTargetContext();

        assertEquals("com.example.android.twoactivities",
                appContext.getPackageName());
    }

    @Test
    public void activityLaunch() {
        onView(withId(R.id.button_main)).perform(click());
        onView(withId(R.id.text_header)).check(matches(isDisplayed()));
        onView(withId(R.id.button_second)).perform(click());
        onView(withId(R.id.text_header_reply)).check(matches(isDisplayed()));
    }

    @Test
    public void textInputOutput() {
        onView(withId(R.id.editText_main)).perform(
                typeText("This is a test."));
        onView(withId(R.id.button_main)).perform(click());
        onView(withId(R.id.text_message)).check(
                matches(withText("This is a test.")));
    }
}
```

练习 5

1. 【简答题】简述 Android 系统分层体系结构的各层及其作用。
2. 【简答题】简述 Android 系统四大应用组件及其作用。
3. 【单选题】下列关于四大组件的说法错误的是(　　)。
   A. Activity 拥有界面的单个屏幕显示，是 App 和用户交互的入口点
   B. 服务是一个使应用保持在后台运行的组件，一般用于执行长时间计算或者访问网络远程进程的作业
   C. 系统在对应用传递事件时是通过广播机制的。而决定应用对什么样的广播事件采取什么响应，则是通过在应用中定义广播接收器组件
   D. 四大组件均可以通过异步消息 Intent 进行启动

4.【简答题】简述 Activity 的生命周期。

5.【多选题】Activity 的启动模式有(　　)种。

A. Standard　　B. singleTop

C. singleTask　　D. singleInstance

6.【简答题】简述 Activity 的任务栈和启动模式。

7.【简答题】简述界面编写的两种方式。

8.【简答题】以 Button 为例,简述事件响应的两种实现方式。

9.【简答题】简述 Android 的 Handler 机制。

10.【单选题】关于多线程,下列说法错误的是(　　)。

A. 默认情况下,同一个应用的所有组件会在相同的进程和执行线程(主线程)中运行

B. 主线程有时候也被称为 UI 线程

C. 如果 UI 线程需要处理所有任务,则执行耗时较长的操作(例如,网络访问或数据库查询)将会阻塞整个 UI 线程

D. Android UI 库是线程安全的。所以可以通过其他工作线程操纵界面,不一定只能通过 UI 线程操纵界面

11.【多选题】下列(　　)是线程间通信中可以使用的方式。

A. Handler 机制　　B. runOnUiThread()方法

C. View. post(Runnable r)　　D. AsyncTask

12.【多选题】Android 数据存储的方式有(　　)。

A. 文件存储　　B. SharedPreference

C. SQLite 数据库　　D. 网络存储

13.【单选题】下列关于 Android 测试说法错误的是(　　)。

A. 从小型测试到大型测试,各类测试的保真度逐级提高,但维护和调试工作所需的执行时间和工作量也逐级降低

B. Espresso 测试框架提供了一些 API,用于编写界面测试以模拟单个目标应用内的用户交互

C. Robolectric 在本地 JVM 或真实设备上执行真实的 Android 框架代码和原生框架代码的虚假对象

D. 关于 Mockito,可以将模拟对象配置为在被调用时返回某个特定值

第 6 章

Android 开发进阶

本章介绍 RecyclerView、Fragment、Broadcast Receiver、Service、Content Provider 开发以及网络技术、多媒体技术、SQLite 数据库存储和 Android 架构组件开发技术。

6.1 RecyclerView

本节介绍显示列表的 RecyclerView 控件。

6.1.1 RecyclerView 使用场景

如图 6-1 所示，如果想要显示一个比较长的列表数据，并通过单击操作和显示的每一项进行交互，那么可以采用 RecyclerView 控件。由于手机的长度有限，RecyclerView 控件在同一时刻只能显示其中较少的一部分，但可以通过屏幕滚动浏览其他的列表项，帮助使用者完成与列表数据的交互。

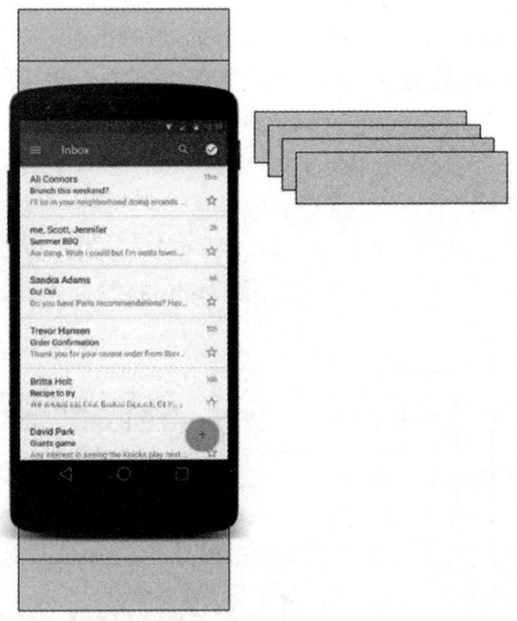

图 6-1 RecyclerView 控件对象创建原理

因为大多数列表项并不需要同时访问,所以RecyclerView控件为了节省内存,不会在任意时刻都把整个列表的每一列表项都创建一个对象放在内存中,随时供应用访问。减少创建的列表项的对象的个数大大节省了内存空间,RecyclerView控件也因此节省了大量的时间。如图6-1所示,RecyclerView控件为每一个显示的列表项创建对象,然后为了滑动的顺滑,对屏幕可显示的列表部分之上和之下的部分也要创建一些缓冲的对象。滑动时,这些对象会被反复回收重用,从而达到高效显示的效果。

6.1.2 RecyclerView相关组件

想要显示一个RecyclerView控件,有以下关联对象。

(1) Data:想要显示的数据集合。数据集合可以来源于本地文件或者数据库,甚至可以是从网络上拉取的数据。

(2) RecyclerView:一个带滚动条显示列表的UI组件。它是一个ViewGroup对象,包含有限数量的View对象。为了节省内存,当列表项在屏幕消失时,这些列表项对应的View对象是被重用的。所以,如前所述,并不是为每一个列表项创建一个View对象。RecyclerView只使用了比显示数目稍多的View对象,但却保持了滚动的快速和流畅。

(3) Item Layout:列表中单个项目的布局。每一项可以有自己的布局,包括文字、图标、图片等。用单独的XML布局文件表示。

(4) Layout Manager:布局管理器,RecyclerView.LayoutManager类的对象。负责RecyclerView控件整体的布局,比如如何安排每一个项的位置。RecyclerView提供了多种布局管理器,如LinearLayoutManager、GridLayoutManager、StaggeredGridLayoutManager。当然,也可以使用自己定制的布局管理器。

(5) Adapter:数据适配器,RecyclerView.Adapter类的子类。参照此前介绍的Adapter适配器模式,Adapter的作用是连接Data和RecyclerView,提供onCreateViewHolder()、onBindViewHolder()和getItemCount()回调函数。

(6) ViewHolder:一个RecyclerView.ViewHolder类的子类,是包含列表中各列表项的布局的View的封装容器。

图6-2显示这些对象之间的关系。Activity持有RecyclerView对象。RecyclerView的Layout Manager管理着每一个Item(列表)。而Item的数据由Adapter提供。Adapter通过ViewHolder持有Data。

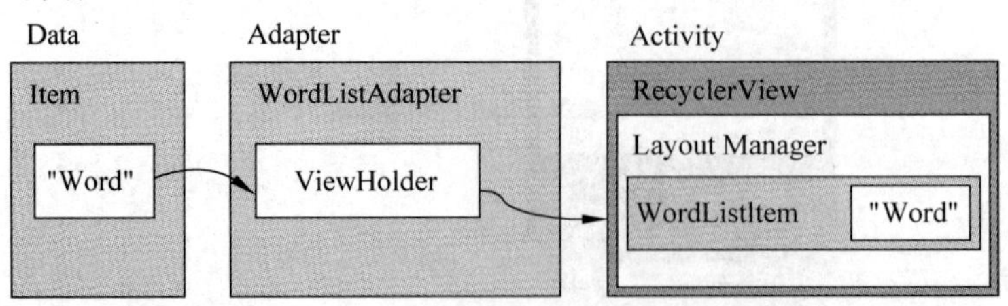

图6-2 RecyclerView组件关联对象之间的关系

6.1.3 实现一个 RecyclerView

实现一个 RecyclerView 的步骤如下。

(1) 添加 RecyclerView 依赖。

在 app 模块的 build.gradle 文件中添加如下依赖：

```
dependencies {
    implementation "androidx.recyclerview:recyclerview:1.1.0"
}
```

(2) 添加 Recycler 到 Activity 的布局。具体代码如下：

```
<androidx.recyclerview.widget.RecyclerView
        android:id="@+id/recyclerview"
        android:layout_width="match_parent"
        android:layout_height="match_parent">
</androidx.recyclerview.widget.RecyclerView>
```

(3) 为每一个列表项创建布局文件 wordlist_item.xml。具体代码如下：

```
<LinearLayout xmlns:android="http://schemas.android.com/apk/res/android"
    android:layout_width="match_parent"
    android:layout_height="wrap_content"
    android:orientation="vertical"
    android:padding="6dp">

    <TextView
        android:id="@+id/word"
        style="@style/word_title" />

</LinearLayout>
```

(4) 继承 RecyclerView.Adapter 类，实现回调方法。通过 inflater 对象和 item 的 layout 文件，创建 ViewHolder 对象。绑定带数据的 ViewHolder 对象到 RecyclerView 的某个位置。将 View 和 Data 通过 Adapter 连接在一起。具体代码如下：

```
public class WordListAdapter extends
                        RecyclerView.Adapter<WordListAdapter.WordViewHolder> {
private final LinkedList<String> mWordList;
private final LayoutInflater minflater;
//获得 inflater 对象,为后面添加新的 item 做准备
public WordListAdapter(Context context, LinkedList<String> wordList) {
    mInflater = LayoutInflater.from(context);
    this.mWordList = wordList;
}

//通过 inflater 对象和 item 的 layout 文件
//创建 ViewHolder 对象
 @Override
```

```
public WordViewHolder onCreateViewHolder(ViewGroup parent,
                                                    int viewType){
    // Inflate an item view
    View mItemView =
      mInflater.inflate(R.layout.wordlist_item,
                                parent, false);
    return new WordViewHolder(mItemView, this);
}

//绑定带数据的 ViewHolder 对象到 RecyclerView 的某个位置
@Override
public void onBindViewHolder(
                    WordViewHolder holder, int position) {
        // Retrieve the data for that position
        String mCurrent = mWordList.get(position);
        // Add the data to the view
        holder.wordItemView.setText(mCurrent);
}

//返回可以显示的 Item 数量
@Override
public int getItemCount() {
    return mWordList.size();
}
```

(5) 继承 RecyclerView.ViewHolder 类,创建一个 ViewHolder 对象。实现 onClick()回调方法实现单击的效果。具体代码如下:

```
class WordViewHolder extends RecyclerView.ViewHolder
                                    implements View.OnClickListener {

//添加监听器,设定 adapter
public WordViewHolder(View itemView, WordListAdapter adapter) {
    super(itemView);
    wordItemView = itemView.findViewById(R.id.word);
    this.mAdapter = adapter;
    itemView.setOnClickListener(this);
}

//实现 onClick()的回调方法
@Override
public void onClick(View v) {
    wordItemView.setText("Clicked! " + wordItemView.getText());
}
```

(6) 在 Activity 的 onCreate()方法,通过 Adapter 和 LayoutManager 作为参数,设置 RecyclerView 对象的参数。具体代码如下:

```
//声明 RecyclerView
private RecyclerView mRecyclerView;
```

```
@Override
protected void onCreate() {

mRecyclerView = findViewById(R.id.recyclerview);
 //创建 Adapter
 mAdapter = new WordListAdapter(this, mWordList);

 //设置 RecyclerView 对应的 Adapter
 mRecyclerView.setAdapter(mAdapter);

 //设置 RecyclerView 的布局管理器
 mRecyclerView.setLayoutManager(new LinearLayoutManager
(this));
}
```

图 6-3 显示了 Recycler 案例的最终显示效果，单击的 Item 项会显示“Clicked!”文字。FloatingActionButton 按钮“+”会增加 Item 项。图 6-3 中增加了 Word 20 和 Word 21。

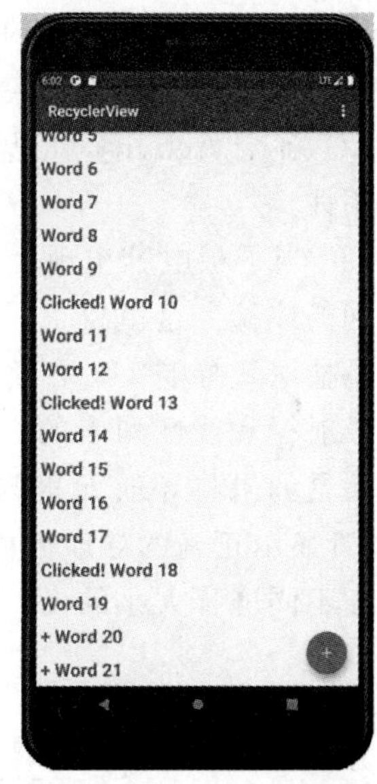

图 6-3 RecyclerView 案例显示效果

6.2 Fragment

本节介绍 Fragment(片段)的创建和使用。

6.2.1 Fragment 使用场景

在开发 App 时，经常会遇到 Activity 中由很多个窗格界面组成，为了使得 Activity 可以模块化开发，设计了 Fragment 类，代表这些窗格(或者说是片段)。它具有自己的生命周期，能接收自己的输入事件，并且可以添加到一个 Activity 或者另一个 Fragment 这样的父容器中，也可以从它的父容器中移除。

如图 6-4 所示，Fragment 具有以下三个特性。

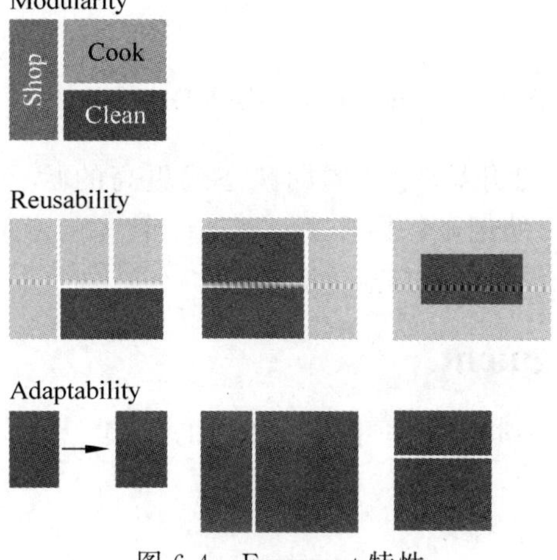

图 6-4 Fragment 特性

（1）可以不必将所有的代码都写在一个 Activity 中，而是写在各自的 Fragment 中，可以实现更好的模块化。

（2）多个 Activity 可以重用一个 Fragment。那么界面的设计与实现就具有了更好的可重用性。

（3）当平板电脑出现之后，由于可显示空间的扩大，不同屏幕尺寸和方向下，需要给用户不同的体验。这就要求界面设计具有更好的可适配性。如图 6-5 所示，在平板电脑上时左侧是抽屉式导航 UI，右侧则是一个网格状布局的列表。而当应用在手机上时，则采用了底部导航栏和线性列表的方式。如果让一个 Activity 管理所有这些变化因素可能会很麻烦。但是如果将导航元素与内容分离可使此过程更易于管理。例如，Activity Navigation UI 负责显示正确的导航界面，而 Fragment UI 采用适当的布局显示列表。这样就可以提供可适配不同屏幕大小的 UI 体验。

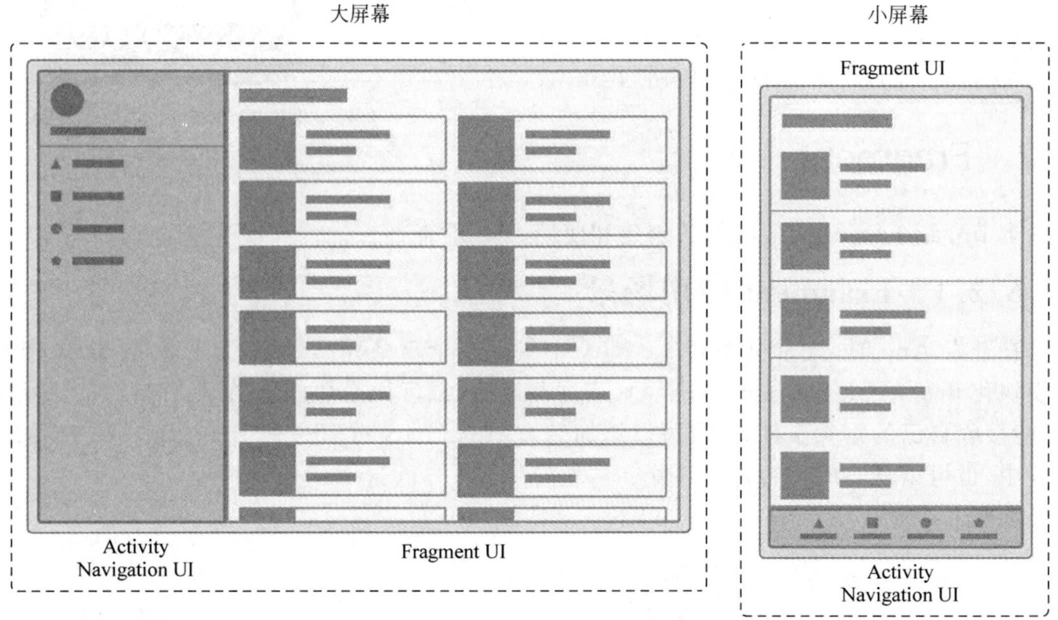

图 6-5　Fragment 在不同屏幕大小的使用

此外，当 Activity 处于“已开始”生命周期状态或更高的状态时，可以添加、替换或移除 Fragment。可以将这些更改的记录保留在由 Activity 管理的返回堆栈中，从而允许撤销这些更改，提供和 Activity 一致的回退交互体验。

6.2.2　创建 Fragment

首先要在应用级 build.gradle 文件中加入相应的依赖。具体代码如下：

```
dependencies {
    def fragment_version = "1.2.5"
```

```
    // Java language implementation
    implementation "androidx.fragment:fragment:$fragment_version"
}
```

接着，把 Fragment 加入 Activity 中。这里有两种方法：一种是通过 XML 文件的方式；另一种是通过代码的方式。

以 XML 文件的方式在 Activity 的 layout 文件中加入 FragmentContainerView 控件，再通过 android:name 来指定加入的 Fragment 的类名。具体代码如下：

```
<!-- res/layout/example_activity.xml -->
<androidx.fragment.app.FragmentContainerView
    xmlns:android="http://schemas.android.com/apk/res/android"
    android:id="@+id/fragment_container_view"
    android:layout_width="match_parent"
    android:layout_height="match_parent"
    android:name="com.example.ExampleFragment" />
```

通过代码的方式，同样要在 layout 文件中加入 FragmentContainerView 控件，然后通过下列代码中的 add()方法，指定加入的 Fragment 类。如果要传递数据给 Fragment，则在 add()方法的第三个参数中，将打包好的 bundle 数据传入。再通过 Fragment 类的定义中 onViewCreated()回调方法，获得相应的传入的参数。具体代码如下：

```
<!-- res/layout/example_activity.xml -->
<androidx.fragment.app.FragmentContainerView
    xmlns:android="http://schemas.android.com/apk/res/android"
    android:id="@+id/fragment_container_view"
    android:layout_width="match_parent"
    android:layout_height="match_parent" />
```

具体 Activity 的代码如下：

```
public class ExampleActivity extends AppCompatActivity {
    public ExampleActivity() {
        super(R.layout.example_activity);
    }
    @Override
    protected void onCreate(Bundle savedInstanceState) {
        super.onCreate(savedInstanceState);
        if (savedInstanceState == null) {
            Bundle bundle = new Bundle();
            bundle.putInt("some_int", 0);

            getSupportFragmentManager().beginTransaction()
                .setReorderingAllowed(true)
                .add(R.id.fragment_container_view, ExampleFragment.class, bundle)
                .commit();
        }
    }
}
```

具体 Fragment 的代码如下：

```
class ExampleFragment extends Fragment {
    public ExampleFragment() {
        super(R.layout.example_fragment);
    }

    @Override
    public void onViewCreated(@NonNull View view, Bundle savedInstanceState) {
        int someInt = requireArguments().getInt("some_int");
        ...
    }
}
```

6.2.3 FragmentManager 和事务

管理 Fragment，需要使用 FragmentManager。可以通过调用 Activity 的 getFragmentManager() 取得它的实例。FragmentManager 的功能包括：

(1) 使用 findFragmentById() 或 findFragmentByTag() 获取 Activity 中存在的 Fragment。

(2) 使用 addToBackStack() 和 popBackStack() 管理返回堆栈，将 Fragment 加入返回堆栈或者从返回堆栈中弹出。

(3) 使用 addOnBackStackChangeListener() 注册一个监听返回堆栈变化的 Listener。

(4) 处理 Fragment 事务。

对 Fragment 的操作包括：①添加，方法为 add()；②移除，方法为 remove()；③替换，方法为 replace() 等。需要通过事务机制来实现。要给 Activity 应用事务，必须调用 commit()。commit() 操作是异步的，内部通过 mManager.enqueueAction() 加入处理队列，然后一起批量进行处理的优化。具体代码如下：

```
FragmentManager fragmentManager = getSupportFragmentManager();
fragmentManager.beginTransaction()
    .replace(R.id.fragment_container, ExampleFragment.class, null)
    .setReorderingAllowed(true)
    .addToBackStack("name") // name can be null
    .commit();
```

在本例中，ExampleFragment 会替换当前由 R.id.fragment_container ID 标识的布局容器中的 Fragment（如果有）。将 Fragment 的类提供给 replace() 方法可让 FragmentManager 使用其 FragmentFactory 处理实例化。

setReorderingAllowed(true) 可优化事务中涉及的 Fragment 的状态变化，以使动画和过渡正常运行。

调用 addToBackStack() 会将事务提交到返回堆栈。用户稍后可以通过单击“返回”按钮反转事务并恢复上一个 Fragment。如果在一个事务中添加或移除了多个 Fragment，弹出返回堆栈时，所有这些操作都会撤销。在 addToBackStack() 调用中提供的可选名称使用户能够使用 popBackStack()弹回到该特定事务。

如果在执行移除 Fragment 的事务时未调用 addToBackStack()，则提交事务时会销毁已移除的 Fragment，用户无法返回该 Fragment。

6.3 Broadcast Receiver

本节介绍广播的发送和接收。

6.3.1 应用场景

Android 应用与 Android 系统和其他 Android 应用之间可以相互收发广播消息。这是一种消息传递的模式：发布-订阅模式。应用会订阅所关注的事件，当事件真实发生时，会向订阅者发布广播。广播可以分为系统广播和应用广播。Android 系统会在发生各种系统事件时(例如系统启动或设备开始充电时)发送广播。应用可以发送自定义广播来通知其他应用它们可能感兴趣的事件，例如数据下载已完成。

想要接收到广播，应用必须注册希望接收的广播。广播发出后，系统会自动将广播传送给同意接收这种广播的应用。如当系统进入和退出飞行模式时，系统广播会被发送给所有同意接收相关事件的应用。

6.3.2 发送广播

Android 为应用提供如下三种方法来发送广播。

(1) sendOrderedBroadcast(Intent, String)方法会向所有感兴趣的接收器发广播，但同时只有一个接收器接收广播。当接收器逐个顺序执行时，接收器可以向下传递结果，也可以完全中止广播，使其不再传递给其他接收器。接收器的运行顺序可以通过匹配的 intent-filter 的 android:priority 属性来控制；具有相同优先级的接收器将按随机顺序运行。这个方法是异步的，调用后直接返回，接收器会继续执行。

(2) sendBroadcast(Intent)方法会按随机的顺序向所有接收器发送广播。这称为常规广播。这种方法效率更高，但也意味着接收器无法从其他接收器读取结果，无法传递从广播中收到的数据，也无法中止广播。这个方法也是异步的。

(3) LocalBroadcastManager.sendBroadcast(Intent)方法会将广播发送给与发送器位于同一应用中的接收器。如果不需要跨应用发送广播，可使用本地广播。这种实现方法的效率更高(无须进行进程间通信)，而且无须担心其他应用在收发广播时带来的任何安全问题。这个方法也是异步的。

广播消息本身会被封装在一个 Intent 对象中，该对象的操作字符串会标识所发生的事件(例如 android.intent.action.AIRPLANE_MODE)。该 Intent 可能还包含绑定到其 extra 字段中的附加信息。例如，飞行模式 intent 包含布尔值 extra 来指示是否已开启飞行模式。

以下代码展示了如何通过创建 Intent 并调用 sendBroadcast(Intent)来发送广播。

```
Intent intent = new Intent();
intent.setAction("com.example.broadcast.MY_NOTIFICATION");
intent.putExtra("data","Notice me senpai!");
sendBroadcast(intent);
```

6.3.3 接收广播

应用可以通过两种方式接收广播：清单声明的接收器和上下文注册的接收器。

1. 清单声明的接收器

如果想要在清单中声明广播接收器，可执行以下步骤。

(1) 在应用清单中指定 receiver 元素。name 说明了广播接收器的类名。具体代码如下：

```
<receiver android:name=".MyBroadcastReceiver" android:exported="true">
    <intent-filter>
        <action android:name="android.intent.action.BOOT_COMPLETED"/>
        <action android:name="android.intent.action.INPUT_METHOD_CHANGED" />
    </intent-filter>
</receiver>
```

(2) intent-filter 元素则指定接收器所订阅的广播操作。上面代码中指定的是启动完成 android.intent.action.BOOT_COMPLETED 和接收输入法被切换 android.intent.action.INPUT_METHOD_CHANGED 这两个动作(Action)。

(3) 创建 BroadcastReceiver 子类并实现 onReceive(Context, Intent)方法来定义收到广播后的操作。以下示例中的广播接收器会通过日志记录和 Toast 显示广播的内容。

```
public class MyBroadcastReceiver extends BroadcastReceiver {
        private static final String TAG = "MyBroadcastReceiver";
        @Override
        public void onReceive(Context context, Intent intent) {
            StringBuilder sb = new StringBuilder();
            sb.append("Action: " + intent.getAction() + "\n");
            sb.append("URI: " + intent.toUri(Intent.URI_INTENT_SCHEME).toString() + "\n");
            String log = sb.toString();
            Log.d(TAG, log);
            Toast.makeText(context, log, Toast.LENGTH_LONG).show();
        }
    }
```

系统软件包管理器会在应用安装时注册接收器。然后，该接收器会成为应用的一个独立入口点，这意味着如果应用当前未运行，系统可以启动应用并发送广播。

系统会创建新的 BroadcastReceiver 组件对象来处理它接收到的每个广播。此对象仅在调用 onReceive(Context, Intent)方法期间有效。一旦从此方法返回代码，系统便会认为该组件不再活跃。

2. 上下文注册的接收器

如果要通过代码使用上下文注册接收器，可执行以下步骤。

(1) 选择要注册的上下文。如果在 Activity 上下文中注册，只要 Activity 没有被销毁，就会收到广播。如果在应用上下文中注册，只要应用在运行，就会收到广播。只要注册上下文有效，上下文注册的接收器就会接收广播。

(2) 创建 BroadcastReceiver 的实例。具体代码如下：

```
BroadcastReceiver br = new MyBroadcastReceiver();
```

(3) 创建 IntentFilter 并调用 registerReceiver(BroadcastReceiver, IntentFilter)来注册接收器。具体代码如下：

```
IntentFilter filter = new IntentFilter(ConnectivityManager.CONNECTIVITY_ACTION);
filter.addAction(Intent.ACTION_AIRPLANE_MODE_CHANGED);
this.registerReceiver(br, filter);
```

LocalBroadcastManager.registerReceiver(BroadcastReceiver, IntentFilter)方法在调用注册本地广播时替换之前的 registerReceiver()方法，并与 LocalBroadcastManager.sendBroadcast()方法配合使用。

要停止接收广播，调用 unregisterReceiver(android.content.BroadcastReceiver)方法。不需要接收器或上下文不再有效时，必须注销接收器。

注册和注销接收器的上下文位置必须相对应。比如，如果使用 Activity 上下文在 onCreate(Bundle)中注册接收器，则应在 onDestroy()中注销，以防接收器从 Activity 上下文中泄露出去。如果在 onResume()中注册接收器，则应在 onPause()中注销，以防多次注册接收器(如果不想在暂停时接收广播，这样可以减少不必要的系统开销)。千万不可在 onSaveInstanceState(Bundle)中注销，因为如果用户在历史记录堆栈中后退，则不会调用此方法。

3. 后台线程处理广播

如果从广播接收器启动长时间运行的后台线程，这样当 onReceive() 完成后，系统可能随时终止进程来回收内存。在终止进程的过程中，也会同时终止进程中运行的派生线程。这样后台的任务可能无法完成执行。如果要避免这种情况，应该调用 goAsync()来处理较长时间的操作或者使用 JobScheduler 从接收器调度 JobService，这样系统就会知道该进程将继续活跃地工作，不会随 onReceive()的结束而被回收。具体代码如下：

```
public class MyBroadcastReceiver extends BroadcastReceiver {
    private static final String TAG = "MyBroadcastReceiver";

    @Override
    public void onReceive(Context context, Intent intent) {
        final PendingResult pendingResult = goAsync();
```

```
        Task asyncTask = new Task(pendingResult, intent);
        asyncTask.execute();
    }

    private static class Task extends AsyncTask<String, Integer, String> {

        private final PendingResult pendingResult;
        private final Intent intent;

        private Task(PendingResult pendingResult, Intent intent) {
            this.pendingResult = pendingResult;
            this.intent = intent;
        }

        @Override
        protected String doInBackground(String... strings) {
            StringBuilder sb = new StringBuilder();
            sb.append("Action: " + intent.getAction() + "\n");
            sb.append("URI: " + intent.toUri(Intent.URI_INTENT_SCHEME).toString() + "\n");
            String log = sb.toString();
            Log.d(TAG, log);
            return log;
        }

        @Override
        protected void onPostExecute(String s) {
            super.onPostExecute(s);
            // Must call finish() so the BroadcastReceiver can be recycled
            pendingResult.finish();
        }
    }
}
```

6.4 Service

本节介绍服务的应用场景、生命周期、启动和绑定。

6.4.1 应用场景

Service 是一种可在后台执行长时间运行操作而不提供界面的应用组件。服务可由其他应用组件启动，而且即使用户切换到其他应用，服务仍然可以在后台继续执行。此外，组件可通过绑定到服务与之进行交互。例如，服务可以在后台处理网络事务、播放音乐、执行文件 I/O 或与 Content Provider 进行交互。

服务的类型可以分为前台服务、后台服务和绑定服务。例如，音频应用会使用前台服务来播放音频曲目。即使用户停止与音频应用的交互，其应用仍需要显示当前歌曲信息并提供相应的交互操作,因而应用前台服务仍会继续运行。而如果某个应用需要后台单独压缩其存储空间,在压缩过程中并不需要与用户进行交互,那么一般会以后台服务的形式来实现。此外,当应用组件通过调用 bindService()方法来启动并绑定服务时,服务则处于绑定状态。绑定服务会提供接口以便其他组件与服务进行交互。多个组件可以同时绑定到一个服务上,但当全部取消绑定之后,该服务即会被销毁。

服务默认情况下在应用的主线程中运行,因此,如果服务执行的是密集型(耗时长)或阻止性(阻塞式)操作,则必须在服务内创建新线程来执行这些操作。

6.4.2　生命周期和回调方法

如要创建服务,必须创建或使用 Service 的子类,所以必须重写一些回调方法以服务生命周期,并提供一种机制将组件绑定到服务。以下是其中重要的回调方法。

(1) onStartCommand():当另一个组件请求启动服务时,系统会通过调用 startService()来调用此方法。执行此方法时,服务即会启动并可在后台无限期运行。如果实现此方法,则在服务工作完成后,需手动通过调用 stopSelf()或 stopService()来停止服务。只想绑定服务,则无须实现此方法。

(2) onBind():当另一个组件想要与服务绑定时,系统会通过调用 bindService()来调用此方法。在此方法的实现中,必须通过返回 IBinder 提供一个接口,以供客户端与服务进行通信。但是,如果并不希望允许绑定,则应返回 null。IBinder 是高性能、轻量级远程调用机制的核心部分,它定义了远程操作对象的基本接口。它代表了一种跨进程传输的能力,只要实现了这个接口,就能将这个对象进行跨进程传递,从而实现进程间的通信。onBind()方法返回了 IBinder 对象,就可以利用它和服务进行交互。

(3) onCreate():首次创建服务时,系统会(在调用 onStartCommand()或 onBind()之前)调用此方法来执行一次性设置程序。如果服务已在运行,则不会调用此方法。

(4) onDestroy():当不再使用服务且准备将其销毁时,系统会调用此方法。服务应通过实现此方法来清理任何资源,如线程、注册的侦听器、接收器等。这是服务接收的最后一个调用。

如果组件通过调用 startService()启动服务,则调用 onStartCommand(),且服务会一直运行,直到手动调用 stopSelf()自行停止运行,或由其他组件通过调用 stopService()将其停止为止。

如果组件通过调用 bindService()来创建服务,则不会调用 onStartCommand(),且服务只会在该组件与其绑定时运行。当该服务与其所有组件取消绑定后,系统便会将其销毁。

6.4.3　启动 Service

Service 是基础的应用组件,所以与其他应用组件一样,也要在 AndroidManifest.xml 文件中声明。具体代码如下:

```
<manifest ... >
  ...
```

```
  <application ... >
      <service android:name = ".ExampleService" />
      ...
  </application>
</manifest>
```

通常，可以扩展两个类来创建启动服务。

（1）Service：这是适用于所有服务的基类。继承此类时，必须创建用于执行所有服务工作的新线程，因为服务默认使用应用的主线程，这会降低应用正在运行的任何 Activity 的性能。

（2）IntentService：这是一个系统已经定义好的 Service 的子类，其使用工作线程逐一处理所有启动请求。如果不要求服务同时处理多个请求，此类为最佳选择。实现 onHandleIntent()，该方法会接收每个启动请求的 Intent，以便执行后台工作。

由于 IntentService 类使用起来更方便。因此，下面重点介绍如果定制 IntentService 类。IntentService 类会执行以下操作。

（1）创建默认的工作线程，用于在应用的主线程外执行传递给 onStartCommand()的所有 Intent。

（2）创建工作队列，用于将 Intent 逐一传递给 onHandleIntent()实现，执行耗时长的操作。

（3）在处理完所有启动请求后停止服务，因此永远不必调用 stopSelf()。

（4）提供 onBind()的默认实现（返回 null）。不允许其他应用绑定。

（5）提供 onStartCommand()的默认实现，可将 Intent 依次发送到工作队列和 onHandleIntent()实现。

（6）如要完成客户端提供的工作，可实现 onHandleIntent()。不过，还需要为服务提供小型构造函数。

下面代码是定制用户自己的 IntentService 类的代码，其中主要要实现相应的构造方法和 onHandleIntent()处理 Intent 的方法。

```
public class HelloIntentService extends IntentService {

  //构造方法，必须调用父类的构造方法，参数是类名
  public HelloIntentService() {
      super("HelloIntentService");
  }

  @Override
  protected void onHandleIntent(Intent intent) {
      //执行耗时长的操作
      try {
          Thread.sleep(5000);
      } catch (InterruptedException e) {
          // Restore interrupt status.
```

```
                Thread.currentThread().interrupt();
            }
        }
    }
```

定义好 Service 之后，可以通过将 Intent 传递给 startService()或 startForegroundService()，从 Activity 或其他应用组件启动服务。Android 系统会调用服务的 onStartCommand()方法，并向其传递 Intent，从而指定要启动的服务。具体代码如下：

```
Intent intent = newIntent(this, HelloIntentService.class);
startService(intent);
```

6.4.4 绑定服务

绑定服务可让其他应用与服务进行绑定和交互。如需为服务提供绑定，就必须实现 onBind() 回调方法。此方法会返回一个 IBinder 对象，该对象定义的接口可供客户端与服务进行交互。

创建提供绑定的服务时，必须提供的 IBinder 接口可以通过三种方式实现。

(1) 继承 Binder 类。如果服务是供自有应用专用，并且在与客户端(调用服务方)相同的进程中运行，则应当通过继承 Binder 类并从 onBind()返回该类的实例来创建接口。客户端收到 Binder 后，可利用它直接访问 Binder 实现或 Service 中提供的公共方法。

(2) 使用 Messenger。如需让接口跨不同进程工作，则可以使用 Messenger 为服务创建接口。采用这种方式时，服务会定义一个 Handler，用于响应不同类型的 Message 对象。此 Handler 是 Messenger 的基础，后者随后可与客户端分享一个 IBinder，以便客户端能利用 Message 对象向服务发送命令。此外，客户端还可定义一个自有 Messenger，以便服务回传消息，从而通过两个 Messenger 实现双向通信。使用 Messager 机制，Messenger 会在单个线程中创建包含所有客户端请求的队列，以便服务一次接收一个请求，所以不必考虑线程安全的问题。

(3) 使用 AIDL(Android 接口定义语言)。AIDL 会将对象分解成原语，操作系统可通过识别这些原语并将其编组到各进程中来执行 IPC。采用 Messenger 的方式实际上是以 AIDL 作为其底层结构。如果想让服务同时处理多个请求，可以直接使用 AIDL。在此情况下，服务必须达到线程安全的要求，并且能够进行多线程处理。如需直接使用 AIDL，必须创建用于定义编程接口的.aidl 文件。Android SDK 工具会利用该文件生成实现接口和处理 IPC 的抽象类，随后可在服务内对该类进行扩展。

下面以扩展 Binder 类的方式来举例。同进程中，直接继承 Binder 类，通过 getService()可以直接调用 Service 的方法。具体 Service 代码如下：

```
public class LocalService extends Service {
    // Binder given to clients
    private final IBinder binder = new LocalBinder();
    // Random number generator
```

```
    private final Random mGenerator = new Random();

    public class LocalBinder extends Binder {
        LocalService getService() {
            // Return this instance of LocalService so clients can call public methods
            return LocalService.this;
        }
    }

    @Override
    public IBinder onBind(Intent intent) {
        return binder;
    }

    /** method for clients */
    public int getRandomNumber() {
        return mGenerator.nextInt(100);
    }
}
```

onServiceConnected()是绑定之后的回调函数。调用时，从参数中得到 IBinder 的引用。然后通过这个引用，就可以调用之前 LocalBinder 的 getService()方法。具体 Activity 代码如下：

```
public class BindingActivity extends Activity {
    LocalService mService;
    boolean mBound = false;

    @Override
    protected void onCreate(Bundle savedInstanceState) {
        super.onCreate(savedInstanceState);
        setContentView(R.layout.main);
    }

    @Override
    protected void onStart() {
        super.onStart();
        // Bind to LocalService
        Intent intent = new Intent(this, LocalService.class);
        bindService(intent, connection, Context.BIND_AUTO_CREATE);
    }

    @Override
    protected void onStop() {
        super.onStop();
        unbindService(connection);
        mBound = false;
    }
```

```
    public void onButtonClick(View v) {
        if (mBound) {
            //通过 LocalService.调用方法
            int num = mService.getRandomNumber();
            Toast.makeText(this, "number: " + num, Toast.LENGTH_SHORT).show();
        }
    }

    /** 定义绑定服务的回调函数，作为 bindService()的参数 */
    private ServiceConnection connection = new ServiceConnection() {

        //绑定之后,被调用
        @Override
        public void onServiceConnected(ComponentName className,
                IBinder service) {
            //绑定 LocalService，强制转换 IBinder 类型并得到 LocalService 实例
            LocalBinder binder = (LocalBinder) service;
            mService = binder.getService();
            mBound = true;
        }

        @Override
        public void onServiceDisconnected(ComponentName arg0) {
            mBound = false;
        }
    };
}
```

6.4.5 前台服务

前台服务是那些被认为用户知晓且在系统内存不足时不允许系统杀死的服务。前台服务必须给状态栏提供一个通知,这个通知只有在这个服务被终止或从前台主动移除通知后才能被解除。

首先,需要获得前台服务的权限。在 AndroidManifest 文件中声明如下：

```
<manifest xmlns:android="http://schemas.android.com/apk/res/android" ...>

    <uses-permission android:name="android.permission.FOREGROUND_SERVICE"/>

    <application ...>
        ...
    </application>
</manifest>
```

具体 Service 代码如下：

```
public class MusicPlayerService extends Service {
```

```
    private static final String TAG = MusicPlayerService.class.getSimpleName();

    @Override
    public void onCreate() {
       super.onCreate();
         Log.d(TAG, "onCreate()");
    }

    @Override
    public int onStartCommand(Intent intent, int flags, int startId) {
        Log.d(TAG, "onStartCommand()");
        //具体代码参见下一段,此处省略

        return super.onStartCommand(intent, flags, startId);
    }

    @Override
    public IBinder onBind(Intent intent) {
          Log.d(TAG, "onBind()");
          // TODO: Return the communication channel to the service.
        throw new UnsupportedOperationException("Not yet implemented");
    }
}
```

在完成 Notification（通知消息）的构建后，在 Service 的 onStartCommand()中可以使用 startForeground()方法来让 Android 服务运行在前台。具体代码如下：

```
@Override
public int onStartCommand(Intent intent, int flags, int startId) {
    Log.d(TAG, "onStartCommand()");
    // 在 API11 之后构建 Notification 的方式
    Notification.Builder builder = new Notification.Builder
        (this.getApplicationContext());                     //获取一个 Notification 构造器
    Intent nfIntent = new Intent(this, MainActivity.class);

    builder.setContentIntent(PendingIntent.
        getActivity(this, 0, nfIntent, 0))                  //设置 PendingIntent
        .setLargeIcon(BitmapFactory.decodeResource(this.getResources(),
            R.mipmap.ic_large))                             //设置下拉列表中的图标(大图标)
        .setContentTitle("下拉列表中的 Title")               //设置下拉列表里的标题
        .setSmallIcon(R.mipmap.ic_launcher)                 //设置状态栏内的小图标
        .setContentText("要显示的内容")                      //设置上下文内容
        .setWhen(System.currentTimeMillis());               //设置该通知发生的时间

    Notification notification = builder.build();            //获取构建好的 Notification
     notification.defaults = Notification.DEFAULT_SOUND;   //设置为默认的声音

     // 参数一:唯一的通知标识;参数二:通知消息
     startForeground(110, notification);                    //开始前台服务
```

```
        return super.onStartCommand(intent, flags, startId);
    }
```

在 Service 的 onDestory()中使用 stopForeground()方法来停止正在运行的前台服务。具体代码如下：

```
    @Override
    public void onDestroy() {
        Log.d(TAG, "onDestroy()");
        stopForeground(true);              //停止前台服务 -- 参数:表示是否移除之前的通知
        super.onDestroy();
    }
```

6.5 Android 网络开发

本节介绍网络的访问和状态检查。

6.5.1 网络权限

如果应用需要互联网的访问权限和网络状态的访问权限，需要在 AndroidManifes.xml 文件中添加权限。具体代码如下：

```
<uses-permission android:name="android.permission.INTERNET" />

<uses-permission
    android:name="android.permission.ACCESS_NETWORK_STATE" />
```

6.5.2 Worker Thread

一般由于网络的不稳定性，因此网络操作一般较为耗时，所以不要在界面线程上执行网络操作。默认情况下，Android 3.0(API 级别为 11)及更高版本需要在主界面线程以外的线程上执行网络操作，否则将抛出 NetworkOnMainThreadException 异常。可以继承 AsyncTask，实现其中的 doInBackground()方法。具体代码如下：

```
private class DownloadTask extends AsyncTask<String, Integer, DownloadTask.Result> {

    private DownloadCallback<String> callback;

    DownloadTask(DownloadCallback<String> callback) {
        setCallback(callback);
    }

    void setCallback(DownloadCallback<String> callback) {
        this.callback = callback;
    }
```

```
static class Result {
    public String resultValue;
    public Exception exception;
    public Result(String resultValue) {
        this.resultValue = resultValue;
    }
    public Result(Exception exception) {
        this.exception = exception;
    }
}
//执行前检查网络状态,如果无连接,则取消任务
@Override
protected void onPreExecute() {
    if (callback != null) {
        NetworkInfo networkInfo = callback.getActiveNetworkInfo();
        if (networkInfo == null || !networkInfo.isConnected() ||
                (networkInfo.getType() != ConnectivityManager.TYPE_WIFI
                        && networkInfo.getType() != ConnectivityManager.TYPE_MOBILE)) {
            // If no connectivity, cancel task and update Callback with null data.
            callback.updateFromDownload(null);
            cancel(true);
        }
    }
}
//在背景线程中执行任务
@Override
protected DownloadTask.Result doInBackground(String... urls) {
    Result result = null;
    if (!isCancelled() && urls != null && urls.length > 0) {
        String urlString = urls[0];
        try {
            URL url = new URL(urlString);
            String resultString = downloadUrl(url);
            if (resultString != null) {
                result = new Result(resultString);
            } else {
                throw new IOException("No response received.");
            }
        } catch(Exception e) {
            result = new Result(e);
        }
    }
    return result;
}

//执行之后
@Override
protected void onPostExecute(Result result) {
    if (result != null && callback != null) {
        if (result.exception != null) {
```

```
                callback.updateFromDownload(result.exception.getMessage());
            } else if (result.resultValue != null) {
                callback.updateFromDownload(result.resultValue);
            }
            callback.finishDownloading();
        }
    }

    /**
     * Override to add special behavior for cancelled AsyncTask.
     */
    @Override
    protected void onCancelled(Result result) {
    }
}
```

6.5.3 通过 HTTP 下载

以下代码使用 HttpsURLConnection API 完成基于 HTTP 的网络调用。首先创建 HttpsURLConnection 对象,其执行 HTTP GET 请求。通过 connect()方法建立连接之后,再通过 responseCode 判断是否连接成功,连接成功后使用 getInputStream()方法以 InputStream 形式检索 Response 的 body 数据。

```
private String downloadUrl(URL url) throws IOException {
    InputStream stream = null;
    HttpsURLConnection connection = null;
    String result = null;
    try {
        connection = (HttpsURLConnection) url.openConnection();
        // Timeout for reading InputStream arbitrarily set to 3000ms
        connection.setReadTimeout(3000);
        // Timeout for connection.connect() arbitrarily set to 3000ms
        connection.setConnectTimeout(3000);
        // For this use case, set HTTP method to GET
        connection.setRequestMethod("GET");
        // Already true by default but setting just in case; needs to be true since this request
        // is carrying an input (response) body
        connection.setDoInput(true);
        // Open communications link (network traffic occurs here)
        connection.connect();
        publishProgress(DownloadCallback.Progress.CONNECT_SUCCESS);
        int responseCode = connection.getResponseCode();
        if (responseCode != HttpsURLConnection.HTTP_OK) {
            throw new IOException("HTTP error code: " + responseCode);
        }
        // Retrieve the response body as an InputStream
        stream = connection.getInputStream();
        publishProgress(DownloadCallback.Progress.GET_INPUT_STREAM_SUCCESS, 0);
```

```
            if (stream != null) {
                // Converts Stream to String with max length of 500
                result = readStream(stream, 500);
            }
        } finally {
            // Close Stream and disconnect HTTPS connection
            if (stream != null) {
                stream.close();
            }
            if (connection != null) {
                connection.disconnect();
            }
        }
        return result;
    }
```

下面代码将输入流转换为 String 对象。首先建立一个缓存 StringBuffer 对象，通过 InputStreamReader. read()方法读取数据到缓存对象，再将缓存对象转换为 String 对象。

```
/**
 * Converts the contents of an InputStream to a String.
 */
public String readStream(InputStream stream, int maxReadSize)
        throws IOException, UnsupportedEncodingException {
    Reader reader = null;
    reader = new InputStreamReader(stream, "UTF-8");
    char[] rawBuffer = new char[maxReadSize];
    int readSize;
    StringBuffer buffer = new StringBuffer();
    while (((readSize = reader.read(rawBuffer)) != -1) && maxReadSize > 0) {
        if (readSize > maxReadSize) {
            readSize = maxReadSize;
        }
        buffer.append(rawBuffer, 0, readSize);
        maxReadSize -= readSize;
    }
    return buffer.toString();
}
```

6.5.4 解析 JSON 结果

HTTP 返回的数据通常是 JSON 格式，以下是一个 JSON 格式返回的数据的样例：

```
{"menu": {
  "id": "file",
  "value": "File",
  "popup": {
    "menuitem": [
      {"value": "New", "onclick": "CreateNewDoc()"},
```

```
        {"value": "Open", "onclick": "OpenDoc()"},
        {"value": "Close", "onclick": "CloseDoc()"}
      ]
    }
  }
```

可以使用如下代码解析 JSON 数据。getJSONArray("menuitem")得到 menuitem 对应的数组,getJSONObject(2)得到第三个对象,getString(onclick)得到以"onclick"为键的 String 类型的值。

```
JSONObject data = new JSONObject(responseString);
JSONArray menuItemArray = data.getJSONArray("menuitem");
JSONObject thirdItem = menuItemArray.getJSONObject(2);
String onClick = thirdItem.getString("onclick");
```

6.5.5 检查网络状态

在执行网络操作之前,最好先检查网络连接的状态。这可以防止应用无意间使用错误的无线装置。如果网络连接不可用,应用应该会正常响应。如需检查网络连接,通常使用以下类。

(1) ConnectivityManager:回应关于网络连接状态的查询。当网络连接发生变化时,它还会通知应用。

(2) NetworkInfo:描述指定类型的网络接口的状态(目前为移动网络或 WLAN)。

下面是检查网络状态的代码:

```
private static final String DEBUG_TAG = "NetworkStatusExample";
...
ConnectivityManager connMgr =
        (ConnectivityManager) getSystemService(Context.CONNECTIVITY_SERVICE);
boolean isWifiConn = false;
boolean isMobileConn = false;
for (Network network : connMgr.getAllNetworks()) {
    NetworkInfo networkInfo = connMgr.getNetworkInfo(network);
    if (networkInfo.getType() == ConnectivityManager.TYPE_WIFI) {
        isWifiConn |= networkInfo.isConnected();
    }
    if (networkInfo.getType() == ConnectivityManager.TYPE_MOBILE) {
        isMobileConn |= networkInfo.isConnected();
    }
}
Log.d(DEBUG_TAG, "Wifi connected: " + isWifiConn);
Log.d(DEBUG_TAG, "Mobile connected: " + isMobileConn);
```

6.6 Content Provider

本节介绍 Content Provider 的应用场景和访问其他应用中现有 Content Provider 的实现。

6.6.1 Content Provider 应用场景

在 Android 中，通常可以通过 Activity 和 Intent 实现跨应用的跳转，从而实现对其他应用的界面或者功能的访问。而内容提供程序则提供了一种单纯访问数据的新办法，为其他应用提供了一致的标准数据访问接口。通常会在两种场景中使用内容提供程序：一种是通过实现代码访问其他应用中的现有内容提供程序；另一种是在应用中创建新的内容提供程序，从而与其他应用共享数据。下面主要介绍第一种方式。

6.6.2 访问其他应用中的现有内容提供程序

如图 6-6 所示，从界面访问 ContentProvider（此处是具体的类）的常用模式是使用 CursorLoader 在后台运行异步查询。界面中的 Activity 或 Fragment 会调用查询的 CursorLoader，其转而使用 ContentResolver 获取 ContentProvider。如此一来，用户便可在查询运行时继续使用界面。

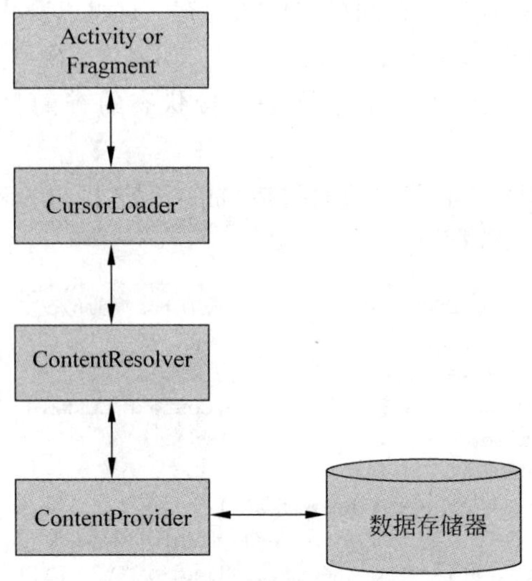

图 6-6 ContentProvider 的访问机制

应用并不直接和 ContentProvider 进行交互，而是通过 ContentResolver 对象。ContentResolver 对象会与 ContentProvider 对象通信，请求对持久性存储空间的基本 CRUD 操作并返回结果。

下面代码给出了一个使用 ContentProvider 的范例。首先，构建查询语句；然后调用 query()方法，最后根据 mCursor 处理查询的数据。

```
/*
 * 定义一个 String 数组,包含 selection 的参数.
 */
String[] selectionArgs = {""};
```

```
//从 UI 得到一个单词
searchString = searchWord.getText().toString();

//在这可以插入对输入的检验(防御式编程)

//如果单词是空,则得到所有数据
if (TextUtils.isEmpty(searchString)) {
    selectionClause = null;
    selectionArgs[0] = "";

} else {
    //构造 selection 语句
    selectionClause = UserDictionary.Words.WORD + " = ?";

    //用户输入作为 selection 参数
    selectionArgs[0] = searchString;

}

//做一个查询,返回一个游标对象
mCursor = getContentResolver().query(
    UserDictionary.Words.CONTENT_URI,       // The content URI of the words table
    projection,                             // The columns to return for each row
    selectionClause,                        // Either null, or the word the user entered
    selectionArgs,                          // Either empty, or the string the user entered
    sortOrder);                             // The sort order for the returned rows

//如果返回 null 对象,则发生错误
if (null == mCursor) {

} else if (mCursor.getCount() < 1) {        //如果游标空



} else {
     //在这里添加代码处理获得的查询数据

}
```

可以通过 mCursor 创建 Adapter,再利用 Adapter 设计模式将数据与 ListView 界面控件对应。具体代码如下:

```
//定义一个 String 数组
String[] wordListColumns =
{
    UserDictionary.Words.WORD,      //Contract class constant containing the word column name
    UserDictionary.Words.LOCALE     //Contract class constant containing the locale column name
};
```

```
//定义一个 int 类型数组
int[] wordListItems = { R.id.dictWord, R.id.locale};

//创建 SimpleCursorAdapter
cursorAdapter = new SimpleCursorAdapter(
    getApplicationContext(),      //应用上下文对象
    R.layout.wordlistrow,         //ListView 每一行的布局文件
    mCursor,                      //查询结果的游标
    wordListColumns,              //游标中列的名称
    wordListItems,                //每行布局中 View IDs
    0);                           //Flags(usually none are needed)

//设置 ListView 的 Adapter
wordList.setAdapter(cursorAdapter);
```

通过 while(mCursor.moveToNext())循环遍历查询得到的数据集合。具体代码如下：

```
int index = mCursor.getColumnIndex(UserDictionary.Words.WORD);


if (mCursor != null) {
    //遍历查询得到的数据集合
    while (mCursor.moveToNext()) {

        newWord = mCursor.getString(index);


        ...

    }
} else {

    //抛出异常
}
```

以下是通过 Resolver 对象执行插入操作。具体代码如下：

```
Uri newUri;

...

ContentValues newValues = new ContentValues();

newValues.put(UserDictionary.Words.APP_ID, "example.user");
newValues.put(UserDictionary.Words.LOCALE, "en_US");
newValues.put(UserDictionary.Words.WORD, "insert");
newValues.put(UserDictionary.Words.FREQUENCY, "100");
```

```
newUri = getContentResolver().insert(
    UserDictionary.Words.CONTENT_URI,           //the user dictionary content URI
    newValues                                   //the values to insert
);
```

6.7　多媒体技术

本节介绍如何在 Android 中实现多媒体技术中最常用的拍照和播放音频、视频文件的功能。

6.7.1　使用 CameraX 拍照

CameraX 是一个 Jetpack 支持库，简化了相机应用的开发工作。它提供一致且易于使用的 API Surface，适用于大多数 Android 设备，并可向后兼容至 Android 5.0(API 级别为 21)。

虽然它利用的是 Camera2 的功能，但使用的是更为简单且基于用例的方法，该方法具有生命周期感知能力。它还解决了设备兼容性问题，因此无须在代码库中添加设备专属代码。这些功能减少了将相机功能添加到应用时需要编写的代码量。

借助 CameraX，开发者只需两行代码就能利用与预安装的相机应用相同的相机体验和功能。

图片拍摄用例旨在拍摄高分辨率的优质照片，不仅提供简单的相机手动控制功能，还提供自动白平衡、自动曝光和自动对焦(3A)功能。调用方负责决定如何使用拍摄的照片，具体包括以下选项。

(1) takePicture(Executor, OnImageCapturedCallback)：此方法为拍摄的图片提供内存缓冲区。

(2) takePicture(OutputFileOptions, Executor, OnImageSavedCallback)：此方法将拍摄的图片保存到提供的文件位置。

运行 ImageCapture 的可自定义执行程序有两种类型：回调执行程序和 I/O 执行程序。回调执行程序是 takePicture()方法的参数。它用于执行用户提供的 OnImageCapturedCallback()。

如果调用方选择将图片保存到文件位置，可以指定执行程序以执行 I/O。如需设置 I/O 执行程序，可调用 ImageCapture.Builder.setIoExecutor(Executor)。如果执行程序不存在，则默认 CameraX 为任务的内部 I/O 执行程序。

以下代码展示了如何配置应用以拍摄照片。

```
ImageCapture imageCapture =
    new ImageCapture.Builder()
        .setTargetRotation(view.getDisplay().getRotation())
        .build();

cameraProvider.bindToLifecycle(lifecycleOwner, cameraSelector, imageCapture, imageAnalysis,
preview);
```

配置好相机后,以下代码会根据用户操作拍照。

```
public void onClick() {
    ImageCapture.OutputFileOptions outputFileOptions =
            new ImageCapture.OutputFileOptions.Builder(new File(...)).build();
    imageCapture.takePicture(outputFileOptions, cameraExecutor,
        new ImageCapture.OnImageSavedListener() {
            @Override
            public void onImageSaved(ImageCapture.OutputFileResults outputFileResults) {
                // insert your code here
            }
            @Override
            public void onError(ImageCaptureException error) {
                // insert your code here
            }
    }
}
```

6.7.2 使用 MediaPlayer 播放多媒体文件

Android 多媒体框架支持播放各种常见媒体类型,以便轻松地将音频、视频和图片集成到应用中。可以使用 MediaPlayer API,播放存储在应用资源(原始资源)内的媒体文件、文件系统中的独立文件或者通过网络连接获得的数据流中的音频或视频。

1. 获取网络权限

在开始使用 MediaPlayer 开发应用之前,应确保有适当的权限,这样才能使用相关功能。

(1) 网络访问权限。如果使用 MediaPlayer 流式播放基于网络的内容,则应用必须申请网络访问权限。具体代码如下:

```
<uses-permission android:name="android.permission.INTERNET" />
```

(2) 唤醒锁定权限。如果播放器应用需要防止屏幕变暗或处理器进入休眠状态,或者要使用 MediaPlayer.setScreenOnWhilePlaying()或 MediaPlayer.setWakeMode()方法,则必须申请此权限。具体代码如下:

```
<uses-permission android:name="android.permission.WAKE_LOCK" />
```

2. 多媒体播放

MediaPlayer 类是媒体框架最重要的组成部分之一。此类的对象能够获取、解码以及播放音频和视频,而且只需极少量设置。它支持多种不同的媒体源(本地资源或者外部网址)。

以下代码展示了如何播放作为本地原始资源(保存在应用的 res/raw/ 文件夹中)提供的音频:

```
MediaPlayer mediaPlayer = MediaPlayer.create(context, R.raw.sound_file_1);
mediaPlayer.start(); // no need to call prepare(); create() does that for you
```

播放系统中本地可用的 URI(例如,可以通过内容解析器获取)中的内容的方法如下:

```
Uri myUri = ....; // initialize Uri here
MediaPlayer mediaPlayer = new MediaPlayer();
mediaPlayer.setAudioStreamType(AudioManager.STREAM_MUSIC);
mediaPlayer.setDataSource(getApplicationContext(), myUri);
mediaPlayer.prepare();
mediaPlayer.start();
```

通过 HTTP 流式传输并播放远程网址上的内容的方法如下:

```
String url = "http://..."; // your URL here
MediaPlayer mediaPlayer = new MediaPlayer();
mediaPlayer.setAudioStreamType(AudioManager.STREAM_MUSIC);
mediaPlayer.setDataSource(url);
mediaPlayer.prepare(); // might take long! (for buffering, etc)
mediaPlayer.start();
```

原则上,使用 MediaPlayer 会非常简单。不过,务必注意,要正确地将其与典型的 Android 应用集成,还需执行一些额外操作。例如,对 prepare()的调用可能需要很长时间来执行,因为它可能涉及获取和解码媒体数据。因此,与任何可能需要很长时间来执行的方法一样,切勿从应用的界面线程中调用它。这样做会导致界面挂起,直到系统返回该方法,这是一种非常糟糕的用户体验,并且可能会导致 ANR(应用无响应)错误。即使预计资源会快速加载,但也应记得,界面中任何响应时间超过 0.1s 的操作都会导致明显的暂停,并让用户觉得应用运行缓慢。

为避免界面线程挂起,应生成其他线程来准备 MediaPlayer,并在准备工作完成后通知主线程。不过,尽管可以自行编写线程逻辑,但此模式在使用 MediaPlayer 时非常普遍,因此框架通过 prepareAsync()方法提供了一种完成此任务的便捷方式。此方法会在后台开始准备媒体,并立即返回。当媒体准备就绪后,系统会调用通过 setOnPreparedListener()配置的 MediaPlayer.OnPreparedListener 的 onPrepared()方法。

MediaPlayer 会占用宝贵的系统资源。因此,应该始终采取额外的预防措施,确保 MediaPlayer 实例保留的时间不会过长。完成该操作后,应始终调用 release()以确保分配给它的所有系统资源均已正确释放。例如,如果使用 MediaPlayer,并且 Activity 接收到对 onStop()的调用,则必须释放该 MediaPlayer,因为当 Activity 未与用户互动时,保留该 MediaPlayer 并没有什么意义(除非在后台播放媒体内容)。当然,当 Activity 恢复或重启时,需要先创建一个新的 MediaPlayer 并再次完成准备工作,然后才能恢复播放。

以下代码介绍了如何释放并取消 MediaPlayer。

```
mediaPlayer.release();
mediaPlayer = null;
```

3. 在 Service 中使用 MediaPlayer

首先,与 Activity 类似,Service 中的所有工作均默认在单个线程中完成。实际上,如果从同一应用中运行 Activity 和 Service,则它们会默认使用相同的线程(即主线程)。因此,Service 需要快速处理传入的 Intent,并且在响应它们时避免执行冗长的计算。如果需要完成大量的工作或可能会阻塞调用,则必须异步执行这些任务:从自己实现的其他线程异步执行,或使用框架的诸多工具进行异步处理。

例如,从主线程中使用 MediaPlayer 时,应该调用 prepareAsync()而非 prepare(),并实现 MediaPlayer.OnPreparedListener,以便在准备工作完成后获得通知并开始播放。具体代码如下:

```
public class MyService extends Service implements MediaPlayer.OnPreparedListener {
        private static final String ACTION_PLAY = "com.example.action.PLAY";
        MediaPlayer mediaPlayer = null;

        public int onStartCommand(Intent intent, int flags, int startId) {
            ...
            if (intent.getAction().equals(ACTION_PLAY)) {
                mediaPlayer = ... // initialize it here
                mediaPlayer.setOnPreparedListener(this);
                mediaPlayer.prepareAsync(); // prepare async to not block main thread
            }
        }

        /** Called when MediaPlayer is ready */
        public void onPrepared(MediaPlayer player) {
            player.start();
        }
    }
```

4. 处理异步错误

在同步操作中,系统通常会通过异常或错误代码来指示错误,但当使用异步资源时,应确保以适当的方式向应用发出错误通知。对于 MediaPlayer,可以实现 MediaPlayer.OnErrorListener 并在 MediaPlayer 实例中对其进行设置来发出错误通知。具体代码如下:

```
public class MyService extends Service implements MediaPlayer.OnErrorListener {
    MediaPlayer mediaPlayer;

    public void initMediaPlayer() {
        // ...initialize the MediaPlayer here...
        mediaPlayer.setOnErrorListener(this);
    }

    @Override
    public boolean onError(MediaPlayer mp, int what, int extra) {
```

```
            // ... react appropriately ...
            // The MediaPlayer has moved to the Error state, must be reset!
        }
    }
```

务必注意,出现错误时,MediaPlayer 会进入 Error 状态,必须先进行重置,然后才能再次使用它。

6.8 SQLite 数据库存储

对于重复数据或结构化数据(例如联系人信息),将数据保存到数据库是理想选择。本节介绍如何在 Android 上使用 SQLite 数据库。android.database.sqlite 软件包中提供了在 Android 上使用数据库所需的 API。

6.8.1 定义架构和协议

SQL 数据库的主要原则之一是架构,即数据库组织方式的正式声明。架构反映在用于创建数据库的 SQL 语句中。创建伴随类(称为协定类)很有用,该类以系统化、自记录的方式明确指定了架构的布局。

协定类是定义 URI、表和列名称的常量的容器。通过协定类,可以在同一软件包的所有其他类中使用相同的常量,也可以在一个位置更改列名称并将其传播到整个代码中。

组织协定类的一种良好方法是将对整个数据库而言具有全局性的定义放入类的根级别;然后,为每个表创建一个内部类。每个内部类都枚举相应表的列。具体代码如下:

```
public final class FeedReaderContract {
    // To prevent someone from accidentally instantiating the contract class
    // make the constructor private
    private FeedReaderContract() {}

    /* Inner class that defines the table contents */
    public static class FeedEntry implements BaseColumns {
        public static final String TABLE_NAME = "entry";
        public static final String COLUMN_NAME_TITLE = "title";
        public static final String COLUMN_NAME_SUBTITLE = "subtitle";
    }
}
```

6.8.2 创建数据库

下面是 SQL 语句的示例:

```
private static final String SQL_CREATE_ENTRIES =
    "CREATE TABLE " + FeedEntry.TABLE_NAME + " (" +
    FeedEntry._ID + " INTEGER PRIMARY KEY," +
```

```
        FeedEntry.COLUMN_NAME_TITLE + " TEXT," +
        FeedEntry.COLUMN_NAME_SUBTITLE + " TEXT)";

    private static final String SQL_DELETE_ENTRIES =
        "DROP TABLE IF EXISTS " + FeedEntry.TABLE_NAME;
```

SQLiteOpenHelper 类包含一组用于管理数据库的实用 API。当使用此类获取对数据库的引用时，系统仅在需要时才执行可能需要长时间运行的数据库创建和更新操作，而不是在应用启动期间执行。仅需调用 getWritableDatabase()或 getReadableDatabase()即可。执行 SQL 语句则是通过 execSQL()方法完成的。具体代码如下：

```
public class FeedReaderDbHelper extends SQLiteOpenHelper {
    //如果改变数据库 schema，必须增加数据库版本
    public static final int DATABASE_VERSION = 1;
    public static final String DATABASE_NAME = "FeedReader.db";

    public FeedReaderDbHelper(Context context) {
        super(context, DATABASE_NAME, null, DATABASE_VERSION);
    }
    public void onCreate(SQLiteDatabase db) {
        db.execSQL(SQL_CREATE_ENTRIES);
    }
    public void onUpgrade(SQLiteDatabase db, int oldVersion, int newVersion) {
        //这个数据库只是线上数据的 cache，所以它的升级策略是丢弃数据后启动
        db.execSQL(SQL_DELETE_ENTRIES);
        onCreate(db);
    }
    public void onDowngrade(SQLiteDatabase db, int oldVersion, int newVersion) {
        onUpgrade(db, oldVersion, newVersion);
    }
}
```

如需访问数据库，可实例化 SQLiteOpenHelper 的子类：

```
FeedReaderDbHelper dbHelper = new FeedReaderDbHelper(getContext());
```

6.8.3 插入信息到数据库

通过将 ContentValues 对象传递给 insert()方法，将数据插入数据库中。具体代码如下：

```
//得到写模式数据库
SQLiteDatabase db = dbHelper.getWritableDatabase();

ContentValues values = new ContentValues();
values.put(FeedEntry.COLUMN_NAME_TITLE, title);
values.put(FeedEntry.COLUMN_NAME_SUBTITLE, subtitle);
```

```
//插入新的行,返回新行的主键
long newRowId = db.insert(FeedEntry.TABLE_NAME, null, values);
```

insert()的第一个参数是表名。第二个参数将指示框架在 ContentValues 为空(即没有 put 任何值)时应执行哪些操作。如果指定列名称,框架会插入一行,并将该列的值设置为 null。如果指定 null(如此代码示例所示),框架在没有值时不会插入行。

insert()方法会返回新创建行的 ID。如果在插入数据时出错,则返回−1。如果数据与数据库中已有的数据之间存在冲突,就会出现这种情况。

6.8.4 从数据库中读取信息

如需从数据库中读取信息,可使用 query()方法,向其传递选择条件和所需的列。该方法合并了 insert()和 update()元素,不过列表定义了要提取的数据(预测值),而不是要插入的数据。查询结果会包含在 Cursor 对象中返回。具体代码如下:

```
SQLiteDatabase db = dbHelper.getReadableDatabase();

String[] projection = {
    BaseColumns._ID,
    FeedEntry.COLUMN_NAME_TITLE,
    FeedEntry.COLUMN_NAME_SUBTITLE
    };

String selection = FeedEntry.COLUMN_NAME_TITLE + " = ?";
String[] selectionArgs = { "My Title" };

String sortOrder =
    FeedEntry.COLUMN_NAME_SUBTITLE + " DESC";

Cursor cursor = db.query(
    FeedEntry.TABLE_NAME,           //The table to query
    projection,                     //The array of columns to return (pass null to get all)
    selection,                      //The columns for the WHERE clause
    selectionArgs,                  //The values for the WHERE clause
    null,                           //don't group the rows
    null,                           //don't filter by row groups
    sortOrder                       //The sort order
    );
```

第二个参数和第四个参数(selection 和 selectionArgs)会合并起来创建一个 WHERE 子句。由于这两个参数是与选择查询分开提供的,因此它们在合并之前会进行转义。这样一来,选择语句就不受 SQL 注入的影响。

如需查看光标中的某一行,可使用 Cursor 的 move()方法之一,必须始终在开始读取值之前调用该方法。由于光标从位置−1 开始,因此调用 moveToNext()会将"读取位置"置于结果的第一个条目上,并返回光标是否已到达结果集中的最后一个条目。对于每一行,都可以通过调用 Cursor 的 get()方法之一（例如 getString()或 getLong()）读取列的值。对于每个 get()方法，必须传递所需列的索引位置，可以通过调用 getColumnIndex()或 getColumnIndexOrThrow()获取该位置。遍历结果之后，对光标调用 close()以释放其资源。例如，以下代码展示了如何获取存储在光标中的所有项目 ID 并将其添加到列表中。

```
List itemIds = new ArrayList<>();
while(cursor.moveToNext()) {
  long itemId = cursor.getLong(
      cursor.getColumnIndexOrThrow(FeedEntry._ID));
  itemIds.add(itemId);
}
cursor.close();
```

6.8.5 保持数据库连接

由于在数据库关闭时，调用 getWritableDatabase() 和 getReadableDatabase() 的成本比较高，因此只要有可能需要访问数据库，就应保持数据库连接处于打开状态。通常情况下，最好在发出调用的 Activity 的 onDestroy() 中关闭数据库。具体代码如下：

```
@Override
protected void onDestroy() {
    dbHelper.close();
    super.onDestroy();
}
```

6.9 Android 架构组件

6.9.1 架构组件简介

Android 架构组件是一组库，可帮助设计稳健、可测试且易维护的应用。其中，使用 LiveData 构建数据对象，在基础数据库改变时通知视图。ViewModel 存储界面相关的数据，这些数据不会在应用旋转时销毁。Room 是一个 SQLite 对象映射库。它可用来避免样板代码，还可以轻松地将 SQLite 表数据转换为 Java 对象。Room 提供 SQLite 语句的编译时检查，并且可以返回 RxJava、Flowable 和 LiveData 可观察对象。

下面将介绍一个单词列表案例。案例通过一个 RecyclerView 显示一个单词列表，并且可以通过另一个 Activity 直接向数据库增加列表的项目。图 6-7 显示了该案例的体系结构。

MainActivity 拥有 RecyclerView 控件，绑定了 WordListAdapter。WordListAdapter 和 WordViewModel 之间是观察者模式。WordListAdapter 对 WordViewModel 数据感兴趣，向其注册。WordViewModel 持有 LiveData < List < Word >>和 WordRepository。向上，一旦 LiveData 改变就会自动刷新界面，从而实现界面和数据的双向绑定。而底层数据

库的访问则是通过 WordRepository 进行封装的。向下，WordRepository 调用了 WordDao 的系列接口，访问 SQLite 数据库。单词数据的传递通过 Word 实体对象。

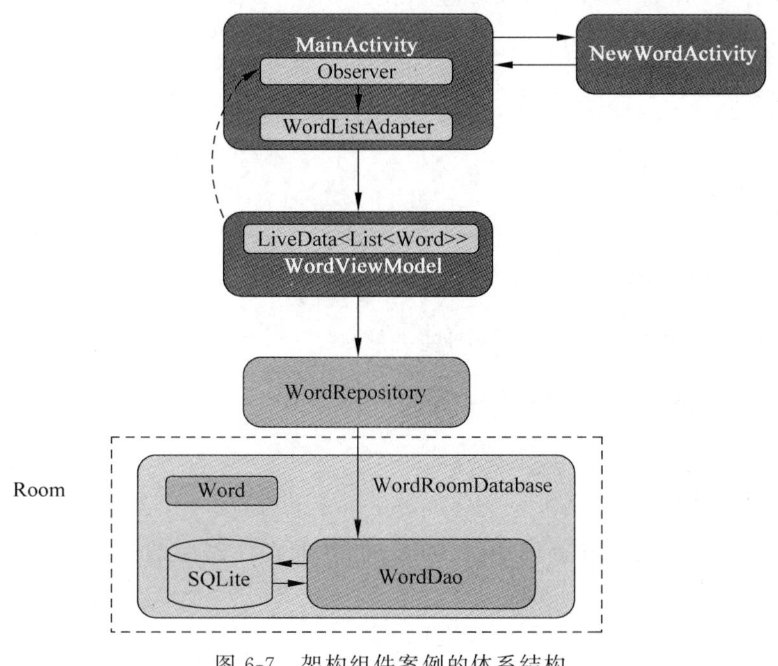

图 6-7 架构组件案例的体系结构

Android 重要组件如下：

(1) Entity：实体类。

(2) DAO(Data Access Object)：DAO 提供了一系列 SQL 查询的方法。具体实现由 Room 库实现。

(3) LiveData：一种可观察的数据存储器类，总是保存或者缓存最新版的数据，并当数据发送变化时通知它的观察者。与常规的可观察类不同，LiveData 具有生命周期感知能力，意指它遵循其他应用组件（如 Activity、Fragment 或 Service）的生命周期。这种感知能力可确保 LiveData 仅更新处于活跃生命周期状态的应用组件观察者。

(4) RoomDatabase：作为后台 SQLite 的一个访问接口。

(5) Repository：管理不同的数据源（本地 DAO 访问或者网络访问）。

(6) ViewModel：作为 UI 界面和 Repository 之间的沟通的桥梁。UI 不需要管数据来源，只和 ViewModel 交互。ViewModel 在 Activity 或者 Fragment 销毁、重新创建时仍然存在。

(7) SQLiteDatabase：设备中 SQLite 数据库。Room 库会帮助创建和维护 SQLite 数据库。

6.9.2 Entity

Entity(实体类)作为 POJO 用来传递数据。word 类保存了单词的具体数据，在 DAO 的接口中使用。具体代码如下：

```
@Entity(tableName = "word_table")
public class Word {

    @PrimaryKey
    @NonNull
    @ColumnInfo(name = "word")
    private String mWord;

    public Word(@NonNull String word) {this.mWord = word;}

    public String getWord(){return this.mWord;}
}
```

6.9.3 DAO

DAO 封装了插入、删除和查询操作。相应的功能在注解中通过 SQL 语句实现。具体代码如下：

```
@Dao
public interface WordDao {

    // allowing the insert of the same word multiple times by passing a
    // conflict resolution strategy
    @Insert(onConflict = OnConflictStrategy.IGNORE)
    void insert(Word word);

    @Query("DELETE FROM word_table")
    void deleteAll();

    @Query("SELECT * FROM word_table ORDER BY word ASC")
    List<Word> getAlphabetizedWords();
}
```

6.9.4 LiveData

LiveData 作为一种可观察的数据存储器类。LiveData 只会将更新通知给活跃的观察者，对于 Activity 和 Fragment 可以放心地观察 LiveData 对象，而不必担心泄露。因为当 Activity 和 Fragment 的生命周期被销毁时，系统会立即退订它们。如下代码中 LiveData<List<Word>>作为 DAO 接口的返回值出现。

```
@Query("SELECT * FROM word_table ORDER BY word ASC")
LiveData<List<Word>> getAlphabetizedWords();
```

在 ViewModel 中作为成员变量出现。具体代码如下：

```
private final LiveData<List<Word>> mAllWords;
```

6.9.5 RoomDatabase

WordRoomDatabase 继承了 RoomDatabase 类。并且，WordRoomDatabase 类对象的创建使用了单件模式。具体代码如下：

```
@Database(entities = {Word.class}, version = 1, exportSchema = false)
public abstract class WordRoomDatabase extends RoomDatabase {

   public abstract WordDao wordDao();

   private static volatile WordRoomDatabase INSTANCE;
   private static final int NUMBER_OF_THREADS = 4;
   static final ExecutorService databaseWriteExecutor =
        Executors.newFixedThreadPool(NUMBER_OF_THREADS);

   static WordRoomDatabase getDatabase(final Context context) {
        if (INSTANCE == null) {
            synchronized (WordRoomDatabase.class) {
                if (INSTANCE == null) {
                    INSTANCE = Room.databaseBuilder(context.getApplicationContext(),
                            WordRoomDatabase.class, "word_database")
                            .build();
                }
            }
        }
        return INSTANCE;
   }
}
```

6.9.6 Repository

Repository 持有 DAO 对象和 LiveData 对象。构造函数中通过 RoomDatabase 完成和数据库的连接。通过访问 DAO 的方法初始化 LiveData。具体代码如下：

```
class WordRepository {

    private WordDao mWordDao;
    private LiveData<List<Word>> mAllWords;

    WordRepository(Application application) {
        WordRoomDatabase db = WordRoomDatabase.getDatabase(application);
        mWordDao = db.wordDao();
        mAllWords = mWordDao.getAlphabetizedWords();
    }
```

```
    LiveData<List<Word>> getAllWords() {
        return mAllWords;
    }

    void insert(Word word) {
        WordRoomDatabase.databaseWriteExecutor.execute(() -> {
            mWordDao.insert(word);
        });
    }
}
```

6.9.7 ViewModel

ViewModel 持有 Repository 对象和 LiveData 对象。Repository 具体代码如下：

```
public class WordViewModel extends AndroidViewModel {

    private WordRepository mRepository;

    private final LiveData<List<Word>> mAllWords;

    public WordViewModel(Application application) {
        super(application);
        mRepository = new WordRepository(application);
        mAllWords = mRepository.getAllWords();
    }

    LiveData<List<Word>> getAllWords() { return mAllWords; }

    public void insert(Word word) { mRepository.insert(word); }
}
```

6.9.8 RecyclerView 和 Activity

在案例的 Activity 界面中使用了 RecyclerView 控件。相关的类 WordViewHolder 负责显示 RecyclerView 控件中每一项。案例中每一项都包含一个 TextView 控件。具体代码如下：

```
class WordViewHolder extends RecyclerView.ViewHolder {
    private final TextView wordItemView;

    private WordViewHolder(View itemView) {
        super(itemView);
        wordItemView = itemView.findViewById(R.id.textView);
    }

    public void bind(String text) {
        wordItemView.setText(text);
```

```
    }

    static WordViewHolder create(ViewGroup parent) {
        View view = LayoutInflater.from(parent.getContext())
                .inflate(R.layout.recyclerview_item, parent, false);
        return new WordViewHolder(view);
    }
}
```

Adapter负责连接界面和数据。设置了DiffUtil.ItemCallback<Word>回调。具体代码如下：

```
public class WordListAdapter extends ListAdapter<Word, WordViewHolder> {

    public WordListAdapter(@NonNull DiffUtil.ItemCallback<Word> diffCallback) {
        super(diffCallback);
    }

    @Override
    public WordViewHolder onCreateViewHolder(ViewGroup parent, int viewType) {
        return WordViewHolder.create(parent);
    }

    @Override
    public void onBindViewHolder(WordViewHolder holder, int position) {
        Word current = getItem(position);
        holder.bind(current.getWord());
    }

    static class WordDiff extends DiffUtil.ItemCallback<Word> {

        @Override
        public boolean areItemsTheSame(@NonNull Word oldItem, @NonNull Word newItem) {
            return oldItem == newItem;
        }

        @Override
        public boolean areContentsTheSame(@NonNull Word oldItem, @NonNull Word newItem) {
            return oldItem.getWord().equals(newItem.getWord());
        }
    }
}
```

下面的代码是将RecyclerView控件和Adapter绑定起来。具体代码如下：

```
RecyclerView recyclerView = findViewById(R.id.recyclerview);
final WordListAdapter adapter = new WordListAdapter(new WordListAdapter.WordDiff());
recyclerView.setAdapter(adapter);
recyclerView.setLayoutManager(new LinearLayoutManager(this));
```

主界面 MainActivity 在 onCreate()方法中创建适配器，设置 RecyclerView 的参数。创建 ViewModel 对象。设置按钮的监听，startActivityForResult 跳转到另一个 Activity。具体代码如下：

```
public class MainActivity extends AppCompatActivity {

    public static final int NEW_WORD_ACTIVITY_REQUEST_CODE = 1;

    private WordViewModel mWordViewModel;

    @Override
    protected void onCreate(Bundle savedInstanceState) {
        super.onCreate(savedInstanceState);
        setContentView(R.layout.activity_main);

        RecyclerView recyclerView = findViewById(R.id.recyclerview);
        final WordListAdapter adapter = new WordListAdapter(new WordListAdapter.WordDiff());
        recyclerView.setAdapter(adapter);
        recyclerView.setLayoutManager(new LinearLayoutManager(this));

        mWordViewModel = new ViewModelProvider(this,new ViewModelProvider.AndroidViewModelFactory
(getApplication())).get(WordViewModel.class);

        mWordViewModel.getAllWords().observe(this, words ->{
            // Update the cached copy of the words in the adapter.
            adapter.submitList(words);
        });

        FloatingActionButton fab = findViewById(R.id.fab);
        fab.setOnClickListener(view ->{
            Intent intent = new Intent(MainActivity.this, NewWordActivity.class);
            startActivityForResult(intent, NEW_WORD_ACTIVITY_REQUEST_CODE);
        });
    }

    public void onActivityResult(int requestCode, int resultCode, Intent data) {
        super.onActivityResult(requestCode, resultCode, data);

        if(requestCode == NEW_WORD_ACTIVITY_REQUEST_CODE && resultCode == RESULT_OK) {
            Word word = new Word(data.getStringExtra(NewWordActivity.EXTRA_REPLY));
            mWordViewModel.insert(word);
        } else {
            Toast.makeText(
                    getApplicationContext(),
                    R.string.empty_not_saved,
                    Toast.LENGTH_LONG).show();
        }
    }
}
```

填写单词界面 NewWordActivity 设置按钮的监听，通过 Intent 返回输入的 Word 数据。具体代码如下：

```
public class NewWordActivity extends AppCompatActivity {

    public static final String EXTRA_REPLY = "com.example.android.wordlistsql.REPLY";

    private EditText mEditWordView;

    @Override
    public void onCreate(Bundle savedInstanceState) {
        super.onCreate(savedInstanceState);
        setContentView(R.layout.activity_new_word);
        mEditWordView = findViewById(R.id.edit_word);

        final Button button = findViewById(R.id.button_save);
        button.setOnClickListener(view -> {
                Intent replyIntent = new Intent();
                if(TextUtils.isEmpty(mEditWordView.getText())) {
                    setResult(RESULT_CANCELED, replyIntent);
                } else {
                    String word = mEditWordView.getText().toString();
                    replyIntent.putExtra(EXTRA_REPLY, word);
                    setResult(RESULT_OK, replyIntent);
                }
                finish();
        });
    }
}
```

主界面 MainActivity 的 onActivityResult()回调通过 ViewModel 插入新输入的数据。ViewModel 调用 Repository 的接口；Repository 在非 UI 线程调用 DAO，DAO 通过 Room 的库直接修改数据库。Repository 的 LiveData 发生变化，则 ViewModel 的 LiveData 也发生变化，就会触动 Adapter 的变化，则会引发界面的刷新。图 6-8 是案例的运行效果。

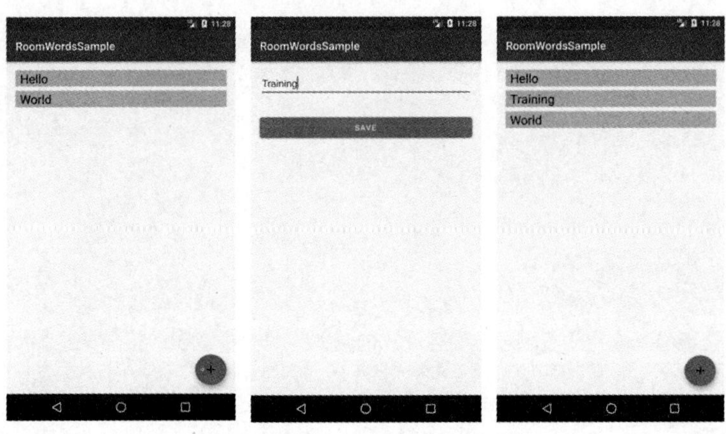

图 6-8 单词列表案例运行效果

练习 6

1.【简答题】简述 Data、Adapter、RecyclerView 之间的关系。

2.【多选题】Fragment 具有（　　）特性。

A. 模块化　　B. 可重用　　C. 可适配性　　D. 可并发性

3.【单选题】下面关于 Broadcast 的说法错误的是（　　）。

A. Android 应用与 Android 系统和其他 Android 应用之间可以相互收发广播消息

B. Android 为应用提供三种方式来发送广播：sendOrderedBroadcast、sendBroadcast 和 LocalBroadcastManager. sendBroadcast(Intent)

C. 想要使用 BroadcastReceiver 只能在清单中声明

D. 在广播接收器可以随意启动长时间运行的后台线程

4.【判断题】Android 服务的类型可以分为前台服务、后台服务和绑定服务。

5.【简答题】简述 Android 服务的生命周期模型。

6.【判断题】一般由于网络的不稳定性，因此网络操作一般较为耗时，所以不要在界面线程上执行网络操作。

7.【简答题】简述 ContentProvider、ContentResolver 和 CursorLoader 之间的关系。

8.【简答题】简述使用 MediaPlayer API 播放多媒体文件的步骤。

9.【判断题】execSQL()是 SQLiteOpenHelper 类的方法。

10.【简答题】简述 Android 架构组件 LiveData、Repository 和 Room 框架典型案例的体系结构。

第三篇

PART 3

HarmonyOS 应用开发

第 7 章

HarmonyOS 开发基础

本章介绍 HarmonyOS 概述、快速入门和 Feature Ability 的开发，以及基于 Java 语言和 JavaScript 语言的两种 UI 框架。

7.1 HarmonyOS 概述

本节对 HarmonyOS 的发展历史、架构、技术特性和安全做简单的介绍，让用户对 HarmonyOS 有一个初步的印象。

7.1.1 HarmonyOS 发展历史

Android 操作系统在设计之初就是一个为智能手机所设计的系统。而随着智能化设备的不断发展与普及，需要一款面向未来全场景的、支持多设备互联的操作系统。HarmonyOS 就是华为公司给出来的解决方案，它基于"同一套系统能力，适配多种终端形态"的分布式理念。对消费者而言，HarmonyOS 能够将生活场景中的各类终端进行能力整合，可以实现不同的终端设备之间的快速连接、能力互助、资源共享，匹配合适的设备、提供流畅的全场景体验。对应用开发者而言，HarmonyOS 采用多种分布式技术，使应用程序的开发实现与不同终端设备的形态差异无关。这能够让开发者聚焦上层业务逻辑，更加便捷、高效地开发应用。对设备开发者而言，HarmonyOS 采用了组件化的设计方案，可以根据设备的资源能力和业务特征进行灵活裁剪，满足不同形态的终端设备对于操作系统的要求。

为了接入 Android 庞大的应用生态，HarmonyOS 对 Android 的应用提供了很好的兼容。但是目前其内核仍然是 Linux 内核，未来会替换为更加适应物联网应用的微内核。2020 年 9 月 10 日，华为公司发布了 HarmonyOS 2.0。同年 12 月 16 日，华为发布了 HarmonyOS 2.0 手机开发者 Beta 版本，并且针对多款机型推送了 HarmonyOS 的安装包。

7.1.2 HarmonyOS 架构

1. 整体架构

如图 7-1 所示，HarmonyOS 采用分层结构，大致可以分为内核层、系统服务层、框架层和应用层。

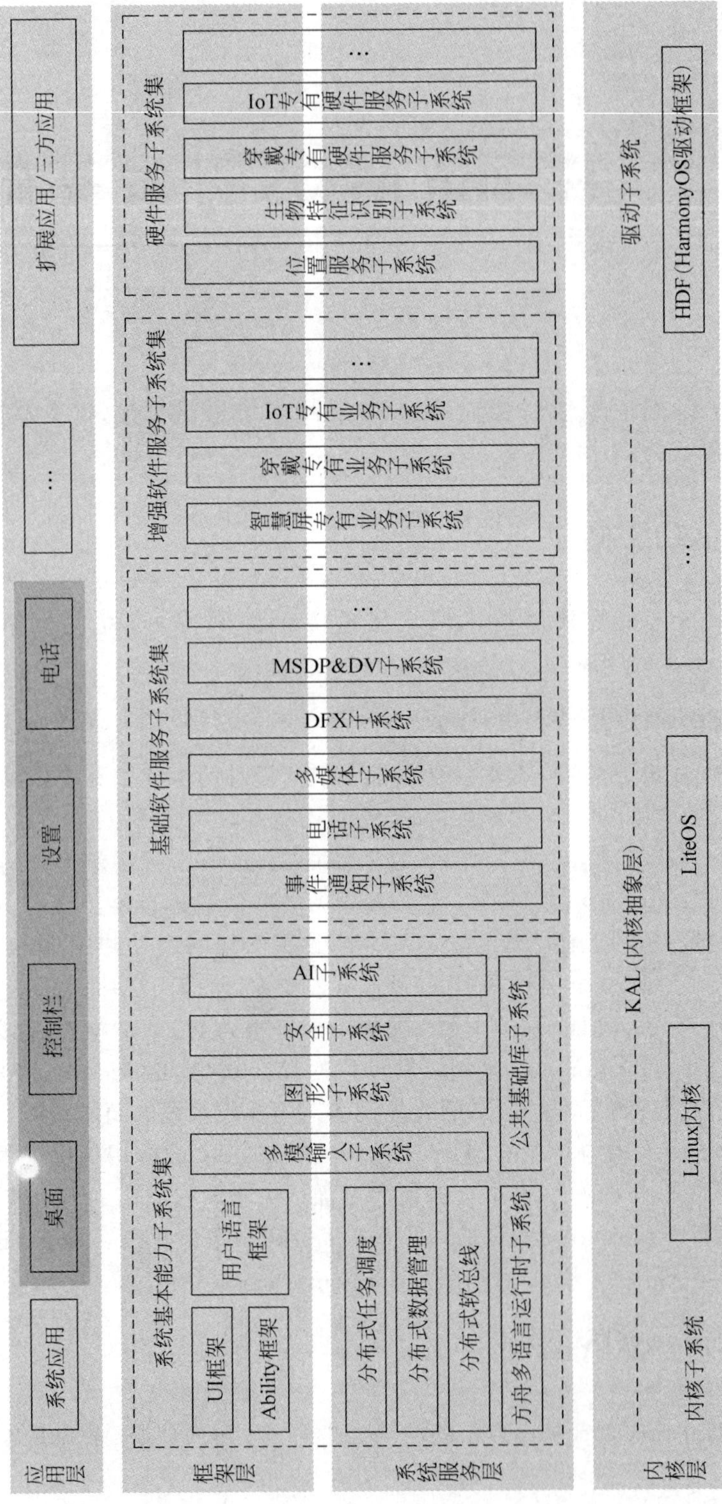

图 7-1 HarmonyOS 架构

2. 内核层

内核层是整个操作系统的核心，提供操作系统最基础的服务，主要分为内核子系统和驱动子系统。与 Android 不同的是，HarmonyOS 除了可以支持 Linux 内核之外，还可以支持多种不同的操作系统，为支持多种不同的设备提供了便利并提高了效率。特别是适合物联网设备的 LiteOS，能够为 HarmonyOS 的“同一套系统能力，适配多种终端形态”的分布式理念提供坚实的基础。而对于设备驱动的问题，HarmonyOS 则是利用驱动子系统中的硬件驱动框架(Hardware Driver Framework，HDF)提供了统一的外设访问能力和驱动开发管理框架。

3. 系统服务层

系统服务层是 HarmonyOS 的核心能力集合，通过框架层对应用程序提供服务。该层包含以下几个部分：系统基本能力子系统、基础软件服务子系统、增强软件服务子系统和硬件服务子系统。根据不同设备形态的部署环境，除了系统基本能力子系统，整个系统服务层既可以按子系统粒度裁剪，又可以在每个子系统内部按功能粒度裁剪。这再一次体现了对不同设备的灵活支持和适配。

系统基本能力子系统为分布式应用在 HarmonyOS 多设备上的运行、调度、迁移等操作提供了基础能力，由分布式任务调度、分布式数据管理、分布式软总线、方舟多语言运行时子系统、公共基础库子系统、多模输入子系统、图形子系统、安全子系统、AI 子系统等组成。其中，方舟运行时子系统提供了 C/C++/JavaScript 多语言运行时和基础的系统类库，也为使用方舟编译器静态化的 Java 程序(即应用程序或框架层中使用 Java 语言开发的部分程序)提供运行时(Runtime)。

基础软件服务子系统主要是一些设备之间公共的、通用的软件服务，由事件通知、电话、多媒体、DFX(Design For X)、MSDP&DV(Multicast Source Discovery Protocol & Device Virtualization)等子系统组成。

而增强软件服务子系统则是提供针对不同设备的、差异化的能力增强型软件服务，多是各个设备所专有的软件服务。例如，智慧屏专有业务、穿戴专有业务、IoT(Internet of Things，物联网)专有业务等。

硬件服务子系统则是提供硬件服务，由位置服务、生物特征识别、穿戴专有硬件服务、IoT 专有硬件服务等子系统组成。

4. 框架层

框架层提供了用户语言框架、Ability 框架和 UI 框架。通过用户语言框架支持 Java/C/C++/JavaScript 等多种编程语言；而 Ability 框架则是对系统服务能力的一种抽象的框架。HarmonyOS 的 UI 框架提供了适用于 Java 语言的 Java UI 框架和适用于 JavaScript 语言的 JavaScript UI 框架。无论是多语言的支持，还是 Java、JavaScript 的 UI 框架的支持，都是为了吸引更多的 App 开发者无缝地参与到 HarmonyOS 的 App 开发中来。

5. 应用层

应用层包括系统应用和扩展应用/第三方非系统应用。HarmonyOS 的应用由一个或多个 FA(Feature Ability)或 PA(Particle Ability)组成。其中,FA 有 UI 界面,提供与用户交互的能力；而 PA 无 UI 界面,提供后台运行任务的能力以及统一的数据访问抽象。基于 FA/PA 开发的应用,能够实现特定的业务功能,支持跨设备调度与分发,为用户提供一致、高效的应用体验。

7.1.3 HarmonyOS 技术特性和安全

1. 技术特性

HarmonyOS 是一个多设备互联的分布式操作系统,通过分布式软总线、分布式设备虚拟化、分布式数据管理和分布式任务调度从而达到“硬件互助,资源共享”。

分布式软总线是多种终端设备的统一基座,为设备之间的互联互通提供了统一的分布式通信能力,能够快速发现并连接设备,高效地分发任务和传输数据。HarmonyOS 的分布式软总线架构如图 7-2 所示。软总线构建在基础通信的协议栈之上,利用总线中枢实现设备的发现和连接,以及组网和拓扑管理,这样多种终端设备就可以形成有效的连接。然后再通过任务和数据总线,实现不同抽象层次的任务分发和数据传输。这是分布式的一个起点、一个基座。

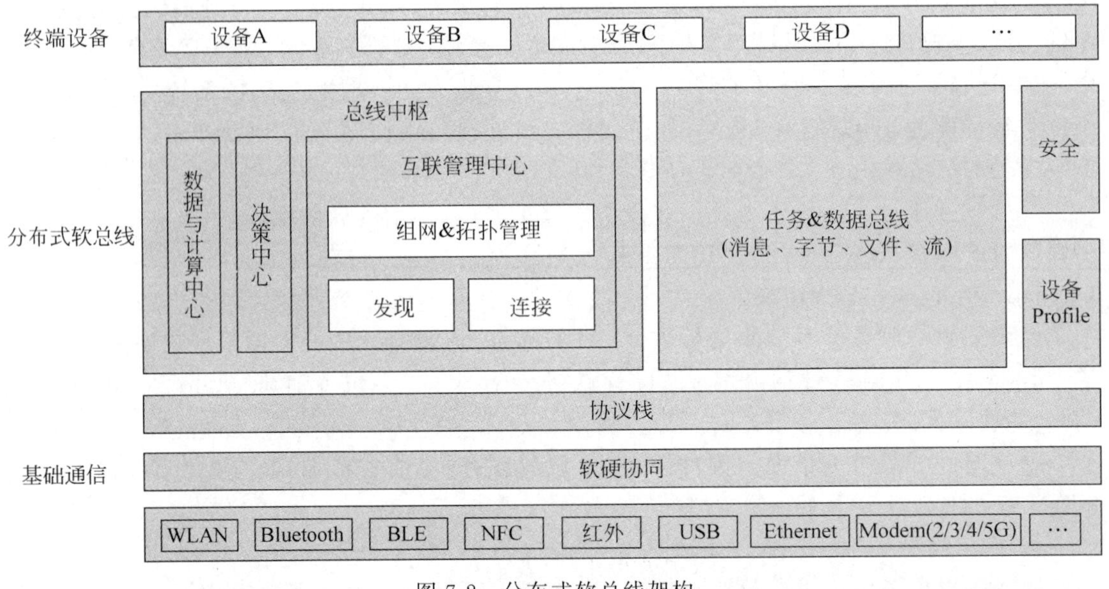

图 7-2 分布式软总线架构

当设备互联在一起之后,可以发挥不同设备的不同优势。HarmonyOS 的分布式设备虚拟化平台如图 7-3 所示。它实现了不同设备的资源融合、设备管理、数据处理,多种设备共同形成一个超级虚拟终端。针对不同类型的任务,为用户匹配并选择能力合适的执行硬件,比如：使用外部的摄像头,提供更广的视野范围；使用外部的音箱设备,提供更远的拾音距离、音质更好的声音播放；使用外部的大屏幕设备,提供更清晰的画质；使用外部的运动健康设备，获取到心率信息，为用户提供更科学的健康指导。此外，对于这个超级虚拟终端可以让业务连续地在不同设备间流转，充分发挥不同设备的资源优势。

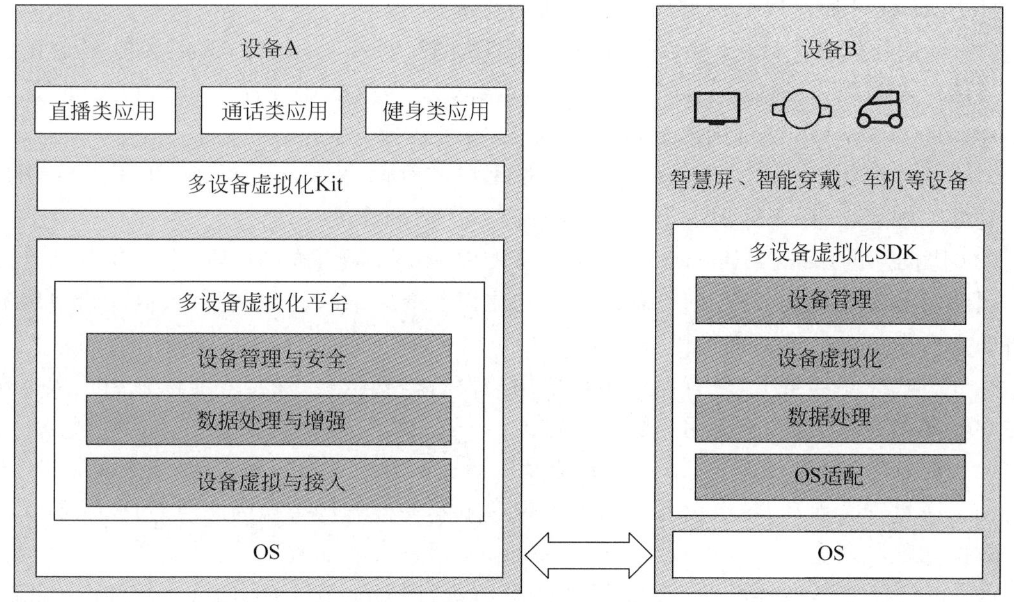

图 7-3 分布式设备虚拟化平台

有了超级虚拟终端和基于分布式软总线的能力，HarmonyOS 可以实现应用程序数据和用户数据的分布式管理。用户数据不再和单一的设备绑定，业务逻辑与数据存储分离，可以实现应用跨设备运行时的数据无缝衔接，为打造一致、流畅的用户体验创造了基础条件。

此外，基于分布式软总线、分布式数据管理、分布式 Profile 等技术特性，HarmonyOS 构建了统一的分布式服务管理（发现、同步、注册、调用）机制，支持对跨设备的应用进行远程启动、远程调用、远程连接以及迁移等操作，能够根据不同设备的能力、位置、业务运行状态、资源使用情况，以及用户的习惯和意图，选择合适的设备运行分布式任务。

对开发者来说，HarmonyOS 能够"一次开发，多端部署"。HarmonyOS 提供了用户程序框架、Ability 框架以及 UI 框架，支持应用开发过程中多终端的业务逻辑和界面逻辑进行复用。HarmonyOS 通过组件化和小型化等设计方法，支持多种终端设备按需弹性部署，能够适配不同类别的硬件资源和功能需求。用户既可以选择所需的组件，也可以选择组件内的功能集。HarmonyOS 支撑通过编译链关系自动生成组件化的依赖关系，形成组件树依赖图，支撑产品系统的便捷开发，降低硬件设备的开发门槛，从而达到"统一 OS，弹性部署"。

2. 安全

在搭载 HarmonyOS 的分布式终端上，可以保证"正确的人，通过正确的设备，正确地使用数据"。通过"分布式多端协同身份认证"来保证"正确的人"。通过"在分布式终端上构筑可信运行环境"来保证"正确的设备"。通过"分布式数据在跨终端流动的过程中,对数据进行分类分级管理"来保证"正确地使用数据"。

HarmonyOS 通过以下三方面来实现协同身份认证。

(1) 零信任模型。HarmonyOS 基于零信任模型,实现对用户的认证和数据的访问控制。当用户需要跨设备访问数据资源或者发起高安全等级的业务操作(例如对安防设备的操作)时,HarmonyOS 会对用户进行身份认证,确保其身份的可靠性。

(2) 多因素融合认证。HarmonyOS 通过用户身份管理,将不同设备上标识同一用户的认证凭据关联起来,用于标识一个用户,来提高认证的准确度。

(3) 协同互助认证。HarmonyOS 通过将硬件和认证能力解耦(即信息采集和认证可以在不同的设备上完成)实现不同设备的资源池化以及能力的互助与共享,让高安全等级的设备协助低安全等级的设备完成用户身份认证。

在分布式终端场景下,只有保证用户使用的设备是安全可靠的,才能保证用户数据在虚拟终端上得到有效保护,避免用户隐私泄露。

(1) 安全启动:确保源头,即每个虚拟设备运行的系统固件和应用程序是完整的、未经篡改的。通过安全启动,各个设备厂商的镜像包就不易被非法替换为恶意程序,从而保护用户的数据和隐私安全。

(2) 可信执行环境:提供了基于硬件的可信执行环境(Trusted Execution Environment, TEE)来保护用户的个人敏感数据的存储和处理,确保数据不泄露。由于分布式终端硬件的安全能力不同,对于用户的个人敏感数据,需要使用高安全等级的设备进行存储和处理。HarmonyOS 使用基于数学可证明的形式化开发和验证的 TEE 微内核,获得商用 OS 内核 CC EAL5+的认证评级。

(3) 设备证书认证:支持为具备可信执行环境的设备预置设备证书,用于向其他虚拟终端证明自己的安全能力。对于有 TEE 环境的设备,通过预置 PKI(Public Key Infrastructure)设备证书给设备身份提供证明,确保设备是合法制造生产的。设备证书在产线进行预置,设备证书的私钥写入并安全保存在设备的 TEE 环境中,且只在 TEE 内进行使用。在必须传输用户的敏感数据(例如密钥、加密的生物特征等信息)时,会在使用设备证书进行安全环境验证后,建立从一个设备的 TEE 到另一设备的 TEE 之间的安全通道,实现安全传输。

在分布式终端场景下,需要确保用户能够正确地使用数据。HarmonyOS 围绕数据的生成、存储、使用、传输以及销毁过程进行全生命周期的保护,从而保证个人数据与隐私以及系统的机密数据(如密钥)不泄露。

(1) 数据生成:根据数据所在的国家或组织的法律法规与标准规范,对数据进行分类分级,并且根据分类设置相应的保护等级。每个保护等级的数据从生成开始,到存储、使用、传输的整个生命周期都需要根据对应的安全策略提供不同强度的安全防护。虚拟超级终端的访问控制系统支持依据标签的访问控制策略,保证数据只能在可以提供足够安全防护的虚拟终端之间存储、使用和传输。

(2) 数据存储：HarmonyOS 通过区分数据的安全等级，将数据存储到不同安全防护能力的分区，对数据进行安全保护，并提供密钥全生命周期的跨设备无缝流动和跨设备密钥访问控制能力，支撑分布式身份认证协同、分布式数据共享等业务。

(3) 数据使用：HarmonyOS 通过硬件为设备提供可信执行环境。用户的个人敏感数据仅在分布式虚拟终端的可信执行环境中使用，确保用户数据的安全和隐私不泄露。

(4) 数据传输：为了保证数据在虚拟超级终端之间安全流转，需要各设备是正确可信的，建立了信任关系(多个设备通过华为账号建立配对关系)，并能够在验证信任关系后，建立安全的连接通道，按照数据流动的规则，安全地传输数据。当设备之间进行通信时，需要基于设备的身份凭据对设备进行身份认证，并在此基础上，建立安全的加密传输通道。

(5) 数据销毁：销毁密钥即销毁数据。数据在虚拟终端的存储，都建立在密钥的基础上。当销毁数据时，只需要销毁对应的密钥即完成了数据的销毁。

7.2 HarmonyOS 快速入门

本节通过 HelloWorld 项目帮助大家完成 HarmonyOS 的快速入门。

7.2.1 配置环境

1. 安装 DevEco Studio

HarmonyOS 的官方集成开发环境(Integrated Development Environment，IDE)是 DevEco Studio，可以支持 Windows 和 Mac 版本，具体对运行环境的要求如下。

(1) 操作系统：Windows 10 64 位，macOS 10.13/10.14/10.15。

(2) 内存：8GB 及以上。

(3) 硬盘：100GB 及以上。

(4) 分辨率：1280×800 像素及以上。

DevEco Studio 的编译构建依赖 Java 开发工具包(Java Development Kit，JDK)，DevEco Studio 预置了 Open JDK，版本为 1.8，安装过程中会自动安装 JDK。

安装步骤如下。

(1) 登录 HarmonyOS 应用开发门户 https://developer.huawei.com/consumer/cn/，注册华为开发者联盟账号。

(2) 从 DevEco Studio 主页 https://developer.huawei.com/consumer/cn/deveco_studio，下载 DevEco Studio 与本机操作系统对应的软件安装包(Windows(64-bit)版或者 Mac 版)。

(3) 执行相应安装流程。

2. 配置开发环境

配置开发环境步骤如下。

(1) 确认网络环境。

DevEco Studio 开发环境需要依赖网络环境,需要连接上网络才能确保工具的正常使用。如果用户的网络不能直接访问 Internet,需要通过代理服务器才可以访问,可按 https://developer.harmonyos.com/cn/docs/documentation/doc-guides/environment_config-0000001052902427 设置代理服务器。

(2) 安装 HarmonyOS SDK。

Devco Studio 提供 SDK Manager 统一管理 SDK 及工具链,下载各种编程语言的 SDK 包时,SDK Manager 会自动下载该 SDK 包依赖的工具链。SDK 的 Java 包是 Java 语言 SDK 包。Toolchains 是 SDK 工具链,HarmonyOS 应用开发必备工具集,包括编译、打包、签名和数据库管理等工具的集合。具体安装步骤参见附录 B。

7.2.2 App 结构

HarmonyOS 的应用是以.app 为扩展名的。每个 App 又是由一个或者多个 HarmonyOS 能力包(HarmonyOS Ability Package,HAP)以及描述每个 HAP 属性的 pack.info 组成的,具体可以参见图 7-4。在每一个 App 的所有的 HAP 中,只能有一个作为应用入口(Entry)的 HAP,其他都是特征(Feature)的 HAP。具体到每个 HAP 中,又包括 Abilities、libs、resources 和 config.json 文件。

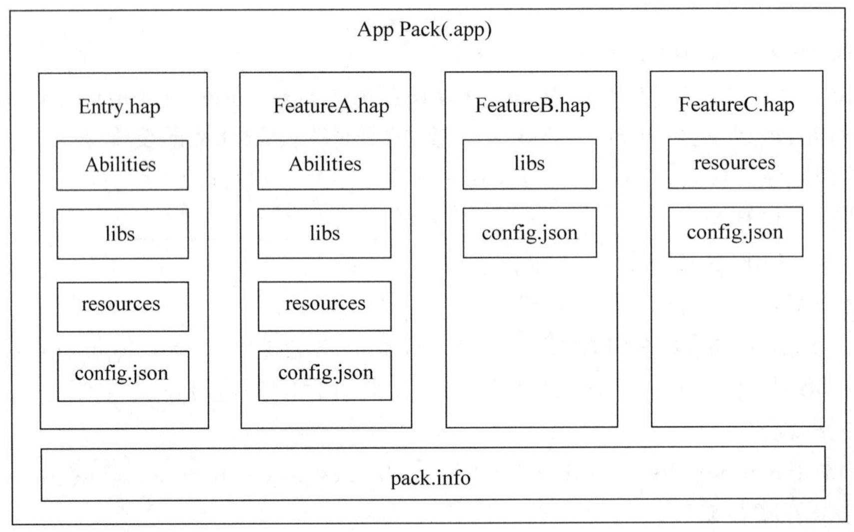

图 7-4 App 结构

Abilities 是应用所具备的能力的抽象。一个应用可以包含一个或者多个 Ability。所有的 Ability 可以根据其有无界面分为有界面的 Feature Ability 和无界面的 Particle Ability。

libs 是应用所依赖的第三方代码(例如 so、jar、bin、har 等二进制文件),相应的库文件存放在 libs 文件夹下。

resources 是项目的资源，例如字符串、图片、音频等资源。相应的资源文件存放在 resources 文件夹下。

config.json 是应用的配置文件，主要包括全局配置信息（app 属性）、设备配置信息（deviceConfig 属性）和 HAP 包（module 属性）的配置信息。整个配个文件是 JSON 格式的，由属性和值组成。属性出现顺序不分先后，且每个属性最多只允许出现一次。每个属性的值为 JSON 的基本数据类型（数值、字符串、布尔值、数组、对象或者 null 类型）。同一个应用的不同 HAP 包的 app 配置必须保持一致。具体代码如下：

```
{
  "app": {                                              //应用配置
    "bundleName": "com.example.myfirstapplication",    //包名
    "vendor": "example",                                //生产厂商
    "version": {                                        //版本
      "code": 1,
      "name": "1.0"
    },
    "apiVersion": {
      "compatible": 3,
      "target": 3
    }
  },
  "deviceConfig": {},                                   //设备配置
  "module": {                                           //HAP 包配置
    "package": "com.example.myfirstapplication",
    "name": ".MyFirstApplication",
    "reqCapabilities": [
      "video_support"
    ],
    "deviceType": [                                     //允许 Ability 运行的设备类型
      "wearable"                                        //穿戴设备
    ],
    "distro": {      //表示 HAP 发布的具体描述.该标签仅适用于智慧屏、智能穿戴、车机
      "deliveryWithInstall": true,
      "moduleName": "entry",
      "moduleType": "entry"
    },
    "abilities": [                                      //Ability 配置
      {
        "skills": [
          {
            "entities": [
              "entity.system.home"
            ],
            "actions": [
              "action.system.home"
            ]
          }
        ],
```

```
            "orientation": "landscape",
            "formEnabled": false,
            "name": "com.example.myfirstapplication.MainAbility",
            "icon": "$media:icon",
            "description": "$string:mainability_description",
            "label": "MyFirstApplication",
            "type": "page",          //表示基于 page 模板开发的 FA,用于提供与用户交互的能力
            "launchType": "standard"
          },
          {
            "orientation": "landscape",
            "formEnabled": false,
            "name": "com.example.myfirstapplication.SecondAbility",
            "icon": "$media:icon",
            "description": "$string:secondability_description",
            "label": "entry",
            "type": "page",
            "launchType": "standard"
          }
        ]
      }
    }
```

应用的资源文件（字符串、图片、音频等）统一存放于 resources 文件夹下，便于开发者使用和维护。resources 文件夹包括两大类文件夹：一类为 base 文件夹与限定词文件夹；另一类为 rawfile 文件夹。具体示例如下：

```
resources
|---base                                   //默认存在的文件夹
|   |---element
|   |   |---string.json
|   |---media
|   |   |---icon.png
|---en_GB-vertical-car-mdpi                //限定词文件夹示例,需要开发者自行创建
|   |---element
|   |   |---string.json
|   |---media
|   |   |---icon.png
|---rawfile                                //默认存在的文件夹
```

7.2.3 HarmonyOS 的 HelloWorld 项目

1. 创建 HelloWorld 项目

具体步骤如下：

（1）打开 DevEco Studio，在欢迎页面单击 Create HarmonyOS Project，创建一个新工程。

（2）选择设备类型和模板（见图 7-5），以 Wearable 设备为例，选择 Empty Feature

Ability(Java),单击 Next 按钮。

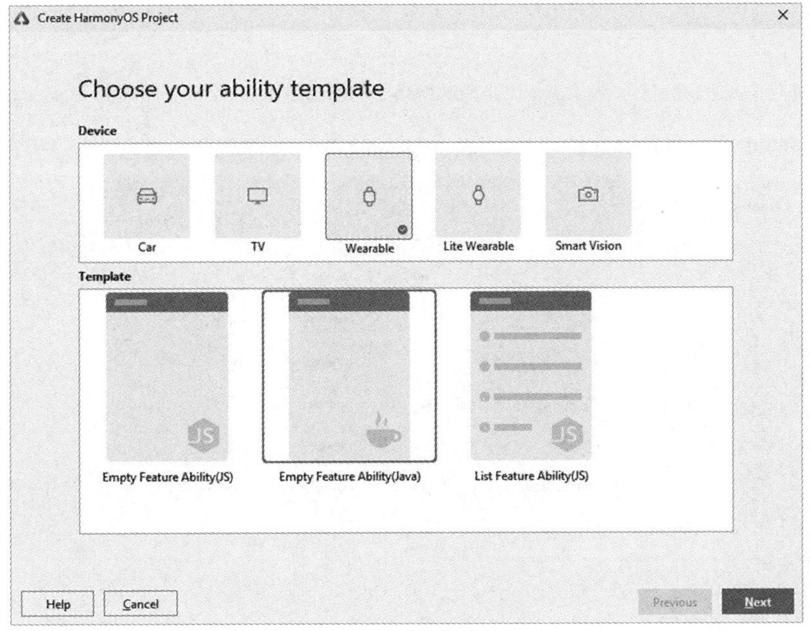

图 7-5 选择设备类型和模板

(3) 填写项目相关信息,保持默认值即可,单击 Finish 按钮。

(4) 工程创建完成后,DevEco Studio 会自动进行工程的同步,同步成功界面如图 7-6 所示。首次创建工程时,会自动下载 gradle 工具。由于需要下载相关的依赖库,因此会花费较长的时间,需要耐心等候。同步成功后,会在 Run 便签状态框中显示 Sync Successful。

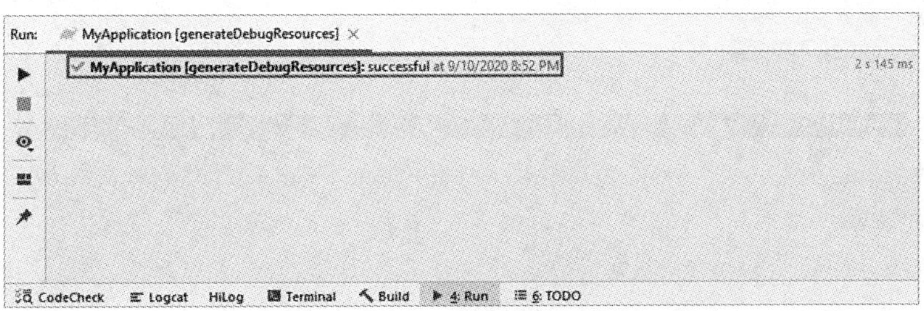

图 7-6 同步成功界面

(5) 在 DevEco Studio 菜单栏,选择 Tools→HVD Manager 命令。首次使用模拟器,需下载模拟器相关资源,单击 OK 按钮,等待资源下载完成后,单击模拟器界面左下角的 Refresh 按钮。

(6) 在浏览器中弹出华为开发者联盟账号登录界面,输入已实名认证的华为开发者联盟账号的用户名和密码进行登录。

（7）登录后，单击界面的“允许”按钮进行授权。

（8）在图7-7中，在可以创建的设备列表中，选择Wearable设备，并单击▶按钮，运行模拟器。

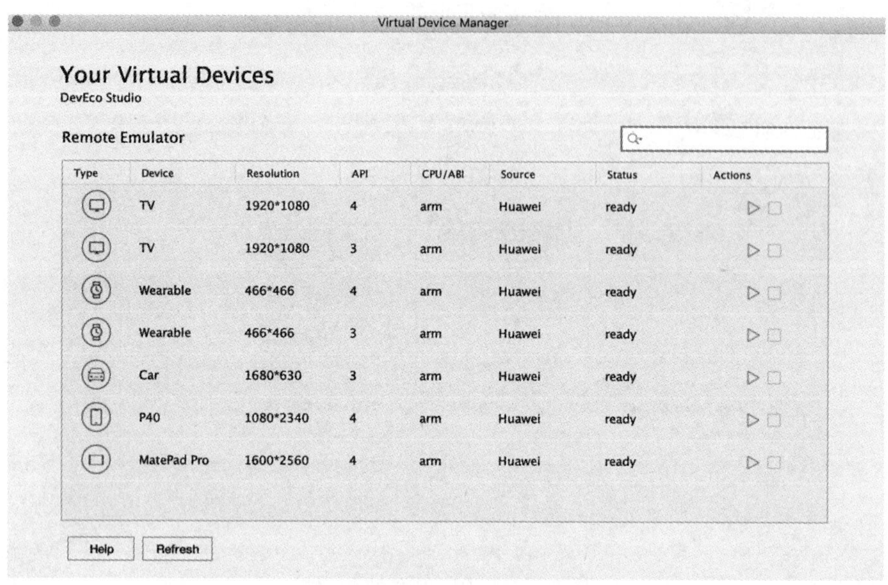

图7-7 虚拟设备管理界面

（9）单击DevEco Studio工具栏中的▶按钮运行工程，或使用默认快捷键Shift+F10（Mac为Ctrl+R）运行工程。

（10）在弹出的Select Deployment Target界面中选择已启动的模拟器，单击OK按钮，如图7-8所示。

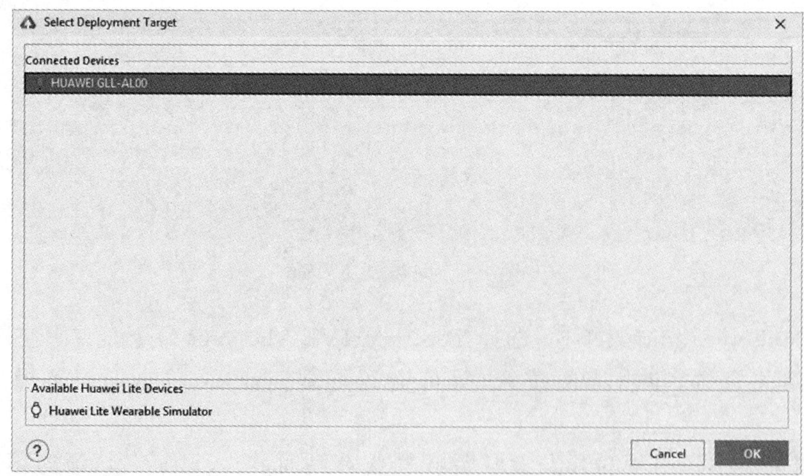

图7-8 Select Deployment Target界面

(11) DevEco Studio 会启动应用的编译构建，完成后应用即可运行在模拟器上。显示效果如图 7-9 所示。

2. 解析 HelloWorld 项目

HelloWorld 项目的文件结构如图 7-10 所示。

图 7-9 HelloWorld 项目运行效果

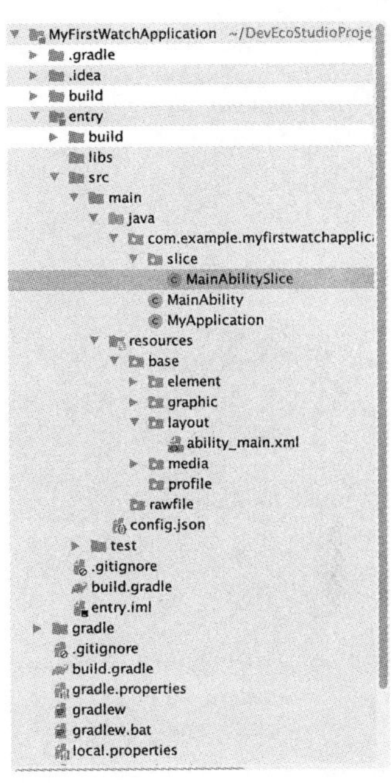

图 7-10 HelloWorld 项目的文件结构

(1) 回顾一下 config.json 的配置文件。可以看到 App 的信息和 HAP 的信息。其中包含一个 Ability。具体代码如下：

```
{
  "app": {
    "bundleName": "com.example.myfirstwatchapplication",
    "vendor": "example",
    "version": {
      "code": 1,
      "name": "1.0"
    },
    "apiVersion": {
      "compatible": 3,
      "target": 3
    }
  },
  "deviceConfig": {},
  "module": {
    "package": "com.example.myfirstwatchapplication",
    "name": ".MyFirstWatchApplication",
```

```
        "reqCapabilities": [
          "video_support"
        ],
        "deviceType": [
          "wearable"
        ],
        "distro": {
          "deliveryWithInstall": true,
          "moduleName": "entry",
          "moduleType": "entry"
        },
        "abilities": [
          {
            "skills": [
              {
                "entities": [
                  "entity.system.home"
                ],
                "actions": [
                  "action.system.home"
                ]
              }
            ],
            "orientation": "landscape",
            "formEnabled": false,
            "name": "com.example.myfirstwatchapplication.MainAbility",
            "icon": "$media:icon",
            "description": "$string:mainability_description",
            "label": "MyFirstWatchApplication",
            "type": "page",
            "launchType": "standard"
          }
        ]
      }
    }
```

（2）主要的 Java 代码在 Application、Ability 和 slice 等文件中。其中 MainAbility 中的 super.setMainRoute(MainAbilitySlice.class.getName())方法用于设置 MainAbility 对应的 slice。具体代码如下：

```
public class MyApplication extends AbilityPackage {
    @Override
    public void onInitialize() {
        super.onInitialize();
    }
}

public class MainAbility extends Ability {
    @Override
```

```
    public void onStart(Intent intent) {
        super.onStart(intent);
        super.setMainRoute(MainAbilitySlice.class.getName());
    }
}
```

super.setUIContent(ResourceTable.Layout_ability_main)方法定义了界面的 layout 文件，这样就能显示具体的交互界面。具体代码如下：

```
public class MainAbilitySlice extends AbilitySlice {
    @Override
    public void onStart(Intent intent) {
        super.onStart(intent);
        super.setUIContent(ResourceTable.Layout_ability_main);
    }

    @Override
    public void onActive() {
        super.onActive();
    }

    @Override
    public void onForeground(Intent intent) {
        super.onForeground(intent);
    }
}
```

(3) layout 文件在 resources/base/layout 文件夹下。该布局文件是一个纵向布局，内容是一个文本。文本的内容是通过 ohos:text="Hello World"来定义的。其他的字段定义了文字的居中对齐和文字大小为 50。具体代码如下：

```
<?xml version = "1.0" encoding = "utf - 8"?>
< DirectionalLayout
    xmlns:ohos = "http://schemas.huawei.com/res/ohos"
    ohos:height = "match_parent"
    ohos:width = "match_parent"
    ohos:orientation = "vertical">

    < Text
        ohos:id = " $ + id:text_helloworld"
        ohos:height = "match_parent"
        ohos:width = "match_content"
        ohos:background_element = " $ graphic:background_ability_main"
        ohos:layout_alignment = "horizontal_center"
        ohos:text = "Hello World"
        ohos:text_size = "50"
    />

</DirectionalLayout >
```

主页面显示效果如图 7-11 所示。

3. 创建另一个界面

在 IDE 左边栏 Project 窗口选择/entry/src/main/java/com/example/myapplication 文件夹并右击，在弹出的快捷菜单中选择 New→Ability→Empty Feature Ability(Java)命令。配置 Ability 时，将 Page Name 设置为 SecondAbility，单击 Finish 按钮。创建完成后，可以看到新增了 SecondAbility 和 SecondAbilitySlice 文件，如图 7-12 所示。

图 7-11 HelloWorld 项目主页面显示效果

图 7-12 新增 SecondAbility 和 SecondAbilitySlice 文件

在前面创建第一个界面时，是用 XML 编写的 layout 文件来声明界面的，其实还可以直接用 Java 语言以代码的方式来编写界面。例如：

```
public class SecondAbilitySlice extends AbilitySlice {

    @Override
    public void onStart(Intent intent) {
        super.onStart(intent);
        //声明布局
        DependentLayout myLayout = new DependentLayout(this);
        //设置布局大小
        myLayout.setWidth(MATCH_PARENT);
        myLayout.setHeight(MATCH_PARENT);
        ShapeElement element = new ShapeElement();
        element.setRgbColor(new RgbColor(0, 0, 0));
        myLayout.setBackground(element);

        //创建一个文本
        Text text = new Text(this);
        text.setText("Nice to meet you.");
        text.setWidth(MATCH_PARENT);
        text.setTextSize(55);
        text.setTextColor(Color.WHITE);
        //设置文本的布局
        DependentLayout.LayoutConfig textConfig = new DependentLayout.LayoutConfig(MATCH_
CONTENT,MATCH_CONTENT);
```

```
        textConfig.addRule(DependentLayout.LayoutConfig.CENTER_IN_PARENT);
        text.setLayoutConfig(textConfig);
        myLayout.addComponent(text);

        super.setUIContent(myLayout);
    }

    @Override
    public void onActive() {
        super.onActive();
    }

    @Override
    public void onForeground(Intent intent) {
        super.onForeground(intent);
    }
}
```

4. 实现页面的跳转

在第一个界面中增加一个 Next 按钮。按钮的文字和颜色等配置信息都在 XML 文件中定义。具体代码如下：

```
<?xml version = "1.0" encoding = "utf - 8"?>
< DependentLayout
    xmlns:ohos = "http://schemas.huawei.com/res/ohos"
    ohos:height = "match_parent"
    ohos:width = "match_parent"
    ohos:background_element = "#000000">

    < Text
        ohos:id = "$ + id:text_helloworld"
        ohos:height = "match_parent"
        ohos:width = "match_content"
        ohos:background_element = "$graphic:background_ability_main"
        ohos:layout_alignment = "horizontal_center"
        ohos:text = "Hello World"
        ohos:text_color = "white"
        ohos:text_size = "32fp"
        ohos:center_in_parent = "true"
    />
    < Button
        ohos:id = "$ + id:button"
        ohos:width = "match_content"
        ohos:height = "match_content"
        ohos:text = "Next"
        ohos:text_size = "19fp"
        ohos:text_color = "white"
        ohos:top_padding = "8vp"
        ohos:bottom_padding = "8vp"
```

```
        ohos:right_padding = "80vp"
        ohos:left_padding = "80vp"
        ohos:background_element = " $ graphic:background_button"
        ohos:center_in_parent = "true"
        ohos:align_parent_bottom = "true"/>

</DependentLayout >
```

但是对这个按钮的操作是在代码中定义的。首先，通过 findComponentById()方法获得这个按钮的对象的引用。然后，通过 setClickedListener()方法来设置对象被单击的监听器。当按钮被单击之后，监听器中的 onClick()方法就会被调用。而在这个方法中，通过创建 Intent 对象指定要启动的新的 FA。最后，通过 startAbility()方法来实现真正的界面的跳转。具体代码如下：

```
public class MainAbilitySlice extends AbilitySlice {

    @Override
    public void onStart(Intent intent) {
        super.onStart(intent);
        super.setUIContent(ResourceTable.Layout_ability_main);
        Button button = (Button) findComponentById(ResourceTable.Id_button);

        if (button != null) {
            //为按钮设置单击回调
            button.setClickedListener(new Component.ClickedListener() {
                @Override
                public void onClick(Component component) {
                    Intent secondIntent = new Intent();
                    //指定待启动 FA 的 bundleName 和 abilityName
                    Operation operation = new Intent.OperationBuilder()
                            .withDeviceId("")
                            .withBundleName("com.example.myapplication")
                            .withAbilityName("com.example.myapplication.SecondAbility")
                            .build();
                    secondIntent.setOperation(operation);
                    startAbility(secondIntent);     //通过 AbilitySlice 的 startAbility 接
                                                    //口实现启动另一个页面
                }
            });
        }
    }

    @Override
    public void onActive() {
        super.onActive();
    }

    @Override
    public void onForeground(Intent intent) {
```

```
            super.onForeground(intent);
        }
    }
```

跳转之后的显示效果如图 7-13 所示。

图 7-13 HelloWorld 项目第二页面显示效果

7.3 Feature Ability

Ability 是应用所具备能力的抽象，也是应用程序的重要组成部分。一个应用可以具备多种能力(即可以包含多个 Ability)，HarmonyOS 支持应用以 Ability 为单位进行部署。Ability 可以分为 FA(Feature Ability)和 PA(Particle Ability)两种类型，FA 支持拥有交互界面的 Page Ability，而 PA 支持用于提供后台运行任务的能力的 Service Ability 和用于对外部提供统一的数据访问抽象的 Data Ability。本节将对 Feature Ability 进行介绍。

7.3.1 Page Ability

如图 7-14 所示，一个 Page Ability(以下简称 Page)可以由一个或多个 AbilitySlice 构成，AbilitySlice 是指应用的单个页面及其控制逻辑的总和。当一个 Page 由多个 AbilitySlice 共同构成时，这些 AbilitySlice 页面提供的业务能力应具有高度相关性。例如，新闻浏览功能可以通过一个 Page 来实现，其中包含了两个 AbilitySlice：一个 AbilitySlice 用于展示新闻列表；另一个 AbilitySlice 用于展示新闻详情。Page 进入前台时界面默认只展示一个 AbilitySlice。所以，应用首先展示新闻列表 AbilitySlice，再通过交互跳转到新闻详情 AbilitySlice。

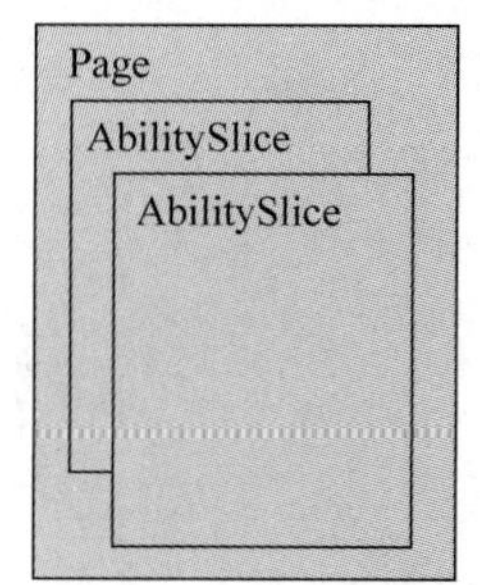

图 7-14 Page 与 AbilitySlice

7.3.2 同一 Page 下 AbilitySlice 跳转

1. 路由配置

虽然一个 Page 可以包含多个 AbilitySlice，但是 Page 进入前台时界面默认只展示一个 AbilitySlice。默认展示的 AbilitySlice 是通过 setMainRoute()方法来指定的。如果需要更改默认展示的 AbilitySlice，可以通过 addActionRoute()方法为此 AbilitySlice 配置一条路由规则。此时，当其他 Page 实例期望导航到此 AbilitySlice 时，可以在 Intent 中指定 Action。

setMainRoute()方法与 addActionRoute()方法的使用示例代码如下：

```
public class MyAbility extends Ability {
    @Override
    public void onStart(Intent intent) {
        super.onStart(intent);
        // set the main route
        setMainRoute(MainSlice.class.getName());

        // set the action route
        addActionRoute("action.pay", PaySlice.class.getName());
        addActionRoute("action.scan", ScanSlice.class.getName());
    }
}
```

addActionRoute()方法中使用的动作命名，需要在应用配置文件（config.json）中注册。示例代码如下：

```
{
    "module": {
        "abilities": [
            {
                "skills":[
                    {
                        "actions":[
                            "action.pay",
                            "action.scan"
                        ]
                    }
                ]
                ...
            }
        ]
        ...
    }
    ...
}
```

2. 页面导航

当发起导航的 AbilitySlice 和导航目标的 AbilitySlice 处于同一个 Page 时，可以通过 present()方法实现导航。下面代码展示了通过单击按钮导航到其他 AbilitySlice(代码中的 SecondAbilitySlice)的方法：

```
@Override
protected void onStart(Intent intent) {

            button.setClickedListener(new Component.ClickedListener() {
                @Override
                public void onClick(Component component) {
                    present(new SecondAbilitySlice(),new Intent());
                }
            });

}
```

如果开发者希望在用户从导航目标 AbilitySlice 返回时，能够获得其返回结果，则应当使用 presentForResult()实现导航。用户从导航目标 AbilitySlice 返回时，系统将回调 onResult()来接收和处理返回结果，开发者需要重写该方法。返回结果由导航目标 AbilitySlice 在其生命周期内通过 setResult()进行设置。具体代码如下：

```
@Override
protected void onStart(Intent intent) {

    ...
    Button button = ...;
    button.setClickedListener(listener -> presentForResult(new TargetSlice(), new Intent(), 0));
    ...

}

@Override
protected void onResult(int requestCode, Intent resultIntent) {
    if (requestCode == 0) {
        // Process resultIntent here
    }
}
```

系统为每个 Page 维护了一个 AbilitySlice 实例的栈，每个进入前台的 AbilitySlice 实例均会入栈。当开发者调用 present()或 presentForResult()时指定的 AbilitySlice 实例已经在栈中存在，则栈中位于此实例之上的 AbilitySlice 均会出栈并终止其生命周期。前面的示例代码中，导航时指定的 AbilitySlice 实例均是新建的，即便重复执行此代码(此时作为导航目标的这些实例是同一个类)，也不会导致任何 AbilitySlice 出栈。

7.3.3 Page Ability 生命周期

Page 的生命周期有不同的状态，如 INITIAL、INACTIVE、ACTIVE、BACKGROUND。为

了在状态切换时做出相应的动作，设置了相应的回调函数，如图 7-15 所示。

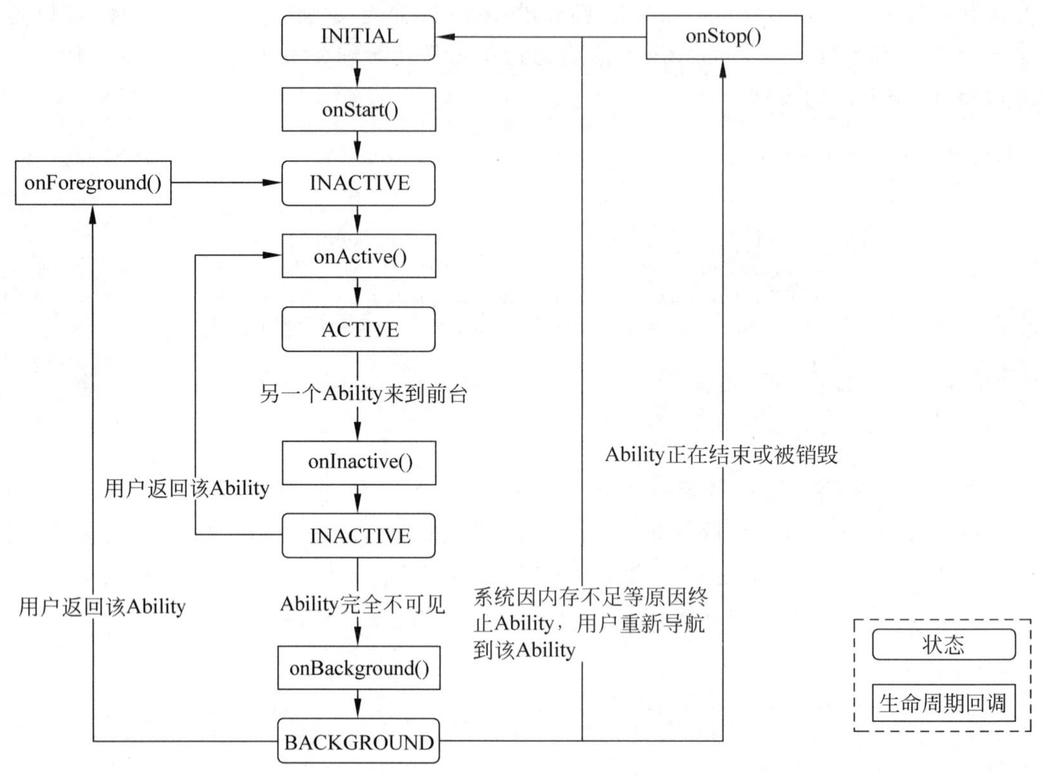

图 7-15　Page 的生命周期

1. onStart()

当系统首次创建 Page 实例时，从 INITIAL 状态，触发该回调，进入 INACTIVE 状态。对于一个 Page 实例，该回调在其生命周期过程中仅触发一次。开发者必须重写该方法，并在此配置默认展示的 AbilitySlice。

2. onActive()

Page 在进入 INACTIVE 状态后来到前台，系统会调用此回调，使 Page 进入 ACTIVE 状态，从而与用户进行交互。Page 将保持在此状态，除非某类事件发生导致 Page 失去焦点，比如用户单击返回键或导航到其他 Page。当此类事件发生时，会触发 Page 回到 INACTIVE 状态，系统将调用 onInactive()回调。此后，Page 可能重新回到 ACTIVE 状态，系统将再次调用 onActive()回调。因此，开发者通常需要成对实现 onActive()和 onInactive()，并在 onActive()中获取在 onInactive()中被释放的资源。

3. onInactive()

当 ACTIVE 状态的 Page 失去焦点时，系统将调用此回调，此后 Page 进入 INACTIVE 状态。此时，Page 还能被用户看见。开发者可以在此回调中实现 Page 失去焦点时应表现的恰当行为。

4. onBackground()

如果Page不再对用户可见,系统将调用此回调通知开发者用户进行相应的资源释放,此后Page进入BACKGROUND状态。开发者应该在此回调中释放Page不可见时无用的资源,或在此回调中执行较为耗时的状态保存操作。

5. onForeground()

处于BACKGROUND状态的Page仍然驻留在内存中,当重新回到前台时(比如用户重新导航到此Page),系统将先调用onForeground()回调通知开发者,而后Page的生命周期状态回到INACTIVE状态。开发者应当在此回调中重新申请在onBackground()中释放的资源,最后Page的生命周期状态进一步回到ACTIVE状态,系统将通过onActive()回调通知开发者用户。

6. onStop()

系统将要销毁Page时,将会触发此回调函数,通知开发者进行系统资源的释放。销毁Page的可能原因包括以下几个方面。

(1) 用户通过系统管理能力关闭指定Page,例如使用任务管理器关闭Page。

(2) 用户行为触发Page的terminateAbility()方法调用,例如使用应用的退出功能。

(3) 配置变更导致系统暂时销毁Page并重建。

(4) 系统出于资源管理目的,自动触发对处于BACKGROUND状态Page的销毁。

AbilitySlice作为Page的组成单元,其生命周期是依托于其所属Page生命周期的。AbilitySlice和Page具有相同的生命周期状态和同名的回调,当Page生命周期发生变化时,它的AbilitySlice也会发生相同的生命周期变化。此外,AbilitySlice还具有独立于Page的生命周期变化,这发生在同一Page中的AbilitySlice之间导航时,此时Page的生命周期状态不会改变。

当AbilitySlice处于前台且具有焦点时,其生命周期状态随着所属Page的生命周期状态的变化而变化。当一个Page拥有多个AbilitySlice时,例如MyAbility下有FooAbilitySlice和BarAbilitySlice,当前FooAbilitySlice处于前台并获得焦点,并即将导航到BarAbilitySlice,在此期间的生命周期状态变化顺序为:

(1) FooAbilitySlice从ACTIVE状态变为INACTIVE状态。

(2) BarAbilitySlice则从INITIAL状态首先变为INACTIVE状态,然后变为ACTIVE状态(假定此前BarAbilitySlice未曾启动)。

(3) FooAbilitySlice从INACTIVE状态变为BACKGROUND状态。

对应两个Slice的生命周期方法回调顺序为:FooAbilitySlice.onInactive()→BarAbilitySlice.onStart()→BarAbilitySlice.onActive()→FooAbilitySlice.onBackground()。

在整个流程中,MyAbility始终处于ACTIVE状态。但是,当Page被系统销毁时,其所有已实例化的AbilitySlice将联动销毁,而不仅是处于前台的AbilitySlice。所以,所有的Slice都是Ability的一部分,状态也是联动的。

7.3.4 Intent

当想要从一个 Ability 中去启动另一个 Ability 时,这其实是一个意图。Intent 是这个意图对象,它会承载相应意图的信息。例如,当一个 Ability 需要启动另一个 Ability 时,或者一个 AbilitySlice 需要导航到另一个 AbilitySlice 时,都可以通过 Intent 指定启动的目标同时携带相关数据。Intent 的构成元素包括 Operation 与 Parameters,具体的描述如表 7-1 所示。

表 7-1 Intent 的构成元素

属 性	子 属 性	描 述
Operation	Action	表示动作,通常使用系统预置 Action,应用也可以自定义 Action。例如 IntentConstants. ACTION_HOME 表示返回桌面动作
	Entity	表示类别,通常使用系统预置 Entity,应用也可以自定义 Entity。例如 Intent. ENTITY_HOME 表示在桌面显示图标
	Uri	表示 Uri 描述
	Flags	表示处理 Intent 的方式。例如 Intent. FLAG_ABILITY_CONTINUATION 标记在本地的一个 Ability 是否可以迁移到远端设备继续运行
	BundleName	表示包描述
	AbilityName	表示待启动的 Ability 名称
	DeviceId	表示运行指定 Ability 的设备 ID
Parameters		一种支持自定义的数据结构,开发者可以通过 Parameters 传递某些请求所需的额外信息

当 Intent 用于发起请求时,根据指定元素的不同,分为以下两种类型。

(1) 如果同时指定了 BundleName 与 AbilityName,则根据 Ability 的全称(例如,"com. demoapp. FooAbility")来直接启动应用。

通过构造包含 BundleName 与 AbilityName 的 Operation 对象,可以启动一个 Ability 并导航到该 Ability。示例代码如下:

```
Intent intent = new Intent();

//通过 Intent 中的 OperationBuilder 类构造 Operation 对象,指定设备标识(空串表示当前设备)、
//应用包名、Ability 名称
Operation operation = new Intent.OperationBuilder()
        .withDeviceId("")
        .withBundleName("com.demoapp")
        .withAbilityName("com.demoapp.FooAbility")
        .build();

//把 Operation 设置到 intent 中
intent.setOperation(operation);
startAbility(intent);
```

作为处理请求的对象，会在相应的回调方法中接收请求方传递的 Intent 对象。以导航到另一个 Ability 为例，导航的目标 Ability 可以在其 onStart()回调的参数中获得 Intent 对象。

(2) 如果未同时指定 BundleName 和 AbilityName，则根据 Operation 中的其他属性来启动应用。

有些场景下，开发者需要在应用中使用其他应用提供的某种能力，而不感知提供该能力的具体是哪一个应用。例如，开发者需要通过浏览器打开一个链接，而不关心用户最终选择哪一个浏览器应用，则可以通过 Operation 的其他属性(除 BundleName 与 AbilityName 之外的属性)描述需要的能力。如果设备上存在多个应用提供同种能力，系统则弹出候选列表，由用户选择由哪个应用处理请求。以下示例展示使用 Intent 跨 Ability 查询天气信息。

请求方：在 Ability 中构造 Intent 以及包含 Action 的 Operation 对象，并调用 startAbilityForResult()方法发起请求。然后重写 onAbilityResult()回调方法，对请求结果进行处理。示例代码如下：

```
private void queryWeather() {
    Intent intent = new Intent();
    Operation operation = new Intent.OperationBuilder()
            .withAction(Intent.ACTION_QUERY_WEATHER)
            .build();
    intent.setOperation(operation);
    startAbilityForResult(intent, REQ_CODE_QUERY_WEATHER);
}

@Override
protected void onAbilityResult(int requestCode, int resultCode, Intent resultData) {
    switch (requestCode) {
        case REQ_CODE_QUERY_WEATHER:
            // Do something with result.
            ...
            return;
        default:
            ...
    }
}
```

处理方：作为处理请求的对象，首先需要在配置文件中声明对外提供的能力，以便系统据此找到自身并作为候选的请求处理者。具体代码如下：

```
{
    "module": {
        ...
        "abilities": [
            {
                ...
                "skills":[
```

```
                    {
                        "actions":[
                            "ability.intent.QUERY_WEATHER"
                        ]
                    }
                ]
                ...
            }
        ]
        ...
    }
    ...
}
```

在 Ability 中配置路由以便支持以此 Action 导航到对应的 AbilitySlice。具体代码如下：

```
@Override
protected void onStart(Intent intent) {
    ...
    addActionRoute(Intent.ACTION_QUERY_WEATHER, DemoSlice.class.getName());
    ...
}
```

在 Ability 中处理请求，并调用 setResult()方法暂存返回结果。具体代码如下：

```
@Override
protected void onActive() {
    ...
    Intent resultIntent = new Intent();
    setResult(0, resultIntent);
    ...
}
```

7.4 基于 Java 语言的 UI 框架

在每一个 GUI 框架下，一定会介绍三个话题：GUI 中支持哪些组件、组件是怎么布局的，以及人们如何通过组件的事件响应机制与系统进行交互。本节介绍基于 Java 语言的 HarmonyOS 的 UI 框架。

7.4.1 组件

组件是所有 GUI 的基础。HarmonyOS 的组件根据功能可以分为三类：显示类、交互类和布局类。本节主要以显示类的 Text 类和交互类的 Button 类为例。

1. Text

创建 Text，可以在 resources/layout 文件夹下创建如下 XML 文件。<Text>中设置了

Text 的相关属性,可以直接赋值。具体代码如下:

```
<?xml version = "1.0" encoding = "utf - 8"?>
< DirectionalLayout
    xmlns:ohos = "http://schemas.huawei.com/res/ohos"
    ohos:height = "match_parent"
    ohos:width = "match_parent"
    ohos:orientation = "vertical">

    < Text
        ohos:id = " $ + id:text_helloworld"
        ohos:height = "match_parent"
        ohos:width = "match_content"
        ohos:background_element = " $ graphic:background_ability_main"
        ohos:layout_alignment = "horizontal_center"
        ohos:text = "Hello World"
        ohos:text_size = "50"
    />
</DirectionalLayout >
```

如果想加入背景,则需要设置 background_element 属性。并且将背景的 XML 样式文件 background_ability_main. xml 放在 resources/graphic 文件夹下。

在这个背景样式中,定义了背景的形状、圆角半径、颜色等属性。具体代码如下:

```
<?xml version = "1.0" encoding = "UTF - 8" ?>
< shape xmlns:ohos = "http://schemas.huawei.com/res/ohos"
      ohos:shape = "rectangle">
    < corners
        ohos:radius = "50"/>
    < solid
        ohos:color = "#FFF000"/>
</shape >
```

显示效果如图 7-16 所示。

图 7-16 Text 显示效果

如果将 ohos:radius 从 50 改为 200，则会得到更大的圆角。具体代码如下：

```
<?xml version = "1.0" encoding = "UTF - 8"?>
< shape xmlns:ohos = "http://schemas.huawei.com/res/ohos"
        ohos:shape = "rectangle">
    < corners
        ohos:radius = "200"/>
    < solid
        ohos:color = "#FFF000"/>
</shape >
```

效果如图 7-17 所示。

图 7-17　Text 圆角显示效果

可以通过修改 XML 属性的值直接设置字体的大小、颜色、风格和字重（字体的粗细程度）、对齐方式、换行、最大显示行数等属性。

如果希望根据文本长度让系统自动调整文本的字体大小和换行，可以在 XML 文件中增加 ohos:auto_font_size="true"语句。具体代码如下：

```
<?xml version = "1.0" encoding = "utf - 8"?>
< DirectionalLayout
    xmlns:ohos = "http://schemas.huawei.com/res/ohos"
    ohos:height = "match_parent"
    ohos:width = "match_parent"
    ohos:orientation = "vertical">

    < Text
        ohos:id = "$ + id:text_helloworld"
        ohos:height = "match_parent"
        ohos:width = "match_content"
        ohos:background_element = "$graphic:background_ability_main"
        ohos:layout_alignment = "horizontal_center"
        ohos:text = "Hello World"
        ohos:text_size = "50"
```

```
        ohos:multiple_lines = "true"
        ohos:max_text_lines = "3"
        ohos:auto_font_size = "true"
    />

</DirectionalLayout>
```

然后在 Slice 的 onStart()方法中，通过 setAutoFontSizeRule 设置自动调整规则，三个参数分别是最小的字体大小、最大的字体大小、每次调整文本字体大小的步长。下面的示例代码中，增加单击 Text 的交互监听器，每单击一次显示的文本内增加一个 T。具体代码如下：

```
public class MainAbilitySlice extends AbilitySlice {
    @Override
    public void onStart(Intent intent) {
        super.onStart(intent);
        super.setUIContent(ResourceTable.Layout_ability_main);
        Text text = (Text) findComponentById(ResourceTable.Id_text_helloworld);


        //设置自动调整规则
        text.setAutoFontSizeRule(30, 100, 1);
        //设置单击 Text 控件一次增加一个 T
        text.setClickedListener(new Component.ClickedListener() {
            @Override
            public void onClick(Component Component) {
                text.setText(text.getText() + "T");
            }
        });
    }
}
```

经过多次单击之后，显示效果如图 7-18 所示，Text 中的文字不断增多；Text 的背景区域也随之扩大了。

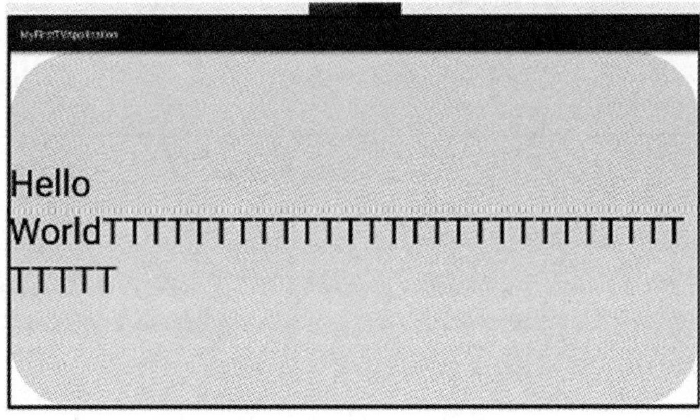

图 7-18 Text 交互监听效果

2. Button

Button 是一种常见的组件，单击可以触发对应的操作，通常由文本或图标组成，也可以由图标和文本共同组成。

同样可以通过 XML 文件来创建 Button。同样可以设置 Button 的属性，包括指定其背景的样式。具体代码如下：

```
< Button
    ohos:id = " $ + id:button"
    ohos:width = "match_content"
    ohos:height = "match_content"
    ohos:text_size = "27fp"
    ohos:text = "button"
    ohos:background_element = " $ graphic:background_button"
    ohos:left_margin = "15vp"
    ohos:bottom_margin = "15vp"
    ohos:right_padding = "8vp"
    ohos:left_padding = "8vp"
    ohos:element_left = " $ media:ic_btn_reload"
/>
```

ohos:element_left=" $ mdiea:ic_btn_reload"指定了 Button 左侧可以是一个图标，这个 PNG 格式的图标文件 ic_btn_reload. png 要放在 media 文件夹下才可以正常显示整个 Button，否则可能整个 Button 都显示不出来，具体效果如图 7-19 所示。

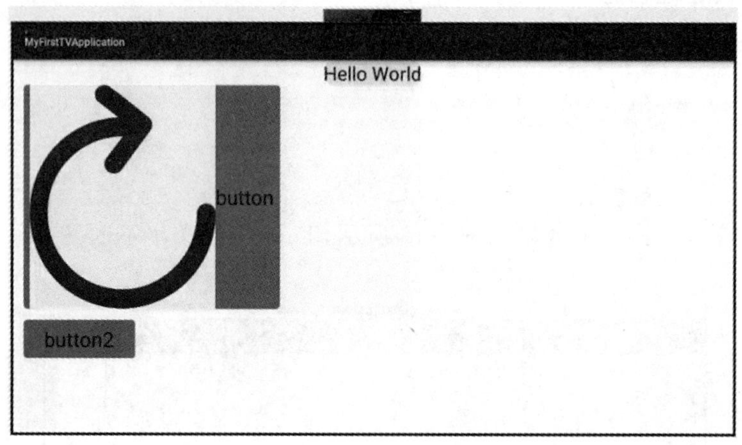

图 7-19　Button 显示效果

ohos:background_element=" $ graphic:background_button"说明 Button 背景的样式在 background 文件夹下 background_button. xml 文件内。具体的代码示例如下：

```
<?xml version = "1.0" encoding = "utf - 8"?>
< shape xmlns:ohos = "http://schemas. huawei. com/res/ohos"
    ohos:shape = "rectangle">
```

```
    <corners
        ohos:radius = "10"/>
    <solid
        ohos:color = "#007CFD"/>
</shape>
```

3. TextField

如果要有输入框，可以使用 TextField 控件。具体代码如下：

```
<TextField
    ohos:width = "match_content"
    ohos:height = "match_content"
    ohos:text_size = "27fp"
    ohos:text = "button"
    ohos:hint = "Enter phone number or email"
    ohos:text_alignment = "vertical_center"
    ohos:background_element = "$graphic:background_text_field"
/>
```

同样，需要在 graphic 文件夹下创建 background_text_field.xml 文件，其代码如下：

```
<?xml version = "1.0" encoding = "UTF-8"?>
<shape xmlns:ohos = "http://schemas.huawei.com/res/ohos"
       ohos:shape = "rectangle">
    <corners
        ohos:radius = "40"/>
    <solid
        ohos:color = "#FFFFFF"/>
</shape>
```

显示效果如图 7-20 所示。

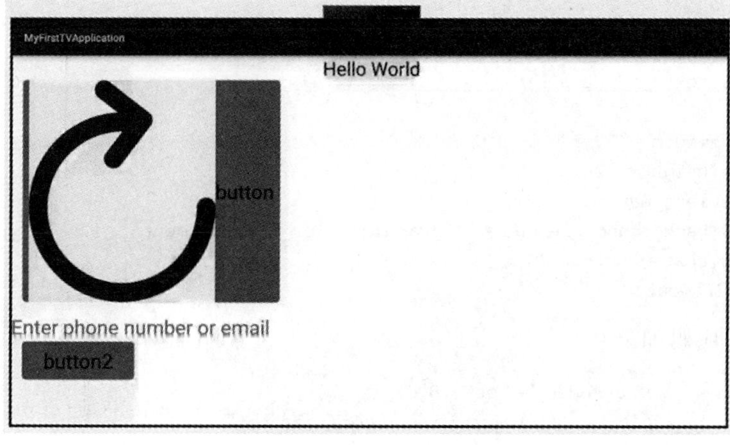

图 7-20 左侧带图片 Button 显示效果

7.4.2 布局

布局是设计 UI 中组件是如何排布的。HarmonyOS 中常见的布局有如下四种：DirectionalLayout、DependentLayout、StackLayout 和 TableLayout，分别是水平或垂直直向排布、根据依赖关系排布、上视图覆盖下视图的层叠排布和表格式排布。

1. DirectionalLayout

DirectionalLayout 的排列方向（Orientation）分为水平（Horizontal）或者垂直（Vertical）方向。使用 orientation 设置布局内组件的排列方式，默认为垂直排列。

图 7-21 DirectionalLayout 显示效果

下面的代码是三个 Button 水平排列。ohos：orientation＝"horizontal"设置了排列方向，如果是"vertical"则是垂直排列。显示效果如图 7-21 所示。

```
<?xml version = "1.0" encoding = "utf - 8"?>
< DirectionalLayout
    xmlns:ohos = "http://schemas.huawei.com/res/ohos"
    ohos:width = "match_parent"
    ohos:height = "match_content"
    ohos:orientation = "horizontal">
    < Button
        ohos:width = "33vp"
        ohos:height = "20vp"
        ohos:left_margin = "13vp"
        ohos:background_element = " $ graphic:color_cyan_element"
        ohos:text = "Button 1"/>
    < Button
        ohos:width = "33vp"
        ohos:height = "20vp"
        ohos:left_margin = "13vp"
        ohos:background_element = " $ graphic:color_cyan_element"
        ohos:text = "Button 2"/>
    < Button
        ohos:width = "33vp"
        ohos:height = "20vp"
        ohos:left_margin = "13vp"
        ohos:background_element = " $ graphic:color_cyan_element"
        ohos:text = "Button 3"/>
</DirectionalLayout >
```

具体背景的代码如下：

```
<?xml version = "1.0" encoding = "utf - 8"?>
< shape xmlns:ohos = "http://schemas.huawei.com/res/ohos"
    ohos:shape = "rectangle">
    < solid
        ohos:color = " # 00FFFD"/>
</shape >
```

DirectionalLayout 不会自动换行，其子组件会按照设定的方向依次排列，若超过布局本身的大小，则超出布局大小的部分将不会被显示。例如，设置 Button 的属性，hos:width="166vp"，则会得到如图 7-22 所示的显示效果。

图 7-22　DirectionalLayout 中超出布局大小显示效果

DirectionalLayout 中的组件使用 layout_alignment 控制自身在布局中的对齐方式，当对齐方式与排列方式方向一致时，对齐方式不会生效，如设置了水平方向的排列方式，则左对齐、右对齐将不会生效。下面代码设置了三种对齐方式。

```
<?xml version = "1.0" encoding = "utf - 8"?>
<DirectionalLayout
    xmlns:ohos = "http://schemas.huawei.com/res/ohos"
    ohos:width = "match_parent"
    ohos:height = "60vp">
    <Button
        ohos:width = "50vp"
        ohos:height = "20vp"
        ohos:background_element = " $ graphic:color_cyan_element"
        ohos:layout_alignment = "left"
        ohos:text = "Button 1"/>
    <Button
        ohos:width = "50vp"
        ohos:hcight - "20vp"
        ohos:background_element = " $ graphic:color_cyan_element"
        ohos:layout_alignment = "horizontal_center"
        ohos:text = "Button 2"/>
    <Button
        ohos:width = "50vp"
        ohos:height = "20vp"
        ohos:background_element = " $ graphic:color_cyan_element"
        ohos:layout_alignment = "right"
        ohos:text = "Button 3"/>
</DirectionalLayout>
```

在垂直排布中，Button 1 设置了左对齐，即 ohos:layout_alignment="left"。Button 2 设置了水平居中对齐，即 ohos:layout_alignment="horizontal_center"。Button 3 设置了右对齐，即 ohos:layout_alignment="right"。具体显示效果如图 7-23 所示。

图 7-23　DirectionalLayout 中对齐显示效果

weight(权重)属性可以按比例来分配组件占用父组件的大小。实际使用过程中,建议使用 width=0 来按比例分配父布局的宽度,如果三个 Button 的 ohos:weight 属性都设为 1,则三者所占权重就是 1:1:1,各占父组件可分配空间的 1/3。具体效果如图 7-24 所示。

图 7-24 DirectionalLayout 中权重显示效果

2. DependentLayout

DependentLayout 的排列方式是通过描述相对于其他同级组件或者父组件的位置来设置布局的,然后由系统根据相对关系来计算最终的布局结果。相对于同级组件的布局有 above(上侧)、below(下侧)、start_of(起始侧)、end_of(结束侧)、left_of(左侧)、right_of(右侧)。具体代码如下:

```
<?xml version = "1.0" encoding = "utf - 8"?>
< DependentLayout
    xmlns:ohos = "http://schemas.huawei.com/res/ohos"
    ohos:width = "match_content"
    ohos:height = "match_content"
    ohos:background_element = " $ graphic:color_light_gray_element">
    < Text
        ohos:id = " $ + id:text1"
        ohos:width = "match_content"
        ohos:height = "match_content"
        ohos:left_margin = "15vp"
        ohos:top_margin = "15vp"
        ohos:bottom_margin = "15vp"
        ohos:text = "text1"
        ohos:text_size = "20fp"
        ohos:background_element = " $ graphic:color_cyan_element"/>
    < Text
        ohos:id = " $ + id:text2"
        ohos:width = "match_content"
        ohos:height = "match_content"
        ohos:left_margin = "15vp"
        ohos:top_margin = "15vp"
        ohos:right_margin = "15vp"
        ohos:bottom_margin = "15vp"
        ohos:text = "end_of text1"
        ohos:text_size = "20fp"
        ohos:background_element = " $ graphic:color_cyan_element"
        ohos:end_of = " $ id:text1"/>
</DependentLayout >
```

```
<?xml version = "1.0" encoding = "utf - 8"?>
< shape xmlns:ohos = "http://schemas.huawei.com/res/ohos"
```

```
    ohos:shape = "rectangle">
    <solid
        ohos:color = "#EDEDED"/>
</shape>
```

```
<?xml version = "1.0" encoding = "utf-8"?>
<shape xmlns:ohos = "http://schemas.huawei.com/res/ohos"
    ohos:shape = "rectangle">
    <solid
        ohos:color = "#00FFFD"/>
</shape>
```

显示效果如图 7-25 所示。

相对于父组件的布局有 align_parent_top（父组件上侧）、align_parent_bottom（父组件下侧）、align_parent_start（父组件起始侧）、align_parent_end（父组件结束侧）、align_parent_left（父组件左侧）、align_parent_right（父组件右侧）、center_in_parent（父组件中间）。下面是一个综合的案例代码，仅供读者参考。

text1 end_of text1

图 7-25 DependentLayout 显示效果

```
<?xml version = "1.0" encoding = "utf-8"?>
<DependentLayout
    xmlns:ohos = "http://schemas.huawei.com/res/ohos"
    ohos:width = "300vp"
    ohos:height = "100vp"
    ohos:background_element = "$graphic:color_background_gray_element">
    <Text
        ohos:id = "$+id:text6"
        ohos:width = "match_content"
        ohos:height = "match_content"
        ohos:text = "align_parent_right"
        ohos:text_size = "12fp"
        ohos:background_element = "$graphic:color_cyan_element"
        ohos:align_parent_right = "true"
        ohos:center_in_parent = "true"/>
    <Text
        ohos:id = "$+id:text7"
        ohos:width = "match_content"
        ohos:height = "match_content"
        ohos:text = "align_parent_bottom"
        ohos:text_size = "12fp"
        ohos:background_element = "$graphic:color_cyan_element"
        ohos:align_parent_bottom = "true"
        ohos:center_in_parent = "true"/>
    <Text
        ohos:id = "$+id:text8"
        ohos:width = "match_content"
        ohos:height = "match_content"
        ohos:text = "center_in_parent"
```

```
            ohos:text_size = "12fp"
            ohos:background_element = " $ graphic:color_cyan_element"
            ohos:center_in_parent = "true"/>
        < Text
            ohos:id = " $ + id:text9"
            ohos:width = "match_content"
            ohos:height = "match_content"
            ohos:text = "align_parent_left_top"
            ohos:text_size = "12fp"
            ohos:background_element = " $ graphic:color_cyan_element"
            ohos:align_parent_left = "true"
            ohos:align_parent_top = "true"/>
</DependentLayout >
```

最后的显示效果如图 7-26 所示。

7.4.3 Java UI 事件响应

图 7-27 是一个比较复杂的 UI 布局，里面包括 Text 和 Button。Button 的重要作用是当用户单击 Button 时，会执行相应的操作或者界面出现相应的变化。下面介绍如何设置 Button 的事件响应。

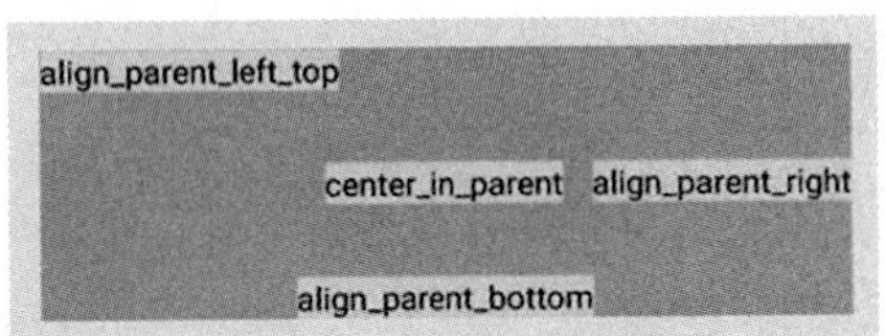

图 7-26 DependentLayout 综合案例显示效果

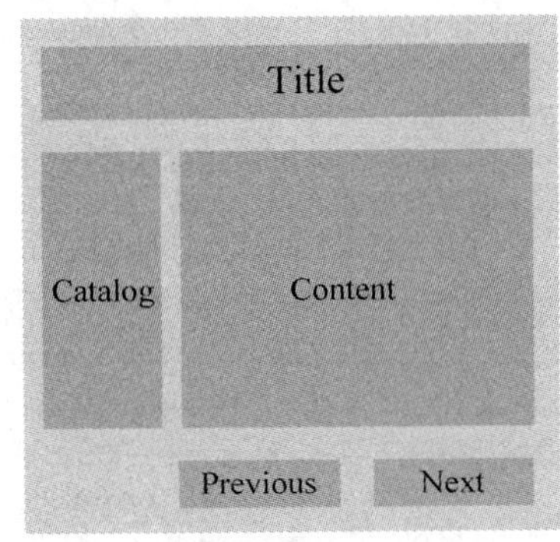

图 7-27 事件响应综合案例显示效果

源码示例如下：

```
<?xml version = "1.0" encoding = "utf - 8"?>
< DependentLayout
    xmlns:ohos = "http://schemas.huawei.com/res/ohos"
    ohos:width = "match_parent"
    ohos:height = "match_content"
    ohos:background_element = " $ graphic:color_background_gray_element">
    < Text
        ohos:id = " $ + id:text1"
        ohos:width = "match_parent"
        ohos:height = "match_content"
        ohos:text_size = "25fp"
```

```
        ohos:top_margin = "15vp"
        ohos:left_margin = "15vp"
        ohos:right_margin = "15vp"
        ohos:background_element = " $ graphic:color_gray_element"
        ohos:text = "Title"
        ohos:text_weight = "1000"
        ohos:text_alignment = "horizontal_center"
    />
    < Text
        ohos:id = " $ + id:text2"
        ohos:width = "match_content"
        ohos:height = "120vp"
        ohos:text_size = "10vp"
        ohos:background_element = " $ graphic:color_gray_element"
        ohos:text = "Catalog"
        ohos:top_margin = "15vp"
        ohos:left_margin = "15vp"
        ohos:right_margin = "15vp"
        ohos:bottom_margin = "15vp"
        ohos:align_parent_left = "true"
        ohos:text_alignment = "center"
        ohos:multiple_lines = "true"
        ohos:below = " $ id:text1"
        ohos:text_font = "serif"/>
    < Text
        ohos:id = " $ + id:text3"
        ohos:width = "match_parent"
        ohos:height = "120vp"
        ohos:text_size = "25fp"
        ohos:background_element = " $ graphic:color_gray_element"
        ohos:text = "Content"
        ohos:top_margin = "15vp"
        ohos:right_margin = "15vp"
        ohos:bottom_margin = "15vp"
        ohos:text_alignment = "center"
        ohos:below = " $ id:text1"
        ohos:end_of = " $ id:text2"
        ohos:text_font = "serif"/>
    < Button
        ohos:id = " $ + id:button1"
        ohos:width = "70vp"
        ohos:height = "match_content"
        ohos:text_size = "15fp"
        ohos:background_element = " $ graphic:color_gray_element"
        ohos:text = "Previous"
        ohos:right_margin = "15vp"
        ohos:bottom_margin = "15vp"
        ohos:below = " $ id:text3"
        ohos:left_of = " $ id:button2"
        ohos:italic = "false"
```

```
            ohos:text_weight = "5"
            ohos:text_font = "serif"/>
        < Button
            ohos:id = " $ + id:button2"
            ohos:width = "70vp"
            ohos:height = "match_content"
            ohos:text_size = "15fp"
            ohos:background_element = " $ graphic:color_gray_element"
            ohos:text = "Next"
            ohos:right_margin = "15vp"
            ohos:bottom_margin = "15vp"
            ohos:align_parent_end = "true"
            ohos:below = " $ id:text3"
            ohos:italic = "false"
            ohos:text_weight = "5"
            ohos:text_font = "serif"/>
</DependentLayout >
```

color_gray_element. xml 如下：

```
<?xml version = "1.0" encoding = "utf - 8"?>
< shape xmlns:ohos = "http://schemas. huawei. com/res/ohos"
    ohos:shape = "rectangle">
    < solid
        ohos:color = " # 878787"/>
</shape >
```

在创建按钮时开发者创建一个监听器 Component. ClickedListener 对象，并且通过调用 setClickedListener()将其分配给按钮。在这个对象中有一个回调方法 onClick()，可以定义用户单击按钮后的事件处理逻辑。实际上用户单击按钮时，Button 对象将收到一个单击事件，这个事件会触发监听器的回调函数 onClick()被调用。具体代码如下：

```
Button button = (Button) findComponentById(ResourceTable. Id_button1);
//为按钮设置单击事件回调
button. setClickedListener(new Component. ClickedListener() {
    public void onClick(Component v) {
        //此处添加单击按钮后的事件处理逻辑
    }
});
```

7.5 基于 JavaScript 语言的 UI 框架

本节介绍基于 JavaScript 语言的 UI 框架(以下简称 JS UI 框架)。

7.5.1 JS UI 框架概述

HarmonyOS 除了支持 Java 语言的 UI 框架，还支持 JavaScript 语言的 UI 框架。JS UI

框架是一种跨设备的高性能 UI 开发框架，支持声明式编程和跨设备多态 UI。

如图 7-28 所示，整个 JS UI 框架包括应用层（Application）、框架层（Framework）、引擎层（Engine）和平台适配层（Porting Layer）。

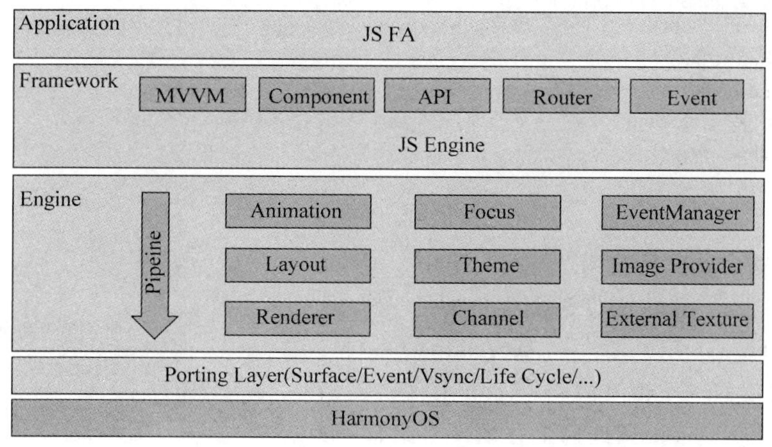

图 7-28 JS UI 框架

平台适配层主要完成对平台层进行抽象，提供抽象接口，可以对接到系统平台。比如：显示合成（Surface）、事件对接（Event）、同步渲染管线对接（Vsync）和系统生命周期对接（Life Cycle）等。

引擎层主要提供动画解析、DOM（Document Object Model）树构建、布局计算、渲染命令构建与绘制、事件管理等能力。

框架层主要完成前端页面解析，以及提供 MVVM（Model-View-ViewModel）开发模式、页面路由机制和自定义组件等能力。

应用层则是 JS FA（Feature Ability）应用。下面介绍 JS FA。

7.5.2 JS Feature Ability

1. AceAbility

AceAbility 类是 JS FA 在 HarmonyOS 上运行环境的基类，继承自 Ability。开发者的应用运行入口类应该从该类派生。

应用通过 AceAbility 类中 setInstanceName()的接口设置该 Ability 的实例资源。setInstanceName(String name)的参数 name 指实例名称，实例名称与 config.json 文件中 module.js.name 的值对应。若开发者未修改实例名，而使用了默认值 default，则无须调用此接口。若开发者修改了实例名，则需在应用 Ability 实例的 onStart()中调用此接口，并将参数 name 设置为修改后的实例名称。注意，要在 MainAbility 的 onStart()中的 super.onStart()前调用此接口。具体代码如下：

```
public class MainAbility extends AceAbility {
```

```
    @Override
public void onStart(Intent intent) {
// config.json 配置文件中 module.js.name 的标签值
setInstanceName("JSComponentName");
        super.onStart(intent);
    }

    @Override
    public void onStop() {
        super.onStop();
    }
}
```

2. Hello World 项目结构

如图 7-29 所示，java 文件夹下存放的是 Java 源代码。其中 MainAbility 继承了 AceAbility。

js 文件夹是 JS UI 相关代码。i18n 下存放多语言的 JSON 文件；pages 文件夹下存放多个页面，每个页面由 HML、CSS 和 JS 文件组成。

zh-CN.json：此文件定义了在中文模式下页面显示的变量内容。具体代码如下：

```
{
  "strings": {
    "hello": "您好",
    "world": "世界"
  }
}
```

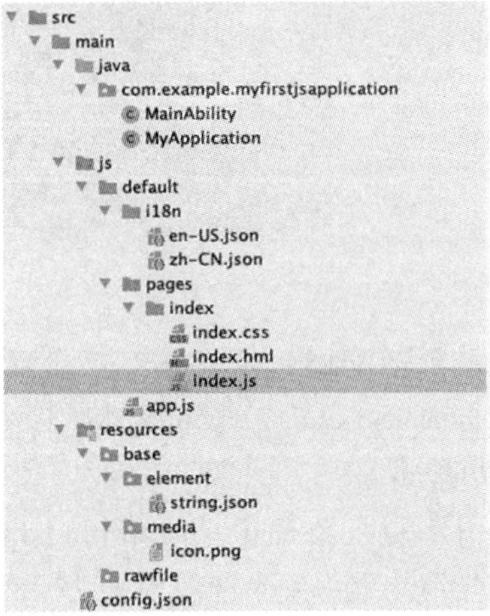

```
src
  main
    java
      com.example.myfirstjsapplication
        MainAbility
        MyApplication
    js
      default
        i18n
          en-US.json
          zh-CN.json
        pages
          index
            index.css
            index.hml
            index.js
        app.js
    resources
      base
        element
          string.json
        media
          icon.png
      rawfile
    config.json
```

图 7-29　JS UI 项目文件夹

index.hml 文件定义了 index 页面的布局、index 页面中用到的组件，以及这些组件的层级关系。例如，index.hml 文件中包含了一个 text 组件，用了两种方式显示 strings.hello 和 strings.world 文本：一种是直接指定；另一种是通过 JavaScript 赋值。具体代码如下：

```
<div class = "container">
  <text class = "title">
    {{ $t('strings.hello') }} {{title}}
  </text>
</div>
```

index.css：此文件定义了 index 页面的样式。例如，index.css 文件定义了 container 和 title 的样式。具体代码如下：

```
.container {
  flex-direction: column;
  justify-content: center;
  align-items: center;
}
```

```
.title {
  font-size: 100px;
}
```

index.js：此文件定义了 index 页面的业务逻辑，比如数据绑定、事件处理等。例如，变量 title 赋值为 strings.world。具体代码如下：

```
export default {
  data: {
    title: '',
  },
  onInit() {
    this.title = this.$t('strings.world');
  },
}
```

最后显示效果如图 7-30 所示。

图 7-30 显示效果

3. 构建布局

开发一个 JS FA 应用，界面设计分为三个区域：标题区、展示区、详情区，如图 7-31 所示。

标题区较为简单，由两个按列排列的 text 组件构成。展示区由包含了四个 image 组件的 swiper 组件构成，详情区由 image 组件和 text 组件构成，具体布局构成如图 7-32 所示。

组件(Component)是构建页面的核心，每个组件通过对数据和方法的简单封装，实现独立的可视、可交互功能单元。组件之间相互独立，随取随用，也可以在需求相同的地方重复使用。下面代码使用了 text、swiper、image 这三种基本组件。其中四个 image 组件是通过 for 指令来循环创建的。具体 HML 代码如下。

```
<!-- index.hml -->
<div class="container">
    <!-- title area -->
    <div class="title">
        <text class="name">Food</text>
        <text class="sub-title">Choose What You Like</text>
    </div>
    <div class="display-style">
        <!-- display area -->
        <swiper id="swiperImage" class="swiper-style">
            <image src="{{$item}}" class="image-mode" focusable="true" for="{{imageList}}"></image>
        </swiper>
        <!-- product details area -->
        <div class="container">
```

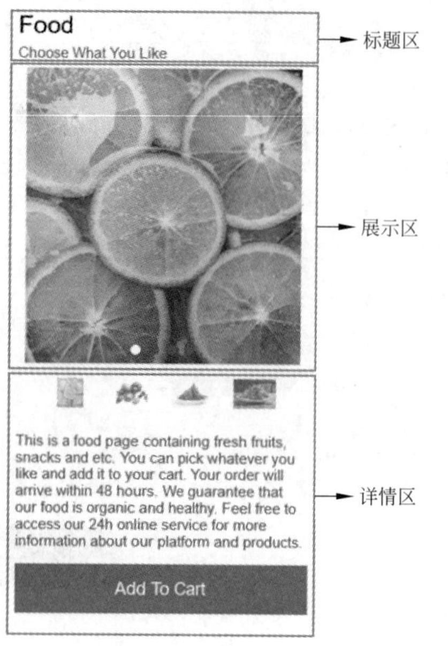

图 7-31　应用效果图

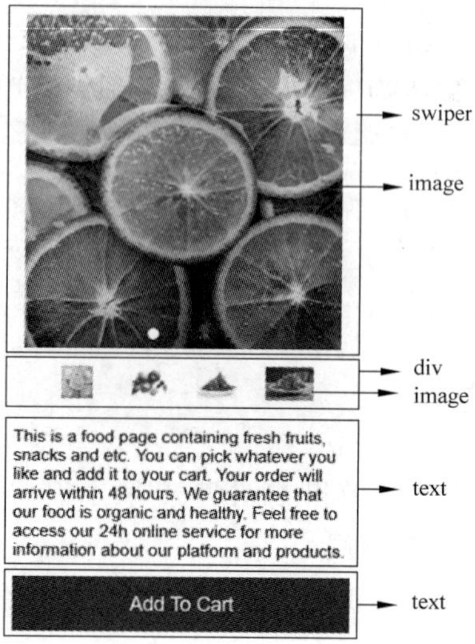

图 7-32　构建布局

```
            <div class = "selection-bar-container">
                <div class = "selection-bar">
                    <image src = "{{ $ item}}" class = "option-mode" onfocus = "swipeToIndex
({{ $ idx}})" onclick = "swipeToIndex({{ $ idx}})" for = "{{imageList}}"></image>
                </div>
            </div>
            <div class = "description-first-paragraph">
                <text class = "description">{{descriptionFirstParagraph}}</text>
            </div>
            <div class = "cart">
                <text class = "{{cartStyle}}" onclick = "addCart" onfocus = "getFocus" onblur =
"lostFocus" focusable = "true">{{cartText}}</text>
            </div>
        </div>
    </div>
</div>
```

在构建页面布局时，需要对每个基本元素思考以下几个问题。

(1) 该元素的尺寸和排列位置。

(2) 是否有重叠的元素。

(3) 是否需要设置对齐、内间距或者边界。

(4) 是否包含子元素及其排列位置。

(5) 是否需要容器组件及其类型。

对应的 CSS 文件如下。

```
.container {
    flex-direction: column;
}
/* tv */
@media screen and (device-type: tv) {
    .title {
        align-items:flex-start;
        flex-direction: column;
        padding-left: 60px;
        padding-right: 160px;
        margin-top:15px;
    }

    .name {
        font-size: 20px;
    }

    .sub-title {
        font-size: 15px;
        color: #7a787d;
        margin-top: 10px;
    }

    .swiper-style {
        height: 300px;
        width: 350px;
        indicator-color: #4682b4;
        indicator-selected-color: #f0e68c;
        indicator-size: 10px;
        margin-left: 50px;
    }

    .image-mode {
        object-fit: contain;
    }

    .selection-bar {
        flex-direction: row;
        align-content: center;
        margin-top: 20px;
        margin-left: 10px;
    }

    .option-mode {
        height: 40px;
        width: 40px;
        margin-left: 50px;
        opacity: 0.5;
        border-radius: 20px;
    }
```

```
        .option-mode:focus {
            opacity: 1;
        }

        .description-first-paragraph {
            padding-left: 60px;
            padding-right: 60px;
            padding-top: 30px;
        }

        .description {
            color: #7a787d;
            font-size: 15px;
        }

        .cart {
            padding-left: 60px;
            margin-top: 30px;
        }

        .cart-text {
            font-size: 20px;
            text-align: center;
            width: 300px;
            height: 50px;
            background-color: #6495ed;
            color: white;
        }

        .cart-text-focus {
            font-size: 20px;
            text-align: center;
            width: 300px;
            height: 50px;
            background-color: #4169e1;
            color: white;
        }

        .add-cart-text {
            font-size: 20px;
            text-align: center;
            width: 300px;
            height: 50px;
            background-color: #ffd700;
            color: white;
        }
}

/* phone */
```

```
@media screen and (device - type: phone) {
    .title {
        align - items:flex - start;
        flex - direction: column;
        padding - left: 60px;
        padding - right: 160px;
        padding - top: 20px;
    }

    .name {
        font - size: 50px;
        color: #000000;
    }

    .sub - title {
        font - size: 30px;
        color: #7a787d;
        margin - top: 10px;
    }

    .display - style {
        flex - direction: column;
        align - items:center;
    }

    .swiper - style {
        height: 600px;
        indicator - color: #4682b4;
        indicator - selected - color: #ffffff;
        indicator - size: 20px;
        margin - top: 15px;
    }

    .image - mode {
        object - fit: contain;
    }

    .selection - bar - container {
        height: 90px;
        justify - content: center;
    }

    .selection - bar {
        height: 90px;
        width: 500px;
        margin - top: 30px;
        justify - content: center;
        align - items:center;
    }
```

```
.option-mode {
    object-fit: contain;
    opacity: 0.5;
}

.option-mode:active {
    opacity: 1;
}

.description {
    color: #7a787d;
}

.description-first-paragraph {
    padding-left: 60px;
    padding-top: 50px;
    padding-right: 60px;
}

.color-column {
    flex-direction: row;
    align-content: center;
    margin-top: 20px;
}

.color-item {
    height: 50px;
    width: 50px;
    margin-left: 50px;
    padding-left: 10px;
}

.cart {
    justify-content: center;
    margin-top: 30px;
}

.cart-text {
    font-size: 35px;
    text-align: center;
    width: 600px;
    height: 100px;
    background-color: #6495ed;
    color: white;
}

.add-cart-text {
    font-size: 35px;
    text-align: center;
    width: 600px;
```

```
            height: 100px;
            background-color: #ffd700;
            color: white;
        }
    }
```

4. 添加交互

添加交互通过在组件上关联事件实现。加到购物车功能是通过单击文本区完成相关的交互。在案例中，加到购物车的文本区的界面代码如下：

```
<div class="cart">
    <text class="{{cartStyle}}" onclick="addCart" onfocus="getFocus" onblur="lostFocus"
focusable="true">{{cartText}}</text>
</div>
```

onclick="addCart"说明了单击事件调用的回调函数。JavaScript 代码中，定义了 addCart()方法。具体代码如下：

```
// index.js
export default {
    data: {
        cartText: 'Add To Cart',
        cartStyle: 'cart-text',
        isCartEmpty: true,
        descriptionFirstParagraph: 'This is a food page containing fresh fruits, snacks and
etc. You can pick whatever you like and add it to your cart. Your order will arrive within 48
hours. We guarantee that our food is organic and healthy. Feel free to access our 24h online
service for more information about our platform and products.',
        imageList: ['/common/food_000.jpg', '/common/food_001.jpg', '/common/food_002.
jpg', '/common/food_003.jpg'],
    },

    swipeToIndex(index) {
        this.$element('swiperImage').swipeTo({index: index});
    },

    addCart() {
        if (this.isCartEmpty) {
            this.cartText = 'Cart + 1';
            this.cartStyle = 'add-cart-text';
            this.isCartEmpty = false;
        }
    },

    getFocus() {
        if (this.isCartEmpty) {
            this.cartStyle = 'cart-text-focus';
        }
    },
```

```
        lostFocus() {
            if (this.isCartEmpty) {
                this.cartStyle = 'cart-text';
            }
        },
    }
```

单击之后,cartText变量的值变为Cart+1。而这个值是加到购物车文本区显示的内容。单击Add To Cart按钮之后,显示效果如图7-33所示。

图7-33 单击加到购物车文本区后显示效果

5. 页面路由

为了演示页面路由,首先构建index和detail这两个页面。页面中均包含一个text组件和button组件:text组件用来指明当前页面;button组件用来实现两个页面之间的相互跳转。两个HML文件代码示例如下:

```
<!-- index.hml -->
<div class="container">
  <text class="title">This is the index page.</text>
  <button type="capsule" value="Go to the second page"
class="button" onclick="launch"></button>
</div>

<!-- detail.hml -->
<div class="container">
  <text class="title">This is the detail page.</text>
  <button type="capsule" value="Go back" class="button" onclick="launch"></button>
</div>
```

接着,构建index和detail页面的页面样式,text组件和button组件居中显示,两个组件之间的间距为50px。CSS代码如下(两个页面样式代码一致):

```
/* index.css */
/* detail.css */
.container {
  flex-direction: column;
  justify-content: center;
  align-items: center;
}

.title {
  font-size: 50px;
  margin-bottom: 50px;
}
```

最后,为了实现跳转,使button组件的launch()方法生效,需要在页面的JavaScript文件中实现跳转逻辑。调用router.push()接口将uri指定的页面添加到路由栈中,即跳转到

uri 指定的页面。在调用 router()方法之前，需要导入 router 模块。示例代码如下：

```
// index.js
import router from '@system.router';
export default {
  launch() {
    router.push ({
      uri: 'pages/detail/detail',
    });
  },
}

// detail.js
import router from '@system.router';
export default {
  launch() {
    router.back();
  },
}
```

运行效果如图 7-34 所示。单击 index 页面按钮，跳转到 detail 页面。单击 detail 页面按钮，则跳转回去，从而实现了页面的路由。

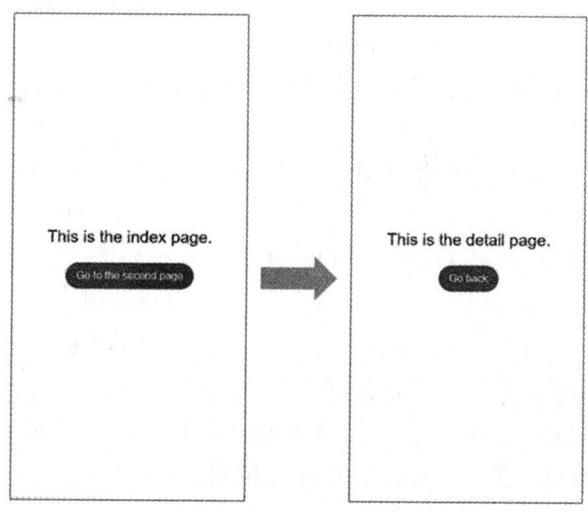

图 7-34　页面路由效果

练习 7

1. 【简答题】简述 HarmonyOS 整体架构。
2. 【单选题】关于 HarmonyOS App 结构的说法错误的是(　　)。

   A. HarmonyOS 的应用是以.app 为扩展名的。每个 App 又是由一个或者多个

HarmonyOS 能力包(HarmonyOS Ability Package,HAP)以及描述每个 HAP 属性的 pack.info 组成的

B. 在每一个 App 的所有的 HAP 中,可以有多个作为应用入口的 Entry 的 HAP

C. 具体到每个 HAP 中,又包括 Abilities、libs、resources 和 config.json 文件

D. config.json 是应用的配置文件,主要包括全局配置信息(app 属性)、设备配置信息(deviceConfig 属性)和 HAP 包(module 属性)的配置信息

3.【判断题】一个 Page Ability(以下简称 Page)可以由一个或多个 AbilitySlice 构成,AbilitySlice 是指应用的单个页面及其控制逻辑的总和。

4.【简答题】简述 setMainRoute()方法与 addActionRoute()方法的区别。

5.【判断题】当发起导航的 AbilitySlice 和导航目标的 AbilitySlice 处于同一个 Page 时,可以通过 present()方法实现导航。

6.【判断题】如果开发者希望在用户从导航目标 AbilitySlice 返回时,能够获得其返回结果,则应当使用 presentForResult()实现导航。用户从导航目标 AbilitySlice 返回时,系统将回调 onResult()来接收和处理返回结果。

7.【多选题】Page 的生命周期有(　　)状态。

A. INITIAL　　B. INACTIVE

C. ACTIVE　　D. BACKGROUND

8.【简答题】简述 Page 的生命周期模型。

9.【简答题】当 Intent 用于发起请求时,根据指定元素的不同,分为哪两种类型?各有什么不同?

10.【判断题】HarmonyOS 中通过 ID 找到 layout 文件中声明的控件的对象的方法是 findComponentById()。

11.【多选题】下面(　　)是 HarmonyOS 中常见的布局。

A. DirectionalLayout　　B. DependentLayout

C. StackLayout　　D. TableLayout

12.【判断题】在创建按钮时开发者创建一个监听器 Component.ClickedListener 对象,并且通过调用 setClickedListener()将其分配给按钮。在这个对象中有一个回调方法 onClick(),可以定义用户单击按钮后的事件处理逻辑。

13.【简答题】简述 JS UI 框架的架构。

14.【判断题】AceAbility 类是 JS FA 在 HarmonyOS 上运行环境的基类,继承自 Ability。开发者的应用运行入口类应该从该类派生。

15.【简答题】简述 JS UI 项目的文件结构。

16.【判断题】JS UI 中的交互在 HML 文件中使用 onclick="addCart"说明了单击事件调用的回调函数。在 JavaScript 文件中具体定义了 addCart()方法。

17.【判断题】为了实现 JS UI 页面的跳转,需要在页面的 JavaScript 文件中实现跳转逻辑。调用 router.push()接口将 uri 指定的页面添加到路由栈中,即跳转到 uri 指定的页面。

第 8 章

HarmonyOS 开发进阶

本章介绍了 Particle Ability 开发、HarmonyOS 的数据管理、设备管理、多线程开发、网络开发、安全开发以及分布式应用迁移的开发案例。

8.1 Particle Ability

Ability 中 Particle Ability(PA)包含提供后台运行任务能力的 Service Ability 和用于对外部提供统一的数据访问抽象的 Data Ability。本节将对 Particle Ability 进行介绍。

8.1.1 HarmonyOS 中的 Service

1. 概念

基于 Service 模板的 Ability(以下简称 Service)主要用于后台运行任务(如执行音乐播放、文件下载等),但不提供用户交互界面。Service 可由其他应用或 Ability 启动,即使用户切换到其他应用,Service 仍将在后台继续运行。

Service 是单实例的。在一个设备上,相同的 Service 只会存在一个实例。如果多个 Ability 共用这个实例,只有当与 Service 绑定的所有 Ability 都退出后,Service 才能够退出。由于 Service 是在主线程中执行的,因此,如果在 Service 中的操作时间过长,开发者必须在 Service 中创建新的线程来处理,防止造成主线程阻塞,应用程序无响应。

Service 可以通过启动和连接来创建。

(1) 启动 Service。该 Service 在其他 Ability 调用 startAbility()时创建,然后保持运行。其他 Ability 通过调用 stopAbility()来停止 Service,Service 停止后,系统会将其销毁。

(2) 连接 Service。该 Service 在其他 Ability 调用 connectAbility()时创建,客户端可通过调用 disconnectAbility()断开连接。多个客户端可以绑定到相同 Service,而且当所有绑定全部取消后,系统即销毁该 Service。

2. 启动 Service

Ability 为开发者提供了 startAbility()方法来启动另外一个 Ability。因为 Service 也是 Ability 的一种,开发者同样可以通过将 Intent 传递给该方法来启动 Service。不仅支持启动本地 Service，还支持启动远程 Service。

开发者可以通过构造包含 DeviceId、BundleName 与 AbilityName 的 Operation 对象来设置目标 Service 信息。这三个参数的含义如下。

(1) DeviceId：表示设备 ID。如果是本地设备，则可以直接留空；如果是远程设备，则可以通过 ohos. distributedschedule. interwork. DeviceManager 提供的 getDeviceList 获取设备列表。

(2) BundleName：表示包名称。

(3) AbilityName：表示待启动的 Ability 名称。

启动本地设备 Service 的示例代码如下：

```
Intent intent = new Intent();
Operation operation = new Intent.OperationBuilder()
        .withDeviceId("")
        .withBundleName("com.huawei.hiworld.himusic")
        .withAbilityName("com.huawei.hiworld.himusic.entry.ServiceAbility")
        .build();
intent.setOperation(operation);
startAbility(intent);
```

启动远程设备 Service 的示例代码如下：

```
Operation operation = new Intent.OperationBuilder()
        .withDeviceId("deviceId")
        .withBundleName("com.huawei.hiworld.himusic")
        .withAbilityName("com.huawei.hiworld.himusic.entry.ServiceAbility")
                                                         //设置支持分布式调度系统
        .withFlags(Intent.FLAG_ABILITYSLICE_MULTI_DEVICE)    //多设备启动的标识
        .build();
Intent intent = new Intent();
intent.setOperation(operation);
startAbility(intent);
```

执行上述代码后，Ability 将通过 startAbility() 方法来启动 Service。

如果 Service 尚未运行，则系统会先调用 onStart()来初始化 Service，再回调 Service 的 onCommand()方法来启动 Service。

如果 Service 正在运行，则系统会直接回调 Service 的 onCommand()方法来启动 Service。

Service 一旦创建就会一直保持在后台运行，除非必须回收内存资源，否则系统不会停止或销毁 Service。开发者可以在 Service 中通过 terminateAbility()停止本 Service 或在其他 Ability 中调用 stopAbility()来停止 Service。

停止 Service 同样支持停止本地设备 Service 和停止远程设备 Service，使用方法与启动 Service 一样。一旦调用停止 Service 的方法，系统便会尽快销毁 Service。

3. 连接 Service

如果 Service 需要与 Page Ability 或其他应用的 Service Ability 进行交互，则应创建用

于连接的 Connection。Service 支持其他 Ability 通过 connectAbility()方法与其进行连接。

在使用 connectAbility()处理回调时,需要传入目标 Service 的 Intent 与 IAbilityConnection 的实例。IAbilityConnection 提供了两个方法供开发者实现:onAbilityConnectDone()用来处理连接的回调;onAbilityDisconnectDone()用来处理断开连接的回调。

连接 Service 的示例代码如下:

```
//创建连接回调实例
private IAbilityConnection connection = new IAbilityConnection() {
    //连接到 Service 的回调
    @Override
    public void onAbilityConnectDone(ElementName elementName, IRemoteObject iRemoteObject,
int resultCode) {
    //在这里开发者可以拿到服务器端传来的 IRemoteObject 对象,从中解析出服务器端传过来的
    //信息
    }

    //断开与连接的回调
    @Override
    public void onAbilityDisconnectDone(ElementName elementName, int resultCode) {
    }
};
//连接 Service
connectAbility(intent, connection);
```

同时,Service 也需要在 onConnect()时返回 IRemoteObject,从而定义与 Service 进行通信的接口。onConnect()需要返回一个 IRemoteObject 对象,HarmonyOS 提供了 IRemoteObject 的默认实现,用户可以通过继承 RemoteObject 来创建自定义的实现类。Service 侧把自身的实例返回给调用侧的示例代码如下:

```
//创建自定义 IRemoteObject 实现类
private class MyRemoteObject extends RemoteObject {
    public MyRemoteObject() {
        super("MyRemoteObject");
    }
}

//把 IRemoteObject 返回给客户端
@Override
protected IRemoteObject onConnect(Intent intent) {
    return new MyRemoteObject();
}
```

8.1.2 Service 的生命周期

如图 8-1 所示,Service 同样有不同的状态。在状态转移时,也通过回调函数来添加用户的行为。通过启动和连接方式创建的 Service 的状态和回调函数分别在图 8-1 中显示。

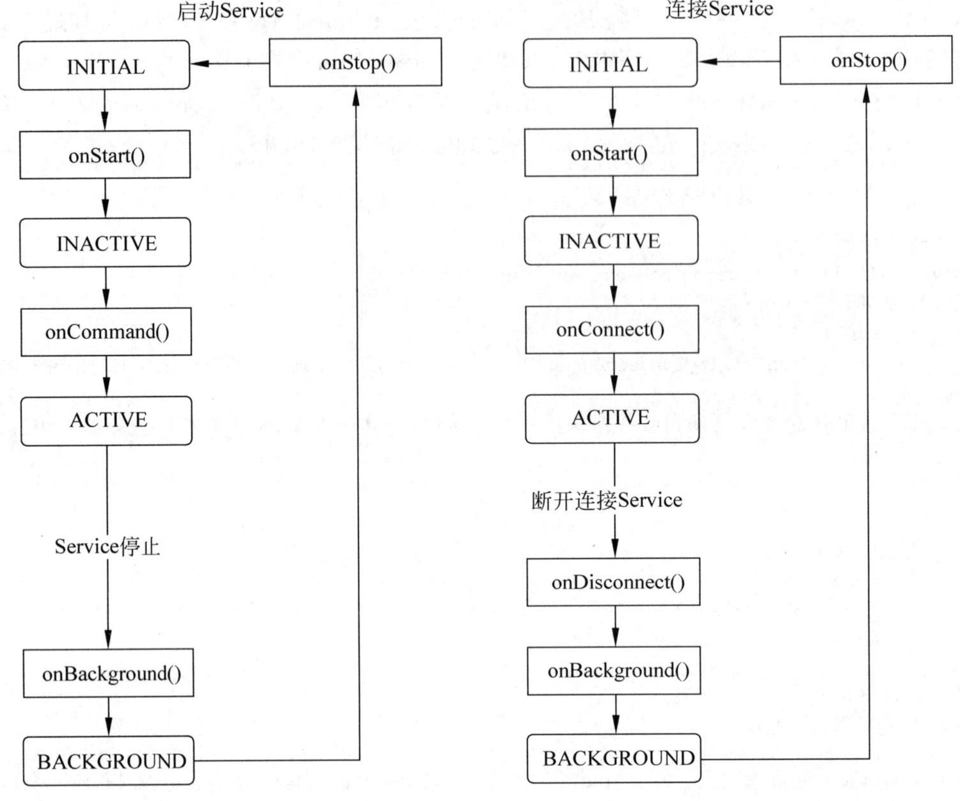

图 8-1 Service 的生命周期

1. onStart()

该方法在创建 Service 时调用,用于 Service 的初始化。在 Service 的整个生命周期中只会调用一次,调用时传入的 Intent 应为空。

2. onCommand()

该方法在 Service 创建完成之后调用。该方法在客户端每次启动该 Service 时都会调用,开发者可以在该方法中做一些调用统计、初始化类的操作。

3. onConnect()

该方法在 Ability 和 Service 连接时调用。该方法返回 IRemoteObject 对象,开发者可以在该回调函数中生成对应 Service 的 IPC 通信通道,以便 Ability 与 Service 交互。Ability 可以多次连接同一个 Service,系统会缓存该 Service 的 IPC 通信对象,只有第一个客户端连接 Service 时,系统才会调用 Service 的 onConnect()方法生成 IRemoteObject 对象,而后系统会将同一个 RemoteObject 对象传递至其他连接同一个 Service 的所有客户端,而无须再次调用 onConnect()方法。

4. onDisconnect()

该方法在 Ability 与绑定的 Service 断开连接时调用。

5. onStop()

该方法在 Service 销毁时调用。Service 应通过实现此方法来清理任何资源,如关闭线程、注册的侦听器等。

8.1.3 Data Ability

使用 Data 模板的 Ability(以下简称 Data)主要提供对应用自身和其他应用存储数据的访问,并可以与其他设备共享数据。Data 既可用于同设备不同应用的数据共享,也支持跨设备不同应用的数据共享。

数据的存放形式多样,可以是数据库,也可以是磁盘上的文件。Data 对外提供对数据的增、删、改、查,以及打开文件等接口,这些接口的具体实现由开发者提供。

开发者可以通过 DataAbilityHelper 类来访问当前应用或其他应用提供的共享数据。DataAbilityHelper 作为客户端,与提供方的 Data 进行通信。Data 接收到请求后,执行相应的处理,并返回结果。DataAbilityHelper 提供了一系列与 Data Ability 对应的方法。

和 Service 类似,开发者必须在配置文件中注册 Data,并且配置以下属性。

(1) type:类型设置为 data。

(2) uri:对外提供的访问路径,全局唯一。

(3) permissions:访问该 Data Ability 时需要申请的访问权限。

具体代码如下:

```
{
    "name": ".UserDataAbility",
     "type": "data",
     "visible": true,
     "uri": "dataability://com.example.myapplication5.DataAbilityTest",
     "permissions": [
        "com.example.myapplication5.DataAbility.DATA"
     ]
}
```

如果待访问的 Data 声明了访问需要权限,则访问此 Data 需要在配置文件中声明需要此权限。具体代码如下:

```
"reqPermissions": [
    {
        "name": "com.example.myapplication5.DataAbility.DATA"
    }
]
```

8.1.4 文件数据访问

DataAbilityHelper 为开发者提供了 FileDescriptor openFile(Uri uri, String mode)方法来操作文件。此方法需要传入两个参数,其中,uri 用来确定目标资源路径;mode 用来指定打开文件的方式，可选方式包含 r(读)、w(写)、rw(读写)、wt(覆盖写)、wa(追加写)和rwt(覆盖写且可读)。

该方法返回一个目标文件的 FD(文件描述符)，把文件描述符封装成流，开发者就可以对文件流进行自定义处理。

访问文件示例如下：

```
//读取文件描述符
FileDescriptor fd = helper.openFile(uri, "r");
FileInputStream fis = new FileInputStream(fd);
//然后使用文件描述符封装成的文件输入流，进行文件读取操作
```

开发者需要在 Data 中重写 FileDescriptor openFile(Uri uri, String mode)方法来操作文件。其中，uri 为客户端传入的请求目标路径；mode 为开发者对文件的操作选项，可选方式包含 r(读)、w(写)和 rw(读写)等。

HarmonyOS 中提供了一个 MessageParcel 类，用来读写对象、文件描述符、大块数据。其中有一个静态方法 obtain()，用于获取 MessageParcel 实例。通过 dupFileDescriptor()函数复制待操作文件流的文件描述符，并将其返回，供远端应用使用。

示例：根据传入的 uri 打开对应的文件，绑定文件描述符。具体代码如下：

```
//创建 messageParcel
MessageParcel messageParcel = MessageParcel.obtain();
File file = new File(uri.getDecodedPathList().get(1));
if (mode == null || !"rw".equals(mode)) {
    file.setReadOnly();
}
FileInputStream fileIs = new FileInputStream(file);
FileDescriptor fd = fileIs.getFD();

//绑定文件描述符
return messageParcel.dupFileDescriptor(fd);
```

8.1.5 数据库数据访问

关系数据库是在 SQLite 基础上实现的本地数据操作机制，提供给用户无须编写原生 SQL 语句就能进行数据增、删、改、查的方法，同时也支持原生 SQL 操作。

通过 DataAbilityHelper 对象的增、删、改、查方法完成数据库操作。下面代码是一个查询功能的代码。其中使用了 query()方法。具体代码如下：

```
DataAbilityHelper helper = DataAbilityHelper.creator(this);

//构造查询条件
DataAbilityPredicates predicates = new DataAbilityPredicates();
predicates.between("userId", 101, 103);

//进行查询
```

```
ResultSet resultSet = helper.query(uri,columns,predicates);

//处理结果
resultSet.goToFirstRow();
do{
    //在此处理 ResultSet 中的记录
}while(resultSet.goToNextRow());
```

插入数据使用 insert()方法。具体代码如下：

```
DataAbilityHelper helper = DataAbilityHelper.creator(this);

//构造插入数据
ValuesBucket valuesBucket = new ValuesBucket();
valuesBucket.putString("name", "Tom");
valuesBucket.putInteger("age", 12);
helper.insert(uri, valuesBucket);
```

批量插入使用 batchInsert()方法。具体代码如下：

```
DataAbilityHelper helper = DataAbilityHelper.creator(this);

//构造插入数据
ValuesBucket[] values = new ValuesBucket[2];
value[0] = new ValuesBucket();
value[0].putString("name", "Tom");
value[0].putInteger("age", 12);
value[1] = new ValuesBucket();
value[1].putString("name", "Tom1");
value[1].putInteger("age", 16);
helper.batchInsert(uri, values);
```

删除操作使用 delete()方法。具体代码如下：

```
DataAbilityHelper helper = DataAbilityHelper.creator(this);

//构造删除条件
DataAbilityPredicates predicates = new DataAbilityPredicates();
predicates.between("userId", 101,103);
helper.delete(uri,predicates);
```

更新操作使用 update()方法。具体代码如下：

```
DataAbilityHelper helper = DataAbilityHelper.creator(this);

//构造更新条件
DataAbilityPredicates predicates = new DataAbilityPredicates();
predicates.equalTo("userId",102);

//构造更新数据
ValuesBucket valuesBucket = new ValuesBucket();
```

```
valuesBucket.putString("name", "Tom");
valuesBucket.putInteger("age", 12);
helper.update(uri, valuesBucket, predicates);
```

也可以通过 executeBatch()来执行批量操作。具体代码如下：

```
DataAbilityHelper helper = DataAbilityHelper.creator(abilityObj, insertUri);

//构造批量操作
ValuesBucket value1 = initSingleValue();
DataAbilityOperation opt1 = DataAbilityOperation.newInsertBuilder(insertUri)
.withValuesBucket(value1).build();
ValuesBucket value2 = initSingleValue2();
DataAbilityOperation opt2 = DataAbilityOperation.newInsertBuilder(insertUri)
.withValuesBucket(value2).build();
ArrayList<DataAbilityOperation> operations = new ArrayList<DataAbilityOperation>();
operations.add(opt1);
operations.add(opt2);
DataAbilityResult[] result = helper.executeBatch(insertUri, operations);
```

8.2 数据管理

本节介绍 HarmonyOS 中的轻量级偏好数据库和关系数据库两种数据管理方式。

8.2.1 轻量级偏好数据库

轻量级偏好数据库主要提供轻量级 Key-Value 操作，支持本地应用存储少量数据，数据存储在本地文件中，同时也加载在内存中，所以访问速度更快，效率更高。轻量级偏好数据库属于非关系数据库，不宜存储大量数据，经常用于操作键值对形式数据的场景。

轻量级偏好数据库的运行机制如图 8-2 所示。获取到文件对应的 Preferences 实例后，应用可以借助 Preferences API，从 Preferences 实例中读取数据或者将数据写入 Preferences 实例，通过 flush()或者 flushSync()将 Preferences 实例持久化。

借助 DatabaseHelper API，应用可以将指定文件的内容加载到 Preferences 实例，每个文件最多有一个 Preferences 实例，系统会通过静态容器将该实例存储在内存中，直到应用主动从内存中移除该实例或者删除该文件。

下面是一段使用 Preferences 的示例代码。首先，设置日志的 label。

```
//设置静态变量

//设置日志的 label
static final HiLogLabel label = new HiLogLabel(HiLog.LOG_APP, 0x00201, "MY_TAG");
//MY_MODULE = 0x00201
```

关于 Preferences 的操作的代码如下：

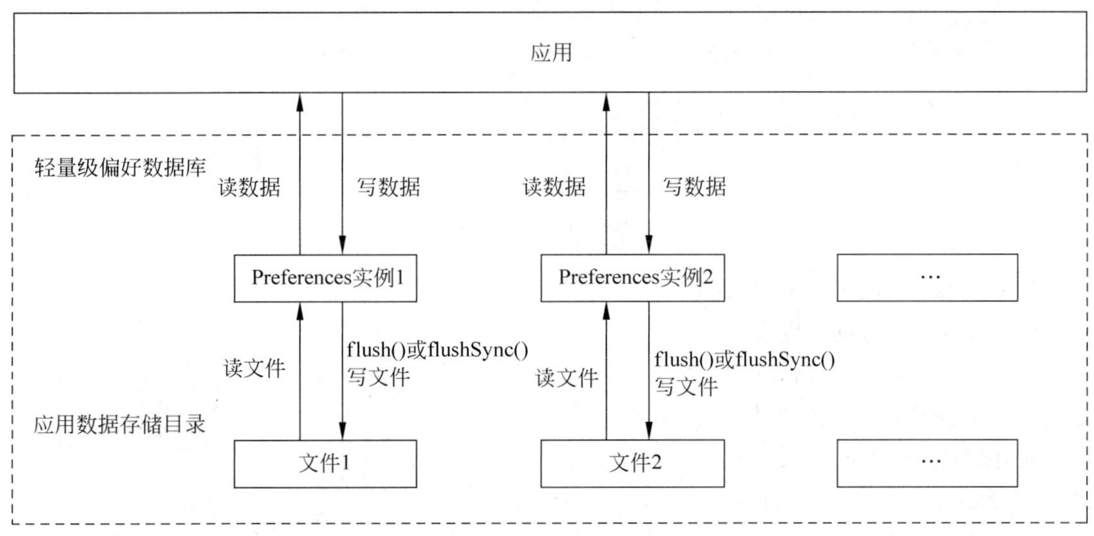

图 8-2 轻量级偏好数据库的运行机制

```
//context 输入参数类型为 ohos.app.Context
DatabaseHelper databaseHelper = new DatabaseHelper(context);
//fileName 表示文件名,其取值不能为空,也不能包含路径,默认存储文件夹可以通过
//context.getPreferencesDir()获取
String fileName = "name";
Preferences preferences = databaseHelper.getPreferences(fileName);

//写 Preferences 的值,并持久化
preferences.putInt("intKey", 3);
preferences.putString("StringKey", "String value");
preferences.flushSync();

//读 Preferences 的值
int value = preferences.getInt("intKey", 0);
String stringValue = preferences.getString("StringKey","");

//通过日志显示读取的值
HiLog.info(label, "Get Preferences value %{public}s", value);
HiLog.info(label, "Get Preferences value %{public}s", stringValue);
```

输出到 HiLog 日志的结果如图 8-3 所示。在 Tag 搜索的输入框中输入 00201,则可以看到 info 日志输出的结果。

8.2.2 HarmonyOS 关系数据库

关系数据库(Relational Database,RDB)是一种基于关系模型来管理数据的数据库。HarmonyOS 关系数据库基于 SQLite 组件提供了一套完整的对本地数据库进行管理的机制,对外提供了一系列的增、删、改、查接口,也可以直接运行用户输入的 SQL 语句来满足复

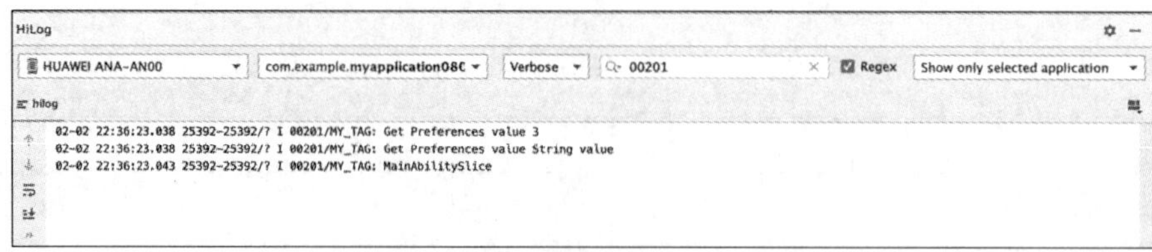

图 8-3　Preference 案例运行截图

杂的场景需要。HarmonyOS 提供的关系数据库功能更加完善，查询效率更高。

如图 8-4 所示，HarmonyOS 关系数据库对外提供通用的操作接口，底层使用 SQLite 组件作为持久化存储引擎，中间通过 JNI 层来连接 Java 框架层和 Native 第三方 SQLite 库。HarmonyOS 关系数据库支持 SQLite 具有的所有数据库特性，包括但不限于事务、索引、视图、触发器、外键、参数化查询和预编译 SQL 语句。

应用
应用
对象映射关系数据库(ORM)
关系数据库(RDB)
关系数据库框架层
RDB Store接口
关系数据库JNI层
AppDateFwk-JNI
Native第三方SQLite库
SQLite组件

图 8-4　关系数据库的运行机制

具体代码如下：

```
//设置静态变量

//设置日志的 label
static final HiLogLabel label = new HiLogLabel(HiLog
.LOG_APP, 0x00201, "MY_TAG"); //MY_MODULE = 0x00201

//设置数据库创建时和升级时被回调的函数
private static final RdbOpenCallback callback =
new RdbOpenCallback() {
        @Override
        public void onCreate(RdbStore store) {
            //创建表
            store.executeSql( " CREATE TABLE IF NOT EXISTS test ( id INTEGER PRIMARY KEY
AUTOINCREMENT, name TEXT NOT NULL, age INTEGER, salary REAL, blobType BLOB)");
        }
        @Override
        public void onUpgrade(RdbStore store, int oldVersion, int newVersion) {
        }
};


//创建数据库
//1. 配置数据库相关信息,包括数据库的名称、存储模式、是否为只读模式等
//2. 初始化数据库表结构和相关数据
//3. 创建数据库
StoreConfig config = StoreConfig.newDefaultConfig("RdbStoreTest.db");
```

```
DatabaseHelper helper = new DatabaseHelper(context);
RdbStore store = helper.getRdbStore(config, 1, callback, null);

//插入数据
//1. 构造要插入的数据,以 ValuesBucket 形式存储
//2. 调用关系数据库提供的插入接口
ValuesBucket values = new ValuesBucket();
values.putInteger("id", 1);
values.putString("name", "zhangsan");
values.putInteger("age", 18);
values.putDouble("salary", 100.5);
values.putByteArray("blobType", new byte[] {1, 2, 3});
long id1 = store.insert("test", values);

values = new ValuesBucket();
values.putInteger("id", 2);
values.putString("name", "lisi");
values.putInteger("age", 18);
values.putDouble("salary", 120.4);
values.putByteArray("blobType", new byte[] {1, 2, 3});
long id2 = store.insert("test", values);


//查询数据
//1. 构造用于查询的谓词对象,设置查询条件
//2. 指定查询返回的数据列
//3. 调用查询接口查询数据
//4. 调用结果集接口,遍历返回结果
String[] columns = new String[] {"id", "name", "age", "salary","blobType"};
RdbPredicates rdbPredicates = new RdbPredicates("test").equalTo("age", 18)
.orderByAsc("salary");
ResultSet resultSet = store.query(rdbPredicates, columns);

//通过日志显示查询结果
HiLog.info(label, "RowCount: %{public}s", resultSet.getRowCount());
HiLog.info(label, "ColumnCount: %{public}s", resultSet.getColumnCount());

for(int i = 0;i < resultSet.getRowCount();i++) {
        resultSet.goToNextRow();
        for (int j = 0; j < resultSet.getColumnCount() - 1; j++) {
            HiLog.info(label, "value %{public}s", resultSet.getString(j));
        }
        HiLog.info(label, "blob length %{public}d", resultSet.getBlob(resultSet
.getColumnCount() - 1).length);
}
```

查询结果输出到日志中：

```
02-02 22:17:58.519 28265-28265/? I 00201/MY_TAG: RowCount: 2
02-02 22:17:58.519 28265-28265/? I 00201/MY_TAG: ColumnCount: 5
```

```
02-02 22:17:58.519 28265-28265/? I 00201/MY_TAG: value 1
02-02 22:17:58.519 28265-28265/? I 00201/MY_TAG: value zhangsan
02-02 22:17:58.519 28265-28265/? I 00201/MY_TAG: value 18
02-02 22:17:58.519 28265-28265/? I 00201/MY_TAG: value 100.5
02-02 22:17:58.520 28265-28265/? I 00201/MY_TAG: blob length 3
02-02 22:17:58.520 28265-28265/? I 00201/MY_TAG: value 2
02-02 22:17:58.520 28265-28265/? I 00201/MY_TAG: value lisi
02-02 22:17:58.520 28265-28265/? I 00201/MY_TAG: value 18
02-02 22:17:58.520 28265-28265/? I 00201/MY_TAG: value 120.4
02-02 22:17:58.520 28265-28265/? I 00201/MY_TAG: blob length 3
```

8.3 设备管理

本节介绍 HarmonyOS 的设备管理功能。

8.3.1 HarmonyOS 设备管理简介

HarmonyOS 的设备管理可以对传感器、控制类小器件、设备位置信息、系统各类设置进行管理。

开发者可以操控各种底层硬件传感器、根据传感器数据开发健康、游戏等各类应用。根据传感器的用途，可以将传感器分为六大类：运动类传感器、环境类传感器、方向类传感器、光线类传感器、健康类传感器、其他类传感器（如霍尔传感器）。每一大类传感器包含不同类型的传感器，某种类型的传感器可能是单一的物理传感器，也可能是由多个物理传感器复合而成。

而对于设备上的 LED 灯和振动器，作为控制类小器件，可以为用户提供很多人性化的应用体验。其中，LED 灯主要用作指示（如充电状态）、闪烁功能（如三色灯）等；振动器主要用于闹钟、开关机振动、来电振动等场景。

当用户使用驾车导航、记录运动轨迹等功能，可以调用位置能力模块的 API 接口，完成位置信息的获取。系统的位置能力可以提供实时准确的位置数据。对于开发者，设计基于位置体验的服务，也可以使应用的使用体验更贴近每个用户。

此外，应用程序可以对系统各类设置项进行查询。例如，三方应用提前注册飞行模式设置项的回调，当用户通过系统设置修改终端的飞行模式状态时，三方应用会检测到此设置项发生变化并进行适配。如检测到飞行模式开启，将进入离线状态；检测到飞行模式关闭，其将重新获取在线数据。这些都可以通过设备管理模块来实现。

8.3.2 传感器

1. 传感器概述

HarmonyOS 传感器是应用访问底层硬件传感器的一种设备抽象概念。开发者根据传感器提供的 Sensor API，可以查询设备上的传感器、订阅传感器的数据，并根据传感器数据定制相应的算法,开发各类应用,比如指南针、运动健康、游戏等。

如图 8-5 所示,HarmonyOS 传感器包含如下四层:Sensor API 层、Sensor 框架层、Sensor 服务层、HD_IDL 层。

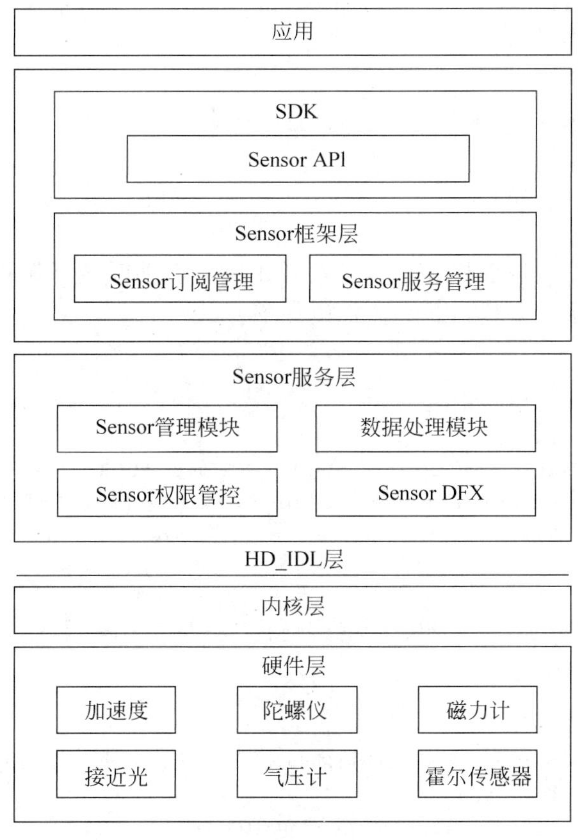

图 8-5 HarmonyOS 传感器的组成

(1) Sensor API 层:提供传感器的基础 API,主要包含查询传感器的列表、订阅/取消传感器的数据、执行控制命令等,简化应用开发。

(2) Sensor 框架层:主要实现传感器的订阅管理,数据通道的创建、销毁、订阅与取消订阅,实现与 SensorService 的通信。

(3) Sensor 服务层:主要实现 HD_IDL 层数据的接收、解析、分发,前后台的策略管控,对该设备 Sensor 的管理;Sensor 权限管控等。

(4) HD_IDL 层:对不同的 FIFO、频率进行策略选择以及对不同设备的适配。

2. 权限配置

如果设备上使用了传感器权限列表中的传感器,需要请求相应的权限,开发者才能获取到传感器数据。开发者需要在 config.json 中配置权限。如果需要获取加速度的数据,需要进行如下权限配置:

```
"reqPermissions": [
    {
        "name": "ohos.permission.ACCELEROMETER",
        "reason": "",
        "usedScene": {
            "ability": [
                ".MainAbility"
            ],
            "when": "inuse"
        }
    }
]
```

由于敏感权限需要用户授权，因此，开发者在应用启动时或者调用订阅数据接口前，需要调用权限检查和请求权限接口。具体代码如下：

```
@Override
public void onStart(Intent intent) {
    super.onStart(intent);
    if (verifySelfPermission("ohos.permission.ACTIVITY_MOTION") != 0) {
        if (canRequestPermission("ohos.permission.ACTIVITY_MOTION")) {
            requestPermissionsFromUser(new String[] {"ohos.permission.ACTIVITY_MOTION"}, 1);
        }
    }
    // ...
}

@Override
public void onRequestPermissionsFromUserResult(int requestCode, String[] permissions,
        int[] grantResults) {
    //匹配 requestPermissionsFromUser 的 requestCode
    if (requestCode == 1) {
        if (grantResults.length > 0 && grantResults[0] == 0) {
            //权限被授予
        } else {
            //权限被拒绝
        }
    }
}
```

3. 使用传感器

下面以使用方向类别的传感器为例，其使用步骤如下。运动类、环境类、健康类等类别的传感器使用方法类似。

(1) 获取待订阅数据的传感器。

(2) 创建传感器回调。

(3) 订阅传感器数据。

（4）接收并处理传感器数据。

（5）取消订阅传感器数据。

具体使用传感器的代码如下：

```
private Button btnSubscribe;

private Button btnUnsubscribe;

private CategoryOrientationAgent categoryOrientationAgent = new CategoryOrientationAgent();

private ICategoryOrientationDataCallback orientationDataCallback;

private CategoryOrientation orientationSensor;

private long interval = 100000000;

private int matrix_length = 9;

private int rotationVectorLength = 9;

@Override
public void onStart(Intent intent) {
    super.onStart(intent);
    super.setUIContent(ResourceTable.Layout_sensor_layout);
    findComponent(rootComponent);

    //创建传感器回调对象
    orientationDataCallback = new ICategoryOrientationDataCallback() {
        @Override
        public void onSensorDataModified(CategoryOrientationData categoryOrientationData) {
            //对接收的 categoryOrientationData 传感器数据对象进行解析和使用
            int dim = categoryOrientationData.getSensorDataDim();     //获取传感器的维度信息
            float degree = categoryOrientationData.getValues()[0];
                                        //获取方向类传感器的第一维数据
            float[] rotationMatrix = new float[matrix_length];
            CategoryOrientationData.getDeviceRotationMatrix(rotationMatrix, categoryOrientationData
.values);                               //根据旋转矢量传感器的数据获得旋转矩阵
            float[] rotationAngle = new float[rotationVectorLength];
            rotationAngle = CategoryOrientationData.getDeviceOrientation(rotationMatrix,
rotationAngle);                         //根据计算出来的旋转矩阵获取设备的方向
        }

        @Override
        public void onAccuracyDataModified(CategoryOrientation categoryOrientation, int i) {
            //使用变化的精度
        }

        @Override
        public void onCommandCompleted(CategoryOrientation categoryOrientation) {
```

```
                //传感器执行命令回调
            }
        };

        btnSubscribe.setClickedListener(v -> {
            //获取传感器对象,并订阅传感器数据
            orientationSensor = categoryOrientationAgent.getSingleSensor(
                    CategoryOrientation.SENSOR_TYPE_ORIENTATION);
            if (orientationSensor != null) {
                categoryOrientationAgent.setSensorDataCallback(
                        orientationDataCallback, orientationSensor, interval);
            }
        });
        //取消订阅传感器数据
        btnUnsubscribe.setClickedListener(v -> {
            if (orientationSensor != null) {
                categoryOrientationAgent.releaseSensorDataCallback(
                        orientationDataCallback, orientationSensor);
            }
        });
    }

    private void findComponent(Component component) {
        btnSubscribe = (Button) component.findComponentById(ResourceTable.Id_btnSubscribe);
        btnUnsubscribe = (Button) component.findComponentById(ResourceTable.Id_btnUnsubscribe);
    }
```

8.4 HarmonyOS 多线程开发

操作系统对于应用是以进程为单位来管理的。不同应用运行在不同的进程中。当应用以任何形式启动时,系统为其创建进程,该进程将持续运行。当进程完成当前任务处于等待状态,且系统资源不足时,系统自动回收合适的进程。当再次启动时恢复之前的状态。

而对于每个应用内部,在启动应用时,系统会为该应用创建一个称为"主线程"的执行线程。该线程随着应用创建或消失,是应用的核心线程。由于 UI 界面的响应是用户的最直观的感受,因此一般 UI 界面的显示和更新等操作都是在主线程上进行的。主线程又称 UI 线程,默认情况下,所有的操作都是在主线程上进行的。但是如果需要执行比较耗时的任务(如下载文件、查询数据库),一般创建其他线程来处理。

本节介绍 HarmonyOS 的任务分派机制和事件队列机制。

8.4.1 任务分派

HarmonyOS 是通过任务分派机制来实现线程的管理屏蔽了对线程的直接操作细节。TaskDispatcher 提供了对任务分派的接口,包括同步派发任务,异步派发任务,异步延迟派发任务,任务组,取消任务,同步设置屏障任务等。GlobalTaskDispatcher 提供了全局的任务分发器的实现。asyncDispatch()则是其中异步任务分发的方法。

1. TaskDispatcher

为了隐藏任务所在线程的实现细节，HarmonyOS 中创建了 TaskDispatcher 类，作为任务的分发器，它是 Ability 分发任务的基本接口。为了保证应用有更好的响应性，在构造 TaskDispatcher 对象时，设置了任务的优先级。优先级分为 HIGH、DEFAULT 和 LOW 三个级别。在 UI 线程上运行的任务默认以最高优先级运行。

2. GlobalTaskDispatcher

对于 TaskDispatcher，HarmonyOS 提供了多种实现，分别为 GlobalTaskDispatcher（全局并发）、ParallelTaskDispatcher（并发）、SerialTaskDispatcher（串行）和 SpecTaskDispatcher（专有）。

全局并发任务分发器一个应用只有一个，在程序结束时才被销毁。由 Ability 执行 getGlobalTaskDispatcher()获取，适用于任务之间没有任何联系的情况。具体代码如下：

```
TaskDispatcher globalTaskDispatcher = getGlobalTaskDispatcher(TaskPriority.DEFAULT);
```

3. SpecTaskDispatcher

SpecTaskDispatcher 是专有任务分发器，并且是绑定到专有线程上的任务分发器。目前已有的专有线程为 UI 线程，通过 UITaskDispatcher 进行任务分发。UITaskDispatcher 是绑定到应用主线程的专有任务分发器，由 Ability 执行 getUITaskDispatcher()创建并返回。由该分发器分发的所有的任务都是在主线程上按顺序执行的，它在应用程序结束时被销毁。具体代码如下：

```
TaskDispatcher uiTaskDispatcher = getUITaskDispatcher();
```

4. syncDispatch()

syncDispatch()是同步派发任务的方法，派发任务并在当前线程等待任务执行完成。在新线程返回前，当前线程会被阻塞。如果对 syncDispatch()使用不当，将会导致死锁。比如都等待对方任务执行完成。具体代码如下：

```
globalTaskDispatcher.syncDispatch(new Runnable() {
            @Override
            public void run() {
                HiLog.info(label, "sync task1 run");
            }
        });
HiLog.info(label, "after sync task1");

globalTaskDispatcher.syncDispatch(new Runnable() {
            @Override
            public void run() {
                HiLog.info(label, "sync task2 run");
            }
        });
HiLog.info(label, "after sync task2");
```

```
globalTaskDispatcher.syncDispatch(new Runnable() {
            @Override
            public void run() {
                HiLog.info(label, "sync task3 run");
            }
        });
HiLog.info(label, "after sync task3");
```

执行结果如下：

```
//执行结果如下
sync task1 run
after sync task1
sync task2 run
after sync task2
sync task3 run
after sync task3
```

asyncDispatch()是异步派发任务方法，派发任务后立即返回，其返回值是一个可用于取消任务的接口。具体代码如下：

```
Revocable revocable = globalTaskDispatcher.asyncDispatch(new Runnable() {
        @Override
            public void run() {
                HiLog.info(label, "async task1 run");
            }
        });
HiLog.info(label, "after async task1");
```

执行结果如下：

```
//执行结果如下
after async task1
async task1 run
```

除了上述方法，还有异步延迟派发任务、任务组派发、取消派发任务、同步设置屏障任务、异步设置屏障任务、执行多次任务等操作，具体可以参考华为公司官方网站的开发文档。

8.4.2 事件队列

为了进一步屏蔽实现细节，提供更好的多线程使用机制，对于在开发过程中开发者经常需要在当前线程中处理下载任务等较为耗时的操作，但是又不希望当前的线程受到阻塞的场景，HarmonyOS 提供了 EventRunner 和 EventHandler 机制。

1. EventRunner 和 EventHandler

EventRunner 和 EventHandler 原理如图 8-6 所示。EventRunner 是一种事件循环器，循环处理从该 EventRunner 创建的新线程的事件队列中获取 InnerEvent 事件或者 Runnable 任务。InnerEvent 是 EventHandler 投递的事件。EventHandler 可以通过 EventRunner 创建

新线程，将耗时的操作放到新线程上执行。这样既不阻塞原来的线程，任务又可以得到合理的处理。比如：主线程使用 EventHandler 创建子线程，子线程做耗时的下载图片操作，下载完成后，子线程通过 EventHandler 通知主线程，主线程再更新 UI。

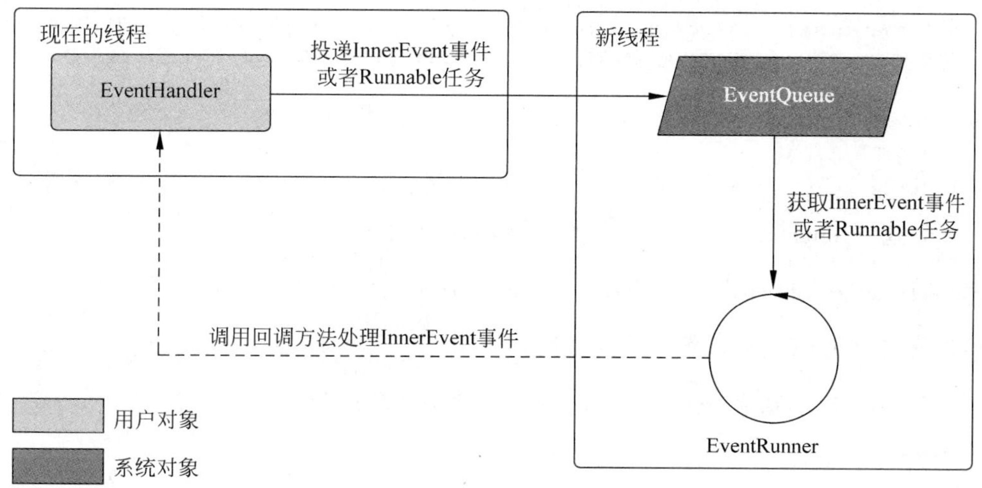

图 8-6 EventRunner 和 EventHandler 原理

2. EventHandler 投递 InnerEvent 事件

EventHandler 投递 InnerEvent 事件，并按照优先级和延时进行处理，开发步骤如下。

(1) 创建 EventHandler 的子类，在子类中重写实现方法 processEvent()来处理事件。具体代码如下：

```
private class MyEventHandler extends EventHandler {
    private MyEventHandler(EventRunner runner) {
        super(runner);
        }
        //重写实现 processEvent()方法
        @Override
        public void processEvent(InnerEvent event) {
        super.processEvent(event);
        if (event == null) {
                return;
        }
        int eventId = event.eventId;
        long param = event.param;
        switch (eventId | param) {
                case CASE1:
                    //待执行的操作,由开发者定义
                break;
            default:
            break;
        }
```

```
    }
}
```

（2）创建 EventRunner，以手动模式为例。具体代码如下：

```
EventRunner runner = EventRunner.create(false);    // create()的参数是 true 时，则为托管模式
//需要对 EventRunner 的实例进行校验，因为创建 EventRunner 可能失败，如创建线程失败时，创建
//EventRunner 失败
if (runner == null) {
    return;
}
```

（3）创建 EventHandler 子类的实例。具体代码如下：

```
MyEventHandler myHandler = new MyEventHandler(runner);
```

（4）获取 InnerEvent 事件。具体代码如下：

```
//获取事件实例，其属性 eventId、param、object 由开发者确定，代码中只是示例
int eventId1 = 0;
int eventId2 = 1;
long param = 0;
Object object = null;
InnerEvent event1 = InnerEvent.get(eventId1, param, object);
InnerEvent event2 = InnerEvent.get(eventId2, param, object);
```

（5）投递事件，投递的优先级以 IMMEDIATE 为例，延时选择 0ms 和 2ms。具体代码如下：

```
//优先级 immediate，投递之后立即处理，延时为 0ms，该语句等价于同步投递 sendSyncEvent(event1,
//EventHandler.Priority.immediate);
myHandler.sendEvent(event1, 0, EventHandler.Priority.IMMEDIATE);
myHandler.sendEvent(event2, 2, EventHandler.Priority.IMMEDIATE);      //延时 2ms 后立即处理
```

（6）启动和停止 EventRunner，如果为托管模式，则不需要此步骤。具体代码如下：

```
runner.run();
//待执行操作
runner.stop();           //开发者根据业务需要在适当时机停止 EventRunner
```

3. 在新创建的线程中投递事件到原线程

如果想在新创建的线程投递事件到原线程并进行处理从而实现交互，那么仍然可以利用 EventRunner 和 EventHandler 来实现，在新线程中发消息到原线程的消息队列。具体开发步骤如下。

（1）创建 EventHandler 的子类，在子类中重写实现方法 processEvent()来处理事件。在处理方法中，将 EventRunner 实例投递给新创建的线程。然后将原线程的 EventRunner 示例与新线程的 EventHandler 绑定，这样投递事件就会发给原线程的消息队列，从而触发原线程的处理。具体代码如下：

```
private class MyEventHandler extends EventHandler {
    private MyEventHandler(EventRunner runner) {
        super(runner);
        }
        //重写实现 processEvent()方法
        @Override
        public void processEvent(InnerEvent event) {
        super.processEvent(event);
        if (event == null) {
                return;
        }
        int eventId = event.eventId;
        long param = event.param;
            Object object = event.object;
        switch (eventId | param) {
                case CASE1:
                    //待执行的操作,由开发者定义
                break;
                case CASE2:
                    //将原先线程的 EventRunner 实例投递给新创建的线程
                    if (object instanceof EventRunner) {
                    EventRunner runner2 = (EventRunner)object;
                    }
                    // 将原先线程的 EventRunner 实例与新创建的线程的 EventHandler 绑定
                    EventHandler myHandler2 = new EventHandler(runner2) {
                    @Override
                    public void processEvent(InnerEvent event) {
                  //需要在原先线程执行的操作
                    }
                    };
                    int eventId = 1;
                    long param = 0;
                    Object object = null;
                    InnerEvent event2 = InnerEvent.get(eventId, param, object);
                    myHandler2.sendEvent(event2);           //投递事件到原先的线程
                    break;
            default:
            break;
        }
    }
}
```

(2) 创建 EventRunner,以手动模式为例。具体代码如下:

```
EventRunner runner1 = EventRunner.create(false);      //create()的参数是 true 时,则为托管模式
//需要对 EventRunner 的实例进行校验,不是任何线程都可以通过 create 创建,例如,当线程池已满时,
//不能再创建线程
if(runner1 == null) {
    return;
}
```

（3）创建 EventHandler 子类的实例。具体代码如下：

```
MyEventHandler myHandler1 = new MyEventHandler(runner1);
```

（4）获取 InnerEvent 事件。具体代码如下：

```
//获取事件实例,其属性 eventId、param、object 由开发者确定,代码中只是示例
int eventId1 = 0;
long param = 0;
Object object = (Object) EventRunner.current();
InnerEvent event1 = InnerEvent.get(eventId1, param, object);
```

（5）投递事件，在新线程上直接处理。具体代码如下：

```
//将与当前线程绑定的 EventRunner 投递到与 runner1 创建的新线程中
 myHandler.sendEvent(event1);
```

（6）启动和停止 EventRunner，如果是托管模式，则不需要此步骤。具体代码如下：

```
runner.run();
//待执行操作

runner.stop();                //停止 EventRunner
```

8.5 HarmonyOS 网络开发

HarmonyOS 网络管理模块主要提供以下功能。

（1）数据连接管理：网卡绑定，打开 URL，数据链路参数查询。

（2）数据网络管理：指定数据网络传输，获取数据网络状态变更，数据网络状态查询。

（3）流量统计：获取蜂窝网络、所有网卡、指定应用或指定网卡的数据流量统计值。

（4）HTTP 缓存：有效管理 HTTP 缓存，减少数据流量。

使用网络管理模块的相关功能时，需要请求相应的权限：

```
ohos.permission.GET_NETWORK_INFO          //获取网络连接信息
ohos.permission.SET_NETWORK_INFO          //修改网络连接状态
ohos.permission.INTERNET                  //允许程序打开网络套接字,进行网络连接
```

这里结合应用案例，只介绍两个功能，分别是通过网络访问 URL 链接以及通过 Socket 数据传输和服务器进行通信。

8.5.1 访问 URL 链接

访问 URL 链接需要通过 NetManager 类的静态方法获得单件实例对象，再获得数据网络的对象引用，最后通过 openConnection()方法来打开 URL。具体开发步骤如下。

（1）调用 NetManager.getInstance(Context)获取网络管理的实例对象。

(2) 调用 NetManager.getDefaultNet()获取默认的数据网络。

(3) 调用 NetHandle.openConnection()打开一个 URL。

(4) 通过 URL 链接实例访问网站。调用 connect()方法链接远程资源。

具体代码如下：

```
NetManager netManager = NetManager.getInstance(null);

if (!netManager.hasDefaultNet()) {
    return;
}
NetHandle netHandle = netManager.getDefaultNet();

//可以获取网络状态的变化
NetStatusCallback callback = new NetStatusCallback() {
    //重写需要获取的网络状态变化的 override()函数
};
netManager.addDefaultNetStatusCallback(callback);

//通过 openConnection()来获取 URLConnection
HttpURLConnection connection = null;
try {
    String urlString = "https://www.huawei.com/";
    URL url = new URL(urlString);

    URLConnection urlConnection = netHandle.openConnection(url,
            java.net.Proxy.NO_PROXY);
    if (urlConnection instanceof HttpURLConnection) {
        connection = (HttpURLConnection) urlConnection;
    }
    connection.setRequestMethod("GET");
    connection.connect();
    //之后可进行 URL 的其他操作
} catch(IOException e) {
} finally {
    connection.disconnect();
}
```

8.5.2 Socket 数据传输

Socket 数据传输同样需要通过 NetManager 类的静态方法获得单件实例对象，再获得数据网络的对象引用，最后通过 bindSocket()绑定网络 Socket，然后通过 Socket 进行数据的发送和接收。具体的开发步骤如下。

(1) 调用 NetManager.getInstance(Context)获取网络管理的实例对象。

(2) 调用 NetManager.getDefaultNet()获取默认的数据网络。

(3) 调用 NetHandle.bindSocket()绑定网络。

(4) 使用 Socket 发送数据。创建 DatagramPacket 类型的 request 对象，然后对相应的 buffer 进行数据的赋值。最后通过 send()方法发送 request 对象。

具体代码如下：

```
NetManager netManager = NetManager.getInstance(null);

if (!netManager.hasDefaultNet()) {
    return;
}
NetHandle netHandle = netManager.getDefaultNet();

//通过 Socket 绑定来进行数据传输
try {
    InetAddress address = netHandle.getByName("www.huawei.com");
    DatagramSocket socket = new DatagramSocket();
    netHandle.bindSocket(socket);
    byte[] buffer = new byte[1024];
    DatagramPacket request = new DatagramPacket(buffer, buffer.length, address, port);
    //buffer 赋值

    //发送数据
    socket.send(request);
} catch(IOException e) {
    e.printStackTrace();
}
```

通过 receive()方法接收数据。此方法在接收到数据之前会一直阻塞。收到数据之后，通过 DatagramPacket 类型对象 response 来解析出数据。如果想回应客户端的请求，则创建新的 DatagramPacket 类型对象，通过同一 DatagramSocket 的 socket.send()方法来发送数据给客户端。客户端也是通过自己的 DatagramSocket 的 socket.receive()方法来接收数据。接收到的数据在客户端的新的 DatagramPacket 类型对象中。具体代码如下：

```
TaskDispatcher globalTaskDispatcher = getGlobalTaskDispatcher(TaskPriority.DEFAULT);
        globalTaskDispatcher.asyncDispatch(new Runnable() {
            @Override
            public void run() {
                Log.i("initServer run");
                NetManager netManager = NetManager.getInstance(null);

                if (!netManager.hasDefaultNet()) {
                    Log.i("netManager.hasDefaultNet() failed");
                    return;
                }
                NetHandle netHandle = netManager.getDefaultNet();
                DatagramSocket socket = null;
                //通过 Socket 绑定来进行数据传输
```

```
                try {
                    Log.i("wait receive data");
                    InetAddress address = netHandle.getByName(HOST);
                    socket = new DatagramSocket(PORT, address);
                    netHandle.bindSocket(socket);
                    byte[] buffer = new byte[1024];
                    DatagramPacket response = new DatagramPacket(buffer, buffer.length);
                    socket.receive(response);     //接收到数据之前会一直阻塞
                    int len = response.getLength();
                    Log.i("receive data: " + new String(buffer, "utf-8").substring(0, len));
                } catch (IOException e) {
                    Log.i("send IOException: " + e.toString());
                } finally {
                    if (null != socket) {
                        socket.close();
                    }
                }
            }
        });
```

8.6 安全

本节从权限和生物特征识别两个方面介绍 HarmonyOS 的安全机制。

8.6.1 权限

1. 运行机制

系统所有应用均在应用沙盒内运行。默认情况下，应用只能访问有限的系统资源。这些限制是通过自主访问控制（Discretionary Access Control，DAC）、强制访问控制（Mandatory Access Control，MAC）以及本书描述的应用权限机制等多种不同的形式实现的。因应用需要实现其某些功能而必须访问系统或其他应用的数据或操作某些器件，此时就需要系统或其他应用能提供接口，考虑到安全，就需要对这些接口采用一种限制措施，这就是称为“应用权限”的安全机制。

接口的提供涉及其权限的命名和分组、对外开放的范围、被授予的应用以及用户的参与和体验。应用权限管理模块的目的就是负责管理由接口提供方（访问客体）、接口使用方（访问主体）、系统（包括云侧和端侧）和用户等共同参与的整个流程，保证受限接口是在约定好的规则下被正常使用的，避免接口被滥用而导致用户、应用和设备受损。

2. 权限申请

开发者需要在 config.json 文件中的 reqPermissions 字段中声明所需要的权限。具体代码如下：

```
{
    "reqPermissions": [
```

```
        {
            "name": "ohos.permission.CAMERA",
            "reason": "$string:permreason_camera",
            "usedScene":
            {
                "ability": ["com.mycamera.Ability", "com.mycamera.AbilityBackground"],
                "when": "always"
            }
        },{
        ...
        }
    ]
}
```

网络权限示例代码如下：

```
{
"reqPermissions": [
  {
    "name": "ohos.permission.INTERNET"
  },
  {
    "name": "ohos.permission.GET_NETWORK_INFO"
  },
  {
    "name": "ohos.permission.SET_NETWORK_INFO"
  }
],
}
```

3. 自定义权限

开发者需要在 config.json 文件中的 defPermissions 字段中自定义所需的权限：

```
{
    "defPermissions": [
        {
            "name": "com.myability.permission.MYPERMISSION",
            "grantMode": "system_grant",
            "availableScope": ["signature"]
        },{
        ...
        }
    ]
}
```

4. 访问权限控制

Ability 的访问权限控制是在 config.json 中填写 abilities 到 permissions 字段，即只有拥有该权限的应用可访问此 Ability。下面的例子表明只有拥有 ohos.permission.CAMERA 权限的应用可以访问此 Ability。具体代码如下：

```
"abilities": [
    {
        "name": ".MainAbility",
        "description": "$string:description_main_ability",
        "icon": "$media:hiworld.png",
        "label": "HiCamera",
        "launchType": "standard",
        "orientation": "portrait",
        "visible": false,
        "permissions": [
            "ohos.permission.CAMERA"
        ],
    }
]
```

此外，还可以通过 Ability 接口做访问权限控制。在 Ability 实现中，如果需要对特定接口对调用者做访问控制，可在服务侧的接口实现中，主动通过 verifyCallingPermission、verifyCallingOrSelfPermission 来检查访问者是否拥有所需要的权限。具体代码如下：

```
if (verifyCallingPermission("ohos.permission.CAMERA") != IBundleManager.PERMISSION_GRANTED)
{
    //调用者无权限，做错误处理
}
//调用者权限校验通过，开始提供服务
```

5. 动态申请权限开发步骤

(1) 在 config.json 文件中声明所需要的权限。具体代码如下：

```
{
    "reqPermissions": [
        {
            "name": "ohos.permission.CAMERA",
            "reason": "$string:permreason_camera",
            "usedScene": {
                "ability": ["com.mycamera.Ability", "com.mycamera.AbilityBackground"],
                "when": "always"}
        }, {
        ...
        }
    ]
}
```

(2) 使用 ohos.app.Context.verifySelfPermission 接口查询应用是否已被授予该权限。如果已被授予权限，可以结束权限申请流程。如果未被授予权限，则继续执行下一步。

(3) 使用 canRequestPermission()查询是否可动态申请。如果不可动态申请，说明已被用户或系统永久禁止授权，可以结束权限申请流程。如果可动态申请，则继续执行下一步。

(4) 使用 requestPermissionFromUser()动态申请权限，通过回调函数接收授予结果。

示例代码如下：

```
if (verifySelfPermission("ohos.permission.CAMERA") != IBundleManager.PERMISSION_GRANTED) {
    //应用未被授予权限
    if (canRequestPermission("ohos.permission.CAMERA")) {
        //是否可以申请弹框授权(首次申请或者用户未选择禁止且不再提示)

        //动态申请权限
        requestPermissionsFromUser(
                new String[] { "ohos.permission.CAMERA" } , MY_PERMISSIONS_REQUEST_CAMERA);
    } else {
        //显示应用需要权限的理由,提示用户进入设置授权
    }
} else {
    //权限已被授予
}

//请求权限的回调方法
@Override
public void onRequestPermissionsFromUserResult (int requestCode, String[] permissions, int[]
grantResults) {
    switch (requestCode) {
        case MY_PERMISSIONS_REQUEST_CAMERA: {
            //匹配 requestPermissions 的 requestCode
            if (grantResults.length > 0
                && grantResults[0] == IBundleManager.PERMISSION_GRANTED) {
                //权限被授予
                //注意,因时间差导致接口权限检查时有无权限,所以对那些因无权限而抛异常的
                //接口进行异常捕获处理
            } else {
                //权限被拒绝
            }
            return;
        }
    }
}
```

8.6.2 生物特征识别

1. 概述

HarmonyOS 提供生物特征识别认证能力，可应用于设备解锁、支付、登录等身份认证场景。当前生物特征识别能力提供 2D 人脸识别、3D 人脸识别两种人脸识别能力。设备具备哪种识别能力，取决于设备的硬件能力和技术实现。3D 人脸识别技术识别率、防伪能力都优于 2D 人脸识别技术，但具有 3D 人脸能力（比如 3D 结构光、3D TOF 等）的设备才可以使用 3D 人脸识别技术。

不用担心生物特征数据的泄露。因为人脸识别会在摄像头和 TEE（Trusted Execution Environment）之间建立安全通道，人脸图像信息通过安全通道传递到 TEE 中，由于人脸图

像信息从 REE(Rich Execution Environment)侧无法获取,从而避免了恶意软件从 REE 侧进行攻击。对人脸图像采集、特征提取、活体检测、特征比对等处理完全在 TEE 中,基于 TrustZone 进行安全隔离,外部的人脸框架只负责人脸的认证发起和处理认证结果等数据,不涉及人脸数据本身。

人脸特征数据通过 TEE 的安全存储区进行存储,采用高强度的密码算法对人脸特征数据进行加密和完整性保护,外部无法获取到加密人脸特征数据的密钥,保证用户的人脸特征数据不会泄露。Ability 采集和存储的人脸特征数据不会在用户未授权的情况下被传出 TEE,这意味着,用户未授权时,无论是系统应用还是第三方应用都无法获得人脸特征数据,也无法将人脸特征数据传送或备份到任何外部存储介质。

2. 准备工作

在应用配置权限文件中,增加 ohos. permission. ACCESS_BIOMETRIC 的权限声明。

在使用生物特征识别认证能力的代码文件中增加 import ohos. biometrics. authentication. BiometricAuthentication。

3. 开发过程

(1) 获取 BiometricAuthentication 的单例对象。示例代码如下:

```
BiometricAuthentication biometricAuthentication =
BiometricAuthentication.getInstance(MainAbility.mAbility);
```

(2) 检测设备是否具有生物认证能力。2D 人脸识别建议使用 SECURE_LEVEL_S2,3D 人脸识别建议使用 SECURE_LEVEL_S3。示例代码如下:

```
int retChkAuthAvb = biometricAuthentication.checkAuthenticationAvailability(
    BiometricAuthentication.AuthType.AUTH_TYPE_BIOMETRIC_FACE_ONLY,
    BiometricAuthentication.SecureLevel.SECURE_LEVEL_S2, true);
```

(3) (可选)设置需要关联认证结果的 Signature 对象、Cipher 对象或 Mac 对象。示例代码如下:

```
//定义一个 Signature 对象 sign
biometricAuthentication.setSecureObjectSignature(sign);

//定义一个 Cipher 对象 cipher
biometricAuthentication.setSecureObjectCipher(cipher);

//定义一个 Mac 对象 mac
biometricAuthentication.setSecureObjectMac(mac);
```

(4) 在新线程中执行认证操作,避免阻塞其他操作。示例代码如下:

```
new Thread(new Runnable() {
    @Override
    public void run() {
        int retExcAuth;
```

```
            retExcAuth = biometricAuthentication.execAuthenticationAction(
                BiometricAuthentication.AuthType.AUTH_TYPE_BIOMETRIC_FACE_ONLY,
                BiometricAuthentication.SecureLevel.SECURE_LEVEL_S2, true, false, null);
        }
    }).start();
```

（5）获得认证过程中的提示信息。示例代码如下：

```
AuthenticationTips tips = biometricAuthentication.getAuthenticationTips();
```

（6）（可选）认证成功后获取已设置的 Signature 对象、Cipher 对象或 Mac 对象。示例代码如下：

```
Signature sign = biometricAuthentication.getSecureObjectSignature();

Cipher cipher = biometricAuthentication.getSecureObjectCipher();

Mac mac = biometricAuthentication.getSecureObjectMac();
```

（7）认证过程中取消认证。示例代码如下：

```
int ret = biometricAuthentication.cancelAuthenticationAction();
```

8.7 分布式应用迁移开发示例

本节介绍一个 HarmonyOS 极具特色的功能——分布式应用迁移的实现。

8.7.1 应用迁移

在初步了解 HarmonyOS 之后，下面以一个分布式应用的例子来理解 HarmonyOS 带来一个怎样的新的面向未来多场景多设备的应用体验。前面提到了整个华为的 1＋8＋N 的布局，也就是说华为想用 HarmonyOS 搭建一个在不同的设备协同的工作平台。图 8-7 就是其中一个关于图库的应用样例。可以设想这样一个场景，白天用手机拍摄了很多图片，晚上在客厅沙发上想把这些图片通过电视的大屏幕显示和家人一起分享。这时，只需要在手机端单击“流转”按钮，确认授权之后就可以将应用迁移到电视的大屏幕端，并且在手机当中应用的竖屏模式，会自动切换为横屏模式，从而得到更好的交互体验。

8.7.2 基本原理

图 8-8 阐述了分布式应用迁移过程，实现这个功能要通过以下几个步骤。

（1）设备组网。要让设备 A 和设备 B 通过华为 ID 进行组网，保证其在同一局域网内。

（2）获得权限。在设备 A 上获得相应的权限授权。

（3）触发迁移。在迁移过程中应用实现相应的 IAbilityContinuation 接口。这个接口提供了四个回调函数 onStartContinuation()、onSaveData()、onRestoreData()和

图 8-7 分布式应用迁移样例

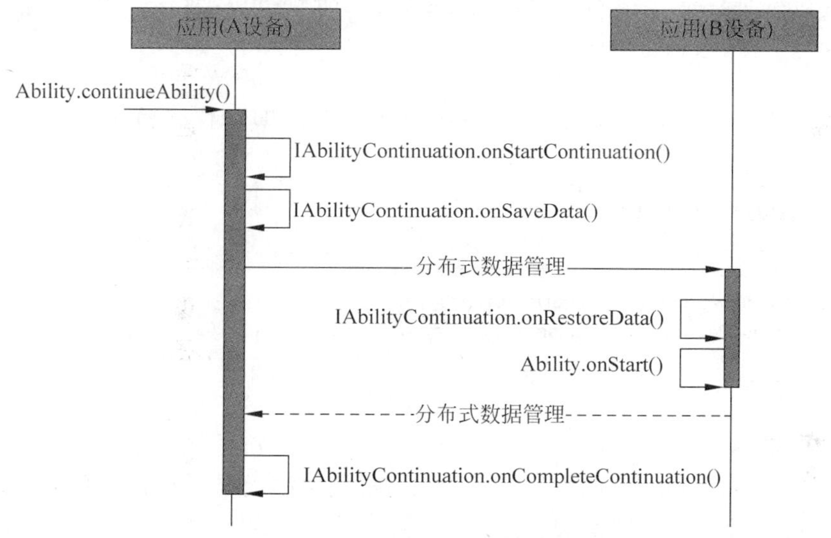

图 8-8 分布式应用迁移原理交互

onCompleteContinuation(),分别对应在设备 A 迁移开始,在设备 A 保存迁移相关的数据,在设备 B 恢复相关的迁移数据和在设备 A 完成迁移四个时间节点要做的事情。而其中最关键的就是分布式数据的管理。数据借助的是分布式数据检索服务组件(分布式数据库、分布式索引库和共享缩略图),使用开放 API,SDK 与中间件交互,完成分布式浏览和搜索。主要涉及两个数据库:一个是 OS 中的分布式中间件 Database,数据同步完成后,两个设备之间的该数据库数据应该一致;另一个是图库的数据中新增的数据表,使用一个标记来标识是否刷新到分布式数据库中。没有网络的情况下,数据将会更新在本地数据库中,下一次连接时将互相比对数据库,来保证两个设备的分布式数据库中的数据一致。

8.7.3 示例代码

1. 获取多设备协同权限

在进行迁移前一定要获得相应的 SystemPermission.DISTRIBUTED_DATASYNC 权限。如果得到该权限，则可以发起迁移，否则需要申请权限。示例代码如下：

```
/**
  * 应用迁移:应用迁移前需要得到用户的多设备协同权限的授权
* 若应用已获得该权限,则应用可以直接发生迁移
*/
private void migrateAbility(){
    if (verifySelfPermission(SystemPermission.DISTRIBUTED_DATASYNC) == IBundleManager
.PERMISSION_GRANTED) {
        this.continueAbility();
    } else {
        requestPermission(SystemPermission.DISTRIBUTED_DATASYNC);
    }
}
```

申请权限调用 requestPermissionFromUser()方法。具体代码如下：

```
/**
  * 主动向用户发起权限申请
*/
private void requestPermission(String permission){
    if (canRequestPermission(permission)) {
        requestPermissionFromUser(new String[]{permission}, 0x1001);
    }
}
```

2. 回调方法

IAbilityContinuation 接口的四个回调方法，示例中的代码只是在迁移完成之后结束当前的 Ability 的显示。具体代码如下：

```
@Override
public boolean onStartContinuation(){
    //用于发起应用迁移侧完成迁移前的准备动作
    return true;
}

@Override
public boolean onSaveData(Intentparams params)(
    //用于发起应用迁移侧保存迁移所需要的数据
    return true;
}
@override
public boolean onRestoreData(Intentparams params){
    //用于迁移后应用侧恢复数据
```

```
        return true;
    }

    @Override
    public void onCompleteContinuation(int code){
        //用于发起应用迁移侧在迁移完成后做一些动作
        this.terminateAbility();
    }
```

3. 触摸和按键的监听器

首先实现手势 Component. ClickedListener 和按键 Component. KeyEventListener 两个监听器接口，然后绑定监听器到 UI 中的 syncButton 按钮。具体代码如下：

```
public class MainAbility extends Ability implements IAbilityContinuation, Component
.ClickedListener, Component.KeyEventListener {
    @Override
    public void onStart(Intent intent) {
        super.onStart(intent);
    }
    //将 UI 资源文件加载到应用中
    super.setUIContent(ResourceTable.Layout_ability_main);

    //为 UI 中的远程迁移按钮绑定触发迁移的触发事件
    Image syncButton = (Image) findComponentById(ResourceTable.Id_gallery_sync);
    syncButton.setClickedListener(this::onClick);
    syncButton.setKeyEventListener(this::onKeyEvent);

}
```

Component. KeyEventListener 要实现 onKeyEvent()方法。这个方法是按键被按之后的回调函数。在示例中，要检查按键是否被按下，而且用户是否按下的是中央的按键。如果是，则触发迁移。具体代码如下：

```
/**
 * 响应按键输入事件:当 UI 组件收到遥控器中心键按下事件时,发起应用迁移
 */
@Override
public boolean onKeyEvent(Component component, KeyEvent keyEvent) {
    if (keyEvent.isKeyDown() && keyEvent.getKeyCode() == KeyEvent.KEY_DPAD_CENTER) {
        migrateAbility();
        return true;
    }
    return false;
}
```

手势的 Component. ClickedListener 接口的回调函数是 onClick()方法。示例中，单击 UI 组件之后直接触发迁移。示例代码如下：

```
/**
  * 响应手势事件:当 UI 组件被单击时,发起应用迁移
 */
@Override
public void onClick(Component component) {
    migrateAbility();
}
```

4. 自适应布局

通过 AdaptiveBoxLayout 实现横、竖屏的自适应布局。具体代码如下：

```
<AdaptiveBoxLayout
    ohos:width="match_parent"
    ohos:height="match_content">

    <!-- 图库:推荐 -->
    <DirectionalLayout>

    <!-- 图库:照片 -->
    <DirectionalLayout>
</AdaptiveBoxLayout>
```

5. 运行结果

如图 8-9 所示，将图库应用同时装在手机和智慧屏中，然后将两个设备通过华为 ID 进行组网。

图 8-9　图库应用

如图 8-10 所示，单击“流转”按钮，请求用户授予权限。

如图 8-11 所示，单击之后智慧屏显示图库应用。此时，图库应用已经自动从竖屏转成横屏。手机在迁移完成后也结束了当前的 Ability，分布式应用迁移完成。

图 8-10 单击“流转”按钮

图 8-11 分布式应用迁移原理交互

练习 8

1. 【单选题】下列关于 Service 说法错误的是(　　)。
   A. 基于 Service 模板的 Ability(以下简称 Service)主要用于后台运行任务(如执行音乐播放、文件下载等)，但不提供用户交互界面
   B. Service 可由其他应用或 Ability 启动，即使用户切换到其他应用，Service 仍将在后台继续运行
   C. 在一个设备上，相同的 Service 会存在多个实例
   D. 由于 Service 是在主线程中执行的，因此，如果在 Service 中的操作时间过长，开发者必须在 Service 中创建新的线程来处理，防止造成主线程阻塞，应用程序无响应

2.【判断题】启动 Service 在其他 Ability 调用 startAbility()时创建，然后保持运行。连接 Service 支持其他 Ability 通过 connectAbility()方法与其进行连接。

3.【简答题】简述 Service 的生命周期。

4.【单选题】下列关于 DataAbility 的说法错误的是(　　)。

A. 开发者可以通过 DataAbilityHelper 类来访问当前应用或其他应用提供的共享数据

B. DataAbilityHelper 作为客户端，与提供方的 Data 进行通信。Data 接收到请求后，执行相应的处理，并返回结果

C. DataAbilityHelper 提供了一系列与 Data Ability 对应的方法

D. 和 Service 类似，开发者不必在配置文件中注册 Data

5.【判断题】DataAbilityHelper 为开发者提供了 FileDescriptor openFile(Uri uri, String mode)方法来操作文件。

6.【判断题】通过 DataAbilityHelper 对象的增、删、改、查方法来实现关系数据库的操作。

7.【单选题】关于轻量级偏好数据库说法错误的是(　　)。

A. 轻量级偏好数据库主要提供轻量级 Key-Value 操作，支持本地应用存储少量数据

B. 轻量级偏好数据库数据存储在本地文件中，所以访问速度不快

C. 轻量级偏好数据库属于非关系数据库

D. 轻量级偏好数据库不宜存储大量数据，经常用于操作键值对形式数据的场景

8.【简答题】简述关系数据库的运行机制。

9.【简答题】简述 HarmonyOS 传感器工作原理。

10.【判断题】HarmonyOS 是通过任务分派机制来实现线程的管理的。TaskDispatcher 提供了对任务分派接口。GlobalTaskDispatcher 提供了全局的任务分发器的实现。asyncDispatch()则是其中异步任务分发的方法。

11.【简答题】简述 HarmonyOS 中 EventRunner 和 EventHandler 机制。

12.【单选题】访问 URL 链接开发步骤顺序是(　　)。

(1) 调用 NetManager. getInstance(Context)获取网络管理的实例对象

(2) 调用 NetManager. getDefaultNet()获取默认的数据网络

(3) 调用 NetHandle. openConnection()打开一个 URL

(4) 通过 URL 链接实例访问网站。调用 connect()方法链接远程资源

A. (1)(2)(3)(4)　　　　B. (1)(3)(2)(4)

C. (1)(4)(2)(3)　　　　D. (1)(3)(4)(2)

13.【简答题】简述 HarmonyOS 的权限机制。

14.【简答题】简述生物特征识别的开发过程。

第四篇

PART 4

HMS 应用开发

第 9 章

HMS 开发基础

本章概述 HMS 的基本知识，并以账号服务、推送服务、应用内支付服务介绍 HMS 开发的基础服务。最后，介绍快应用开发的基础知识。

9.1 HMS 概述

本节介绍 HMS 系统的生态和体系结构，并且介绍如何配置 HMS 的开发环境，为后续的章节做准备。

9.1.1 HMS

华为打造的基于消费者终端的 1+8+N 的芯片—端—云这样一个生态系统如图 9-1 所示。在这个生态系统中以用户手机作为生态的核心，从手机的优势出发，向外延展至 8 个辅助设备，实现一碰传文件、一碰传音频、一碰连网、多屏协同等体验。最后，通过 HiLink 链接海量的 N 个 IoT 设备，从而搭建一个全场景的智慧生活生态系统。

区别于相应的硬件生态，HMS 是其应用生态的总称。其中最终会包含大量的 HMS App 和第三方 App。而且这些 App 都是依托于 HMS 框架所提供的强大的服务，截至 2020 年 9 月，其中包括了 56 个能力和 12981 个 Core API。

如图 9-2 所示，HMS 框架主要由 HMS Connect 和 HMS Core 组成。HMS Connect 由应用市场、内容中心、智慧平台和开发者联盟四部分组成。其中的重点是应用市场（App Gallery Connect）。它主要为 App 开发、分发、运营等各个环节提供一站式服务，大幅提高应用开发和运维的效率，提高版本质量，开放分发和运营服务，帮助开发者尽快实现规模化增长。内容中心（Content Connect）是华为的内容接入平台，包括主题、音乐和视频等内容资源，使得内容生产者能够及时将内容分发到华为自有应用上，让内容更快捷、更准确地到达终端用户。智慧平台（Service Connect）是华为统一的原子化服务接入和分发平台，聚合泛终端全场景的流量入口，为开发者提供一次接入、基于 AI 全场景分发的服务。开发者联盟（Developer Connect，https://developer.huawei.com/consumer）是华为终端合作伙伴的开放平台，致力于在整个开发、测试、推广和变现全生命周期内提供全场景的新体验服务。

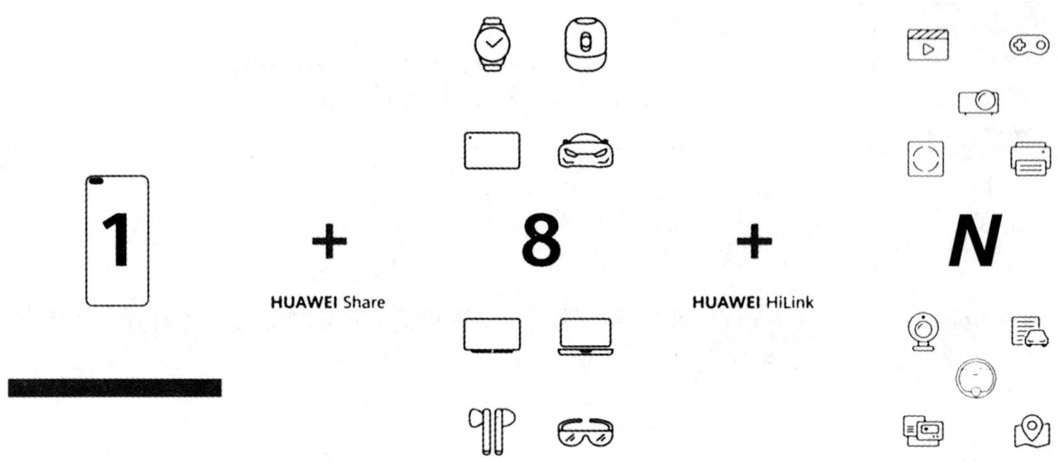

图 9-1 1+8+N 生态系统

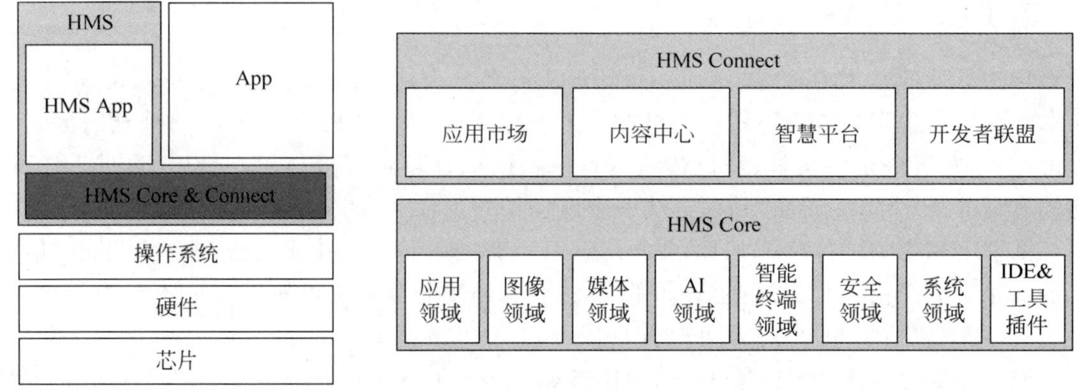

图 9-2 HMS 生态架构

HMS Core 为开发者提供了应用领域、图像领域、媒体领域、AI(人工智能)领域、智能终端领域、安全领域、系统领域等多个领域的开放能力。例如华为账号服务、相机服务、AR 引擎、近距离通信、机器学习服务、线上快速身份验证服务、HiCar 等服务。此外,HMS Core 还为开发者提供了集成 IDE 和各种工具插件。

正是有了强大的 HMS 框架,才能让开发者可以轻松集成华为的多种开发能力,让开发者专注于用户使用场景和体验的创新,从而通过这些强大服务帮助应用获得更多的用户、更高的活跃度和更大的商业成功。

9.1.2 HMS环境配置

集成 HUAWEI HMS Core 能力，需要完成以下准备工作。

(1) 配置应用市场 AppGallery Connect。

(2) 集成 HMS。

(3) 配置混淆脚本。

(4) 添加权限。

1. 配置应用市场 AppGallery Connect

配置应用市场 AppGallery Connect 需要经过以下几个步骤：

(1) 在华为开发者联盟网站上创建应用市场 AppGallery Connect 项目及应用；

(2) 在开发主机上生成签名证书和指纹；

(3) 在应用市场 AppGallery Connect 上添加指纹证书；

(4) 在应用市场 AppGallery Connect 上开通 API 服务。

步骤(1)、(3)、(4)的具体操作详细步骤可参考附录 C。

步骤(2)只需要进行一次操作，以后每个项目可以复用生成的签名证书和指纹。其他几个步骤在每个应用都需要重新操作，直到最后 Sync 成功，才表示环境的配置成功。下面重点介绍步骤(2)的相关原理。

当通过一个不可信任的网络收到一个数据时，可能会担心这个数据是否已经被别人知道。于是就会给数据加密，那么加密用到的数据就是密钥，发送方用这个密钥来进行加密，接收方也用这个密钥来进行解密。这就是对称密钥加密。这样的密钥是不能公开的，一旦公开，那么持有这个密钥的人就可以解密加密的数据。但是，如果不公开，如何让发送方知道的密钥呢？一旦将密钥置于不可信的网络中，密钥就有被窃取的可能性。于是非对称加密就诞生了。非对称加密的核心就是密钥分为公钥和私钥。公钥和私钥成对出现，公开的密钥叫公钥，只有自己知道不告诉别人的密钥叫私钥。用公钥加密的数据只有对应的私钥可以解密，用私钥加密的数据只有对应的公钥可以解密。非对称算法的过程如下：

(1) 接收方生成一对密钥，即私钥和公钥；

(2) 接收方将公钥发送给发送方；

(3) 发送方用收到的公钥对数据加密，再发送给接收方；

(4) 接收方收到数据后，使用自己的私钥解密。

由于在非对称算法中，公钥加密的数据必须用对应的私钥才能解密，而私钥又只有接收方自己知道，这样就保证了数据传输的安全性。非对称加密由于比较消耗计算资源，往往会结合对称加密。比如将对称加密的密钥通过非对称加密的过程传输给对方，从而达成双方都持有密钥，再用这个密码来加密要传递的具体数据。

对一个 App 来说，下载了一个 APK 文件，怎么知道这个 APK 文件就是这个公司发布的官方版本，而不是某个恶意篡改的版本？数字签名技术应运而生。具体原理如图 9-3 所示。数字签名其实就是只有信息的发送者才能产生的别人无法伪造的一段数字串，这段数字串同时也是对信息的发送者发送信息真实性的一个有效证明。数字签名包括两部分：数字证书和数字签名。所谓数字证书，一般包含以下内容：证书的发布机构（Issuer）、证书的有效期（Validity）、消息发送方的公钥、证书所有者（Subject）、数字签名所使用的算法。首先通过哈希函数将数据转成一个哈希值。然后对这个哈希值用私钥进行加密，加密之后就得到了一个签名，或者说是一个指纹。加上数字证书，就可以拥有一个签名之后的数据。当验证时，只需要将签名通过证书中的公钥解密，如果解密出来的哈希值和接收到的数据哈希之后的哈希值一致，就说明这个数据是有效的，是没有经过篡改的。

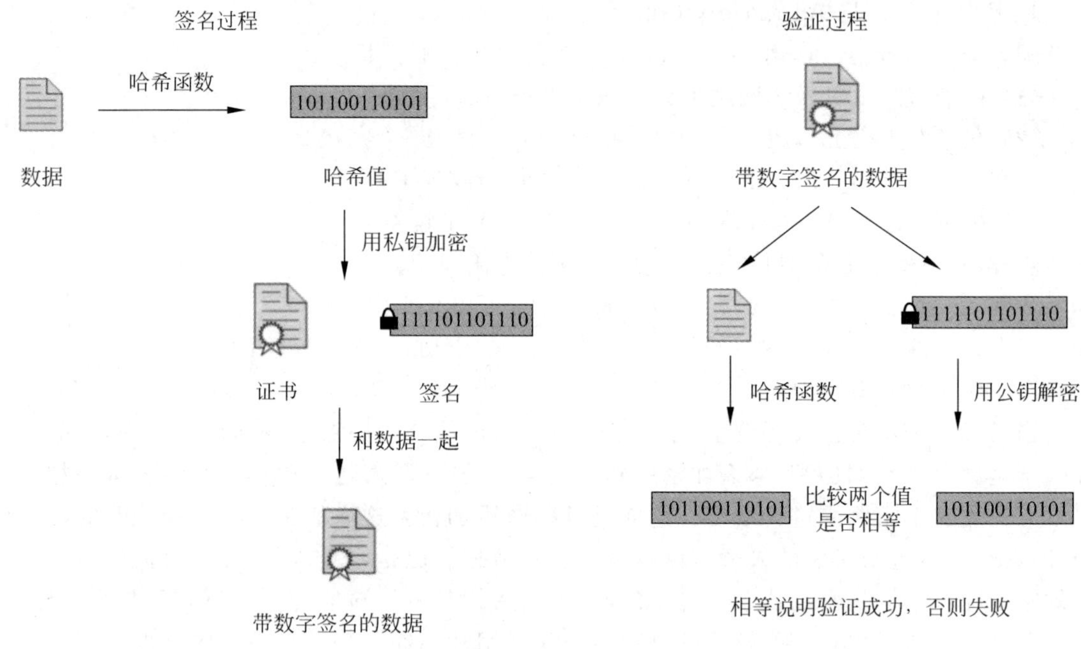

图 9-3　数字证书和数字签名

那么如果在开发中，每次生成 APK 文件都需要进行签名，就会频繁地访问私钥文件，而私钥文件一般都是非常保密的，想要频繁使用可能有些费事。所以就有了延迟签名的机制。延迟签名的意思就是在开发阶段，只把公钥提供给开发人员，只用公钥对程序集进行签名，在最后打包发布时，才使用私钥来进行签名。

Android Studio 生成签名文件以及通过 JDK 的 Keytool 工具以及签名文件、导出 SHA256 指纹的详细步骤可参考附录 C 部分。

2. 集成 HMS

集成 HMS 需要经过以下几个步骤：

（1）从应用市场 AppGallery Connect 上下载应用的 agconnect-services. json 文件，将其复制到应用级根文件夹下；

（2）复制配置应用市场 AppGallery Connect 步骤（3）中生成的 HmsDemo. jks 文件到应用级根文件夹；

(3) 在开发主机上配置项目级和应用级 build.gradle 文件；

(4) Sync Now 同步项目。

在项目中会有两个 build.gradle 配置文件，分别位于根文件夹和 app 文件夹下。一般把它们称为项目级配置和应用级配置。

第一是根文件夹下的项目级配置文件 build.gradle。

(1) 配置插件使用的仓库和 agcp plugin。具体代码如下：

```
buildscript {
repositories {
        google()
        jcenter()
        maven {url 'https://developer.huawei.com/repo/'}
}
    dependencies {
        classpath 'com.android.tools.build:gradle:4.1.0'
        classpath 'com.huawei.agconnect:agcp:1.4.1.300'
    }
}
```

(2) 设置 HMS 依赖仓库。具体代码如下：

```
allprojects {
    repositories {
        google()
        jcenter()
        maven {url 'https://developer.huawei.com/repo/'}
    }
}
```

第二是/app 下的应用级配置文件 build.gradle。

(1) 添加 agcp plugin 的声明。

```
apply plugin: 'com.huawei.agconnect'
```

(2) 华为账号 SDK 的依赖。这个具体看模块所需要依赖的那个功能的 SDK。下面例子用的是华为的账号 AccountKit 所需要依赖的 SDK 版本。

```
dependencies {
    implementation 'com.huawei.hms:hwid:5.1.1.300'
}
```

应用内支付功能需要在/app 下的应用级配置文件 build.gradle 中添加应用内支付的依赖。

```
dependencies {
    implementation 'com.huawei.hms:iap:5.0.1.300'
}
```

第三是添加签名配置信息。

如图 9-4 所示，将已经生成的签名文件 HmsDemo.jks 复制到 app 文件夹下之后，打开应用级 build.gradle 文件（通常是 app/build.gradle）。在 build.gradle 文件的 Android 闭包中添加签名配置信息。

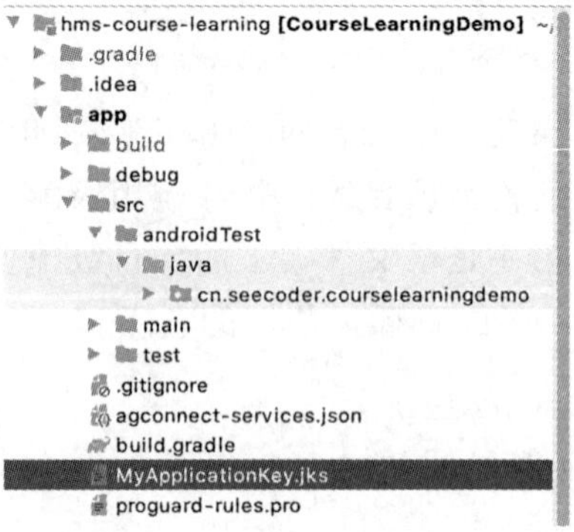

图 9-4 复制 JKS 文件

具体代码如下：

```
signingConfigs {
    release {
        storeFile file('HmsDemo.jks')
        keyAlias 'hmsdemo'
        keyPassword '123456'
        storePassword '123456'
        v1SigningEnabled true
        v2SigningEnabled true
    }}

buildTypes {
    release {
        signingConfig signingConfigs.release
        minifyEnabled false
        proguardFiles getDefaultProguardFile('proguard - android - optimize.txt'), 'proguard -
rules.pro'
    }
    debug {
        signingConfig signingConfigs.release
        debuggable true
    }}
```

第四是单击 Sync Now 按钮同步工程，如图 9-5 所示。当系统的配置发生更改后，单击 Sync Now 按钮，系统会自动根据修改的配置重新同步。比如添加新的依赖的 SDK、读取新的配置参数等。

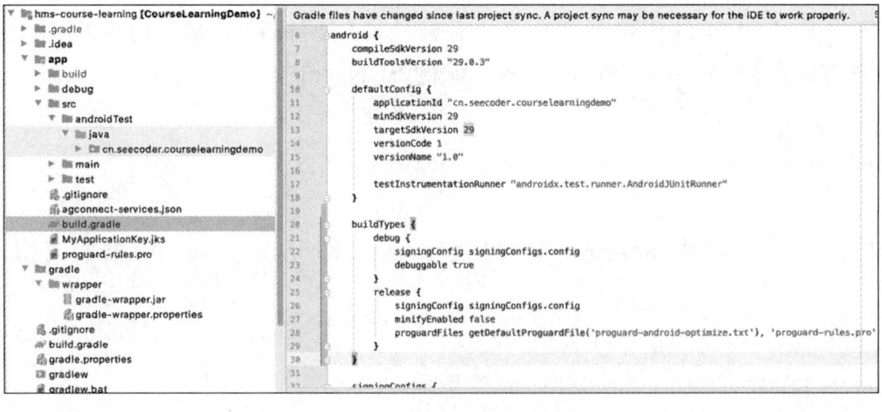

图 9-5 添加签名配置信息

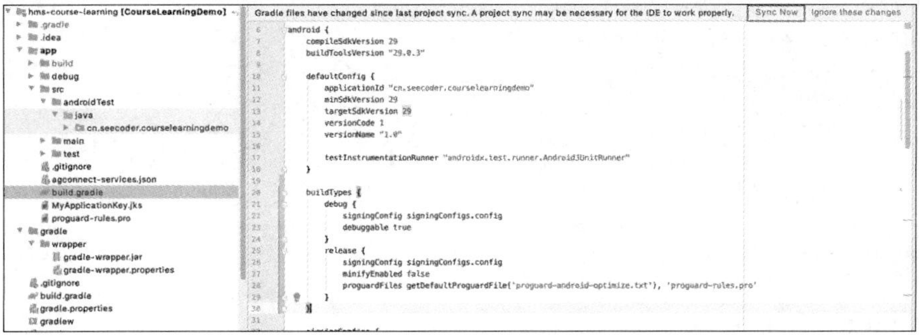

图 9-6 单击 Sync Now 按钮

如图 9-7 所示，finished 和 BUILD SUCCESSFUL 即代表同步成功。至此完成了集成准备工作。

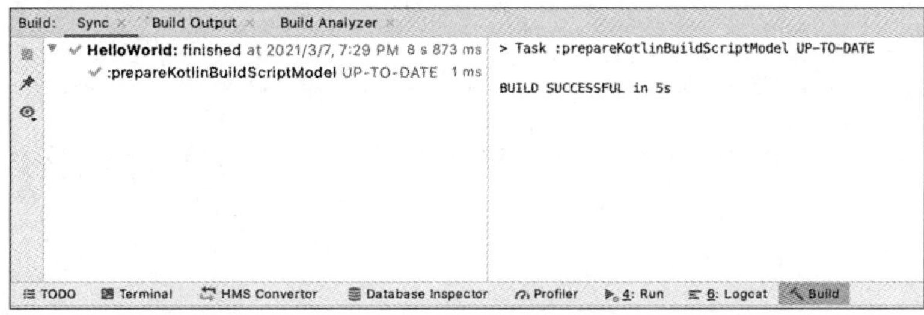

图 9-7 同步成功

3. 配置混淆脚本

在编译 APK 文件前需要配置混淆配置文件，避免混淆 HMS Core SDK 导致功能异常。Android Studio 开发环境中的混淆配置文件是 proguard-rules. pro，放置在应用级根文件夹下。可以按如下代码，加入排除 HMS Core SDK 的混淆配置。

```
-ignorewarnings
-keepattributes *Annotation*
-keepattributes Exceptions
-keepattributes InnerClasses
-keepattributes Signature
-keepattributes SourceFile,LineNumberTable
-keep class com.huawei.hianalytics.**{*;}
-keep class com.huawei.updatesdk.**{*;}
-keep class com.huawei.hms.**{*;}
```

如果使用了 AndResGuard，需要在混淆配置文件中加入 AndResGuard 允许清单。具体代码如下：

```
"R.string.hms*",
"R.string.connect_server_fail_prompt_toast",
```

```
"R.string.getting_message_fail_prompt_toast",
"R.string.no_available_network_prompt_toast",
"R.string.third_app_*",
"R.string.upsdk_*",
"R.layout.hms*",
"R.layout.upsdk_*",
"R.drawable.upsdk*",
"R.color.upsdk*",
"R.dimen.upsdk*",
"R.style.upsdk*",
"R.string.agc*"
```

4. 添加权限

项目需要获得相应的权限才能使用相关功能。比如，以 Account SDK 为例，需要获取网络状态权限和获取 Wi－Fi 状态权限。所以需要在工程 AndroidManifest.xml 文件中添加如下权限：

```
<!-- check network permissions -->
<uses-permission android:name="android.permission.ACCESS_NETWORK_STATE" />
<!-- check wifi state -->
<uses-permission android:name="android.permission.ACCESS_WIFI_STATE" />
```

9.2 账号服务

本节将介绍华为账号服务（Account Kit）。华为账号服务提供了简单、安全的登录授权功能，方便用户快捷登录。用户不必输入账号、密码及进行烦琐的验证，就可以通过“华为账号登录”快速登录。

9.2.1 Account Kit 功能介绍

1. Account Kit 的特点

（1）统一服务。无论是手机、平板、计算机还是穿戴设备都可以通过账号服务进行统一的登录、退出登录操作。

（2）全球覆盖。账号服务提供了针对全球不同国家海量用户的服务支持。

（3）安全可靠。账号服务遵循 OAuth 2.0 和 OpenID Connect 国际标准协议，而且采用了高安全性密码验证和手机号的双重校验模式。此外，账号服务通过了欧盟最高级别的 GDPR 隐私规范，说明其强大的隐私保护能力。

（4）流程简单。用户只需要三步就可以拥有一个华为的账号：①填写基本信息；②校验邮箱或者手机号；③设置密码。

2. Account Kit 的主要功能

（1）Authorization Code。Authorization Code 是一次性授权码，而 Authorization Code 模式是一种临时性的授权票据模式，它仅适用于有自己服务器的应用。

(2) ID token。ID Token 是已登录用户的身份信息,其中包括用来验证身份信息的签名信息。所以,ID Token 模式就是用户身份认证信息的模式。这种模式适用于单机应用和有自己服务器的应用。

(3) 静默登录。用户首次使用账号登录应用后,再次登录时,无须重复授权。

(4) 账号退出。账号退出是指应用向用户提供退出当前账号的入口,用户退出登录后应用需要通知 HMS Core SDK 清除本地当前已经登录的账号信息。

(5) 账号取消授权。为了提升应用隐私安全,应用可以提供入口,供用户取消对应用的授权。

(6) 读取短信验证码。华为账号服务提供自动读取短信验证码和授权读取短信验证码功能,可根据业务需求,进行相应的功能开发。

3. Authorization Code 和 ID Token

如图 9-8 所示,华为账号支持 Authorization Code 和 ID Token 两种授权登录模式。

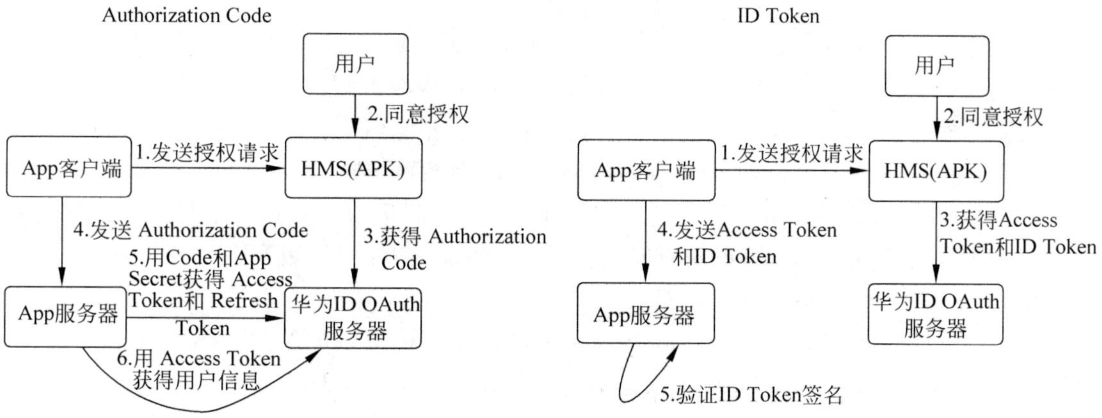

图 9-8 华为账号的授权登录模式

Authorization Code 是一次性授权码,用于在 OAuth 服务器上进行身份验证。ID Token 是已登录用户的身份信息,还包括验证身份信息的签名。Access Token 主要是用于访问用户资源的令牌,相当于钥匙。Refresh Token 是旧的 Access Token 过期后获取新的 Access Token 的令牌。

1) Authorization Code 主要的授权过程

(1) 客户端向 HMS 发出授权请求。

(2) 用户通过授权界面同意授权。

(3) 华为 ID OAuth Server 返回 Authorization Code。

(4) 客户端将 Authorization Code 发送给 App 服务器。

(5) App 服务器向华为 ID OAuth Server 换取 Access Token、Refresh Token、ID Token 等信息。

(6) App 服务器从华为 ID OAuth Server 获取用户的 openid 等信息。

2) ID Token 主要的授权过程

(1) 客户端向 HMS 发出授权请求。

(2) 用户通过授权界面同意授权。

(3) 华为 ID OAuth Server 返回 Access Token、ID Token 信息。

(4) 客户端将 Access Token 和 ID Token 发送给 App 服务器。

(5) App 服务器验证 ID Token 的有效性。

Authorization Code 是一种临时的授权模式,通过 Authorization Code 再获取 Access Token 和 ID Token 等信息。这种授权模式是有一定时效性的,如果失效了需要刷新(Refresh)。ID Token 是直接获得 ID Token,然后在使用之前需要验证其有效性。两种模式有各自的优势和使用场景。

9.2.2 Authorization Code 模式登录

Authorization Code 模式验证需要经过如下步骤:

(1) 代码创建一个 AccountAuthParams 对象作为后面方法的参数。这个参数设置后面函数的参数。上述代码设置了授权的范围(Profile)、授权方式(Authorization Code)。

(2) 通过 AccountAuthManager.getService()方法得到一个 AccountAuthService 对象。这是 Android 惯用的得到某个 ServiceManager 对象的方法。

(3) AccountAuthService.getSignInIntent()方法拉起华为账号登录授权页面。这时就跳入了 HMS 的 SDK 中,当用户登录授权完成后,系统带着结果返回当前 Activity 来处理登录结果。

(4) 可以通过回调 onActivityResult()方法来处理系统带来的结果,AccountAuthService.parseAuthResultFromIntent(data)分析结果,如果成功,authHuaweiIdTask.getResult()可以得到相应的结果。其中包括了 Authorization Code,就可以进行进一步的验证。比如向华为账号服务器发送 POST 请求,系统会给出相应的响应,包含 ID Token、Access Token、Refresh Token。

(5) 系统利用 ID Token、Access Token、Refresh Token 信息就可以享用华为的账号服务。

(6) 由于 Access Token 的有效期(目前是 60min)较短,当 Access Token 失效,或者即将失效时,可以使用 Refresh Token(当前默认有效期为 180 天)通过获取凭证 Access Token 向华为账号服务器请求获取新的 Access Token。

Authorization Code 模式验证的具体代码如下:

```
private AccountAuthService mAuthManager;
private AccountAuthParams mAuthParam;

private void signInCode() {
    mAuthParam = new AccountAuthParamsHelper(AccountAuthParams.DEFAULT_AUTH_REQUEST_PARAM)
            .setProfile()
```

```
                .setAuthorizationCode()
                .createParams();
        mAuthManager = AccountAuthManager.getService(AccountActivity.this, mAuthParam);
        startActivityForResult(mAuthManager.getSignInIntent(), Constant.REQUEST_SIGN_IN_LOGIN_CODE);
    }
```

下面是发出 POST 请求的样例。其中,包括授权的类型、授权码、客户 ID、客户 Secret 以及回调地址。回调地址是用于应用服务器在获取用户授权后接收 Authorization Code 和获取 Access Token。

```
POST /oauth2/v3/token HTTP/1.1
Host: oauth - login.cloud.huawei.com
Content - Type: application/x - www - form - urlencoded
grant_type = authorization_code&
code = CF3L7XyCVZi52XMdsUzD7Z6ap0/N2qExcNe0AMqTselTtNd1B4DUwTsQ/23FPZasC8yI29v + N2s2jMT/T2MXiuc +
178I/sYuWVoTyqwBaDqVW82KCMqaxbeWBguH4hEENxmDSUIE61Qg5R1F074PiS + qJYnbLI2IBqatS37px8pn5qnuq5oX +
UX8XN3/w8HLt4GpakW5Dk1v7hGs&
client_id = {app_id}&
client_secret = {app_secret}&
redirect_uri = https % 3A % 2F % 2F/www.example.com/ % 2Fredirect_uri
```

下面是服务器响应的示例。其中包含了 Access Token 和 Refresh Token 的信息、剩余有效期。id_token 返回的是 JWT 格式的数据,包含用户基本账号、邮箱等数据。scope 是生成的凭证 Access Token 的授权域信息,显式告知用户授权的内容。示例中包括账号、个人信息、邮箱信息。

```
HTTP/1.1 200 OK
Content - Type: application/json;charset = UTF - 8
Cache - Control: no - store
Pragma: no - cache
{
"access_token": "CFyJ21sNODl16eV9y2vu3CwQk9DBr32BkOcxxgAd7MZUR5th1giyTk5\/kA + QDAyxou + \/
5U2zzBRcf3qgLkkFdtbbC + mM3zFV7xj7CCEMHc5Tw92al0Y = ",
"refresh_token": "CF13G0sRaGybtYt7SIyeUILNORtTFwMgz4ao5C7j7vtgLPt6ogmXKjdI8RS\/YlyS71z4Dy-
P6kEMnOrRlmNK0KhdOUNWd + qVLLRsEEHkqRIKpuAkPvL8 = ",
"expires_in": 3600,
"id_token": "...省略",
"scope": "openid profile email",
"token_type": "Bearer"
}
```

onActivityResult()是一个带返回的 Activity 的接收返回值的回调方法。requestCode 是触发 Activity 的请求码,resultCode 是返回结果的代码,而 data 是返回的数据。通过分析 data 中的结果可以指示是否成功登录和得到 AuthAccount 对象,从而得到 AuthorizationCode。具体处理返回结果的代码如下:

```
@Override
    protected void onActivityResult(int requestCode, int resultCode, Intent data) {
```

```
        super.onActivityResult(requestCode, resultCode, data);
        if (requestCode == Constant.REQUEST_SIGN_IN_LOGIN_CODE) {
            //login success
            Task<AuthAccount> authAccountTask = AccountAuthManager.parseAuthResultFromIntent(data);
            if (authAccountTask.isSuccessful()) {
                AuthAccount authAccount = authAccountTask.getResult();
                Log.i(TAG, "signIn get code success.");
                Log.i(TAG, "ServerAuthCode: " + authAccount.getAuthorizationCode());

                /**** english doc:For security reasons, the operation of changing the code
to an AT must be performed on your server. The code is only an example and cannot be run. ****/
                /**********************************************************/
            } else {
                 Log.i(TAG, "signIn get code failed: " + ((ApiException) authAccountTask
.getException()).getStatusCode());
            }
        }
    }
```

9.2.3 ID Token 模式登录

ID Token 的授权与前面类似，只是在设置参数时不一样。在处理 Result 的方法上可以直接得到 AuthAccount 对象，可以直接得到相应的 Token。ID Token 模式验证的代码如下：

```
    /**
     * Codelab Code
     * Pull up the authorization interface by getSignInIntent
     */
    private void signIn() {
        mAuthParam = new AccountAuthParamsHelper(AccountAuthParams.DEFAULT_AUTH_REQUEST_PARAM)
                .setIdToken()
                .setAccessToken()
                .createParams();
        mAuthManager = AccountAuthManager.getService(AccountActivity.this, mAuthParam);
        startActivityForResult(mAuthManager.getSignInIntent(), Constant.REQUEST_SIGN_IN_LOGIN);
    }
```

具体处理返回结果的代码如下：

```
@Override
    protected void onActivityResult(int requestCode, int resultCode, Intent data) {
        super.onActivityResult(requestCode, resultCode, data);
        if (requestCode == Constant.REQUEST_SIGN_IN_LOGIN) {
            //login success
            //get user message by parseAuthResultFromIntent
            Task<AuthAccount> authAccountTask = AccountAuthManager.parseAuthResultFromIntent(data);
            if (authAccountTask.isSuccessful()) {
                AuthAccount authAccount = authAccountTask.getResult();
                Log.i(TAG, authAccount.getDisplayName() + " signIn success ");
```

```
                Log.i(TAG, "AccessToken: " + authAccount.getAccessToken());
            } else {
                Log.i(TAG,"signIn failed: " + ((ApiException) authAccountTask.getException())
.getStatusCode());
            }
        }
}
```

ID Token 模式登录的运行截图如图 9-9 所示。

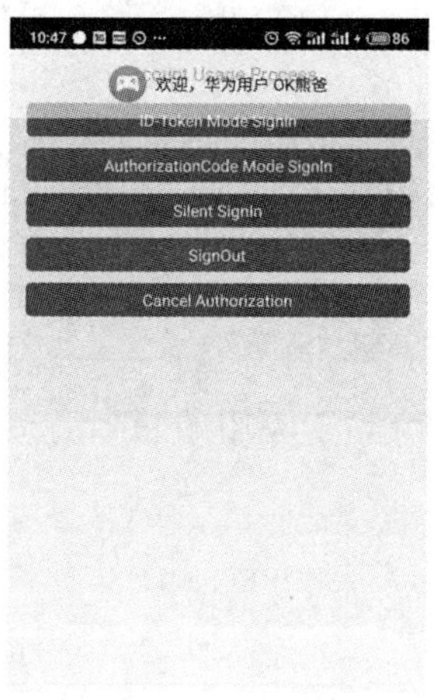

图 9-9　ID Token 登录模式运行截图

图 9-10 显示了 ID Token 登录模式 Logcat 中的日志记录。

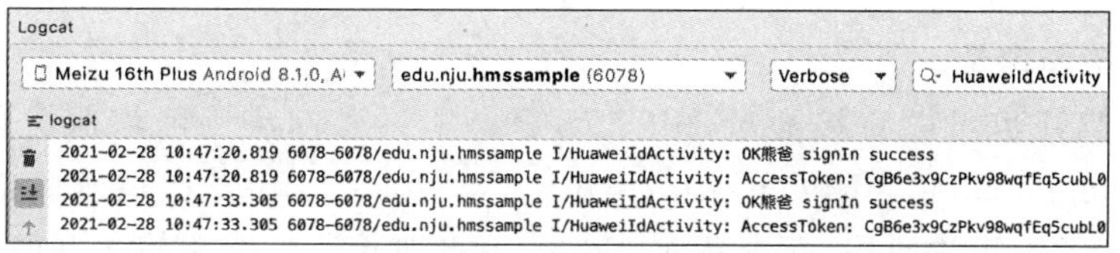

图 9-10　ID Token 登录模式 Logcat 中的日志记录截图

9.2.4　验证 ID Token

得到 Token 之后，验证其有效性可以通过本地验证、应用服务器验证和华为服务器验证进行。

1. 本地验证

从 https://oauth-login.cloud.huawei.com/.well-known/openid-configuration 的返回值中的 jwks_uri 字段获取公钥 URI，访问公钥 URI 获取公钥。公钥每天更新一次，应用服

务器可以缓存公钥的值。具体代码如下：

```
getRSAPublicKeyByKid(decoder.getKeyId());
```

验证签名。ID Token是JWT格式的，验证ID Token的签名可以采用通用的JWT库，例如jwt.io。具体代码如下：

```
DecodedJWT decoder = JWT.decode(idToken);
Algorithm algorithm = Algorithm.RSA256(getRSAPublicKeyByKid(decoder.getKeyId()) , null);
JWTVerifier verifier = JWT.require(algorithm).build();
//验证签名
verifier.verify(decoder);
```

验证ID Token中iss字段的值是否等于https://accounts.huawei.com。具体代码如下：

```
decoder.getIssuer().equals(ID_TOKEN_ISSUE);
```

验证ID Token中aud字段的值等于应用的client_id(应用的client_id是应用市场中的App ID)。具体代码如下：

```
decoder.getAudience().get(0).equals(CLIENT_ID);
```

验证ID Token中的过期时间(exp字段)是否已过期。具体代码如下：

```
verifier.verify(decoder);                //过期,会抛出TokenExpiredException异常
```

如果以上验证均通过，则表示用户ID Token验证通过，应用可直接解析ID Token中的用户信息。具体代码如下：

```
JSONObject jsonObject = JSONObject.parseObject(newString(Base64.decodeBase64(decoder
.getPayload())));
```

2. 华为服务器验证

ID Token验证也可以直接通过HTTPS POST请求向华为账号服务器的接口URL https://oauth-login.cloud.huawei.com/oauth2/v3/tokeninfo 发送请求。需要强调一下，这种方式仅用于开发测试阶段，正式版本需要使用本地验证。请求的示例如下：

```
POST /oauth2/v3/tokeninfo? HTTP/1.1
Host:oauth-login.cloud.huawei.com
Content-Type: application/x-www-form-urlencoded
id_token=...                          //省略
```

验证成功的响应如下。这样就可以直接获得可靠的账号信息。

```
HTTP/1.1 200 OK
Content-Type: application/json;charset=UTF-8
{
    "at_hash": "Dx5WUwUzPelAL-SKuAvWUg",
```

```
    "sub": "MDELaZGxQ9WhqHVqkEVYqVXnQyLXjp8rVhfmlRpx8J9XrQ",
    "kid": "6a2880c5d6a88cc4643e88eb680e05197d5bebd855a47b71757fc1b9530809ca",
    "iss": "https://accounts.huawei.com",
    "typ": "JWT",
    "given_name": "张三",
    "locale": "zh-cn",
    "display_name": "Jack",
    "nonce": "salfdjojuiewrrlkjdsffsd",
    "aud": "300035233",
    "azp": "300035233",
    "name": "张三",
    "exp": 1563823909,
    "iat": 1563820309,
    "alg": "RS256",
    "email": "15200006666"
}
```

9.3 推送服务

推送服务是 Android 平台的一大特色。本节会从功能简介、从控制台推送消息、获取模拟器设备 Token 和从服务器端发送推送消息方面介绍。

9.3.1 Push Kit 功能介绍

华为推送服务(HUAWEI Push Kit)是华为为开发者提供的消息推送平台,建立了从云端到终端的消息推送通道。开发者通过集成华为推送服务可以实时推送消息到用户终端应用,构筑良好的用户关系,提升用户的感知度和活跃度。

华为推送服务机制如图 9-11 所示,分为如下两个步骤。

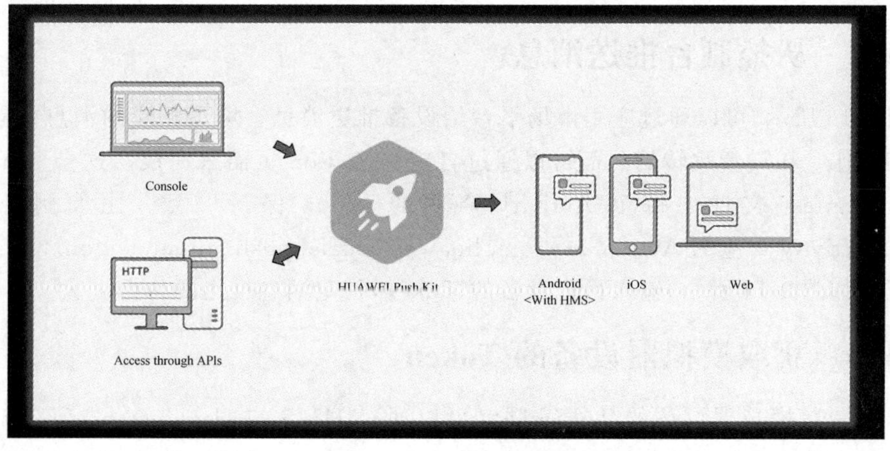

图 9-11 华为推送服务

（1）开发者通过在 App 服务器端调用 HUAWEI Push 接口，向 HUAWEI Push 平台发送推送消息。

（2）HUAWEI Push 平台将消息发给安装了相应 App 的终端设备。

其具体实现的步骤如图 9-12 所示。

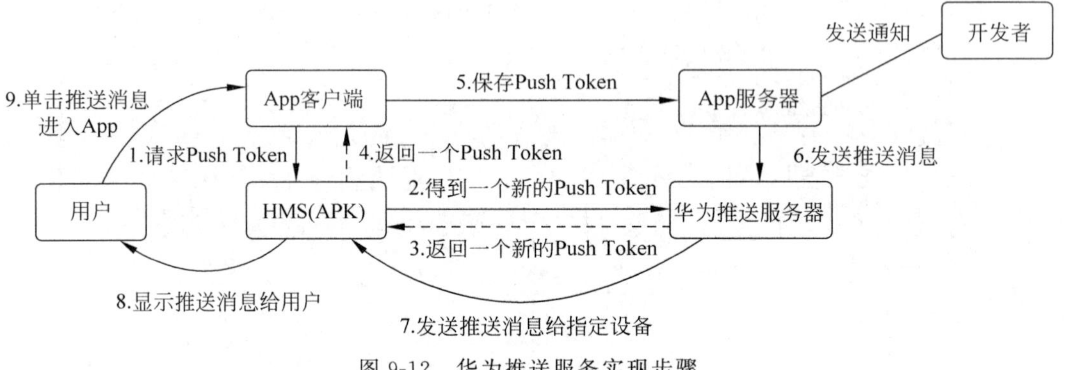

图 9-12　华为推送服务实现步骤

（1）App 向 HMS 请求 Push Token，用以唯一标识此设备。

（2）HMS 从华为 Push Server 请求一个 Push Token。

（3）华为 Push Server 将新的 Push Token 返回 HMS。

（4）HMS 将 Push Token 返回给 App。

（5）App 将 Push Token 保存到自己的服务器。

（6）服务器可以通过 HMS 的 API 发送推送消息给华为的 Push Server。

（7）华为 Push Server 发送推送消息给指定的设备。

（8）HMS 将推送消息通过系统 UI 展示出来。

（9）用户单击通知，系统跳转指定的 App 页面。

9.3.2　从控制台推送消息

如图 9-13 所示，可以通过应用市场平台给设备推送消息。填写相应的消息标题、内容、单击通知动作。在设置跳转的页面可以通过自定义 Action 页面来完成。这个 Action 必须和项目 meanifest 文件中每个 Activity 声明的 action 保持一致。比如例子中间的 Deeplink2Activity 对应的 Action——com. huawei. codelabpush. intent. action. test。

接下来如图 9-14 所示，输入目标设备的 Token，指定消息推送的目标。

9.3.3　获取模拟器设备的 Token

那如何获得模拟器设备的 Token 呢？可以通过 HMS 的 HmsInstanceId. getInstance (MainActivity. this). getToken(appId, "HCM")方法获得。然后，写入 Token 到日志中。具体代码如下：

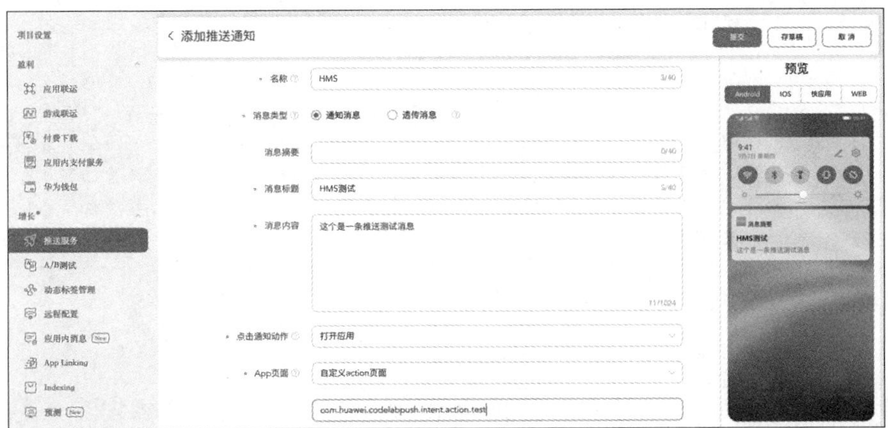

图 9-13　从控制台推送消息

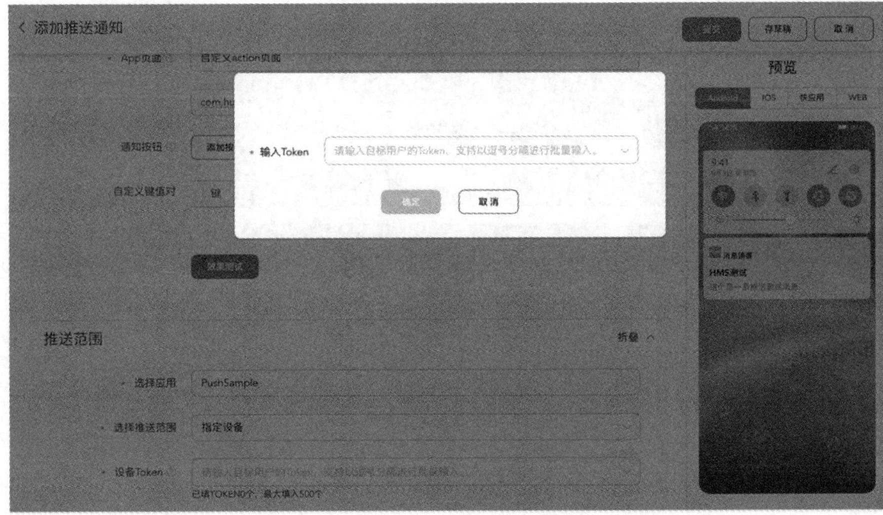

图 9-14　输入目标设备的 Token

```
private void getToken() {
    showLog("getToken:begin");

    new Thread() {
        @Override
        public void run() {
            try {
                //read from agconnect - services.json
                String appId = AGConnectServicesConfig.fromContext(MainActivity.this)
.getString("client/app_id");
                String token = HmsInstanceId.getInstance(MainActivity.this)
.getToken(appId, "HCM");
                Log.i(TAG, "get token:" + token);
```

```
                if(!TextUtils.isEmpty(token)) {
                    sendRegTokenToServer(token);
                }

                showLog("get token:" + token);
            } catch (ApiException e) {
                Log.e(TAG, "get token failed, " + e);
                showLog("get token failed, " + e);
            }
        }
    }.start();
}
```

然后通过在 Logcat 中选择相应的模拟器、进程、日志标签、搜索内容，查看设备的 Token。再把 Token 输入应用市场中的推送设置中。如图 9-15 所示，当前设备就会接收到推送的消息，单击之后完成相应的跳转。

图 9-15　接收到推送的消息

9.3.4　从服务器端发送推送消息

如果自己的服务器也想向用户的手机发送推送消息，核心就是构建 Notification 对象、AndroidConfig 对象、加入要发送设备的 Token 来构建 Message 对象。最后通过 HuaweiMessaging 服务 sendMessage 来发送通知消息。具体代码如下：

```
/**
 * send notification message
 *
 * @throws HuaweiMesssagingException
 */
public void sendNotification() throws HuaweiMesssagingException {
```

```
HuaweiApp app = InitAppUtils.initializeApp();
HuaweiMessaging huaweiMessaging = HuaweiMessaging.getInstance(app);

Notification notification = Notification.builder().setTitle("sample title")
        .setBody("sample message body")
        .build();

JSONObject multiLangKey = new JSONObject();
JSONObject titleKey = new JSONObject();
titleKey.put("en","好友请求");
JSONObject bodyKey = new JSONObject();
titleKey.put("en","My name is %s, I am from %s.");
multiLangKey.put("key1", titleKey);
multiLangKey.put("key2", bodyKey);

LightSettings lightSettings = LightSettings.builder().setColor(Color.builder()
.setAlpha(0f).setRed(0f).setBlue(1f).setGreen(1f).build())
        .setLightOnDuration("3.5")
        .setLightOffDuration("5S")
        .build();

AndroidNotification androidNotification = AndroidNotification.builder().setIcon("/raw/
ic_launcher2")
        .setColor("#AACCDD")
        .setSound("/raw/shake")
        .setDefaultSound(true)
        .setTag("tagBoom")
        .setClickAction(ClickAction.builder().setType(2).setUrl("https://www.huawei.
com").build())
        .setBodyLocKey("M.String.body")
        .addBodyLocArgs("boy").addBodyLocArgs("dog")
        .setTitleLocKey("M.String.title")
        .addTitleLocArgs("Girl").addTitleLocArgs("Cat")
        .setChannelId("Your Channel ID")
        .setNotifySummary("some summary")
        .setMultiLangkey(multiLangKey)
        .setStyle(1)
        .setBigTitle("Big Boom Title")
        .setBigBody("Big Boom Body")
        .setAutoClear(86400000)
        .setNotifyId(486)
        .setGroup("Group1")
        .setImportance(Importance.LOW.getValue())
        .setLightSettings(lightSettings)
        .setBadge(BadgeNotification.builder().setAddNum(1).setBadgeClass("Classic")
.build())
        .setVisibility(Visibility.PUBLIC.getValue())
        .setForegroundShow(true)
        .addInboxContent("content1").addInboxContent("content2").addInboxContent
("content3").addInboxContent("content4").addInboxContent("content5")
```

```
            .addButton(Button.builder().setName("button1").setActionType(0).build())
            .addButton(Button.builder().setName("button2").setActionType(1).setIntentType(0)
.setIntent("https://com.huawei.hms.hmsdemo/deeplink").build())
            .addButton(Button.builder().setName("button3").setActionType(4).setData("your
share link").build())
            .build();

    AndroidConfig androidConfig = AndroidConfig.builder().setCollapseKey(-1)
            .setUrgency(Urgency.HIGH.getValue())
            .setTtl("10000s")
            .setBiTag("the_sample_bi_tag_for_receipt_service")
            .setNotification(androidNotification)
            .build();

    Message message = Message.builder().setNotification(notification)
            .setAndroidConfig(androidConfig)
            .addToken("AND8rUp4etqJvbakK7qQoCVgFHnROXzH8o7B8fTl9rMP5VRFN83zU3Nvmabm3xw7e3gZjyBbp_
wf01jP-UyDQcZN_CtjBpoa7nx1WaVFe_3mqXMJ6nXJNUZcDyO_-k3sSw")
            .build();

    SendResponse response = huaweiMessaging.sendMessage(message);
}
```

具体可以参考 https://github.com/HMS-Core/hms-push-serverdemo-java。

9.4 应用内支付服务

应用内支付通常是 App 的主要经济来源之一，所以 HMS 也提供了很方便的应用内支付服务。下面通过功能介绍、应用支付服务集成和支付流程三方面来讲述使用应用内支付服务。在介绍具体代码时，主要以消费型商品为例。具体可以参考官方网站文档 https://developer.huawei.com/consumer/cn/doc/development/HMSCore-Guides/dev-guide-0000001050130254。

9.4.1 IAP Kit 功能介绍

华为应用内支付服务（In-App Purchase，IAP）包含商品管理系统（Product Management System，PMS）。对应用内（含游戏）商品的价格和语言进行管理，只需发布一个应用包，即可在所有华为 IAP 覆盖范围中的国家和地区推广，实现本地化语言和价格展示。用户可以查询已购商品、查询商品详情、购买商品和执行消耗商品。

具体消耗型商品购买流程如图 9-16 所示。

（1）用户从 App 客户端发起购买请求。服务器返回商品的详情。

（2）用户通过第三方支付之后，系统显示支付成功，如图 9-17 所示。

（3）请求发货。需要对购买详情数据进行验签处理。如果应用对安全性要求较高，可通过服务器端订单（Order）服务验证购买 Token 接口，向华为应用内支付服务器发起校验

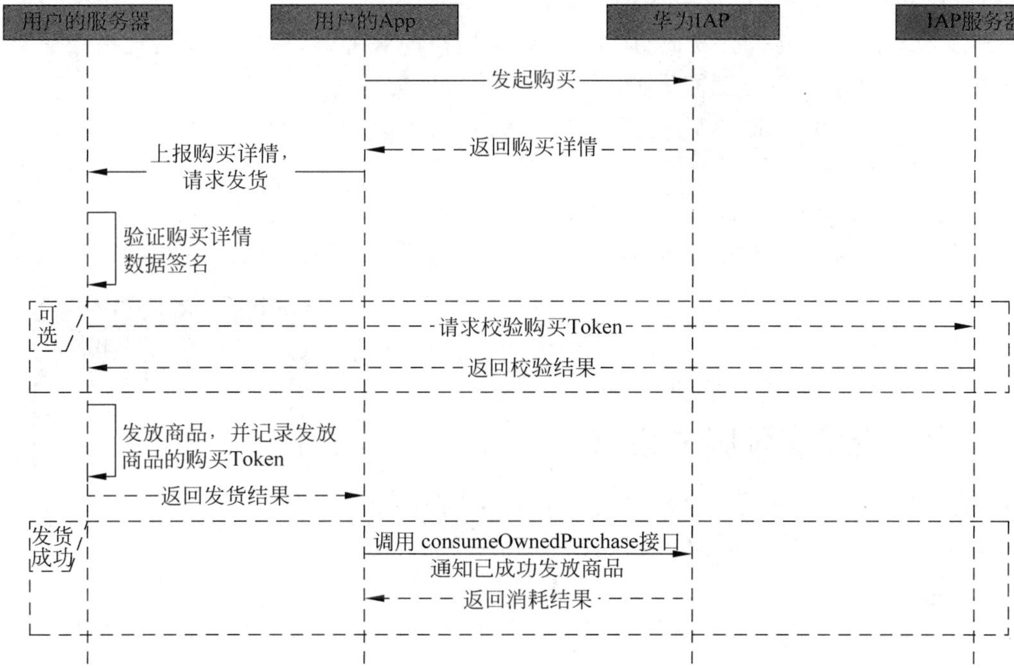

用户的服务器
用户的App
华为IAP
IAP服务器
发起购买
返回购买详情
上报购买详情，请求发货
验证购买详情数据签名
可选
请求校验购买Token
返回校验结果
发放商品，并记录发放商品的购买Token
返回发货结果
发货成功
调用 consumeOwnedPurchase接口通知已成功发放商品
返回消耗结果

图 9-16　消耗型商品购买流程

Number of gems: 0
History
Purchase gems
宝石
¥1.00
Huawei In-App Purchases
Product name
宝石
Price
¥1.00
Amount due
¥1.00
Payment method
Alipay
WeChat Pay
Huabei
More payment methods
PAY ¥1.00
Payment result
Payment complete
Set Alipay as default payment method
OK

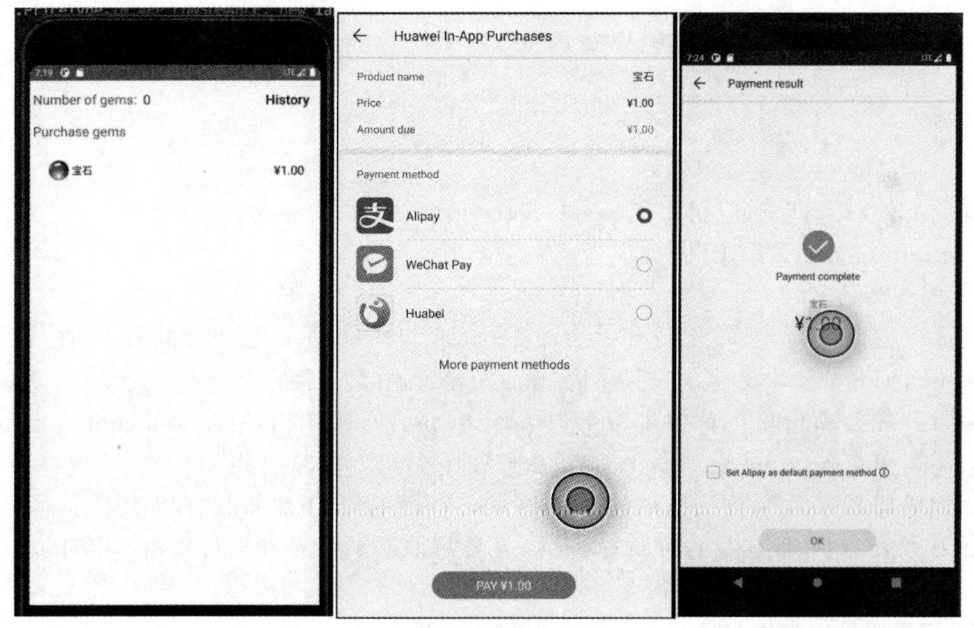

图 9-17　消耗型商品购买界面

请求，通过此接口可进一步确认订单的准确性。

(4) 发放商品。需要把已发货的 Token 传至用户的服务器，后续即使消耗失败也可以从用户的服务器获取商品的发货状态，从而避免重复发货的情况。

(5) 务必确保发货成功后进行本步骤调用。发货成功后用户的应用需要使用 consumeOwnedPurchase 接口消耗该商品，以此通知华为应用内支付服务器更新商品的发货状态。发送 consumeOwnedPurchase 请求时，应在请求参数中携带购买数据中的购买 Token。应用成功执行消耗之后，华为应用内支付服务器会将相应商品重新设置为可购买状态，用户即可再次购买该商品。

(6) 完成购买后可以通过接口查询购买的记录。

图 9-18 显示最后消耗型商品(宝石)购买成功。

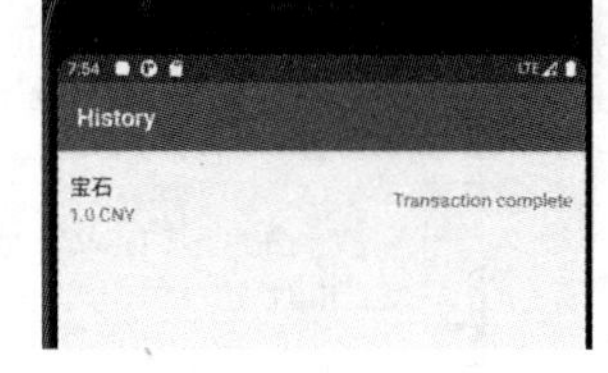

图 9-18 消耗型商品购买成功

9.4.2 应用支付服务集成

应用支付服务集成仍然需要按之前 HMS 环境概述中所介绍的进行 HMS 集成、应用市场 AppGallery Connect 集成和 IAP Kit 集成。

IAP Kit 集成时，需要/app 下的应用级配置文件 build. gradle 中添加应用内支付的依赖。具体代码如下：

```
dependencies {

    implementation 'com.huawei.hms:iap:5.0.1.300'
    implementation 'com.android.support.constraint:constraint - layout:1.1.3'
    implementation 'com.android.support:appcompat - v7:28.0.0'

}
```

除此之外，还需要在应用市场 AppGallery Connect 配置商品信息，并且打开应用内支付 In-App Purchases 的 API 开关。

1. 配置商品

下面以使用商品托管支付作为示例。如图 9-19 所示，使用商品托管时，需要在 AppGallery Connect 中提前录入商品信息，这样在调用支付接口时可以直接传入商品 ID，无须自行管理商品价格。具体步骤可以参阅 https://developer. huawei. com/consumer/cn/doc/distribution/app/agc-create_product#h1-1574820228194。

添加成功之后，可以看到商品的 ID 和价格。商品的 ID 不能修改，即使删除了也不能使用旧的 ID。所以，在取名字的时候要小心。不建议取例子中的 001，可以通过字母加数字的形式，适合应对以后的需求的变更。

2. 打开应用内支付 In-App Purchases 的 API 开关

打开开关时，系统会提示提交商家服务申请。对于个人开发者来说，在完善账号信息之后，提交申请等待审批通过即可。

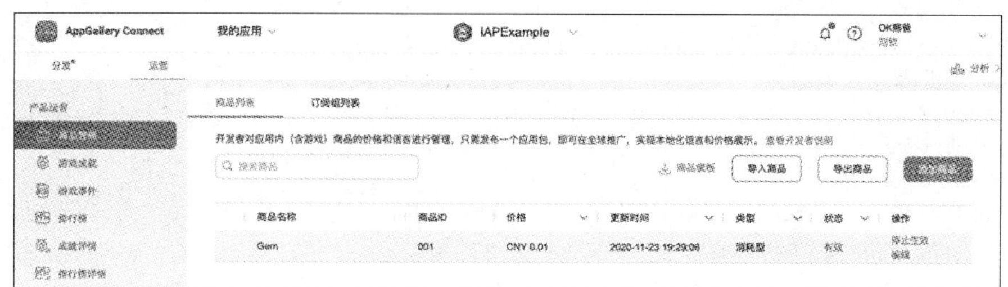

图 9-19　添加商品信息

9.4.3 支付流程

1. 检查支付环境

在使用应用内支付之前，用户的应用需要向华为 IAP 发送 isEnvReady 请求，以此判断用户当前登录的华为账号所在的服务地是否在华为 IAP 支持结算的国家或地区中。

发起 isEnvReady 请求，并设置两个回调监听来接收接口请求的结果：

(1) 当接口请求成功时，用户的应用将获取到一个 IsEnvReadyResult 实例对象，表示用户当前登录的华为账号所在的服务地支持 IAP。

(2) 当接口请求失败时，IAP 会返回一个 Exception 对象，若该对象为 IapApiException 对象，则可使用其 getStatusCode()方法获取此次请求的返回码。

具体代码如下：

```
/**
 * Initiating an isEnvReady request when entering the app.
 * Check if the account service country supports IAP.
 */
private void queryIsReady() {
    IapClient mClient = Iap.getIapClient(this);
    IapRequestHelper.isEnvReady(mClient, new IapApiCallback<IsEnvReadyResult>() {
        @Override
        public void onSuccess(IsEnvReadyResult result) {
            initView();
        }

        @Override
        public void onFail(Exception e) {
            Log.e(TAG, "isEnvReady fail, " + e.getMessage());
            ExceptionHandle.handle(EntryActivity.this, e);
        }
    });
}
```

2. 获取商品信息

通过 IapRequestHelper.obtainProductInfo()方法查询商品信息。参数中需要设置商品 ID 的列表和回调函数。具体代码如下：

```
List<String> productIds = new ArrayList<String>();
productIds.add("001");                    //001 是商品 ID
IapRequestHelper.obtainProductInfo(mClient, productIds, IapClient.PriceType.IN_APP_
CONSUMABLE, new IapApiCallback<ProductInfoResult>() {
    @Override
    public void onSuccess(ProductInfoResult result) {
        Log.i(TAG, "obtainProductInfo, success");
        if (result == null) {
            Log.i(TAG, "obtainProductInfo, success,no product");
            return;
        }
        if (result.getProductInfoList() != null) {
            Log.i(TAG, "obtainProductInfo, success,product:" + result.getProductInfoList()
.size());
            consumableProducts = result.getProductInfoList();
        }
        showProducts();
    }

    @Override
    public void onFail(Exception e) {
        Log.e(TAG, "obtainProductInfo: " + e.getMessage());
        ExceptionHandle.handle(ConsumptionActivity.this, e);
        showProducts();
    }
});
```

3. 购买商品

应用市场 AppGallery Connect 网站支持托管的商品包括消耗型商品、非消耗型商品和订阅型商品。用户的应用可通过 createPurchaseIntent 接口发起购买请求。开发步骤如下。

（1）构建请求参数 PurchaseIntentReq，发起 createPurchaseIntent 请求。需要在 PurchaseIntentReq 中携带此前已在 AGC 网站上定义并生效的商品 ID。当接口请求成功时，可获取一个 PurchaseIntentResult 对象，其 getStatus()方法返回了一个 Status 对象，用户的应用需要通过 Status 对象的 startResolutionForResult()方法来启动华为 IAP 收银台。具体代码如下：

```
private void buy(int index) {
    ProductInfo productInfo = consumableProducts.get(index);
    IapRequestHelper.createPurchaseIntent(mClient, productInfo.getProductId(), IapClient
.PriceType.IN_APP_CONSUMABLE, new IapApiCallback<PurchaseIntentResult>() {
        @Override
        public void onSuccess(PurchaseIntentResult result) {
            if (result == null) {
                Log.e(TAG, "result is null");
                return;
            }
            Status status = result.getStatus();
            if (status == null) {
```

```
                Log.e(TAG, "status is null");
                return;
            }
            // You should pull up the page to complete the payment process
            IapRequestHelper.startResolutionForResult(ConsumptionActivity.this, status,
Constants.REQ_CODE_BUY);
        }
        @Override
        public void onFail(Exception e) {
            int errorCode = ExceptionHandle.handle(ConsumptionActivity.this, e);
            if (errorCode != ExceptionHandle.SOLVED) {
                Log.e(TAG, "createPurchaseIntent, returnCode: " + errorCode);
                switch (errorCode) {
                    case OrderStatusCode.ORDER_PRODUCT_OWNED:
                        queryPurchases(null);
                        break;
                    default:
                        break;
                }
            }
        }
    });
}
```

(2) 在用户的应用拉起收银台并且当用户完成支付后(成功购买商品或取消购买),华为 IAP 会通过 onActivityResult()方法将此次支付结果返回给用户的应用。用户可以使用 parsePurchaseResultInfoFromIntent 方法获取包含结果信息的 PurchaseResultInfo 对象。

(3) 当用户购买成功时,可从 PurchaseResultInfo 对象中获取购买数据 InAppPurchaseData 及其签名数据,用户需要使用在华为 AppGallery Connect 分配的公钥进行签名验证,验证方法可参见对返回结果验签。查看应用内支付服务配置中的公钥,如图 9-20 所示。

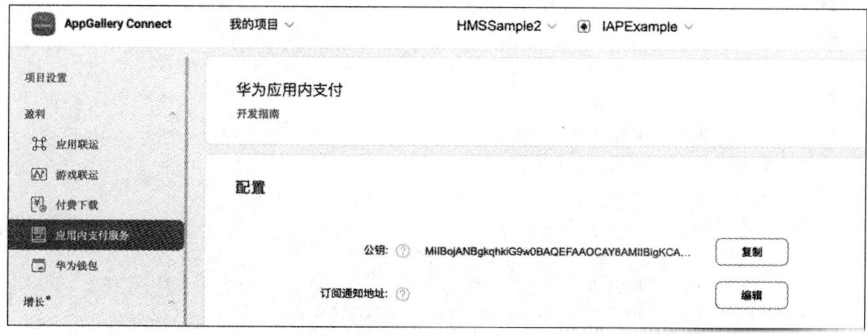

图 9-20 查看应用内支付服务配置中的公钥

具体验证代码如下:

```
public class CipherUtil {
    private static final String TAG = "CipherUtil";
```

```
private static final String SIGN_ALGORITHMS = "SHA256WithRSA";

private static final String PUBLIC_KEY = "" + "把上面的公钥填在这里";

/**
 * the method to check the signature for the data returned from the interface
 * @param content Unsigned data
 * @param sign the signature for content
 * @param publicKey the public of the application
 * @return boolean
 */
public static boolean doCheck(String content, String sign, String publicKey) {
    if (TextUtils.isEmpty(publicKey)) {
        Log.e(TAG, "publicKey is null");
        return false;
    }

    if (TextUtils.isEmpty(content) || TextUtils.isEmpty(sign)) {
        Log.e(TAG, "data is error");
        return false;
    }

    try {
        KeyFactory keyFactory = KeyFactory.getInstance("RSA");
        byte[] encodedKey = Base64.decode(publicKey, Base64.DEFAULT);
        PublicKey pubKey = keyFactory.generatePublic(new X509EncodedKeySpec(encodedKey));

        java.security.Signature signature = java.security.Signature.getInstance(SIGN_ALGORITHMS);

        signature.initVerify(pubKey);
        signature.update(content.getBytes("utf-8"));

        boolean bverify = signature.verify(Base64.decode(sign, Base64.DEFAULT));
        return bverify;

    } catch (NoSuchAlgorithmException e) {
        Log.e(TAG, "doCheck NoSuchAlgorithmException" + e);
    } catch (InvalidKeySpecException e) {
        Log.e(TAG, "doCheck InvalidKeySpecException" + e);
    } catch (InvalidKeyException e) {
        Log.e(TAG, "doCheck InvalidKeyException" + e);
    } catch (SignatureException e) {
        Log.e(TAG, "doCheck SignatureException" + e);
    } catch (UnsupportedEncodingException e) {
        Log.e(TAG, "doCheck UnsupportedEncodingException" + e);
    }
    return false;
}

/**
 * get the publicKey of the application
 * During the encoding process, avoid storing the public key in clear text.
 * @return publickey
```

```
    */
    public static String getPublicKey(){
        return PUBLIC_KEY;
    }

}
```

(4) 用户购买消耗型商品时，如果返回以下支付异常则需要检查是否存在掉单情况。具体请参见消耗型商品的补单流程。

① 支付失败(OrderStatusCode.ORDER_STATE_FAILED)。

② 已拥有该商品(OrderStatusCode.ORDER_PRODUCT_OWNED)。

4. 确认交易

用户完成一次支付之后，需要根据购买数据 InAppPurchaseData 的 purchaseState 字段来判断订单是否已成功支付。若 purchaseState 为已支付(取值为 0)，则用户需要发放相应的商品或提供相应的服务，此后需要向华为 IAP 发送发货确认请求。

对于消耗型商品，需要从 InAppPurchaseData JSON 字符串中解析出 purchaseToken 信息，用于确认商品的发货状态。在成功发货并记录已发货的商品的 purchaseToken 之后，用户的应用需要使用 consumeOwnedPurchase 接口消耗该商品，以此通知华为应用内支付服务器更新商品的发货状态。发送 consumeOwnedPurchase 请求时，可在请求参数中携带 purchaseToken。具体代码如下：

```
private void deliverProduct(final String inAppPurchaseDataStr, final String inAppPurchaseDataSignature) {
    if (CipherUtil.doCheck(inAppPurchaseDataStr, inAppPurchaseDataSignature, CipherUtil
.getPublicKey())) {
        try {
            InAppPurchaseData inAppPurchaseDataBean = new InAppPurchaseData(inAppPurchaseDataStr);
            if (inAppPurchaseDataBean.getPurchaseState() != InAppPurchaseData.PurchaseState
.PURCHASED) {
                return;
            }
            String purchaseToken = inAppPurchaseDataBean.getPurchaseToken();
            String productId = inAppPurchaseDataBean.getProductId();
            if (DeliveryUtils.isDelivered(ConsumptionActivity.this, purchaseToken)) {
                Toast.makeText(this, productId + " has been delivered", Toast.LENGTH_
SHORT).show();
                IapRequestHelper.consumeOwnedPurchase(mClient, purchaseToken);
            } else {
                if (DeliveryUtils.deliverProduct(this, productId, purchaseToken)) {
                    Log.i(TAG, "delivery success");
                    Toast.makeText(this, productId + " delivery success", Toast.LENGTH_
SHORT).show();
                    updateNumberOfGems();
                    // To consume the product after successfully delivering
                    IapRequestHelper.consumeOwnedPurchase(mClient, purchaseToken);
                } else {
                    Log.e(TAG, productId + " delivery fail");
```

```
                        Toast.makeText(this, productId + " delivery fail", Toast.LENGTH_
SHORT).show();
                    }
                }

            } catch (JSONException e) {
                Log.e(TAG, "delivery:" + e.getMessage());
            }
        } else {
            Log.e(TAG, "delivery:" + getString(R.string.verify_signature_fail));
            Toast.makeText(this, getString(R.string.verify_signature_fail), Toast.LENGTH_
SHORT).show();
        }
    }
```

5. 查询购买记录

对于消耗型商品,可使用 obtainOwnedPurchaseRecord 接口获取用户所有已消耗即已发货的商品信息。若提供订阅型商品,也可使用该接口获取用户的订阅收据。具体代码如下:

```
private void queryHistoryInterface() {
    IapClient iapClient = Iap.getIapClient(this);
    IapRequestHelper.obtainOwnedPurchaseRecord(iapClient, IapClient.PriceType.IN_APP_
CONSUMABLE, continuationToken, new IapApiCallback<OwnedPurchasesResult>() {
        @Override
        public void onSuccess(OwnedPurchasesResult result) {
            Log.i(TAG, "obtainOwnedPurchaseRecord, success");
            List<String> inAppPurchaseDataList = result.getInAppPurchaseDataList();
            List<String> signatureList = result.getInAppSignature();
            if (inAppPurchaseDataList == null) {
                onFinish();
                return;
            }
            Log.i(TAG, "list size: " + inAppPurchaseDataList.size());
            for (int i = 0; i < signatureList.size(); i++) {
                boolean success = CipherUtil.doCheck(inAppPurchaseDataList.get(i),
signatureList.get(i), CipherUtil.getPublicKey());
                if (success) {
                    billList.add(inAppPurchaseDataList.get(i));
                }
            }
            continuationToken = result.getContinuationToken();
            if (!TextUtils.isEmpty(continuationToken)) {
                queryHistoryInterface();
            } else {
                onFinish();
            }

        }

        @Override
        public void onFail(Exception e) {
```

```
            Log.e(TAG, "obtainOwnedPurchaseRecord, " + e.getMessage());
            ExceptionHandle.handle(PurchaseHistoryActivity.this, e);
            onFinish();
        }
    });
}
```

9.5 快应用开发

本节介绍快应用的优点、场景、技术架构、开发工具和创建快应用过程。

9.5.1 快应用介绍

快应用是一种基于行业标准开发的新型免安装应用，其标准由主流手机厂商组成的快应用联盟联合制定。开发者开发一次即可将应用分发到所有支持行业标准的手机运行。

快应用具有如下优势。

(1) 成本低：使用相对简单的 JavaScript 和 CSS 开发语言，所需代码量仅占安卓原生应用的 1/5。

(2) 体验好：采用原生渲染技术，具备安卓原生应用的功能和体验，同时具备自动更新、占用内存少的特点。

(3) 留存高：无须安装，即点即用，并可添加到桌面。具有统一行业标准，可跨手机品牌完成社交无缝传播。

9.5.2 快应用全场景介绍

如图 9-21 所示，用户可以从华为快应用中心、负一屏、全局搜索、应用市场、锁屏、浏览器、二维码等众多入口找到快应用，无须下载安装，即可打开使用。使用过程中，交互流畅，其功能、性能和原生应用类似。离开快应用后，用户还可以通过桌面图标、最近使用、PUSH 消息等入口再次访问快应用。

9.5.3 快应用技术架构

快应用的总体框架如图 9-22 所示，大致分为三层。最上层是应用页面和卡片及其各场景入口。快应用作为完整的应用形态既可以作为全屏方式的独立应用，也可以采用嵌入式方式的卡片形态，从而，与系统深度融合，提供非常多的入口场景。中间层是快应用引擎。中间的快引用引擎是整个系统的关键。它借鉴、整合了主流前端框架的设计思路(组件化构建应用、MVVM 数据绑定设计、基于 Virtual DOM 的性能优化和简洁清晰的类 Vue 模块)，设计了新的前端框架。从执行路径来看，基于 JavaScript 引擎实现了既支持标准 HTML5 的 Web 场景引擎模式，又支持 JavaScript+Native 的引擎模式，支撑更轻量更快速的体验。此外，快引用还支持其他 HMS 服务的接入，提升了应用的功能性。最底层是操作系统的基础设施和硬件，提供最底层的操作系统服务。

图 9-21　快应用场景

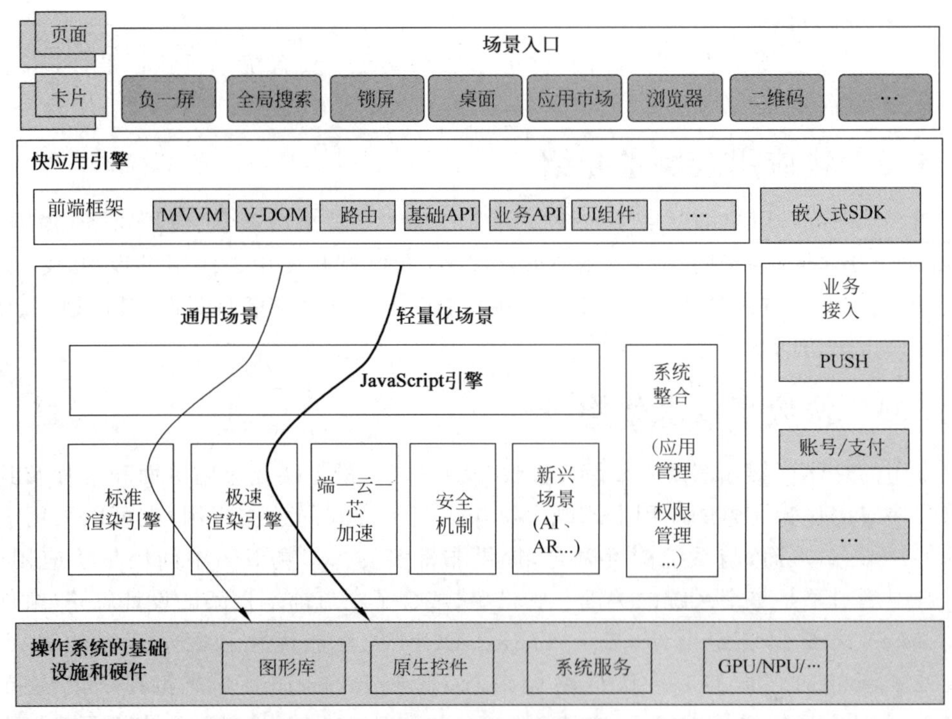

标准Web引擎方式：完整的W3C标准，适合通用场景

JavaScript+ Native引擎方式：标准限定，轻量、快，适合轻量化场景

图 9-22　快应用的总体框架

秒开的用户体验是快应用的核心竞争力之一。Google 的统计表明，页面打开时间超过 3s 用户会流失 13%，超过 6s 用户会流失 60%。反过来，打开时间每减少 1s 可提升 27%的转化率。

如图 9-23 所示，快应用启动的流程主要分为包加载耗时和渲染耗时。

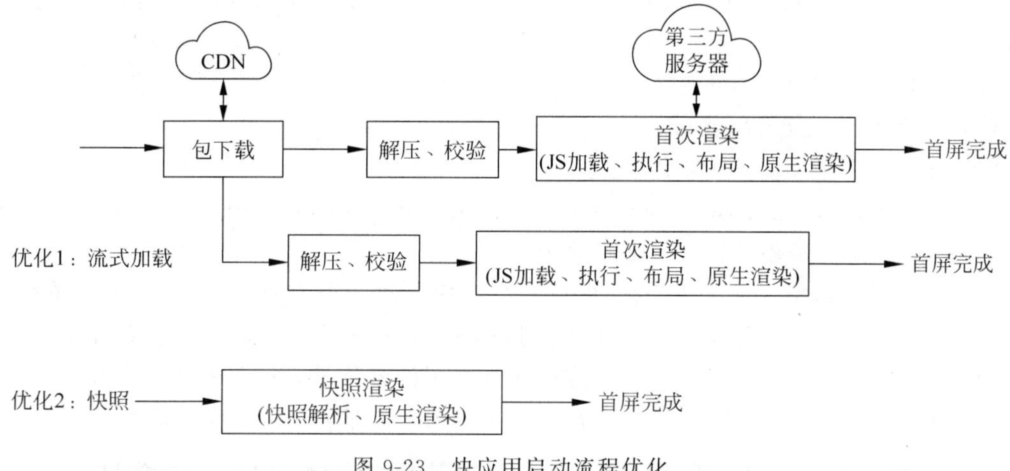

图 9-23 快应用启动流程优化

(1) 首次启动时，用户单击触发快应用包的下载，同时做引擎初始化相关工作。当整包下载与校验完成后，需要展示的第一个页面的 JavaScript 文件才会被加载并开始渲染。这个过程中包下载是瓶颈，从实测数据看，正常网络下 200KB 左右的包下载时间为 400ms 以上，2MB 包为 2s 以上。

(2) 页面渲染包括 JavaScript 加载、页面与 JavaScript 框架逻辑的执行、布局的运算，最终到原生 UI 控件的绘制。其中，页面内逻辑执行时会有一次或多次发到自己第三方服务器的网络请求；请求返还的数据会驱动页面的再次渲染，直至首屏内容完全显示。快应用为了缩短启动耗时做了大量的体验优化工作。

首先，通过流式加载解决网络延时问题。流式加载是将启动所需要的资源在网络流中优先传输，这部分资源传输完进行解压与校验，首页的渲染就可以立即执行了。网络流的后续传输仍在持续进行直至下载过程全部完成。首次渲染所需资源往往很小，所以流式加载能明显降低下载延时，包越大效果越明显。

其次，通过快照解决首屏渲染问题。在云端对所需要的页面进行预渲染处理，生成一种渲染的中间格式——快照。它不需要 JavaScript 的运算，解析后可以直接快速地进行页面数据请求、UI 的排版与绘制。快照格式压缩后也非常小，50KB 左右的 JavaScript 文件生成快照的大约为 3KB。例如应用市场，用户在应用市场搜索到快应用时，快照已经随着快应用的名字、包下载链接等信息一起加载完成。当快应用首次加载启动时，包的下载地址与快照文件一起传给快应用引擎。引擎在请求下载快应用包的同时，加载解析快照，渲染出首屏。当包下载完成后，标准的渲染流程在快照的基础上继续执行。

优化之后，能够将应用冷启动的时间缩短到1s左右。

9.5.4 快应用开发工具及环境介绍

快应用开发需要完成以下工作。

(1) 安装Node.js：如果没有安装Node.js，可以前往https://nodejs.org/en/主页进行安装。

(2) 安装华为快应用IDE。

(3) 安装华为快应用加载器。

(4) 安装快应用加载器PC助手。

https://developer.huawei.com/consumer/cn/doc/development/quickApp-Guides/quickapp-installtool是相关软件的下载地址。

如图9-24所示，华为快应用IDE是开发快应用的集成开发环境，用于快应用的开发。华为快应用加载器用于启动和调试快应用，需要将这个APK文件安装到手机中。如图9-25所示，快应用加载器PC助手支持加载快应用到多终端，并可测试卡片和hap链接。在计算机上安装快应用加载器PC助手后，无须使用IDE即可测试快应用的功能。

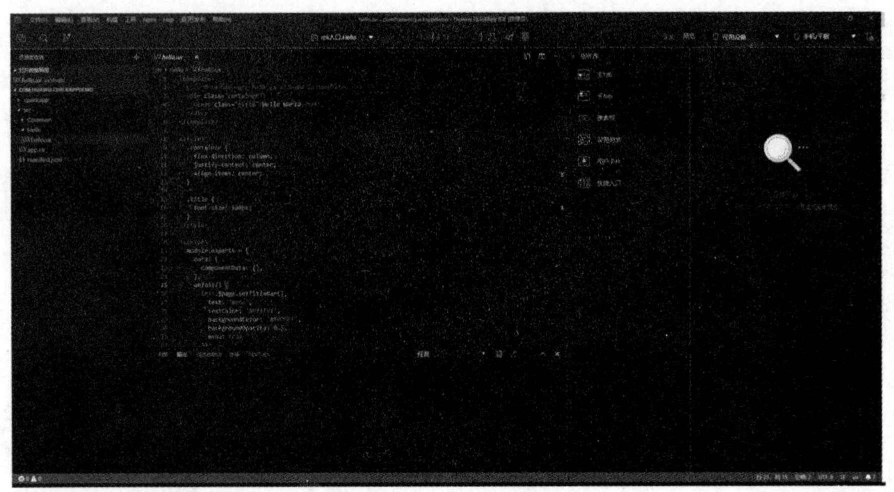

图9-24 华为快应用IDE

9.5.5 创建快应用过程

开发快应用和之前HMS开发类似，其主要创建过程为：

(1) 注册成为开发者。

(2) 在应用市场AppGallery Connect创建快应用。

(3) 下载、安装华为快应用IDE和加载器。

(4) 生成证书指纹。

图 9-25　快应用加载器 PC 助手

（5）开发手机快应用。

（6）准备资质材料，提交上架审核。

快应用项目主要结构如下：

```
├─── sign                              rpk 包签名模块
|    └─── debug                        调试环境
|         ├─── certificate.pem         证书文件
|         └─── private.pem             私钥文件
├─── src
     ├─── Common                       公用的资源和组件文件
     |    └─── logo.png                应用图标
     ├─── Hello                        页面文件夹
     |    └─── hello.ux                页面文件，可自定义页面名称
     ├─── app.ux                       App 文件，可引入公共脚本，暴露公共数据和方法等
     └─── manifest.json                项目配置文件，配置应用图标、页面路由等
```

以 FastAppHelloWorld 项目为例，manifest.json 说明了项目的包、名称、图标等配置以及 hello 页面的路由。具体代码如下：

```
{
  "package": "edu.nju.hms.fastapp",
  "name": "FastAppHelloWorld",
  "versionName": "1.0.0",
  "versionCode": 1,
```

```
    "icon": "/Common/logo.png",
    "minPlatformVersion": 1060,
    "features": [],
    "permissions": [
      {
        "origin": "*"
      }
    ],
    "config": {},
    "router": {
      "entry": "Hello",
      "pages": {
        "Hello": {
          "component": "hello"
        }
      }
    },
    "display": {
      "pages": {
        "Hello": {
          "titleBarText": "TitleBar"
        }
      }
    }
  }
```

hello.ux 文件定义页面的内容(template)、样式(style)和交互(script)。应用中标题为menu，主题是 Hello World 文字。具体代码如下：

```
<template>
  <!-- Only one root node is allowed in template. -->
  <div class="container">
    <text class="title">Hello World</text>
  </div>
</template>

<style>
  .container {
    flex-direction: column;
    justify-content: center;
    align-items: center;
  }

  .title {
    font-size: 100px;
  }
</style>

<script>
  module.exports = {
```

```
    data: {
      componentData: {},
    },
    onInit() {
      this.$page.setTitleBar({
        text: 'menu',
        textColor: '#ffffff',
        backgroundColor: '#007DFF',
        backgroundOpacity: 0.5,
        menu: true
      });
    }
  }
</script>
```

FastAppHelloWorld 项目在手机上的运行效果如图 9-26 所示。

图 9-26 FastAppHelloWorld 项目在手机上的运行效果

练习 9

1. 【判断题】HMS 框架主要由 HMS Connect 和 HMS Core 组成。
2. 【多选题】HMS Connect 由(　　)部分组成。

   A. AppGallery Connect　　B. Content Connect

   C. Service Connect　　D. Developer Connect
3. 【简答题】简述 HMS 配置的流程。
4. 【判断题】华为账号支持 Authorization Code、Password Credentials 和 ID Token 三种授权登录模式。
5. 【简答题】简述 Authorization Code 和 ID Token 登录的不同。

6.【多选题】得到 Token 之后，可以通过（　　）方式来验证其有效性。

A. 本地验证　　B. 应用服务器验证

C. 华为服务器验证　　D. 其他第三方服务器验证

7.【简答题】简述 IDE Token 的两种验证方法。

8.【简答题】简述如何获取模拟器设备 Token。

9.【判断题】如果你自己的服务器也想向用户的手机发送推送消息。核心就是构建 Notification 对象、AndroidConfig 对象、加入要发送设备的 Token 来构建 Message 对象。最后通过 HuaweiMessaging 服务 sendMessage 来发送通知消息。

10.【简答题】简述应用内支付的流程。

11.【多选题】以下（　　）是快应用的优势。

A. 成本低　　B. 体验好

C. 留存高　　D. 能够为不同分发渠道开发不同版本

12.【简答题】简述快应用的全场景入口。

13.【简答题】简述快应用的技术架构。

14.【简答题】简述快应用的启动流程。

15.【简答题】简述快应用项目主要结构。

16.【判断题】hello. ux 文件定义页面的内容（template）、样式（style）和交互（script）。

第 10 章 HMS 开发进阶

本章介绍了 HMS 的高级服务：定位服务、广告服务、安全检测服务和机器学习服务。

10.1 定位服务

本节将介绍 HMS 系统的定位服务。定位服务采用 GNSS、Wi-Fi、基站等多途径的混合定位模式进行定位，赋予应用开发者快速、精准地获取用户位置信息的能力，构建全球定位服务能力，助力应用发展全球业务。

10.1.1 定位服务介绍

华为的定位服务主要提供以下三种功能。

(1) 融合定位：结合 GNSS、Wi-Fi 和基站位置数据，为应用开发者提供一套简单易用的 API，方便快速获取设备位置信息。

(2) 活动识别：通过加速度传感器、蜂窝网络信息、磁力计识别用户运动状态，便于通过了解用户行为来调整应用程序。

(3) 地理围栏：应用开发者通过 API 设置感兴趣的位置区域，在指定操作(如离开、进入、驻留)发生时，即可及时收到一个通知。

定位服务开发时需要集成 Location Kit。具体的服务集成步骤如下：

(1) HMS 集成。

(2) AppGallery Connect 集成。

(3) Location Kit 集成。

在 App 的 gradle 文件中添加相关的依赖。具体代码如下：

```
dependencies {
    implementation 'com.huawei.hms:location:5.0.2.301'
}
```

在 AndroidMainfest.xml 文件中申请用户权限。在 Android 10(API 级别为 29)及更高版本中，必须在应用的清单中声明 ACCESS_BACKGROUND_LOCATION 权限，以便

请求在运行时于后台访问位置信息。在较低版本的 Android 系统中，当应用获得前台位置信息访问权限时，也会自动获得后台位置信息访问权限。具体代码如下：

```
<manifest>
    <!-- 允许获得精确的 GPS 定位 -->
    <uses-permission android:name = "android.permission.ACCESS_FINE_LOCATION"/>
    <!-- 允许获得粗略的基站网络定位 -->
    <uses-permission android:name = "android.permission.ACCESS_COARSE_LOCATION"/>
    <!-- 允许 App 在后台获得位置信息 -->
    <uses-permission android:name = "android.permission.ACCESS_BACKGROUND_LOCATION"/>
</manifest>
```

除此之外，HMS Core 和所开发的 Location App 都必须获得 Location Access 的授权，如图 10-1 所示，否则会出现如图 10-2 所示的错误代码，显示 PERMISSION_DENIED。

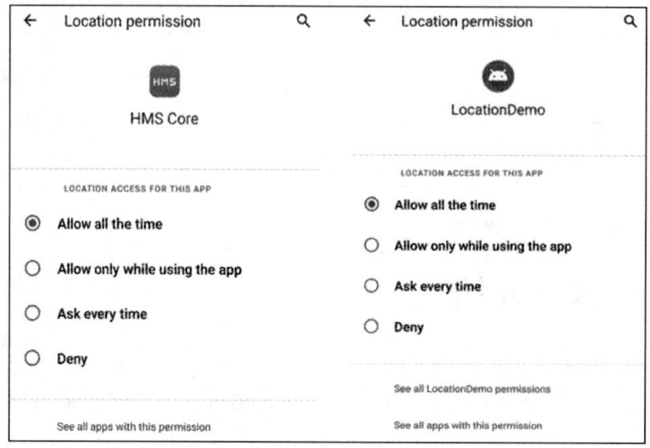

图 10-1　获得 Location Access 的授权

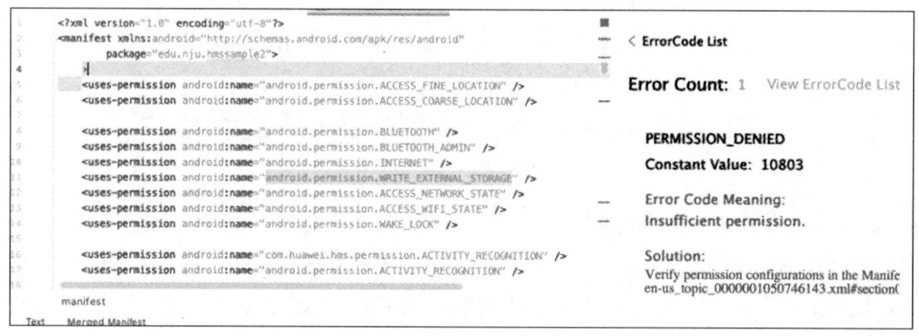

图 10-2　PERMISSION、DENIED 错误

在代码上，在使用定位服务前要做相关权限的检查，如果没有授予，则需要通过 ActivityCompat.requestPermissions()方法向用户请求相关的权限。具体代码如下：

```
//在 Android Manifest.xml 中添加后，还要在代码中动态申请一下权限(Android 6.0 危险权限要求)
```

```
// SDK <= 28 所需权限动态申请
if (Build.VERSION.SDK_INT <= Build.VERSION_CODES.P) {
    Log.i(TAG, "sdk <= 28 Q");
    if (ActivityCompat.checkSelfPermission(this,
        Manifest.permission.ACCESS_FINE_LOCATION) != PackageManager.PERMISSION_GRANTED
        && ActivityCompat.checkSelfPermission(this,
              Manifest.permission.ACCESS_COARSE_LOCATION) != PackageManager.PERMISSION_
GRANTED) {
        String[] strings =
            {Manifest.permission.ACCESS_FINE_LOCATION, Manifest.permission.ACCESS_COARSE_
LOCATION};
        ActivityCompat.requestPermissions(this, strings, 1);
    }
} else {
    //SDK > 28 所需权限动态申请,需添加 android.permission.ACCESS_BACKGROUND_LOCATION 权限
    if (ActivityCompat.checkSelfPermission(this,
        Manifest.permission.ACCESS_FINE_LOCATION) != PackageManager.PERMISSION_GRANTED
        && ActivityCompat.checkSelfPermission(this,
            Manifest.permission.ACCESS_COARSE_LOCATION) != PackageManager.PERMISSION_GRANTED
        && ActivityCompat.checkSelfPermission(this,
            "android.permission.ACCESS_BACKGROUND_LOCATION") != PackageManager.PERMISSION_
GRANTED) {
        String[] strings = {android.Manifest.permission.ACCESS_FINE_LOCATION,
            android.Manifest.permission.ACCESS_COARSE_LOCATION,
            "android.permission.ACCESS_BACKGROUND_LOCATION"};
        ActivityCompat.requestPermissions(this, strings, 2);
    }
}
```

10.1.2 定位

HMS 定位功能的实现流程如下。

(1) 通过 LocationServices 获得 FusedLocationProviderClient 对象和 SettingsClient 对象。创建 LocationRequest 对象，设置相应的 request 参数。FusedLocationProviderClient 是 Google Play 服务中的一个地理位置 API。它负责管理底层定位技术，并提供一个简单的 API，以便指定准确度高或耗电量低等比较笼统的要求。它还可以优化设备的电量消耗。具体代码如下：

```
mFusedLocationProviderClient = LocationServices.getFusedLocationProviderClient(this);
mSettingsClient = LocationServices.getSettingsClient(this);
mLocationRequest = new LocationRequest();
//设置位置更新的间隔时间(以毫秒为单位)
mLocationRequest.setInterval(10000);
//设置定位类型
mLocationRequest.setPriority(LocationRequest.PRIORITY_HIGH_ACCURACY);
```

(2) 用 mSettingsClient.checkLocationSettings()方法检查设备的设置，然后返回响应

任务，给响应任务添加成功的监听和失败的监听。

（3）在检查位置设置成功的回调函数中，通过之前获得的两个对象，调用 mFusedLocationProviderClient.requestLocationUpdates(mLocationRequest, getPendingIntent()) 方法来获取位置更新，并设置更新位置成功和失败的监听。代码中是向日志输出对应的信息。具体代码如下：

```
try {
    LocationSettingsRequest.Builder builder = new LocationSettingsRequest.Builder();
    builder.addLocationRequest(mLocationRequest);
    LocationSettingsRequest locationSettingsRequest = builder.build();
    //在请求位置更新之前，通过调用 checkLocationSettings()来检查设备定位设置
    Task<LocationSettingsResponse> locationSettingsResponseTask = mSettingsClient.check-
LocationSettings(locationSettingsRequest);
    //检查设备定位设置接口的成功监听回调
    locationSettingsResponseTask.addOnSuccessListener(new OnSuccessListener<LocationSet-
tingsResponse>() {
        @Override
        public void onSuccess(LocationSettingsResponse locationSettingsResponse) {
            Log.i(TAG, "check location settings success");
            mFusedLocationProviderClient.requestLocationUpdates(mLocationRequest, getPendingIntent())
                    .addOnSuccessListener(new OnSuccessListener<Void>() {
                        @Override
                        public void onSuccess(Void aVoid) {
                            LocationLog.i(TAG, "requestLocationUpdatesWithIntent onSuccess");
                        }
                    })
                    .addOnFailureListener(new OnFailureListener() {
                        @Override
                        public void onFailure(Exception e) {
                            LocationLog.e(TAG,
                                "requestLocationUpdatesWithIntent onFailure:" + e.getMessage());
                        }
                    });
        }
    })
            .addOnFailureListener(new OnFailureListener() {
                @Override
                public void onFailure(Exception e) {
                    LocationLog.e(TAG, "checkLocationSetting onFailure:" + e.getMessage());
                    int statusCode = ((ApiException) e).getStatusCode();
                    switch (statusCode) {
                        case LocationSettingsStatusCodes.RESOLUTION_REQUIRED:
                            try {
                                //When the startResolutionForResult is invoked, a dialog box is
                                //displayed, asking you to open the corresponding permission
                                ResolvableApiException rae = (ResolvableApiException) e;
                                rae.startResolutionForResult
```

```
(RequestLocationUpdatesWithIntentActivity.this, 0);
                        } catch (IntentSender.SendIntentException sie) {
                            LocationLog.e(TAG, "PendingIntent unable to execute request.");
                        }
                        break;
                    default:
                        break;
                }
            }
        });
} catch (Exception e) {
    LocationLog.e(TAG, "requestLocationUpdatesWithIntent exception:" + e.getMessage());
}
```

public Task <Void> requestLocationUpdates(LocationRequest request,PendingIntent callbackIntent)请求使用PendingIntent的方式，持续请求位置更新，HMS Core把位置更新的结果LocationResult和LocationAvailability封装到Intent中，调用传入的PendingIntent的send()发送给请求方。如果请求方进程被杀死，使用此方法，依然能够持续回调。此接口请求成功的结果是在Task的addOnSuccessListener()的onSuccess()中，位置回调的结果是在PendingIntent对应的广播接收器中接收的。这两种回调是并发任务，无法保证onSuccess()和广播接收器收到位置回调的时序。

运行截图如图10-3所示。

图10-3 定位功能运行截图

示例代码中通过PendingIntent来设置回调，回调一个LocationBroadcastReceiver。LocationBroadcastReceiver是这里自定义的用于接收HMS Core位置信息更新的广播接收器，需要在AndroidManifest.xml中注册。具体代码如下：

```
private PendingIntent getPendingIntent() {
    Intent intent = new Intent(this, LocationBroadcastReceiver.class);
    intent.setAction(LocationBroadcastReceiver.ACTION_PROCESS_LOCATION);
    return PendingIntent.getBroadcast(this, 0, intent, PendingIntent.FLAG_UPDATE_CURRENT);
}
```

当然也可以简单地直接设置回调方法。具体代码如下：

```
//定义位置更新回调
LocationCallback mLocationCallback;
mLocationCallback = new LocationCallback() {
    @Override
    public void onLocationResult(LocationResult locationResult) {
        if (locationResult != null) {
```

```
                //处理位置回调结果
            }
        }
    };

    //调用 requestLocationUpdates()进行持续定位
    fusedLocationProviderClient
        .requestLocationUpdates(mLocationRequest, mLocationCallback, Looper.getMainLooper())
        .addOnSuccessListener(new OnSuccessListener<Void>() {
            @Override
            public void onSuccess(Void aVoid) {
                //接口调用成功的处理
            }
        })
        .addOnFailureListener(new OnFailureListener() {
            @Override
            public void onFailure(Exception e) {
                //接口调用失败的处理
            }
        });
```

public Task<Void> requestLocationUpdates(LocationRequest request,LocationCallback callback,Looper looper)请求位置更新,并在指定的 Looper 线程上回调。该方法要求请求方进程存在才能持续回调。如进程被杀死后仍然希望能够持续收到回调,可参考前面 requestLocationUpdates(LocationRequest request,PendingIntent callbackIntent)方法的实现。此接口请求成功的结果是在 Task 的 addOnSuccessListener()的 onSuccess()中,位置回调的结果是在 LocationCallback 的 onLocationResult()中。这两种回调是并发任务,无法保证 onSuccess()和 onLocationResult()回调时序。

此外,应用可以调用 getLastLocation()方法获取设备最后的已知位置,getLastLocation()方法发出获取设备位置信息的单个请求,该方法会返回一个 Task,来获取具有地理位置经纬度坐标的 Location 对象。使用的代码如下:

```
//获取设备最后的已知位置
Task<Location> task = fusedLocationProviderClient.getLastLocation()
    //获取最后的已知位置成功监听回调
    .addOnSuccessListener(new OnSuccessListener<Location>() {
        @Override
        public void onSuccess(Location location) {
            if (location == null) {
                return;
            }
            //成功时 Location 对象处理逻辑
            //...
        }
```

```
})
//获取最后的已知位置失败监听回调
.addOnFailureListener(new OnFailureListener() {
    @Override
    public void onFailure(Exception e) {
        // ...
    }
});
```

10.1.3 活动识别

在使用活动识别功能时，关于 Android Q 以下的版本权限在 AndroidManifest.xml 文件中要增加这一条权限。具体代码如下：

```
<uses-permission android:name="com.huawei.hms.permission.ACTIVITY_RECOGNITION"/>
```

在 Android Q 及以上版本中，需要在 AndroidManifest.xml 文件中申请以下权限：

```
<uses-permission android:name="android.permission.ACTIVITY_RECOGNITION" />
```

以上活动识别相关权限属于危险权限，使用时需要动态申请。

首先，在 Activity 的 OnCreate()方法中创建一个 ActivityIdentificationService 实例，之后通过该实例调用活动识别相关接口。具体代码如下：

```
private PendingIntent pendingIntent;
private ActivityIdentificationService activityIdentificationService;
protected void onCreate(Bundle savedInstanceState) {
    //通过 ActivityIdentification.getService()创建 activityIdentificationService 实例
    activityIdentificationService = ActivityIdentification.getService(this);
    //获取 PendingIntent 对象
    pendingIntent = getPendingIntent();
}
```

活动识别功能也是通过 PendingIntent 来激发的，使用方法同前面的实例一致。

通过调用 createActivityIdentificationUpdates(long detectionIntervalMillis, PendingIntent pendingIntent)方法监听活动识别更新请求，其中第一个参数为更新的周期，第二个参数为 pendingIntent。具体代码如下：

```
//创建活动识别请求
activityIdentificationService.createActivityIdentificationUpdates(5000, pendingIntent)
    //请求成功监听回调
    .addOnSuccessListener(new OnSuccessListener<Void>() {
        @Override
        public void onSuccess(Void aVoid) {
            Log.i(TAG, "createActivityIdentificationUpdates onSuccess");
        }
    })
    //请求失败监听回调
```

```
        .addOnFailureListener(new OnFailureListener() {
            @Override
            public void onFailure(Exception e) {
                Log.e(TAG, "createActivityIdentificationUpdates onFailure:" + e.getMessage());
            }
        });
```

最后，通过广播接收到的 intent 获取活动识别结果。示例代码中活动识别服务的活动状态更新信息需要广播接收，因此需要在 AndroidManifest.xml 文件中注册广播接收器。具体代码如下：

```
//活动识别广播接收者
public class LocationBroadcastReceiver extends BroadcastReceiver {
    //活动识别服务广播 action
    public static final String ACTION_PROCESS_LOCATION = "com.huawei.hms.location.ACTION_
PROCESS_LOCATION";

    @Override
    public void onReceive(Context context, Intent intent) {
        if (intent != null) {
            final String action = intent.getAction();
            if (ACTION_PROCESS_LOCATION.equals(action)) {
                //从活动识别服务发送的 intent 的 extras 中获取 ActivityIdentificationResponse
                ActivityIdentificationResponse activityIdentificationResponse = Activity-
IdentificationResponse.getDataFromIntent(intent);
                List<ActivityIdentificationData> list = activityIdentificationResponse
.getActivityIdentificationDatas();
            }
        }
    }
}
```

运行截图如图 10-4 所示。如果出现 ACTIVITY_IDENTIFICATION_NOT_AVAILABLE，则表示该手机暂不支持活动识别功能，可以通过华为手机实验。

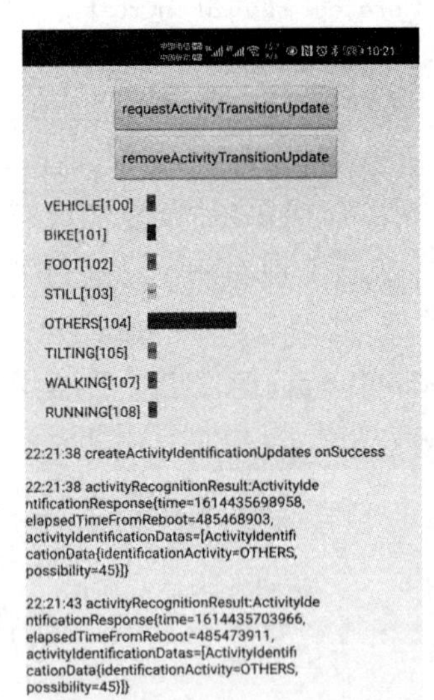

图 10-4 活动识别运行截图

10.1.4 围栏

下面是围栏功能的流程。

（1）创建围栏请求 new GeofenceRequest.Builder()。

（2）通过 getPendingIntent()方法新建 PendingIntent。

（3）通过 geofenceService.createGeofenceList()方法发送添加围栏请求，并设置回调方法。

（4）当检测到用户触发围栏事件时，通过 PendingIntent 发送广播通知用户。

具体 Activity 代码如下：

```
public class OperateGeoFenceActivity extends LocationBaseActivity implements View
.OnClickListener {
    public String TAG = "operateGeoFenceActivity";
    private TextView geoFenceData;
    private TextView geoRequestData;
    private EditText removeWithPendingIntentInput;
    private EditText removeWithIDInput;
    private EditText trigger;
    public GeofenceService geofenceService;
public static final ArrayList<RequestList> requestList = new ArrayList<RequestList>();
}
```

具体围栏功能代码如下：

```
public void requestGeoFenceWithNewIntent() {
    GeofenceRequest.Builder geofenceRequest = new GeofenceRequest.Builder();
    geofenceRequest.createGeofenceList(GeoFenceData.returnList());
    if (trigger.getText() != null) {
        int trigGer = Integer.parseInt(trigger.getText().toString());
        geofenceRequest.setInitConversions(trigGer);
        LocationLog.d(TAG, "trigger is " + trigGer);
    } else {
        geofenceRequest.setInitConversions(5);
        LocationLog.d(TAG, "default trigger is 5");
    }

    PendingIntent pendingIntent = getPendingIntent();
    setList(pendingIntent, GeoFenceData.getRequestCode(), GeoFenceData.returnList());
    try {
        geofenceService.createGeofenceList(geofenceRequest.build(), pendingIntent)
                .addOnCompleteListener(new OnCompleteListener<Void>() {
                    @Override
                    public void onComplete(Task<Void> task) {
                        if (task.isSuccessful()) {
                            LocationLog.i(TAG, "add geofence success!");
                        } else {
                            //获取错误的具体信息,并打印到日志中 LocationLog.w(TAG, "add
                            //geofence failed : " + task.getException().getMessage());
                        }
                    }
                });
```

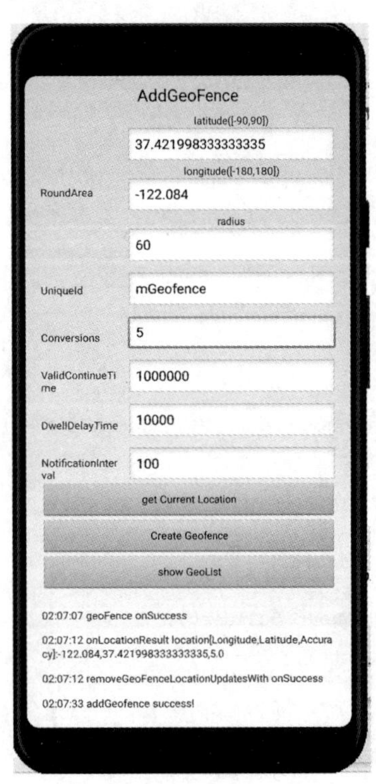

图 10-5 添加围栏成功

```
} catch (Exception e) {
    LocationLog.i(TAG, "add geofence error:" + e.getMessage());
}
GeoFenceData.createNewList();
```

setInitConversions()方法的参数是 Initial trigger 的类型:

(1) 当开始请求添加到用户设备已经进入的地理围栏时,将立即触发 EnterInitConversion,值为 1。

(2) 当开始请求添加到用户设备已经退出的地理围栏时,将立即触发 ExitInitConversion,值为 2。

(3) 当开始请求添加到用户设备已经进入并停留指定持续时间内的地理围栏时,将立即触发 DwellInitConversion,值为 4。

默认值是 GeofenceRequest. EnterInitConversion 和 GeofenceRequest. DwellInitConversion 的位的或操作,其值为 5。

如图 10-5 所示,填写 UniqueId 之后,单击 Create Geofence 按钮(添加围栏按钮)。Log 日志显示添加围栏成功。

10.2 广告服务

HMS 系统的广告服务包括流量变现、广告标识服务等。广告服务依托华为终端平台与数据能力提供的流量变现服务,帮助解决流量变现的难题;同时为广告用户提供广告服务,配合华为终端平台向用户提供更加个性化的营销活动或商业广告。

10.2.1 广告服务介绍

系统的广告服务主要有流量变现和广告标识服务。

流量变现服务是依托华为终端强大的平台与数据能力提供 App 流量变现服务,通过该服务可以在 App 中获取并向用户展示精准的、精美的、高价值的广告内容,并从中获得广告收益。

为满足 App 不同场景下的内容体验需要,流量变现服务为用户提供 Banner、原生、激励、插屏、开屏、贴片六类广告内容,并会持续推出更多、更丰富的广告形式。

此外,为了更好地支撑广告主在华为设备上进行应用推广,方便广告平台和广告主进行个性化广告和广告转化渠道跟踪,广告服务提供一种非永久性设备标识符、广告标识符(OAID)。广告标识符可在保护用户个人数据隐私安全的前提下,向用户提供个性化广告,同时三方监测平台也可以向广告主提供转化归因分析。

广告服务开发时需要集成 Ads Kit。HMS 具体服务集成步骤如下：

(1) HMS Core SDK 集成。

(2) AppGallery Connect 集成。

(3) 配置广告服务的依赖。

在应用级 build.gradle 文件中配置依赖包，需添加下面内容：

```
dependencies {
    ...
    implementation 'com.huawei.hms:ads-lite:13.4.39.302'
     implementation 'com.huawei.hms:ads-identifier:3.4.39.302'
     implementation 'com.huawei.hms:ads-installreferrer:3.4.39.302'
    ...
}
```

单击 Sync Now 按钮等待同步完成。

ads-lite SDK 集成了 Banner 广告、原生广告、激励广告、插屏广告、开屏广告、贴片广告六种广告形式。ads-identifier SDK 支持获取 OAID 和“限制广告跟踪”开关。ads-installreferrer SDK 提供获取转化跟踪参数的功能。

(4) 配置混淆脚本。

此外，值得特别注意的是，开发者编译 APK 文件前需要配置，不要混淆 HUAWEI Ads SDK，避免功能异常。

具体操作是打开 Android 工程的混淆配置文件。在 app/proguard-rules.pro 文件中添加如下两行代码，配置排除 HUAWEI Ads SDK 的混淆。具体代码如下：

```
-keep class com.huawei.openalliance.ad.** { *; }
-keep class com.huawei.hms.ads.** { *; }
```

10.2.2 Banner 广告位

广告类型较多，具体可以参阅官方网站 https://developer.huawei.com/consumer/cn/doc/development/HMSCore-Guides/publisher-service-introduction-0000001070671805。下面以 Banner 广告位为例介绍广告服务的实现。

(1) 添加 Banner 广告有两种方式：一种是通过 XML 布局文件；另一种是在代码中添加。两种方式都可以配置广告位 ID 和尺寸。

bottomBannerView 是通过 XML 格式设置的。具体代码如下：

```
<com.huawei.hms.ads.banner.BannerView
    android:id="@+id/hw_banner_view"
    android:layout_width="match_parent"
    android:layout_height="wrap_content"
    android:layout_alignParentBottom="true"
    hwads:adId="@string/banner_ad_id"
    hwads:bannerSize="BANNER_SIZE_360_57" />
```

对 strings. xml 中的 banner_ad_id 进行设置。其中，testw6vs28auh3 为专用的测试广告位 ID。具体代码如下：

```
<resources>
    <string name = "app_name"> BannerAdSample </string>
    <string name = "banner_ad_id"> testw6vs28auh3 </string>
</resources>
```

而 topBannerView 则是通过代码设置的参数。具体代码如下：

```
public class MainActivity extends AppCompatActivity {

    @Override
    protected void onCreate(Bundle savedInstanceState) {
        super.onCreate(savedInstanceState);
        setContentView(R.layout.activity_main);

        //Initialize the HUAWEI Ads SDK
        HwAds.init(this);

        //Obtain BannerView based on the configuration in layout/ad_fragment.xml
        BannerView bottomBannerView = findViewById(R.id.hw_banner_view);
        AdParam adParam = new AdParam.Builder().build();
        bottomBannerView.loadAd(adParam);

        //Call new BannerView(Context context) to create a BannerView class
        BannerView topBannerView = new BannerView(this);
        topBannerView.setAdId(getString(R.string.banner_ad_id));
        topBannerView.setBannerAdSize(BannerAdSize.BANNER_SIZE_320_50);
        topBannerView.loadAd(adParam);

        RelativeLayout rootView = findViewById(R.id.root_view);
        rootView.addView(topBannerView);

    }
}
```

（2）HwAds. init(this)是初始化 HUAWEI ADs SDK 的方法。

（3）loadAd()方法用于加载广告。

（4）通过 rootView. addView(topBannerView)将界面加入根节点，显示广告。

具体代码如下：

```
@Override
protected void onCreate(Bundle savedInstanceState) {
    super.onCreate(savedInstanceState);
    setContentView(R.layout.activity_main);

    //Initialize the HUAWEI Ads SDK
    HwAds.init(this);
```

```
        //Obtain BannerView based on the configuration in layout/ad_fragment.xml
        BannerView bottomBannerView = findViewById(R.id.hw_banner_view);
        AdParam adParam = new AdParam.Builder().build();
        bottomBannerView.loadAd(adParam);

        //Call new BannerView(Context context) to create a BannerView class
        BannerView topBannerView = new BannerView(this);
        topBannerView.setAdId(getString(R.string.banner_ad_id));
        topBannerView.setBannerAdSize(BannerAdSize.BANNER_SIZE_360_57);
        topBannerView.loadAd(adParam);

        RelativeLayout rootView = findViewById(R.id.root_view);
        rootView.addView(topBannerView);

    }
```

最后的显示效果如图10-6所示。在Android模拟器中有可能显示不了,具体可以在手机设备上查看效果。

图10-6 Banner广告显示效果

下面的代码是通过创建子线程,并调用静态的AdvertisingIdClient.getAdvertisingIdInfo(mContext)方法获取匿名设备标识符(Open Anonymous Device Identifier,OAID)信息。OAID是一种非永久性设备标识符。使用OAID可在保护用户个人数据隐私安全的前提下,向用户提供个性化广告。媒体App、广告平台、三方监测平台等开发者,可集成Ads Kit的SDK获取华为设备上的OAID,开发者可基于OAID进行个性化广告推荐或广告转化归因分析。具体代码如下:

```
private static final String TAG = "OaidActivity";
...
/**
 * 在非主线程获取设备标识信息
 */
private Thread getIdentifierThread = new Thread() {
    @Override
    public void run() {
        try {
            AdvertisingIdClient.Info info = AdvertisingIdClient.getAdvertisingIdInfo(get-
ApplicationContext());
            if (null != info) {
                Log.i(TAG, "getAdvertisingIdInfo id = " + info.getId() +
                        ", isLimitAdTrackingEnabled = " + info.isLimitAdTrackingEnabled());
            }
        } catch (IOException e) {
            Log.i(TAG, "getAdvertisingIdInfo Exception: " + e.toString());
        }
    }
};
```

10.3 安全检测服务

本节将会介绍 HMS 的安全检测服务(Safety Detect Kit)。安全在任何系统中都是最重要的基础服务之一。HMS 同样非常重视对安全的检测,并提供了多角度的实用安全检测服务。

10.3.1 安全检测服务介绍

安全检测服务提供系统完整性检测(SysIntegrity)、应用安全检测(AppsCheck)、恶意 URL 检测(URLCheck)、虚假用户检测(UserDetect)、恶意 Wi-Fi 检测(Wi-FiDetect),可帮助保护应用程序免受安全威胁。

(1) SysIntegrity API：系统完整性检测 API,开发者可通过该 API 评估其 App 所运行的设备环境是否安全(如设备是否被 root,即是否获取管理员权限)。

(2) AppsCheck API：应用安全检测 API,开发者可通过该 API 获取恶意应用列表。

(3) URLCheck API：恶意 URL 检测 API,开发者可通过该 API 来确定特定 URL 的威胁类型。

(4) UserDetect API：虚假用户检测 API,开发者可通过该 API 判断当前 App 的交互对象是否为虚假用户。

(5) Wi-FiDetect API：恶意 Wi-Fi 检测 API,开发者可通过该 API 检测当前尝试连接的 Wi-Fi 是否安全。

HMS 的安全检测服务很多,具体可以参阅官方网站 https://developer.huawei.com/consumer/cn/doc/development/HMSCore-Guides/introduction-0000001050156325。下面以系统完整性检测为例来介绍 HMS 的安全检测服务。系统完整性检测就是开发者评估当前运行环境是否是可信运行环境(Trusted Execution Environment,TEE)。TEE 技术其实是既能解决智能终端设备的安全问题,又能满足服务商、运营商、系统和应用开发商、设备厂商、平台提供商和芯片厂商等众多利益相关者的利益所提出的一种解决方案。其理念是"当执行敏感操作或安全性比较高的行为时(例如指纹的比对,用私钥签名的支付动作等),原本处于 Normal World 中的系统安全级别不足以应对,需要放到 Secure World 里面,为一系列敏感性操作提供高安全的执行环境"。

如图 10-7 所示,系统完整性检测需要通过三个步骤。

(1) 第三方应用 App 集成的 HMS Core SDK 调用 Safety Detect Service。

(2) HMS 请求 TSMS 服务器签名检测结果。

(3) 第三方应用 App 请求第三方应用 App 自己服务器检测结果。

安全检测服务开发时需要集成 Safety Detect Kit。具体的服务集成步骤如下：

(1) HMS Core SDK 的集成。

(2) AppGallery Connect 集成。

(3) 配置安全检测服务的依赖。

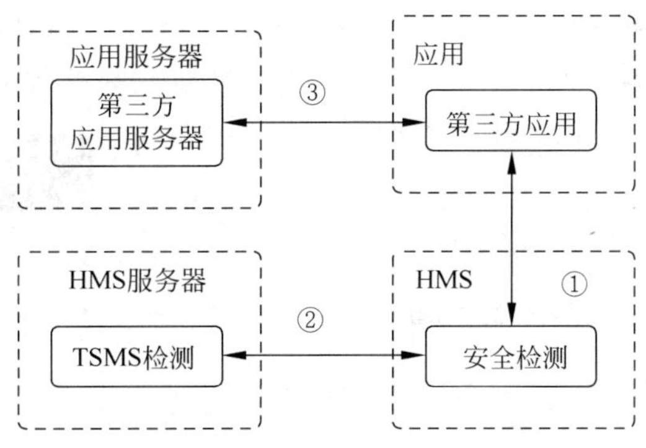

图 10-7 系统完整性检测流程

在应用级 build.gradle 文件中配置依赖包，需添加下面内容：

```
dependencies {
    ...
    implementation 'com.huawei.hms:safetydetect:5.0.3.300'
    ...
}
```

单击 Sync Now 按钮等待同步完成。

10.3.2 系统完整性

sysIntegrity(nonce, APP_ID)方法用来检查系统完整性。这里有两个参数，第一个参数是一个只能使用一次的随机值，必须为 16～66 字节。推荐的做法是从发送到用户的服务器的数据中派生 nonce 值。在检测结果中会包含这个 nonce 值，可以通过校验这个 nonce 值来确定返回结果能够对应用户的请求，并且没有被重放攻击。重放攻击时，攻击方会发给之前的正常的数据来伪装现在的情况，这时就可以比较这个 nonce 的值，因为同一个值只会出现一次。如果发现和这次的值不一致，是上次的值，就知道是攻击方的重放攻击。第二个参数是 APP_ID。如图 10-8 所示，这个值是在 AppGallery Connect 网站中的项目设置的常规 Tab 页面中，用来表示每个应用。

图 10-8 查看应用 APP_ID

收到返回的结果，如果成功就会调用 onSuccess(SysIntegrityResp response)回调函数，就可以从 JSON Web 签名(JWS)格式中解析完整性验证结果的数据。JWS 中包含 header、payload、signature。payload 的具体数据如下：

```
{
    "advice":"RESTORE_TO_FACTORY_ROM",
    "apkCertificateDigestSha256":[
        "yT5JtXRgeIgXssx1gQTsMA9GzM9ER4xAgCsCC69Fz3I="
    ],
    "apkDigestSha256":" 6Ihk8Wcv1MLm0O5KUCEVYCI/0KWzA-
Hn9DyN38R3WYu8=",
    "apkPackageName":"com.huawei.hms.safetydetectsample",
    "basicIntegrity":false,
    "nonce":"R2Rra24fVm5xa2Mg",
    "timestampMs":1571708929141
}
```

basicIntegrity 是系统完整性的结果，案例中是 false。开发者可以根据自身功能对安全的要求决定是否提醒用户。

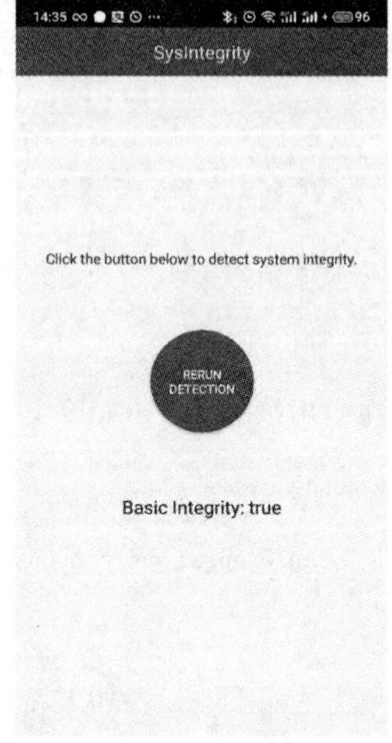

图 10-9　系统安全性检测效果

图 10-9 是案例代码在实际手机上运行的结果，返回的结果是 true。

具体代码如下：

```
private void invokeSysIntegrity() {
        //生成 nonce 值，确保一个 nonce 值只能被使用一次，推荐的做法是从用户的服务器端生成
        byte[] nonce = new byte[24];
        try {
            SecureRandom random;
            if (android.os.Build.VERSION.SDK_INT >= android.os.Build.VERSION_CODES.O) {
                random = SecureRandom.getInstanceStrong();
            } else {
                random = SecureRandom.getInstance("SHA1PRNG");
            }
            random.nextBytes(nonce);
        } catch (NoSuchAlgorithmException e) {
            Log.e(TAG, e.getMessage());
        }

        SafetyDetect.getClient(getActivity())
                .sysIntegrity(nonce, APP_ID)
                .addOnSuccessListener(new OnSuccessListener<SysIntegrityResp>() {
                    @Override
                    public void onSuccess(SysIntegrityResp response) {
                        //当服务调用成功时，使用 response.getResult()方法获取检测结果
                        String jwsStr = response.getResult();
                        //Process the result data here
```

```
                    String[] jwsSplit = jwsStr.split("\\.");
                    String jwsPayloadStr = jwsSplit[1];
                    String payloadDetail = new String(Base64.decode(jwsPayloadStr
.getBytes(StandardCharsets.UTF_8), Base64.URL_SAFE), StandardCharsets.UTF_8);
                    try {
                        final JSONObject jsonObject = new JSONObject(payloadDetail);
                        final boolean basicIntegrity = jsonObject.getBoolean("basicIn-
tegrity");
                        mButton1.setBackgroundResource(basicIntegrity ? R.drawable
.btn_round_green : R.drawable.btn_round_red);
                        mButton1.setText(R.string.rerun);
                        String isBasicIntegrity = String.valueOf(basicIntegrity);
                        String basicIntegrityResult = "Basic Integrity: " + isBasicIn-
tegrity;
                        basicIntegrityTextView.setText(basicIntegrityResult);
                        if (!basicIntegrity) {
                            String advice = "Advice: " + jsonObject.getString("advice");
                            adviceTextView.setText(advice);
                        }
                    } catch (JSONException e) {
                        String errorMsg = e.getMessage();
                        Log.e(TAG, errorMsg != null ? errorMsg : "unknown error");
                    }
                }
            })
            .addOnFailureListener(new OnFailureListener() {
                @Override
                public void onFailure(Exception e) {
                    //当服务调用过程中出错时
                    String errorMsg;
                    if (e instanceof ApiException) {
                        //符合 HMS API 定义的错误类型 ApiException apiException =
(ApiException) e;
                        errorMsg = SafetyDetectStatusCodes.getStatusCodeString(apiEx-
ception.getStatusCode()) + ": " + apiException.getMessage();
                        //可以使用 apiException.getStatusCode()方法获取错误码
                    } else {
                        //未知类型的错误
                        errorMsg = e.getMessage();
                    }
                    Log.e(TAG, errorMsg);
                    Toast.makeText(getActivity().getApplicationContext(), errorMsg,
Toast.LENGTH_SHORT).show();
                    mButton1.setBackgroundResource(R.drawable.btn_round_yellow);
                    mButton1.setText(R.string.rerun);
                }
            });
    }
```

在解析之前，需要在应用服务器通过证书和签名校验检测结果，这样才能确认结果的有效性。具体步骤如下：

（1）从 JWS 中获取 header、payload、signature。

（2）从 header 中获取证书链，使用 HUAWEI CBG root（超级管理员权限）证书对其进行验证，校验证书链中的叶证书域名，域名为 sysintegrity.platform.hicloud.com。

（3）从 signature 中获取签名，校验其签名。

具体代码如下：

```
System.out.println("Paste your jws here:");
Scanner scanner = new Scanner(System.in);
String jwsStr = scanner.nextLine();
//从以下网址下载 HUAWEI CBG root 证书：https://developer.huawei.com/consumer/cn/doc/development/
HMS-Guides/SafetyDetectSysIntegrityDevelopment
System.out.println("Input your certPath here:");
String filepath = scanner.nextLine();
scanner.close();

Jws jws = new Jws(jwsStr);
boolean verify = VerifySignatureUtil.verifySignature(jws,filepath);

if (verify) {
    System.out.println(jws.getPayload().toString());
}
```

10.4 机器学习服务

本节介绍 HMS 系统的机器学习服务（ML Kit）。该服务提供机器学习套件，为开发者使用机器学习能力开发各类应用，提供优质体验。

10.4.1 机器学习服务介绍

机器学习服务为开发者提供简单易用、服务多样、技术领先的机器学习能力，帮助开发者更快更好地开发各类 AI 应用。其中包含文本类、语音语言类、图像类、人脸人体类、自然语言处理类五个大类，并且支持自定义模型的开发、部署和推理。

机器学习服务开发时需要集成。具体的服务集成步骤如下：

（1）HMS Core SDK 的集成。

（2）AppGallery Connect 的集成。

（3）配置机器学习服务的依赖。

在应用级 build.gradle 文件中配置依赖包，需添加下面内容：

```
dependencies {
    ...
```

```
//Text recognition SDK
implementation 'com.huawei.hms:ml-computer-vision-ocr:2.0.5.300'
//Text recognition model
implementation 'com.huawei.hms:ml-computer-vision-ocr-cn-model:2.0.5.300'
implementation 'com.huawei.hms:ml-computer-vision-ocr-jk-model:2.0.5.300'
implementation 'com.huawei.hms:ml-computer-vision-ocr-latin-model:2.0.5.300'

//Image classification SDK
implementation 'com.huawei.hms:ml-computer-vision-classification:2.0.1.300'
//Image classification model
implementation 'com.huawei.hms:ml-computer-vision-image-classification-model:2.0.1.300'

//Document skew correction SDK
implementation 'com.huawei.hms:ml-computer-vision-documentskew:2.1.0.300'
//Document skew correction model
implementation 'com.huawei.hms:ml-computer-vision-documentskew-model:2.1.0.300'
    ...
}
```

单击 Sync Now 按钮等待同步完成。

(4) 在 Android manifest. xml 文件中应用添加软硬件功能集和对相机使用的权限设置。<uses-feature>声明的用途是通知任何外部实体应用所依赖的硬件和软件功能集。具体代码如下：

```
<!-- 步骤 1: 添加软硬件功能集和相机权限 -->
    <uses-feature android:name="android.hardware.camera" />
<uses-permission android:name="android.permission.CAMERA"/>
```

10.4.2 文本识别

文本识别服务可以识别收据、名片、文档照片等含文字的图片，将其中的文本信息提取出来。该服务被广泛应用于印刷、教育、物流等行业。例如，可以在税务相关应用中，使用该服务代替人工信息录入与检测等操作。

该服务可以同时支持端侧和云侧，不过其能识别的文字种类有区别。当调用端侧接口时，可识别中文(简体)、日文、韩文、拉丁语(包括英文、西班牙文、葡萄牙文、意大利文、德文、法文、俄文、特殊字符，支持的特殊字符可参见文本识别客户端支持的拉丁字符)。当调用云侧接口时，可以识别中文(简体)、英文、西班牙文、葡萄牙文、意大利文、德文、法文、俄文、日文、韩文、波兰文、芬兰文、挪威文、瑞典文、丹麦文、土耳其文、泰文、阿拉伯文、印地文、印尼文等文字。

该服务支持静态图片识别和动态视频流识别、同步和异步两种调用方式，通过提供丰富的 API，可帮助开发者快速构建各种文本识别应用。

在职场社交、论坛、商务会见等场景下，相互交换名片是常见的行为，通过该服务可以快速实现对名片中重要信息的结构化识别和录入；在寄快递场景下，通过识别上传的图片，能快速将收件人姓名、电话、收件人地址等重要信息填入对应位置，极大地降低了用户的输入成本，快速、方便，提升产品的易用性。

文本识别的开发流程如下：

（1）创建文本分析器 MLTextAnalyzer 用于识别图片中的文字，可以通过 MLLocalTextSetting 设置识别的语种，不设置语言默认只能识别拉丁字符。具体代码如下：

```
//方式一：使用默认参数配置端侧文本分析器，只能识别拉丁语系文字
MLTextAnalyzer analyzer = MLAnalyzerFactory.getInstance().getLocalTextAnalyzer();

//方式二：使用自定义参数 MLLocalTextSetting 配置端侧文本分析器
MLLocalTextSetting setting = new MLLocalTextSetting.Factory()
    .setOCRMode(MLLocalTextSetting.OCR_DETECT_MODE)
    //设置识别语种
    .setLanguage("zh")
    .create();
MLTextAnalyzer analyzer = MLAnalyzerFactory.getInstance().getLocalTextAnalyzer(setting);
```

（2）通过 android.graphics.Bitmap 创建 MLFrame，支持的图片格式包括 JPG、JPEG、PNG、BMP，建议输入图片长宽比范围为 1∶2～2∶1。具体代码如下：

```
//通过 bitmap 创建 MLFrame,bitmap 为输入的 BMP 格式图片数据
MLFrame frame = MLFrame.fromBitmap(bitmap);
```

（3）将生成的 MLFrame 对象传递给 asyncAnalyseFrame()方法进行文字识别。具体代码如下：

```
Task<MLText> task = analyzer.asyncAnalyseFrame(frame);
task.addOnSuccessListener(new OnSuccessListener<MLText>() {
    @Override
    public void onSuccess(MLText text) {
        //识别成功处理
    }
}).addOnFailureListener(new OnFailureListener() {
    @Override
    public void onFailure(Exception e) {
        //识别失败处理
    }
});
```

（4）示例代码中使用了异步调用方式，本地文本识别还支持 analyseFrame 同步调用方式，识别结果以 MLText.Block 数组进行提供：

```
Context context = getApplicationContext();
MLTextAnalyzer analyzer = new MLTextAnalyzer.Factory(context).setLocalOCRMode(MLLocalTextSetting
.OCR_DETECT_MODE).setLanguage("zh").create();
SparseArray<MLText.Block> blocks = analyzer.analyseFrame(frame);
```

(5) 识别完成，停止分析器，释放识别资源。具体代码如下：

```
try {
    if (analyzer != null) {
        analyzer.stop();
    }
} catch (IOException e) {
    //异常处理
}
```

文本识别功能运行截图如图 10-10 所示。

10.4.3 图片分类

通过对图片中的实体对象进行分类并添加标注信息，如人、物、环境、活动、艺术形式等，帮助定义图片题材和适用场景等。图片分类支持端侧识别和云侧识别。端侧识别即在设备上运行检测算法模型，返回识别结果，目前支持超过 400 个类别，涵盖图片最常见的概念；云侧识别即调用云侧 API 进行检测，检测算法模型在云侧运行，目前支持 12 000 个分类。详细的分类信息列表参见图片分类类别清单。同时，该服务提供了自定义模型能力，支持用户自定义图片分类模型。

图片分类服务可以广泛应用于图片分类管理场景。例如，图片管理类 App，集成该服务可以快速筛选出包含某种实体的图片集。如图 10-11 所示，用户拍摄图片之后，利用 ML Kit 进行图片分类，然后将信息返回给开发者 App，开发者 App 可以根据分类的结果进行相应的个性化推荐。

图 10-10 文本识别功能运行截图

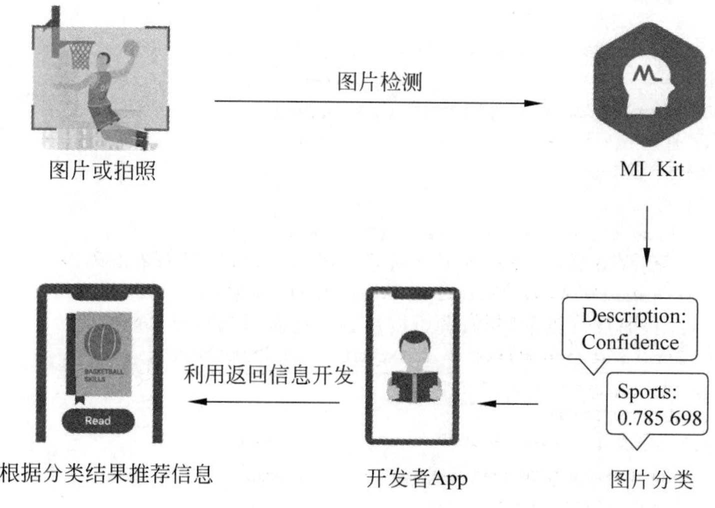

图 10-11 图片分类服务应用流程

分类服务具体的开发流程如下：

(1) 创建图片分类分析器。可以通过图片分类自定义类 MLLocalClassificationAnalyzerSetting 创建分析器。具体代码如下：

```
//方式一:端侧识别使用自定义参数配置
MLLocalClassificationAnalyzerSetting setting =
    new MLLocalClassificationAnalyzerSetting.Factory()
        .setMinAcceptablePossibility(0.8f)
        .create();
MLImageClassificationAnalyzer analyzer = MLAnalyzerFactory.getInstance().getLocalImageClas-
sificationAnalyzer(setting);


//方式二:端侧识别使用默认参数配置
MLImageClassificationAnalyzer analyzer = MLAnalyzerFactory.getInstance().getLocalImageClas-
sificationAnalyzer();
```

(2) 通过 android.graphics.Bitmap 创建 MLFrame，支持的图片格式包括 JPG、JPEG、PNG、BMP，建议图片尺寸不小于 112×112 像素。具体代码如下：

```
//通过 bitmap 创建 MLFrame,bitmap 为输入的 BMP 格式图片数据
MLFrame frame = MLFrame.fromBitmap(bitmap);
```

(3) 调用 asyncAnalyseFrame()方法进行图片分类（错误码信息可参见机器学习服务错误码）。具体代码如下：

```
Task<List<MLImageClassification>> task = analyzer.asyncAnalyseFrame(frame);
task.addOnSuccessListener(new OnSuccessListener<List<MLImageClassification>>() {
    @Override
    public void onSuccess(List<MLImageClassification> classifications) {
        //识别成功
    }
}).addOnFailureListener(new OnFailureListener() {
    @Override
    public void onFailure(Exception e) {
        //识别失败
        //Recognition failure.
        try {
            MLException mlException = (MLException)e;
            //获取错误码,开发者可以对错误码进行处理,根据错误码进行差异化的页面提示
            int errorCode = mlException.getErrCode();
            //获取报错信息,开发者可以结合错误码,快速定位问题
            String errorMessage = mlException.getMessage();
        } catch (Exception error) {
          //转换错误处理
        }
    }
});
```

(4) 识别完成,停止分析器,释放检测资源。具体代码如下:

```
try {
    if (analyzer != null) {
        analyzer.stop();
    }
} catch (IOException e) {
    //异常处理
}
```

(5) 以上示例代码中使用了异步调用方式,图片分类还支持同步调用使用 analyseFrame()函数获取检测结果:

```
SparseArray < MLImageClassification > classifications =
analyzer.analyseFrame(frame);
```

图片分类功能运行截图如图 10-12 所示。

图 10-12　图片分类功能运行截图

10.4.4　文档校正

通过手机给文档拍照然后上传时,由于光线的原因,时常不得不通过倾斜的角度来避免影子对文档的遮挡,但是这样获得的文档图片是有形变的。所以,如图 10-13 所示,文档校正服务支持自动识别文档在图片中的位置,能够根据识别到的位置信息校正拍摄角度,并且支持用户自定义边界点位置进行文档校正,即使位于倾斜角度也能够拍摄出文档的正面图片。

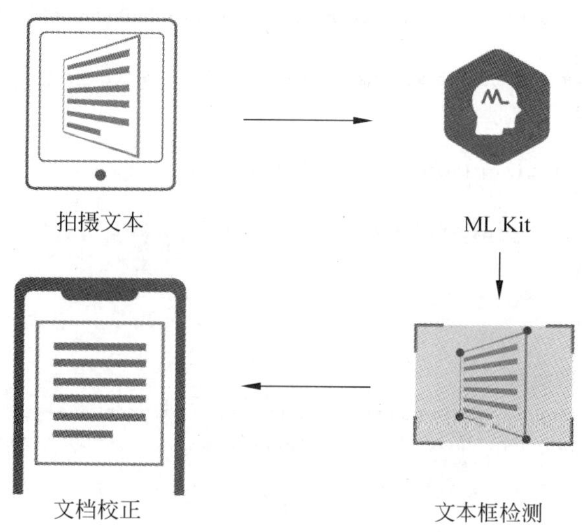

图 10-13　文档校正服务应用流程

当然在使用此服务时，仍然需要在拍摄时尽可能让相机正对文档，让文档占据画面大部内容，同时保持文档四条边界入镜以获得更佳效果。拍摄角度在30°以内校正效果最佳，超过30°角拍摄对文档内容边界清晰度有要求。

在开始API开发工作之前，需要完成必要的开发准备工作，同时确保工程中已经配置HMS Core SDK的Maven仓地址，并且完成了本服务的SDK集成。具体的开发步骤如下：

(1) 创建文本框检测/校正分析器。具体代码如下：

```
MLDocumentSkewCorrectionAnalyzerSetting setting = new MLDocumentSkewCorrectionAnalyzerSetting
.Factory().create();
MLDocumentSkewCorrectionAnalyzer analyzer = MLDocumentSkewCorrectionAnalyzerFactory
.getInstance().getDocumentSkewCorrectionAnalyzer(setting);
```

(2) 通过android.graphics.Bitmap创建MLFrame对象用于分析器检测图片，支持的图片格式包括JPG、JPEG、PNG，建议图片尺寸不小于320×320像素，不大于1920×1920像素。具体代码如下：

```
MLFrame frame = MLFrame.fromBitmap(bitmap);
```

(3) 调用asyncDocumentSkewDetect()异步方法或analyseFrame()同步方法进行文本框的检测。当返回码是MLDocumentSkewCorrectionConstant.SUCCESS时，将会返回文本框的四个顶点的坐标值，该坐标值是相对于传入图像的坐标，若与设备坐标不一致，需调用者进行转换；否则，返回的数据没有意义。具体代码如下：

```
//asyncDocumentSkewDetect()异步调用
Task<MLDocumentSkewDetectResult> detectTask = analyzer.asyncDocumentSkewDetect(mlFrame);
detectTask.addOnSuccessListener(new OnSuccessListener<MLDocumentSkewDetectResult>() {
    @Override
    public void onSuccess(MLDocumentSkewDetectResult detectResult) {
        //检测成功
    }
}).addOnFailureListener(new OnFailureListener() {
    @Override
    public void onFailure(Exception e) {
        //检测失败
    }
})

//analyseFrame()同步调用
SparseArray<MLDocumentSkewDetectResult> detect = analyzer.analyseFrame(mlFrame);
if (detect != null && detect.get(0).getResultCode() == MLDocumentSkewCorrectionConstant
.SUCCESS) {
    //检测成功
} else {
    //检测失败
}
```

(4) 检测成功后，分别获取文本框四个顶点的坐标数据，然后以左上角为起点，按顺时针方向，分别把左上角、右上角、右下角、左下角加入到列表（List < Point >）中，最后构建 MLDocumentSkewCorrectionCoordinateInput 对象。

① 如果使用 analyseFrame( ) 同步调用，先获取到检测结果，如下所示（使用 asyncDocumentSkewDetect()异步调用可忽略此步骤直接进行步骤②）：

```
MLDocumentSkewDetectResult detectResult = detect.get(0);
```

② 获取文本框四个顶点的坐标数据并构建 MLDocumentSkewCorrectionCoordinateInput 对象。具体代码如下：

```
Point leftTop = detectResult.getLeftTopPosition();
Point rightTop = detectResult.getRightTopPosition();
Point leftBottom = detectResult.getLeftBottomPosition();
Point rightBottom = detectResult.getRightBottomPosition();
List<Point> coordinates = new ArrayList<>();
coordinates.add(leftTop);
coordinates.add(rightTop);
coordinates.add(rightBottom);
coordinates.add(leftBottom);
MLDocumentSkewCorrectionCoordinateInput coordinateData = new MLDocumentSkewCorrectionCoordinateInput
(coordinates);
```

(5) 调用 asyncDocumentSkewCorrect( )异步方法或 syncDocumentSkewCorrect( )同步方法进行文本框的校正。具体代码如下：

```
//asyncDocumentSkewCorrect()异步调用
Task<MLDocumentSkewCorrectionResult> correctionTask = analyzer.asyncDocumentSkewCorrect
(mlFrame, coordinateData);
correctionTask.addOnSuccessListener(new OnSuccessListener<MLDocumentSkewCorrectionResult>() {
    @Override
    public void onSuccess(MLDocumentSkewCorrectionResult refineResult) {
        //检测成功
    }
}).addOnFailureListener(new OnFailureListener() {
    @Override
    public void onFailure(Exception e) {
        //检测失败
    }
});

//syncDocumentSkewCorrect()同步调用
SparseArray<MLDocumentSkewCorrectionResult> correct = analyzer.syncDocumentSkewCorrect
(mlFrame, coordinateData);
if (correct != null && correct.get(0).getResultCode() == MLDocumentSkewCorrectionConstant
.SUCCESS) {
    //校正成功
} else {
    //校正失败
}
```

（6）检测完成，停止分析器，释放检测资源。具体代码如下：

```
if (analyzer ! = null) {
    analyzer.stop();
}
```

文档校正功能运行截图如图 10-14 所示。

图 10-14 文档校正功能运行截图

练习 10

1.【多选题】华为的定位服务主要提供（　　）三种功能。

A. 融合定位　　B. 活动识别

C. 地理围栏　　D. 地图功能

2.【简答题】简述 HMS 定位功能的实现流程。

3.【简答题】简述 HMS 围栏功能的实现流程。

4.【多选题】流量变现服务提供了（　　）类的广告内容。

A. Banner　　B. 原生　　C. 激励

D. 插屏　　E. 开屏　　F. 贴片

5.【判断题】添加 Banner 广告有两种方式：一种是通过 XML 布局文件；另一种是在代码中添加。

6.【判断题】匿名设备标识符（Open Anonymous Device Identifier，OAID）是一种非永久性设备标识符，可在保护用户个人数据隐私安全的前提下，向用户提供个性化广告。

7.【多选题】安全检测服务提供(　　)服务帮助保护应用程序免受安全威胁。

A. 系统完整性检测(SysIntegrity)　　B. 应用安全检测(AppsCheck)

C. 恶意 URL 检测(URLCheck)　　D. 虚假用户检测(UserDetect)

E. 恶意 Wi-Fi 检测(Wi-FiDetect)

8.【简答题】简述安全检测服务的各项功能。

9.【简答题】简述系统安全性检测流程。

10.【判断题】文本识别服务可以识别收据、名片、文档照片等含文字的图片,将其中的文本信息提取出来。

11.【简答题】简述文本识别的开发流程。

12.【判断题】华为图片分类服务只支持端侧识别,不支持云侧识别。

13.【判断题】图片分类支持端侧识别和云侧识别。两种识别方式支持的分类的类别数目是一样的。

14.【简答题】简述图片分类服务应用流程。

15.【简答题】简述图片分类服务开发流程。

16.【判断题】文档校正服务支持自动识别文档在图片中的位置,能够根据识别到的位置信息校正拍摄角度,并且支持用户自定义边界点位置进行文档校正,即使位于倾斜角度也能够拍摄出文档的正面图像。

17.【判断题】使用文档校正服务时对拍摄角度和文档边界的清晰度有一定的要求。

18.【简单题】简述文档校正服务应用流程。

19.【简单题】简述文档校正服务开发流程。

第五篇

PART 5

综 合 案 例

第11章 综合案例项目详解

本章介绍综合案例项目的需求分析、架构设计、接口设计、数据库设计，以及 Android 客户端实现、HMS 功能客户端实现和 Spring Boot 服务器端实现。最后，介绍综合案例项目的测试与发布。

11.1 项目需求分析

11.1.1 需求概述

什么是需求？

IEEE 在 IEEE 610.12—1990 标准文档中给出了一个定义：

(1) 用户为了解决问题或达到某些目标所需要的条件或能力；

(2) 系统或系统部件为了满足合同、标准、规范或其他正式文档所规定的要求而需要具备的条件或能力；

(3) 对(1)或(2)中的一个条件或一种能力的一种文档化表述。

通常可以认为需求是一种“期望”。

如何表达这种期望？一段录音，一段文字？其实当从现实世界去获取需求时，获得的原始材料是相当混乱的。所以，需要一种形式来组织和表达用户的期望。这样，需求才能成为利益相关者共同认可的期望，才能作为后续工作的基础。

作为面向对象分析和设计方法中，通常会采用用例的方式。用例最初由 Jacobson 于 1992 年在 Objectory()方法中提出的，他将用例定义为“在系统(或者子系统或者类)和外部对象的交互当中所执行的行为序列的描述，包括各种不同的序列和错误的序列，它们能够联合提供一种有价值的服务”。Cockburn 认为用例描述了在不同条件下系统对某一用户的请求的响应。根据用户的请求和请求时的系统条件，系统将执行不同的行为序列，每一个行为序列被称为一个场景。一个用例是多个场景的集合。

而当敏捷软件开发方法盛行之后，越来越多的人采用用户故事来作为需求的表述。他们用日常语言或者业务用例来撰写句子，表述一项简单的功能。采用半定制的语言，从时间、地点、人物、目标、原因等方面来定义系统需要提供的功能，从而实现需求的组织与管理。

11.1.2 项目需求描述

本案例项目是一个在线学习网站的Android应用端和服务器端。它的主要功能是查看课程列表、查看课程、购买课程、查看账户、充值。可以使用面向对象分析方法来生成用例图，如图11-1所示。

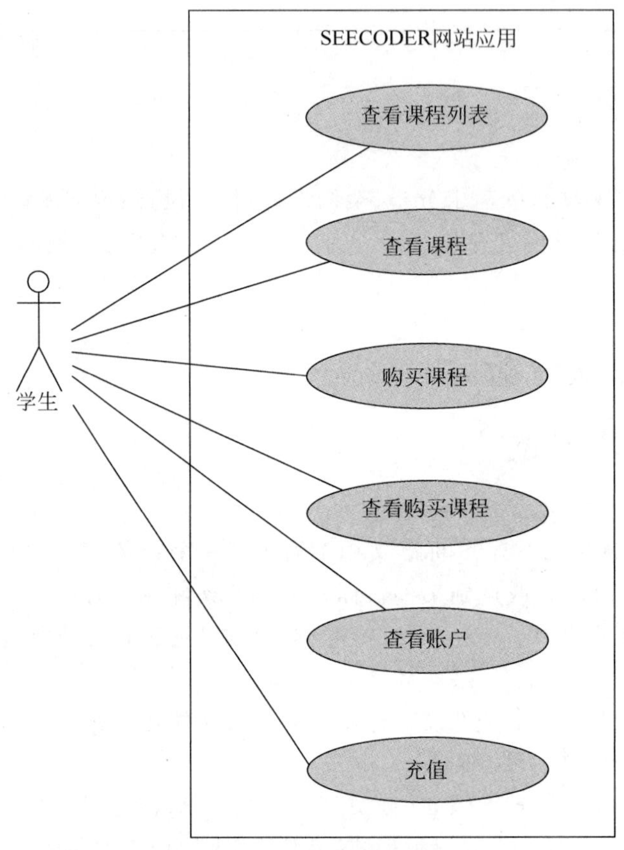

图 11-1 SEECODER网站应用的用例图

下面以充值功能展开用例(见表11-1)和用户故事作为范例(见表11-2)。

表 11-1 充值用例的用例描述

ID	UC06
名称	用户充值
用例属性	刘钦创建于2020.12.5
参与者	学生用户
优先级	中
触发条件	
前置条件	用户已经登录

续表

后置条件	充值金额兑换钻石记录在后台系统
正常流程	1. 用户在账户页面选择充值功能，系统进入充值页面，并跳转华为应用内支付页面。 2. 用户在华为应用内支付页面完成支付后返回，系统在账户页面显示最新余额
分支流程	2.a 用户在华为应用内支付取消支付，系统回到账户页面。 2.b 用户在华为应用内支付页面支付未成功，系统回到账户页面
业务规则	1 元人民币充值 10 钻石

表 11-2 充值功能的用户故事

故事标题	用户充值
故事描述	作为学生用户，想要给网站余额进行充值，以便于购买课程
实现规则	余额以钻石个数为单位。1 元人民币充值 10 钻石
验收标准	假设余额为 0 钻石，当用户充值 1 元人民币后，余额为 10 钻石。 假设余额为 10 钻石，当用户充值 10 元人民币后，余额为 110 钻石
具体设计方案	使用华为应用内支付功能完成支付。在 AppGallery 中托管商品的管理
上线检查清单	1. 为在 AppGallery 中的商品管理中添加商品信息。 2. 配置华为应用内支付的相关配置。 3. 实现华为应用内支付功能。 4. 添加 UI 界面，支付完毕之后，用户余额会刷新最新值

仔细对比可以看出，用例很在乎系统与用户的交互，其中交互的正常流程和异常流程，而且用例中提供了十分详细的细节。而用户故事则强调了角色和原因，提高了沟通的效率，以上线之后的价值作为驱动。虽然不一定提供完全的细节，但是可以通过敏捷软件开发中强调的“用户在现场”原则中与用户面对面的沟通进行弥补，鼓励延迟细节，增进用户和开发团队的交流。而且在描述功能时，多以如何展示，如何验收的角度进行用例描述，也非常利于验收测试的开展。

用例描述更加利于后面的面向对象分析中概念类的设计等环节，而用户故事更适用于贯穿整个敏捷软件开发。所以，具体可以根据自己项目和团队的实际情况来选用。

11.2 项目架构设计

项目整体采用分层体系风格，其逻辑视角如图 11-2 所示，分为三层：展示层、逻辑层和数据层。根据之前的业务分为五个包：用户、课程、课件、课程订单和充值。分层体系结构风格中上层依赖于下层。

项目整体体系结构的物理视角如图 11-3 所示，分为四部分。展示层 Android App 响应 UI 界面的交互发起 HTTP Request，通过 URL 访问 Spring Boot 提供的 REST API，执行作为逻辑层的相关业务逻辑，然后通过数据层的 MyBatis 的 Mapper 的接口将业务操作转换为 SQL 语句更改数据层的 MySQL 数据库或者返回查询结果。查询结果经 MyBatis 转

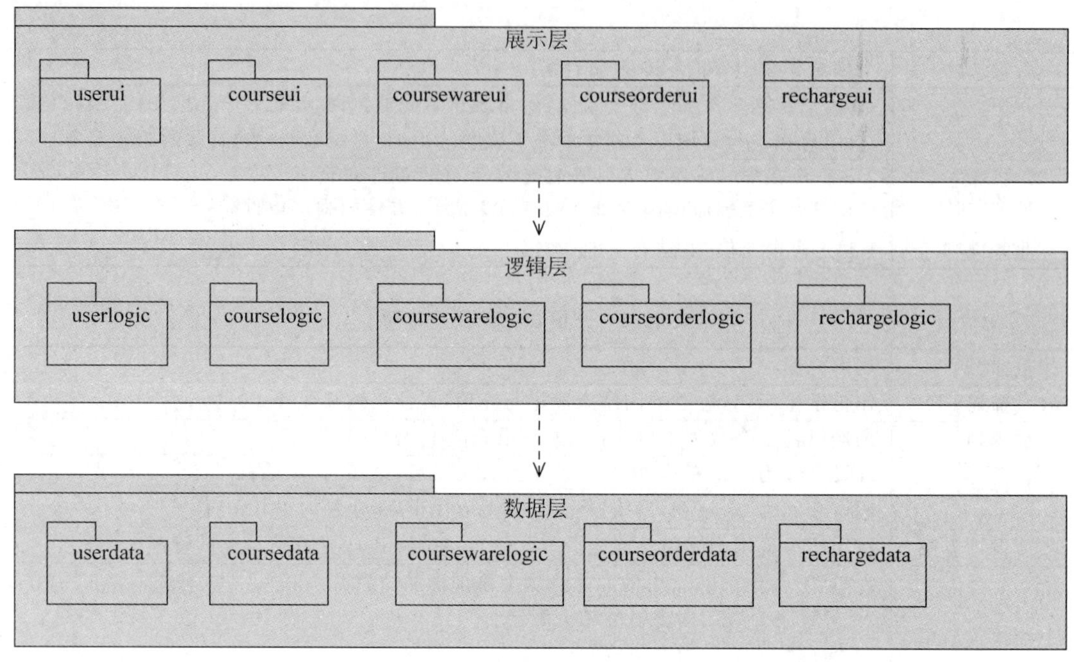

图 11-2 SEECODER 体系结构的逻辑视角

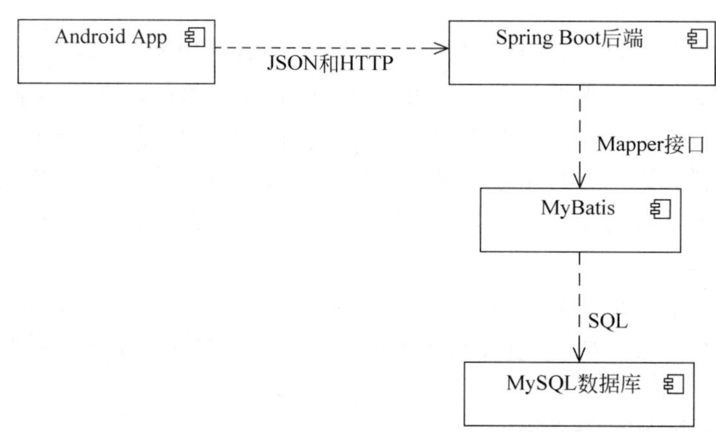

图 11-3 SEECODER 体系结构的物理视角

换为 PO 对象，然后经业务逻辑转换为 VO 对象，最后变成 JSON 格式数据由 HTTP 的 Response 返回给 Android App。Android App 得到 Response 数据之后，刷新 UI 界面。

而 Android 客户端体系结构如图 11-4 所示。ui 包中包括 activity、fragment 和 adapter 包，是整个客户端的 UI 界面的定义。通过 Android 架构组件中 MVVM 双向数据绑定模式和 viewmodel 中的数据进行绑定。viewmodel 是 LiveData 的操作接口。network 包通过 retrofit 库连接网络向服务器端发请求。util 包是一些实用工具包。model 包中是一些 Entity 数据对象。

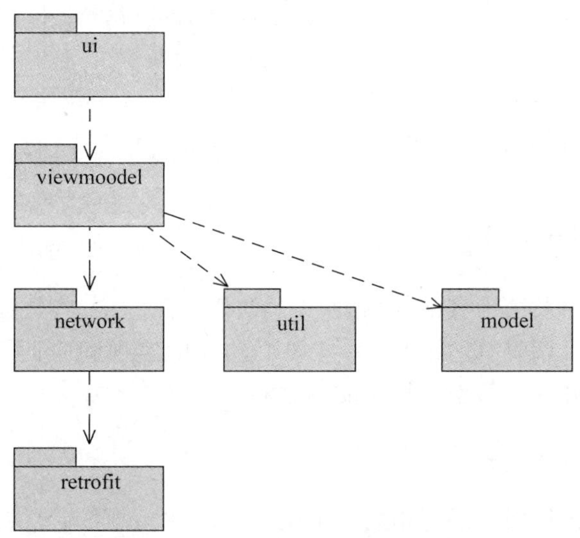

图 11-4 SEECODER 的客户端体系结构

而 Spring Boot 后端体系结构如图 11-5 所示。controller 包通过 Spring Boot 注解将 URL 映射到响应的 REST API 接口上。service 是 controller 转发的业务逻辑接口。serviceimpl 是

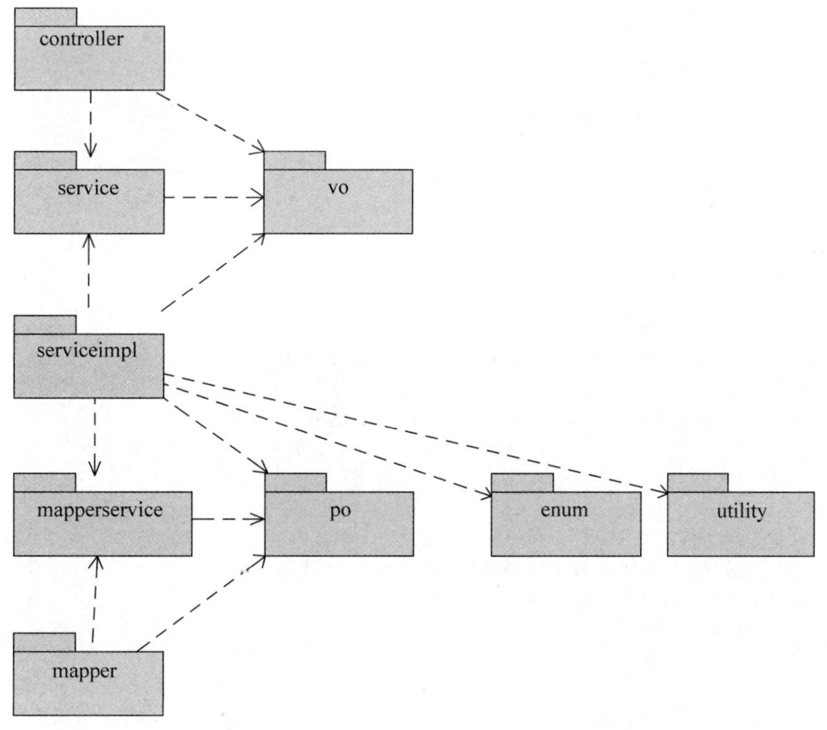

图 11-5 Spring Boot 后端体系结构

业务逻辑接口的实现。mapperservice 是数据层提供的接口,mapper 是静态的数据层实现的 XML 文件。通过 MyBatis,对这些 mapper 的调用会转换为 SQL 语句在 MySQL 数据库中执行。po 是数据层和逻辑层之间交互的持久化对象。vo 是逻辑层和展示层之间交互的值对象。enum 和 utility 包是一些共有的枚举和工具包。

11.3 项目接口设计

由于项目是分层体系结构风格,因此作为层与层之间的接口,是做体系结构设计时必须定义出来的。然后,可以利用此接口做一些核心功能的实现和验证。另外,可以以此为依据,进行集成测试用例的撰写,生成相应的驱动和桩。

11.3.1 逻辑层接口

逻辑层接口是提供给展示层利用的。但是 Spring Boot 后端提供了 REST API。所以,逻辑层接口分为两层:一层是 URL 的映射;另一层是真实的业务接口。

下面的 CourseController 就是第一层接口,通过注解标记了对方法的映射。具体代码如下:

```
@RestController
@RequestMapping("/course")
public class CourseController {
    @Resource
    private CourseService courseService;

    /**
     * 查询单一课程
     * @param uid 用户 ID
     * @param courseId 课程 ID
     */
    @GetMapping("/{courseId}")
    public CourseVO getCoursesByKey(@RequestParam(required = false, defaultValue = "")
String uid, @PathVariable Integer courseId) {
        return courseService.getCourse(courseId, uid);
    }

    /**
     * 获取课程列表
     * 如果带参数 uid,则需要判断该用户是否购买过课程
     * 如果带参数 key,则根据关键字返回分页查询结果
     * @param uid 用户 ID
     * @param key 关键字
     */
    @GetMapping("/all/{page}")
    public PageInfo<CourseVO> getCoursesByKey(@RequestParam(required = false,
defaultValue = "") String uid,
```

```
                                              @RequestParam(required = false, defaul-
tValue = "") String key,
                                              @PathVariable Integer page) {
        return courseService.getCourses(page, Constant.COURSE_PAGE_SIZE, uid, key);
    }

    /**
     * 根据分类标签,获取课程列表
     * 如果带参数 uid,则需要判断该用户是否购买过课程
     * @param uid 用户 ID
     * @param type 课程类别
     */
    @GetMapping("/type/{page}")
    public PageInfo<CourseVO> getCoursesByType(@RequestParam(required = false, defaultValue = "")
String uid,
                                         @RequestParam String type,
                                         @PathVariable Integer page) {
        return courseService.getCoursesByType(page, Constant.COURSE_PAGE_SIZE, uid, type);
    }

    /**
     * 获取用户已购买的课程列表
     * @param uid 用户 ID
     */
    @GetMapping("/uid/{uid}")
    public List<CourseVO> getCoursesByType(@PathVariable String uid) {
        return courseService.getBoughtCourses(uid);
    }
}
```

CourseService 是第二层业务接口,提供了关于课程的相应的业务服务。具体代码如下:

```
public interface CourseService {
    //根据关键字,分页查询课程
    PageInfo<CourseVO> getCourses(Integer currPage, Integer pageSize, String uid, String
key);
    //根据分类,分页查询课程
    PageInfo<CourseVO> getCoursesByType(Integer currPage, Integer pageSize, String uid,
String type);
    //查询用户所有已购买的课程
    List<CourseVO> getBoughtCourses(String uid);
    //查询单门课程
    CourseVO getCourse(Integer courseId, String uid);
}
```

11.3.2 数据层接口

数据层接口是给逻辑层提供的接口,主要实现对相应的表格的增、删、改、查。所以,数据层接口和逻辑层接口还是有区别的。逻辑层接口是从业务和需求的角度出发,数据层接

口则是从数据访问的角度出发。具体代码如下：

```
public interface CourseMapper {
    int deleteByPrimaryKey(Integer id);

    int insert(Course record);

    Course selectByPrimaryKey(Integer id);

    List<Course> selectAll();

    int updateByPrimaryKey(Course record);

    List<Course> selectByType(String type);

    List<Course> queryAll(String key);

    List<Course> selectByUserId(String userId);
}
```

11.4 项目数据库设计

业务相对简单，可以直接得出相应的数据库表的设计。其中用户购买课程会有用户表(user_info)、课程表(course)和订单表(course_order)。用户充值会有用户表(user_info)、充值订单表(recharge_order)。课程含有课件会产生课件表(course_ware)。此外，还有用户 Token(user_token)表。具体可以参见图 11-6。应注意各个表的主键和外键。

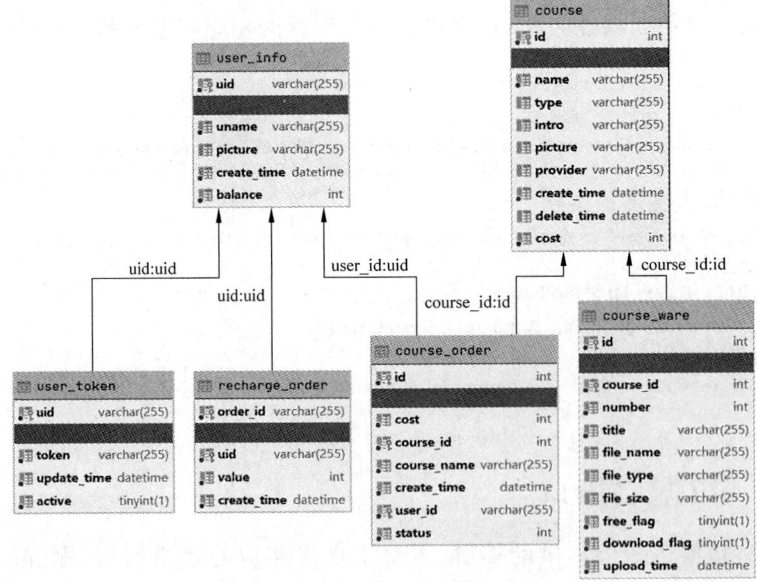

图 11-6　SEECODER 的数据库设计

11.5 Android 客户端实现

11.5.1 Activity 和 Fragment 实现

MainActivity 中是一个导航栏。然后选择不同的 Tab 项，通过 Fragment 来切换。具体代码如下：

```
private void initView() {
    mainNavigationView = this.findViewById(R.id.main_navigation_bar);
    homeFragment = new HomeFragment();
    studyFragment = new StudyFragment();
    accountFragment = new AccountFragment();
    fragmentManager = getSupportFragmentManager();
    switchFragment(homeFragment);
}

private void initListener(){
    mainNavigationView.setOnNavigationItemSelectedListener(new BottomNavigationView.OnNav-
igationItemSelectedListener() {
        @Override
        public boolean onNavigationItemSelected(@NonNull MenuItem item) {
            switch (item.getItemId()){
                case R.id.home:
                    switchFragment(homeFragment);
                    break;
                case R.id.study:
                    switchFragment(studyFragment);
                    break;
                case R.id.account:
                    switchFragment(accountFragment);
                    break;
            }
            return true;
        }
    });
}
    private void switchFragment(BaseFragment targetFragment) {
        //如果上一个 Fragment 跟当前要切换的 Fragment 是同一个,那么不需要切换
        if(lastOneFragment == targetFragment) {
            return;
        }
        //使用 add()和 hide()的方式来控制 Fragment 的切换
        FragmentTransaction fragmentTransaction = fragmentManager.beginTransaction();
        if(lastOneFragment != null) {
            fragmentTransaction.hide(lastOneFragment);
        }
        if(!targetFragment.isAdded()) {
```

```
            fragmentTransaction.add(R.id.main_page_container, targetFragment);
        } else {
            fragmentTransaction.show(targetFragment);
        }
        lastOneFragment = targetFragment;

        fragmentTransaction.commit();
    }
```

HomeFragment 是主页的 Tab 片段。@BindView(R.id.course_list_refresh_layout)使用了 Butterknife 框架。Butterknife 框架是 JakeWharton 开源的一款 Android 视图的字段和方法绑定快速注解框架。这样"recyclerView.setLayoutManager(manager);"中 recyclerView 引用变量可以不用 findViewByID 获得，而是由 Butterknife 框架自动获得。对于 RecyclerView，设置了其 Adapter 和 LayoutManager。具体代码如下：

```
public class HomeFragment extends BaseFragment implements CourseAdapter.BuyCourseItemClickListener,
CourseAdapter.ShowCourseItemClickListener {
    private SharedViewModel sharedViewModel;
    private HomeViewModel homeViewModel;
    private CourseAdapter mAdapter;
    @BindView(R.id.course_list_refresh_layout)
    protected TwinklingRefreshLayout refreshLayout;
    @BindView(R.id.course_list_rv)
    public RecyclerView recyclerView;
    @BindView(R.id.search_course)
    protected EditText searchEditText;

    @Override
    protected int getRootViewResId() {
        return R.layout.fragment_home;
    }

    @Override
    protected void initView() {
        mAdapter = new CourseAdapter();
        RecyclerView.LayoutManager manager = new LinearLayoutManager(getContext());
        recyclerView.setLayoutManager(manager);
        recyclerView.setAdapter(mAdapter);
        //设置四周的分割线
        recyclerView.addItemDecoration(new RecyclerView.ItemDecoration() {
            @Override
            public void getItemOffsets(@NonNull Rect outRect, @NonNull View view, @NonNull
RecyclerView parent, @NonNull RecyclerView.State state) {
                outRect.top = SizeUtil.dip2px(getContext(),5.0f);
                outRect.bottom = SizeUtil.dip2px(getContext(),5.0f);
                outRect.left = SizeUtil.dip2px(getContext(),8.0f);
                outRect.right = SizeUtil.dip2px(getContext(),8.0f);
            }
        });
```

```
        //允许加载更多
        refreshLayout.setEnableLoadmore(true);
        //允许下拉刷新
        refreshLayout.setEnableRefresh(true);
        //开启越界回弹模式
        refreshLayout.setEnableOverScroll(true);
    }
```

SEECODER 首页显示效果如图 11-7 所示。

单击具体课程之后，跳转到课程详情页面。通过设置跳转的 Intent 和 startActivity() 方法来实现跳转。具体代码如下：

```
//单击"查看课程"按钮后执行
@Override
public void showCourseItemClicked(Course course) {
    Intent intent = new Intent(getActivity(), CourseActivity.class);
    //将 Course 对象绑定到 Intent 上，传递给课程详情页面
    intent.putExtra("course", course);
    startActivity(intent);
}
```

课程详情显示效果如图 11-8 所示。

图 11-7　SEECODER 首页

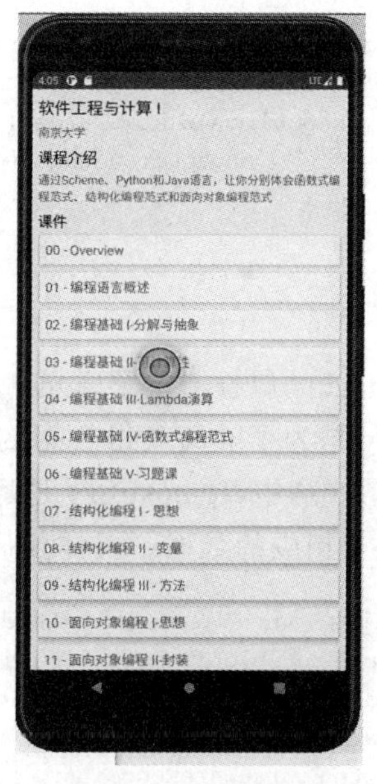

图 11-8　课程详情

11.5.2 ViewModel 实现

下面以课程信息页面为例讲解 ViewModel 相关的双向绑定的实现。CourseActivity

中显示了课程信息并用一个 RecyclerView 显示课件的信息。课程数据来源于 ViewModel，通过 mAdapter. setData(courseWareList)设置 Adapter 的数据，从而影响 RecyclerView 的显示。具体代码如下：

```
    private void initViewModel() {
        courseViewModel = new ViewModelProvider(CourseActivity.this).get(CourseViewModel.class);

        courseViewModel.setCourse(course);


    }

    private void initObserver() {
        courseViewModel.getCourseData().observe(this, new Observer<Course>() {
            @Override
            public void onChanged(Course course) {
                if(course!= null){
                    courseNameTv.setText(course.getName());
                    courseProviderTv.setText(course.getProvider());
                    courseIntroTv.setText(course.getIntro());
                }
            }
        });
        courseViewModel.getCourseWareData().observe(this, new Observer<List<CourseWare>>() {
            @Override
            public void onChanged(List<CourseWare> courseWareList) {
                mAdapter.setData(courseWareList);
            }
        });
    }
}
```

ViewModel 的属性有要显示的 LiveData 和 Repository。LiveData 是双向绑定的数据。而 Repository 是为了隔离获得数据的方式。它提供了 DAO 接口给上层，但是提供了不同的实现。在第 6 章中，Repository 是通过架构组件的 Room 来映射数据库的。而这里是去访问网络，获得相应的数据。具体代码如下：

```
public class CourseViewModel extends ViewModel {
    private MutableLiveData<Course> courseData ;
    private MutableLiveData<List<CourseWare>> courseWareData ;
    private CourseRepository courseRepository;
    private CourseWareRepository courseWareRepository;
    private Course course;

    public CourseViewModel(){
    }
    public void setCourse(Course c){
        course = c;
```

```
        loadCourse(course.getId());
    }
    public void loadCourse(Integer courseId){
        courseRepository = new CourseRepository(course,courseId);
        courseData = courseRepository.getCourseData();

        courseWareRepository = new CourseWareRepository(course,courseId);
        courseWareData = courseWareRepository.getCourseWareData();

    }
```

本案例使用 HTTP 访问服务器获得数据。这里使用了 Retrofit2 框架。简单地说，Retrofit2 就是一个网络请求的适配器，它将一个基本的 Java 接口通过动态代理的方式翻译成一个 HTTP 请求，并通过 OkHttp 发送请求。“courseData.setValue(response.body());”是用 Response 中的数据来设置课程数据。得到服务器返回的数据之后，就会更新 LiveData，然后更新 Adapter 数据，从而更新界面。具体代码如下：

```
public class CourseRepository {
    private CourseDao courseDao = RetrofitClient.courseDao;
    private final MutableLiveData<Course> courseData = new MutableLiveData<>();
    private final MutableLiveData<List<CourseWare>> courseWareData = new MutableLiveData<>();


    public CourseRepository(Course course, Integer courseId){
        loadCourse(courseId);
    }


    public MutableLiveData<Course> getCourseData(){
        return courseData;

    }

    private void loadCourse(Integer courseId){
        String uid = null;
        User user = UserDao.getUser();
        if(user!= null && user.getUid()!= null)
            uid = user.getUid();
        Call<Course> courseCall = courseDao.getCourse(courseId, uid);
        courseCall.enqueue(new Callback<Course>() {
            @Override
            public void onResponse(Call<Course> call, Response<Course> response) {
            //LogUtil.i("loadCourse ", response.body().toString());
                if(response.body() == null)
                    ToastUtil.showShortToast("后端数据异常……");
                else {
                    courseData.setValue(response.body());
                }
            }
```

```
            @Override
            public void onFailure(Call<Course> call, Throwable t) {
                LogUtil.e(courseCall, "loadCourse failure: " + t.getMessage() + " caused by: " +
t.getCause());
                ToastUtil.showShortToast("网络错误,请稍后重试!");
            }
        });
    }
```

11.6 HMS功能客户端实现

11.6.1 华为账户的实现

在AccountFragment中设置单击的监听方法。具体代码如下：

```
@Override
protected void initListener() {
    loginTv.setOnClickListener(new View.OnClickListener() {
        @Override
        public void onClick(View v) {
            mainActivity.signIn();
        }
    });
```

然后调用getSignInIntent方法并跳转到账号登录授权页面。具体代码如下：

```
//处理用户的登录请求
public void signIn(){
    //获取用于登录的 AccountAuthManager
    AccountAuthService mAuthManager = sharedViewModel.getAccountAuthServiceForSignIn();
    //调用 getSignInIntent()方法并跳转到账号登录授权页面
    startActivityForResult(mAuthManager.getSignInIntent(), Constant.REQUEST_CODE_SIGN_IN);
}
```

使用华为账号登录前，需要调用此方法获取AccountAuthService实例。通过ID Token方式来验证。具体代码如下：

```
public AccountAuthService getAccountAuthServiceForSignIn() {
    //调用 AccountAuthParamsHelper.setIdToken()方法请求授权
    AccountAuthParams mAuthParam = new AccountAuthParamsHelper(AccountAuthParams.DEFAULT_
AUTH_REQUEST_PARAM)
            .setIdToken()
            .setAccessToken()
            .createParams();
    //调用 AccountAuthManager.getService()方法初始化 AccountAuthService 对象
    mAuthManager = AccountAuthManager.getService(CourseLearningDemoApplication.getContext(),
mAuthParam);
```

```
        return mAuthManager;
    }
```

下面是登录结果的回调。获得登录的 ID Token 后向服务器验证。验证成功，则更新 UserData。具体代码如下：

```
    @Override
        protected void onActivityResult ( int requestCode, int resultCode, @ Nullable Intent
data) {
            super.onActivityResult(requestCode, resultCode, data);
            LogUtil.i(this, "onActivityResult resultCode: " + requestCode);
            if (requestCode == Constant.REQUEST_CODE_SIGN_IN) {
                //华为账号授权登录结果处理,从 AuthAccount 中获取 Authorization Code
                Task < AuthAccount > authAccountTask = AccountAuthManager.parseAuthResultFromIntent(data);
                if (authAccountTask.isSuccessful()) {
                    //登录成功,获取用户的账号信息和 ID Token
                    AuthAccount authAccount = authAccountTask.getResult();
                    String idToken = authAccount.getIdToken();
                    User user = new User();
                    user.setUid(authAccount.getUnionId());
                    user.setUname(authAccount.getDisplayName());
                    user.setPicture(authAccount.getAvatarUriString());
                    //需要对 ID Token 有效性进行验证
                    Call < ResultVO < String > > verifyCall = RetrofitClient. userService
.verifyIdToken(idToken);
                    verifyCall.enqueue(new Callback < ResultVO < String >>() {
                        @Override
                        public void onResponse ( Call < ResultVO < String > > call, Response
< ResultVO < String >> response) {
                            if(response.body().getCode().equals(Constant.REQUEST_SUCCESS))
                                sharedViewModel.updateUserData(user);
                            else
                                LogUtil.e("Verify ID Token failed ",response.body().getMsg());
                        }

                        @Override
                        public void onFailure(Call < ResultVO < String >> call, Throwable t) {
                            LogUtil.e("Verify ID Token ", "Call failure: " + t.getMessage() +
" caused by: " + t.getCause());;
                        }
                    });
                    LogUtil.i(authAccountTask, "Sign in successfully, server AuthCode: " +
authAccount.getAuthorizationCode());
                } else {
                    //登录失败
                    LogUtil.e(authAccountTask, "Sign in failed, status code: " + ((ApiException)
authAccountTask.getException()).getStatusCode());
                }
```

改变 UserData 的值。具体代码如下：

```
public void updateUserData(User user){
    //LogUtil.e(this, "updateUserData user: " + user);
    if(user == null || user.getUid() == null){
        uid.setValue(null);
        UserDao.clearUser();
    }else{
        userData.setValue(user);
        UserDao.saveUser(user);
        if(uid.getValue() == null || !uid.getValue().equals(user.getUid()))
            uid.setValue(user.getUid());
    }
}
```

如果从 MainActivity 进入，首先调用 getUid()方法，然后注册对数据的观察。如果数据改变，则通过 sharedViewModel.userLoginToServer()向后端登录。具体代码如下：

```
private void initObserver() {
    sharedViewModel.getUid().observe(this, new Observer<String>() {
        @Override
        public void onChanged(String uid) {
            if(uid != null) {
                sharedViewModel.userLoginToServer();
                getToken();
            }
        }
    });
}
```

getUid()中如果没有 uid，则调用 silentSignIn()方法。具体代码如下：

```
public LiveData<String> getUid(){
    if(uid == null){
        uid = new MutableLiveData<>();
        //打开 App 时，默认使用 silentSignIn()尝试登录
        silentSignIn();
    }
    return uid;
}
```

静默登录成功，则像从前一样更新 UserData。具体代码如下：

```
//静默登录
private void silentSignIn() {
    AccountAuthParams mAuthParam = new AccountAuthParamsHelper(AccountAuthParams.DEFAULT_
AUTH_REQUEST_PARAM).createParams();
    mAuthManager = AccountAuthManager.getService(CourseLearningDemoApplication.getContext(),
mAuthParam);
    Task<AuthAccount> task = mAuthManager.silentSignIn();
```

```
        task.addOnSuccessListener(new OnSuccessListener<AuthAccount>() {
            @Override
            public void onSuccess(AuthAccount authAccount) {
                LogUtil.i(task, "Silent sign in success");
                User user = new User();
                user.setUid(authAccount.getUnionId());
                user.setUname(authAccount.getDisplayName());
                user.setPicture(authAccount.getAvatarUriString());
                updateUserData(user);
            }
        });
        task.addOnFailureListener(new OnFailureListener() {
            @Override
            public void onFailure(Exception e) {
                //如果静默登录失败
                if (e instanceof ApiException) {
                    UserDao.clearUser();
                    ApiException apiException = (ApiException) e;
                    LogUtil.w(task, "Silent sign in error, status code: " + apiException
.getStatusCode());
                    LogUtil.w(task, "Silent sign in error, " + apiException.getMessage());
                }
            }
        });
    }
```

使用华为账号登录之后，要去后端登录，通过 Retrofit 发送 HTTP 登录请求。成功之后，则更新数据。具体代码如下：

```
    public void userLoginToServer() {
        Call<User> userCall = RetrofitClient.userService.login(userData.getValue());
        userCall.enqueue(new Callback<User>() {
            @Override
            public void onResponse(Call<User> call, Response<User> response) {
            //LogUtil.i("userLoginToServer", "get response: " + response.body());
            if(response.body() == null || response.body().getUid() == null)
                    LogUtil.e("userLoginToServer", "response Null Error!");
                else
                    updateUserData(response.body());
            }

            @Override
            public void onFailure(Call<User> call, Throwable t) {
                LogUtil.e("userLoginToServer", "Call failure: " + t.getMessage() + " caused by: " +
t.getCause());
            }
        });
    }
```

登录之后，服务器会返回用户的数据，显示账户余额。具体代码如下：

```
@Data
public class UserVO {
    private String uid;

    private String uname;

    private String picture;

    private Integer balance;

    public UserVO() {
    }

    public UserVO(@NonNull User user) {
        uid = user.getUid();
        uname = user.getUname();
        picture = user.getPicture();
        balance = user.getBalance();
    }
}
```

图 11-9　用户信息的显示

用户信息的显示效果如图 11-9 所示。

11.6.2　应用内支付的实现

onClick()方法是充值按钮的监听。单击"钻石充值"按钮后会弹出一个对话框。具体代码如下：

```
rechargeButton.setOnClickListener(new View.OnClickListener() {
    @Override
    public void onClick(View v) {
        RechargeState state = rechargeViewModel.getRechargeStateData().getValue();
        ProductInfo productInfo = rechargeViewModel.getProductInfo();
        if(!rechargeViewModel.isEnvReady()){
            if(state.equals(RechargeState.ENV_ERROR))
                ToastUtil.showShortToast("网络异常,请稍后重试!");
            else if(state.equals(RechargeState.UNSUPPORTED))
                ToastUtil.showShortToast("非常抱歉,您当前登录的华为账号所在的服务地不在
华为应用内支付服务支持结算的国家或地区中!");
            else
                ToastUtil.showShortToast("正在检查支付环境……");
            rechargeViewModel.queryIsEnvReady();        //再次尝试检测支付环境
        }else{
            if (productInfo == null){
                if(state.equals(RechargeState.PRODUCT_ERROR))
                    ToastUtil.showShortToast("商品项加载失败,请稍后重试……");
                else
                    ToastUtil.showShortToast("正在加载商品信息……");
                rechargeViewModel.queryProduct();       //再次尝试加载商品信息
```

```
            } else {
                showPurchaseDialog(productInfo);
            }
        }
    }
});
```

在此对话框弹出之前 queryIsEnvReady()会检查是否有支付环境,并且查询商品信息。具体代码如下:

```
//判断当前环境是否支持应用内支付
public void queryIsEnvReady(){
    rechargeStateData.setValue(RechargeState.INITIALIZING);
    Task<IsEnvReadyResult> task = client.isEnvReady();
    task.addOnSuccessListener(new OnSuccessListener<IsEnvReadyResult>() {
        @Override
        public void onSuccess(IsEnvReadyResult result) {
            envReady = true;
            //如果环境支持,则加载商品信息
            queryProduct();
        }
    }).addOnFailureListener(new OnFailureListener() {
        @Override
        public void onFailure(Exception e) {
            envReady = false;
            if (e instanceof IapApiException) {
                IapApiException apiException = (IapApiException) e;
                if (apiException.getStatus().getStatusCode() == OrderStatusCode.ORDER_
ACCOUNT_AREA_NOT_SUPPORTED) {
                    //用户当前登录的华为账号所在的服务地不在华为 IAP 支持结算的国家
                    //或地区中
                    rechargeStateData.setValue(RechargeState.UNSUPPORTED);
                }else
                    rechargeStateData.setValue(RechargeState.ENV_ERROR);
                LogUtil.e(task, "queryIsEnvReady fail status code: " + apiException
.getStatus().getStatusCode());
            }else {
                LogUtil.e(task, "queryIsEnvReady fail failure: " + e.getMessage() +
" caused by: " + e.getCause());
                rechargeStateData.setValue(RechargeState.ENV_ERROR);
            }
        }
    });
}

//查询商品
public void queryProduct() {
    List<String> productIdList = new ArrayList<String>();
    productIdList.add(Constant.PRODUCT_ID_FOR_10_DIAMONDS);
    ProductInfoReq req = new ProductInfoReq();
```

```
        //priceType: 0,消耗型商品
        req.setPriceType(0);
        req.setProductIds(productIdList);
        Task<ProductInfoResult> task = client.obtainProductInfo(req);
        task.addOnSuccessListener(new OnSuccessListener<ProductInfoResult>() {
            @Override
            public void onSuccess(ProductInfoResult result) {
                if(result.getProductInfoList() == null || result.getProductInfoList().size() == 0) {
                    LogUtil.e(task, "getProductInfoList null or empty!");
                    rechargeStateData.setValue(RechargeState.PRODUCT_ERROR);
                    productInfo = null;
                }
                else{
                    //获取接口请求成功时返回的商品详情信息
                    productInfo = result.getProductInfoList().get(0);
                }
            }
        }).addOnFailureListener(new OnFailureListener() {
            @Override
            public void onFailure(Exception e) {
                productInfo = null;
                 rechargeStateData.setValue(RechargeState
.PRODUCT_ERROR);
                if (e instanceof IapApiException) {
                    IapApiException apiException = (IapA-
piException) e;
                    LogUtil.e("getProductInfoList", "fail
status code: " + apiException.getStatus().getStatusCode() +
" " + apiException.getMessage());
                } else {
                    LogUtil.e("getProductInfoList", "fail
failure: " + e.getMessage() + " caused by: " + e.getCause());
                }
            }
        });
}
```

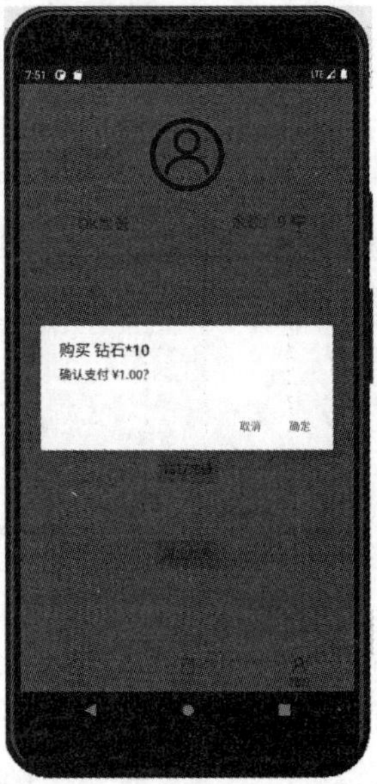

图 11-10 购买钻石对话框

效果如图 11-10 所示。

创建一个 Intent 请求。具体代码如下：

```
private void showPurchaseDialog(ProductInfo productInfo){
        AlertDialog.Builder dialogBuilder = new AlertDialog.Builder(requireActivity());
        dialogBuilder.setTitle("购买 " + productInfo.getProductName());
        dialogBuilder.setMessage("确认支付 " + productInfo.getPrice() + "?");
        dialogBuilder.setPositiveButton("确定",
                new DialogInterface.OnClickListener() {
                    @Override
                    public void onClick(DialogInterface dialog, int which) {
                        rechargeViewModel.createPurchaseIntent();
                    }
```

```
                });
        dialogBuilder.setNegativeButton("取消",
                new DialogInterface.OnClickListener() {
                    @Override
                    public void onClick(DialogInterface dialog, int which) {
                        ToastUtil.showShortToast("取消支付");
                    }
                });
        //显示对话框
        dialogBuilder.show();
    }
```

这里通过 createPurchaseIntent 创建托管商品订单，如果创建成功则会改变一个 LiveData 数据 rechargeStateData 的值。具体代码如下：

```
public void createPurchaseIntent(){
        //构造一个 PurchaseIntentReq 对象
        PurchaseIntentReq req = new PurchaseIntentReq();
        //通过 createPurchaseIntent 接口购买的商品必须是在 AppGallery Connect 网站配置的
        //商品
        req.setProductId(Constant.PRODUCT_ID_FOR_10_DIAMONDS);
        //消耗型商品
        req.setPriceType(0);
        req.setDeveloperPayload("test");
        //调用 createPurchaseIntent 接口创建托管商品订单
        Task<PurchaseIntentResult> task = client.createPurchaseIntent(req);
        task.addOnSuccessListener(new OnSuccessListener<PurchaseIntentResult>() {
            @Override
            public void onSuccess(PurchaseIntentResult result) {
                if(result == null || result.getStatus() == null) {
                    LogUtil.e(task, "createPurchaseIntent result or status is null!");
                }else {
                    LogUtil.i("createPurchaseIntent", "success");
                    Status status = result.getStatus();
                    if(status.hasResolution()) {
                        resolutionStatus = status;
                        rechargeStateData.setValue(RechargeState.INITIALIZED);
                    }
                }
            }
        }).addOnFailureListener(new OnFailureListener() {
            @Override
            public void onFailure(Exception e) {
                if (e instanceof IapApiException) {
                    IapApiException apiException = (IapApiException) e;
                     LogUtil.e("createPurchaseIntent", "fail status code: " + apiException
.getStatus().getStatusCode());
                } else {
                    LogUtil.e("createPurchaseIntent","fail failure: " + e.getMessage() +
" caused by: " + e.getCause());
```

```
                }
            }
        });
    }
```

在 ViewModel 中如果 LiveData rechargeStateData 改变，之前注册了响应，会刷新界面的显示。startResolutionForResult 打开华为支付的页面，会调用 mainActvity 的 onActivityResult()方法。RequestCode 等于 Constant.REQUEST_CODE_BUY。具体代码如下：

```
rechargeViewModel.getRechargeStateData().observe(this, new Observer<RechargeState>() {
    @Override
    public void onChanged(RechargeState rechargeState) {
        if(rechargeState.equals(RechargeState.INITIALIZED)){
            Status resolutionStatus = rechargeViewModel.getResolutionStatus();
            try {
                //打开华为应用内支付的支付页面
                resolutionStatus.startResolutionForResult(mainActivity, Constant.REQUEST_CODE_BUY);
            } catch (IntentSender.SendIntentException e) {
                e.printStackTrace();
            }
        }else if(rechargeState.equals(RechargeState.SUCCEED)){
            //拉取最新的用户信息：触发界面显示的余额变化
            sharedViewModel.reloadUserDataFromServer();
        }
    }
});
```

然后，在 MainActivity 的 onActivityResult()方法中，会继续调用 accountFragment 的方法。具体代码如下：

```
} else if(requestCode == Constant.REQUEST_CODE_BUY){
    //若检查到为华为应用内支付的请求代码，则转交给 accountFragment 处理
    accountFragment.onActivityResult(requestCode, resultCode, data);
}
```

AccountFragment 的 onActivityResult()方法中，处理了支付的结果。如果支付成功，则充值 10 钻石。具体代码如下：

```
if (requestCode == Constant.REQUEST_CODE_BUY) {
            //华为应用内支付结果处理
            //调用 parsePurchaseResultInfoFromIntent()方法解析支付结果数据
            PurchaseResultInfo purchaseResultInfo = Iap.getIapClient(mainActivity).parseP-
urchaseResultInfoFromIntent(data);
            LogUtil.i(purchaseResultInfo, "order state code: " + purchaseResultInfo.getRet-
urnCode());
            switch (purchaseResultInfo.getReturnCode()) {
                case OrderStatusCode.ORDER_STATE_CANCEL:
                    //用户取消
```

```
                break;
            case OrderStatusCode.ORDER_STATE_FAILED:
            case OrderStatusCode.ORDER_PRODUCT_OWNED:
                //当状态为支付失败或产品已订购时,需要检查是否存在未发货商品(消耗
                //型商品可能需要补单)
                ToastUtil.showShortToast("上一笔钻石充值订单可能存在漏单情况,正在检
查……");
                rechargeViewModel.checkOwedPurchases();
                break;
            case OrderStatusCode.ORDER_STATE_SUCCESS:
                //支付成功
                String inAppPurchaseData = purchaseResultInfo.getInAppPurchaseData();
                String inAppPurchaseDataSignature = purchaseResultInfo.getInAppDataSignature();
                //若验签成功,则进行发货
                if(CipherUtil.doCheck(inAppPurchaseData, inAppPurchaseDataSignature)) {
                    try {
                        InAppPurchaseData inAppPurchaseDataBean = new InAppPurchaseData
(inAppPurchaseData);
                        if ( inAppPurchaseDataBean. getProductId ( ). equals ( Constant
.PRODUCT_ID_FOR_10_DIAMONDS)){
                            rechargeViewModel.recharge10Diamonds(inAppPurchaseDataBean
.getOrderID(), inAppPurchaseDataBean.getPurchaseToken());
                        }
                    } catch (JSONException e) {
                        LogUtil.e("checkOwedPurchases", "InAppPurchaseData JSON parse
error");
                    }
                }
                break;
            default:
                break;
        }
    }
```

最后需要调用接口发货。具体代码如下：

```
public void recharge10Diamonds(String orderId, String purchaseToken){
        LogUtil.i("开始检查订单对应的钻石是否已发货,未发货则进行发货", "orderId: " +
orderId);
        rechargeStateData.setValue(RechargeState.PURCHASED);
        RechargeOrder rechargeOrder = new RechargeOrder();
        rechargeOrder.setUid(uid);
        rechargeOrder.setOrderId(orderId);
        rechargeOrder.setValue(10);
        //调用应用服务器的 recharge 接口,若传入的订单 ID 在数据库中已存在,则钻石已经发过
        //货了,否则重新发货
        Call < ResultVO < User > > rechargeCall = RetrofitClient.userService.recharge
(rechargeOrder);
        rechargeCall.enqueue(new Callback<ResultVO<User>>() {
            @Override
```

```
            public void onResponse(Call<ResultVO<User>> call, Response<ResultVO<User>>
response) {
                if(response.body() == null || response.body().getCode() == null)
                    LogUtil.e("rechargeCall", "response Null Error!");
                else if(response.body().getCode().equals(Constant.REQUEST_SUCCESS)) {
                    LogUtil.i("rechargeCall success", response.body().getMsg());
                    ToastUtil.showShortToast(response.body().getMsg());
                    //发货成功
                    rechargeStateData.setValue(RechargeState.SUCCEED);
                    //调用消耗型商品确认交易接口
                    consumeOwnedPurchase(purchaseToken);
                }
                else {
                    LogUtil.e("rechargeCall", response.body().getMsg());
                }
            }

            @Override
            public void onFailure(Call<ResultVO<User>> call, Throwable t) {
                ToastUtil.showShortToast("网络错误,请稍后重试");
            }
        });
    }
```

消耗型商品发货成功后执行消耗操作，通知华为 IAP 服务器更新对应的状态，使得该消耗型商品可再次购买。这样就完成了整个支付流程。具体代码如下：

```
private void consumeOwnedPurchase(String purchaseToken){
    //构造 ConsumeOwnedPurchaseReq 对象
    ConsumeOwnedPurchaseReq req = new ConsumeOwnedPurchaseReq();
    req.setPurchaseToken(purchaseToken);
    //调用 consumeOwnedPurchase 接口进行消耗
    Task<ConsumeOwnedPurchaseResult> task = client.consumeOwnedPurchase(req);
    task.addOnSuccessListener(new OnSuccessListener<ConsumeOwnedPurchaseResult>() {
        @Override
        public void onSuccess(ConsumeOwnedPurchaseResult result) {
            //获取接口请求结果
            LogUtil.d("consumeOwnedPurchase", "success");
        }
    }).addOnFailureListener(new OnFailureListener() {
        @Override
        public void onFailure(Exception e) {
            if (e instanceof IapApiException) {
                IapApiException apiException = (IapApiException) e;
                LogUtil.e("consumeOwnedPurchase", "fail status code: " + apiException
.getStatus().getStatusCode());
            } else {
                LogUtil.e("consumeOwnedPurchase", "checkOwedPurchases fail failure: " +
e.getMessage() + " caused by: " + e.getCause());
            }
```

```
        }
    });
}
```

11.7 Spring Boot 服务器端实现

11.7.1 Controller 代码

将 URL 映射到 Controller 的方法。调用 Service()方法。具体代码如下：

```
/**
     * 获取课程列表
     * 如果带参数 uid,则需要判断该用户是否购买过课程
     * 如果带参数 key,则根据关键字返回分页查询结果
     * @param uid 用户 ID
     * @param key 关键字
     */
    @GetMapping("/all/{page}")
    public PageInfo<CourseVO> getCoursesByKey(@RequestParam(required = false, defaultValue = "")
String uid,
                                              @RequestParam(required = false, defaultValue = "")
String key,
                                              @PathVariable Integer page) {
        return courseService.getCourses(page, Constant.COURSE_PAGE_SIZE, uid, key);
    }
```

11.7.2 Service 和 ServiceImpl 代码

业务逻辑层的接口。具体代码如下：

```
public interface CourseService {
    //根据关键字,分页查询课程
    PageInfo < CourseVO > getCourses(Integer currPage, Integer pageSize, String uid, String
key);
```

业务逻辑层的实现。调用 MapperService 接口。具体代码如下：

```
@Service
public class CourseServiceImpl implements CourseService {
    @Resource
    private CourseMapper courseMapper;
    @Resource
    private CourseOrderMapper orderMapper;

    @Override
    public PageInfo < CourseVO > getCourses(Integer currPage, Integer pageSize, String uid,
String key) {
        if(currPage == null || currPage < 1) currPage = 1;
```

```
        PageHelper.startPage(currPage, pageSize);
        PageInfo<Course> po = new PageInfo<>(courseMapper.queryAll(key));
        return getCourseVOPageInfo(uid, po);
    }
```

11.7.3 MapperService 和 Mapper 代码

数据层的接口。具体代码如下：

```
public interface CourseMapper {
    int deleteByPrimaryKey(Integer id);

    int insert(Course record);

    Course selectByPrimaryKey(Integer id);

    List<Course> selectAll();

    int updateByPrimaryKey(Course record);

    List<Course> selectByType(String type);

    List<Course> queryAll(String key);

    List<Course> selectByUserId(String userId);
}
```

queryAll 是之前的接口，实现是下面的 select 语句，BaseResultMap 是返回结果列表中的元素的类型。具体代码如下：

```
<?xml version="1.0" encoding="UTF-8"?>
<!DOCTYPE mapper PUBLIC "-//MyBatis.org//DTD Mapper 3.0//EN" "http://MyBatis.org/dtd/
MyBatis-3-mapper.dtd">
<mapper namespace="cn.seecoder.courselearning.mapperservice.CourseMapper">
  <resultMap id="BaseResultMap" type="cn.seecoder.courselearning.po.Course">
    <id column="id" jdbcType="INTEGER" property="id" />
    <result column="name" jdbcType="VARCHAR" property="name" />
    <result column="type" jdbcType="VARCHAR" property="type" />
    <result column="intro" jdbcType="VARCHAR" property="intro" />
    <result column="picture" jdbcType="VARCHAR" property="picture" />
    <result column="provider" jdbcType="VARCHAR" property="provider" />
    <result column="create_time" jdbcType="TIMESTAMP" property="createTime" />
    <result column="delete_time" jdbcType="TIMESTAMP" property="deleteTime" />
    <result column="cost" jdbcType="INTEGER" property="cost" />
  </resultMap>
  <select id="queryAll" parameterType="java.lang.String" resultMap="BaseResultMap">
    select id, name, type, intro, picture, provider, create_time, delete_time, cost
    from course
    <where>
```

```
        <if test="name!= null and name!= ''">
          or name like concat('%',#{key},'%')
        </if>
        <if test="intro!= null and type!= ''">
          or intro like concat('%',#{key},'%')
        </if>
        <if test="provider!= null and provider!= ''">
          or provider like concat('%',#{key},'%')
        </if>
      </where>
      order by create_time asc
    </select>
```

Course 数据的持久化对象，返回给业务逻辑层。具体代码如下：

```
public class Course {
    private Integer id;

    private String name;

    private String type;

    private String intro;

    private String picture;

    private String provider;

    private Date createTime;

    private Date deleteTime;

    private Integer cost;
}
```

11.8 项目测试

11.8.1 单元测试代码

对于自己写的方法，作为程序员需要对其进行单元测试。下面通过 JUnit 测试一下 DateUtil 类的 getDateString()方法和 toDate()方法。具体代码如下：

```
public class DateUtilUnitTest {

    @Test
    public void testGetDateString1() {
        Calendar calendar = Calendar.getInstance();
        calendar.set(Calendar.YEAR, 2021);
```

```
        calendar.set(Calendar.MONTH, Calendar.JANUARY);
        calendar.set(Calendar.DATE, 18);
        calendar.set(Calendar.HOUR_OF_DAY, 20);
        calendar.set(Calendar.MINUTE, 45);
        calendar.set(Calendar.SECOND, 30);
        Date date = calendar.getTime();
        assertEquals("2021-01-18 20:45:30", DateUtil.getDateString(date));
    }

    @Test
    public void testGetDateString2() {
        long time = new Long("1610973930000");
        Date date = new Date(time);
        assertEquals("2021-01-18 20:45:30", DateUtil.getDateString(date));
    }

    @Test
    public void testToDate() throws ParseException {
        String dateString = "2021-01-18 20:45:30";
        Date date = DateUtil.toDate(dateString);
        long expected = new Long("1610973930000");
        assertEquals(expected, date.getTime());
    }
}
```

11.8.2 UI 测试代码

可以利用 Espresso 测试框架对 Activity 进行 UI 测试。具体代码如下：

```
@RunWith(AndroidJUnit4.class)
@LargeTest
public class SimpleTextSearchTest {

    @Rule
    public ActivityScenarioRule rule = new ActivityScenarioRule<>(MainActivity.class);

    @Test
    public void testSearch() throws InterruptedException {
        //在 HomeFragment 顶部的搜索栏中输入 Java
        onView(withId(R.id.search_course)).perform(typeText("Java"));
        Thread.sleep(1000);
        //单击“搜索”按钮后,等待后端返回数据
        onView(withId(R.id.search_course)).perform(pressImeActionButton());
        Thread.sleep(2000);
        //数据加载完成后,开始判断当前的 RecyclerView 内列表元素项是否符合预期
        //尝试将屏幕滚动至包含预期的字符串的元素项
        //当匹配不到相应的元素项时,scrollTo 操作会失败
        onView(ViewMatchers.withId(R.id.course_list_rv))
                .perform(RecyclerViewActions.scrollTo(
```

```
                    hasDescendant(withText(R.string.course_name_for_test_1))
            ));
        onView(ViewMatchers.withId(R.id.course_list_rv))
            .perform(RecyclerViewActions.scrollTo(
                    hasDescendant(withText(R.string.course_name_for_test_2))
            ));
    }
}
```

11.9 项目发布

应用开发完成后，需要在 AppGallery Connect 中提交应用给华为进行审核。

如图 11-11 所示，在发布应用之前，需要配置应用信息。除此之外，还需要开发者设置分发国家或地区、设置是否为开放式测试版本、上传软件包、设置应用付费情况、设置内容分级、申请绿色应用认证、填写应用隐私权限说明、填写隐私声明、填写版权、版号信息、版权信息版号(仅针对游戏类应用)、完善版本其他信息、设置应用上架时间。设置之后提交审核。具体的设置可以参考 https://developer.huawei.com/consumer/cn/doc/distribution/app/agc-release_app。

图 11-11　应用发布

附录 A

Android 的开发环境配置

1. 下载、安装 JDK

从官方网站 https://www.oracle.com/java/technologies/javase-downloads.html 下载 Oracle Java Platform，使用 Standard Edition 即可。本书中示例安装 JDK 11。虽然 Java 语言是跨平台的，但是 JVM 或者说 JDK 本身不是跨平台的。如图 A-1 所示，需要根据操作系统和硬件架构来选择不同的 JDK 来安装。目前支持 Windows、macOS、Linux ARM、Linux x64 和 Solaris SPARC 版本。

Java SE Development Kit 11.0.9

This software is licensed under the Oracle Technology Network License Agreement for Oracle Java SE

Product / File Description	File Size	Download
Linux ARM 64 Debian Package	145.55 MB	jdk-11.0.9_linux-aarch64_bin.deb
Linux ARM 64 RPM Package	152.13 MB	jdk-11.0.9_linux-aarch64_bin.rpm
Linux ARM 64 Compressed Archive	169.26 MB	jdk-11.0.9_linux-aarch64_bin.tar.gz
Linux x64Debian Package	149.3 MB	jdk-11.0.9_linux-x64_bin.deb
Linux x64 RPM Package	156.01 MB	jdk-11.0.9_linux-x64_bin.rpm
Linux x64 Compressed Archive	173.2 MB	jdk-11.0.9_linux-x64_bin.tar.gz
macOS Installer	166.82 MB	jdk-11.0.9_osx-x64_bin.dmg
macOS Compressed Archive	167.21 MB	jdk-11.0.9_osx-x64_bin.tar.gz
Solaris SPARC Compressed Archive	187.0 MB	jdk-11.0.9_solaris-sparcv9_bin.tar.gz
Windows x64 Installer	152.1 MB	jdk-11.0.9_windows-x64_bin.exe
Windows x64 Compressed Archive	171.44 MB	jdk-11.0.9_windows-x64_bin.zip

图 A-1　JDK 安装包选择

下面以 Windows x64 Installer 为例安装 JDK，如图 A-2 所示。

如图 A-3 所示，安装时，选择需要的功能、安装路径（这里都使用默认的配置）。

已成功安装界面如图 A-4 所示。

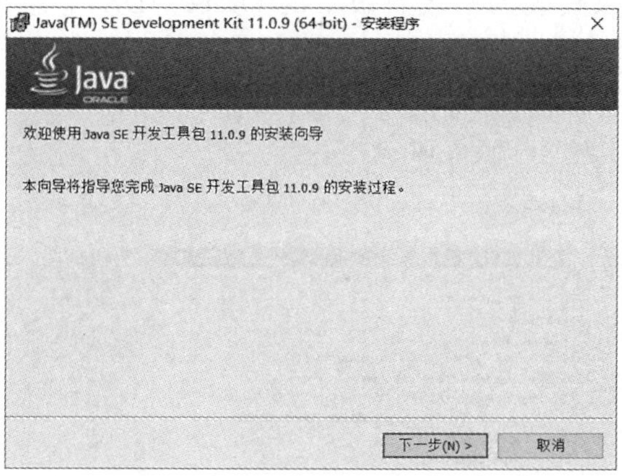

图 A-2　JDK 安装程序

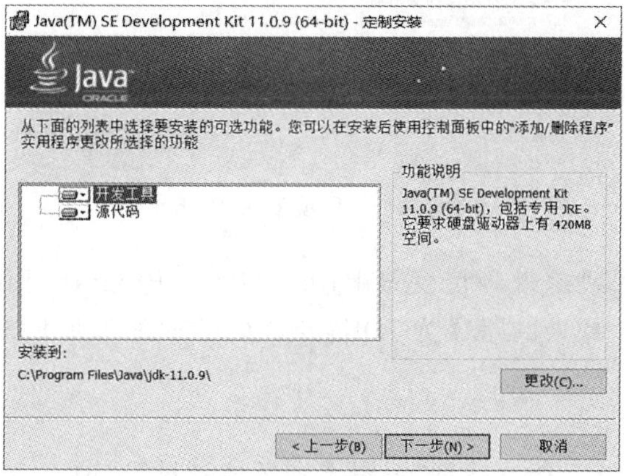

图 A-3　JDK 定制安装

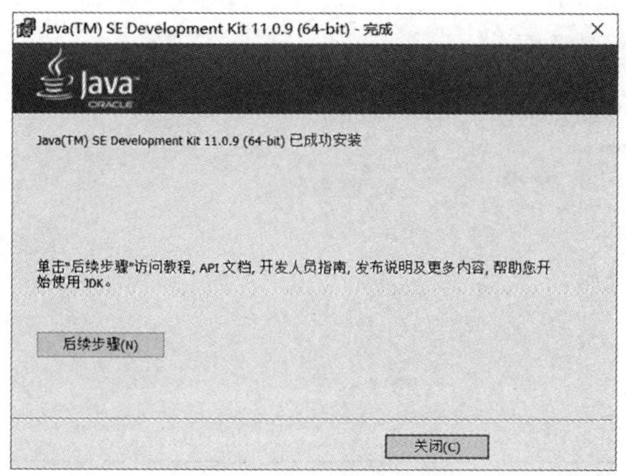

图 A-4　JDK 安装成功

如图 A-5 所示，如果安装的是较新版本的 Oracle JDK，它会默认添加 C:\Program Files\Common Files\Oracle\Java\javapath 值到环境变量 Path。javapath 对应的文件夹中有开发者可在命令行中执行 java、javac、javaw、jshell 指令的可执行文件。开发者可以直接在 CMD 命令行内使用 java、javac 等命令。

图 A-5　环境变量 Path

除此之外，也可以手动修改环境变量 Path。将 C:\Program Files\Java\jdk-11\bin 添加到环境变量 Path 中。此处的路径为 JDK 实际安装的文件夹下的 bin 文件夹地址，可根据实际情况替换。

具体步骤如下：

首先，如图 A-6、图 A-7 所示找到“编辑系统环境变量”选项。

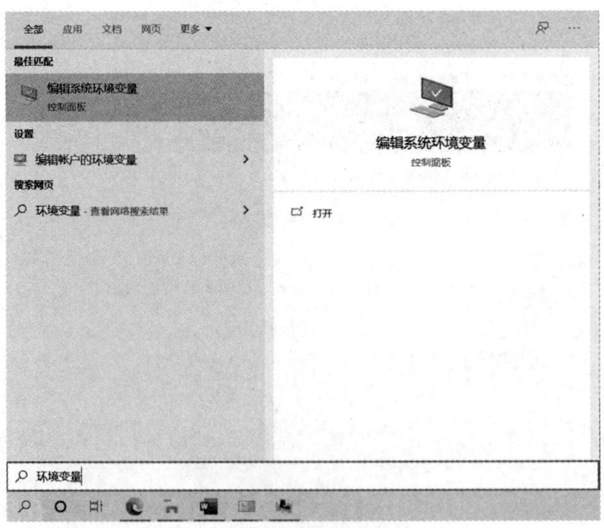

图 A-6　搜索环境变量

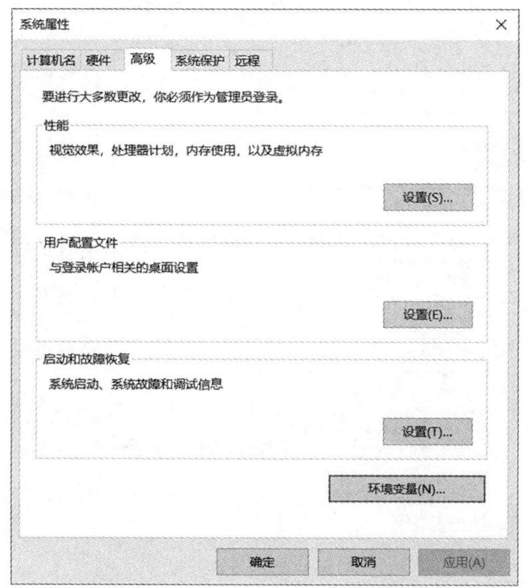

图 A-7 单击“环境变量”按钮

其次，如图 A-8 所示，在“系统变量”列表框中找到 Path，单击“编辑”按钮，然后如图 A-9 所示，在新弹出的对话框中选择单击“新建”按钮，将安装的 JDK 的 bin 文件夹路径添加到新的一行，再单击“确定”按钮，保存设置。

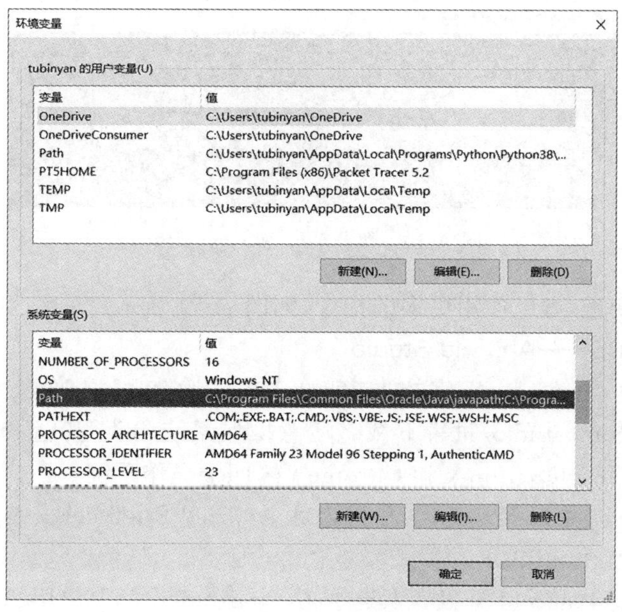

图 A-8 选择 Path 变量

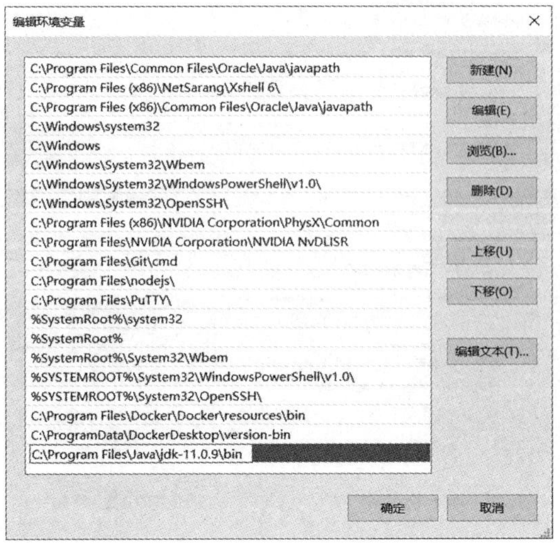

图 A-9　编辑 Path 变量

最后，如图 A-10 所示，打开命令行界面 ，输入 java -version 或 javac -version。如果 java -version 有图中所示的输出，则表示配置环境变量成功，并且已经安装了 Java Runtime Environment。如果 javac -version 有图中所示的输出，则同样表示环境变量配置成功，同时已经安装了 JDK。

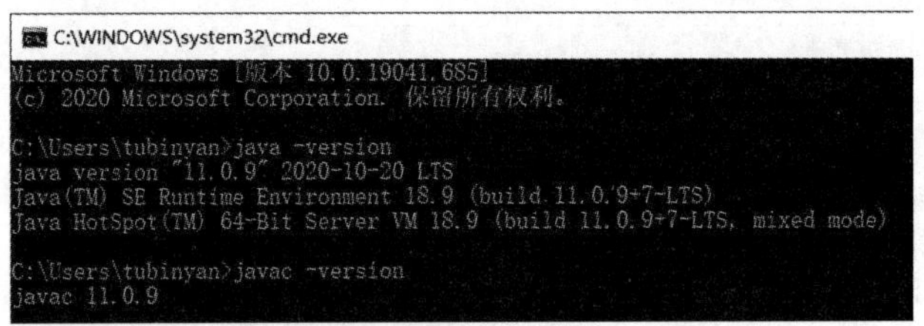

图 A-10　执行 java 和 javac 命令

手动配置环境变量，可以使用更多的指令，如图 A-11 所示。

2. 下载、安装 IDE——Android Studio

Android Studio 是 Android 官方推荐的 IDE。读者可以通过官方网站 https://developer.android.com/studio/进行下载。注意操作系统的类型，选择合适的版本。现在可以支持 Windows、macOS、Linux 和 Chrome OS 四个操作系统。

图 A-12～图 A-17 是以 Windows 平台为例 Android Studio 的安装过程。

3. 下载、安装 Android SDK

Android SDK 是 Android 开发工具包。在 Android 开发中使用 API 库函数需要在开发之前安装 Android SDK。安装 Android SDK 最便捷的方法是在 Android Studio 中通过 SDK Manager 来安装。

```
C:\WINDOWS\system32\cmd.exe
Microsoft Windows [版本 10.0.19041.685]
(c) 2020 Microsoft Corporation. 保留所有权利。

C:\Users\tubinyan>jar --help
用法: jar [OPTION...] [ [--release VERSION] [-C dir] files] ...
jar 创建类和资源的档案, 并且可以处理档案中的
单个类或资源或者从档案中还原单个类或资源。

 示例:
 # 创建包含两个类文件的名为 classes.jar 的档案:
 jar --create --file classes.jar Foo.class Bar.class
 # 使用现有的清单创建档案, 其中包含 foo/ 中的所有文件:
 jar --create --file classes.jar --manifest mymanifest -C foo/ .
 # 创建模块化 jar 档案, 其中模块描述符位于
 # classes/module-info.class:
 jar --create --file foo.jar --main-class com.foo.Main --module-version 1.0
     -C foo/ classes resources
 # 将现有的非模块化 jar 更新为模块化 jar:
 jar --update --file foo.jar --main-class com.foo.Main --module-version 1.0
     -C foo/ module-info.class
 # 创建包含多个发行版的 jar, 并将一些文件放在 META-INF/versions/9 目录中:
 jar --create --file mr.jar -C foo classes --release 9 -C foo9 classes

要缩短或简化 jar 命令, 可以在单独的文本文件中指定参数,
并使用 @ 符号作为前缀将此文件传递给 jar 命令。

 示例:
 # 从文件 classes.list 读取附加选项和类文件列表
 jar --create --file my.jar @classes.list
```

图 A-11　jar 命令的使用

图 A-12　Android Studio 安装欢迎界面

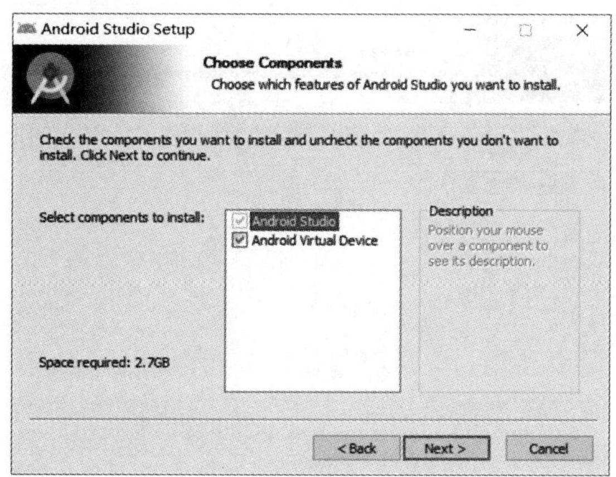

图 A-13　选择安装组件界面

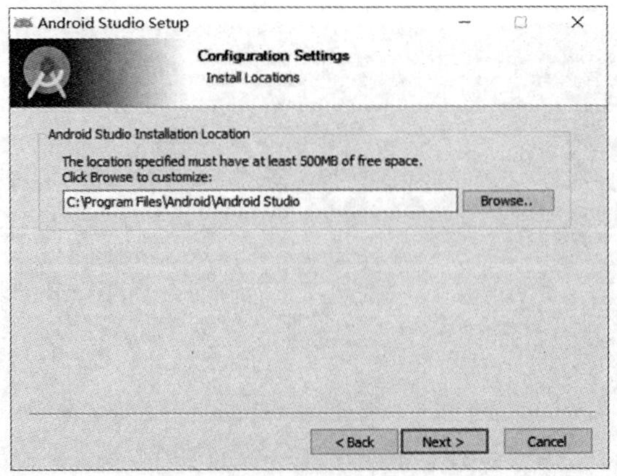

图 A-14　设置安装路径界面

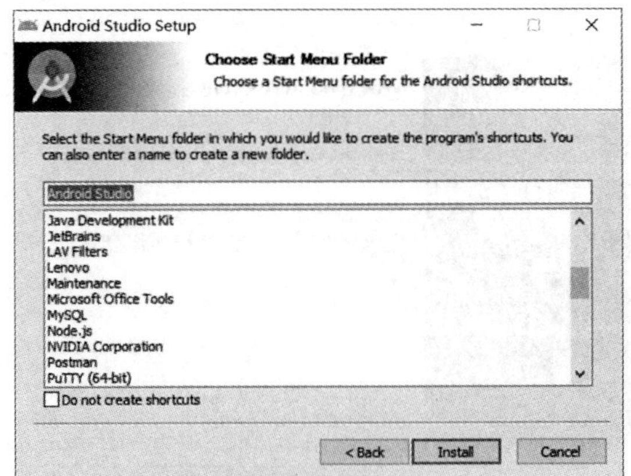

图 A-15　设置开始菜单文件夹界面

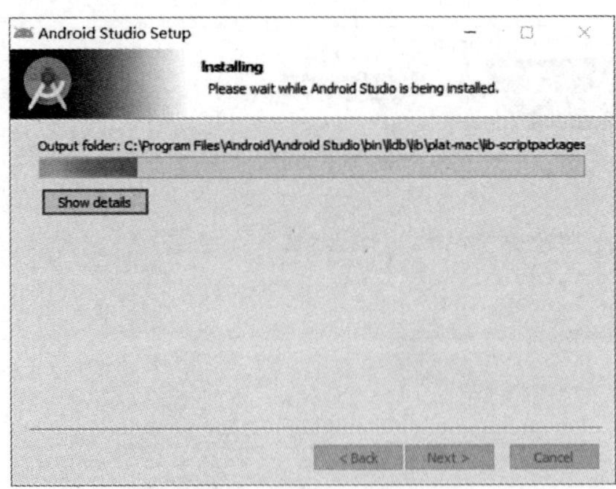

图 A-16　安装过程

图 A-17 安装完成界面

安装并打开 Android Studio 后，可按以下步骤安装 Android 11 SDK：

（1）选择 Tools→SDK Manager 命令。

（2）在 SDK Platforms 标签页中，选择 Android 11。

（3）在 SDK Tools 标签页中，选择 Android SDK Build-Tools 30（或更高版本）。

（4）单击 OK 按钮开始安装。

如图 A-18 所示，打开 Android Studio。从欢迎界面右下角的 Configure 中选择 SDK Manager，或者在一个项目管理界面中从顶部菜单栏中找到 Tools 选项，然后从 Tools 列表中找到 SDK Manager。接着进入如图 A-19 所示的配置界面。

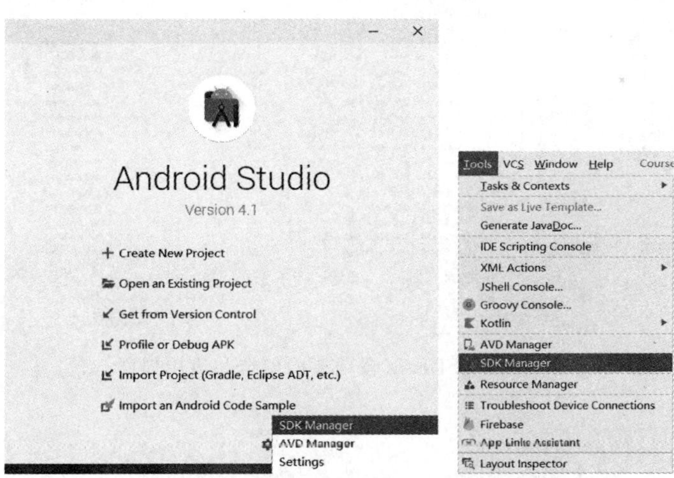

图 A-18 找到 SDK Manager

下面以安装 Android 11.0(R) SDK Platform 为例介绍安装步骤。

首先，如图 A-20 所示勾选 Android 11.0(R)复选框后，再单击右下角的 Apply 按钮。

接着，如图 A-21 所示，在弹出的确认框中，单击 OK 按钮，确认安装。

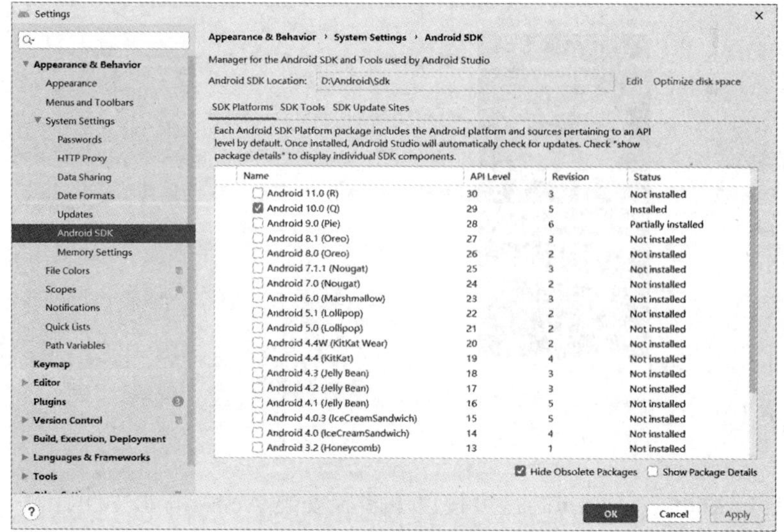

图 A-19 SDK 配置项界面

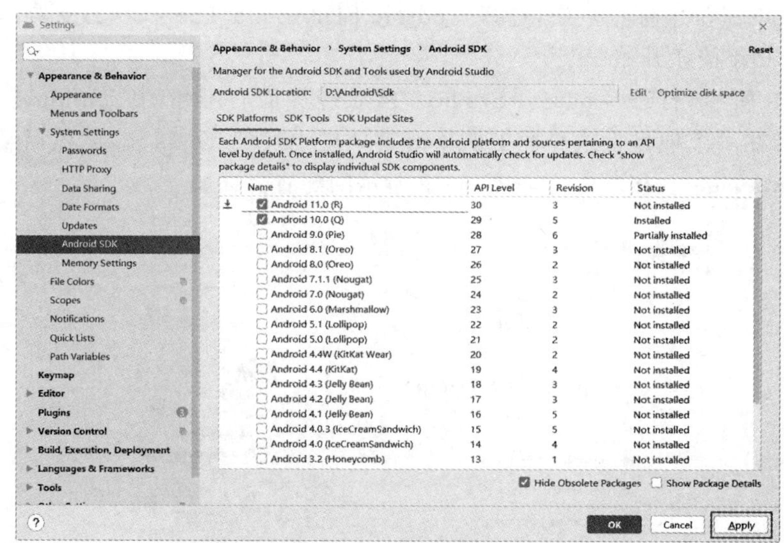

图 A-20 SDK 配置项界面勾选和应用界面

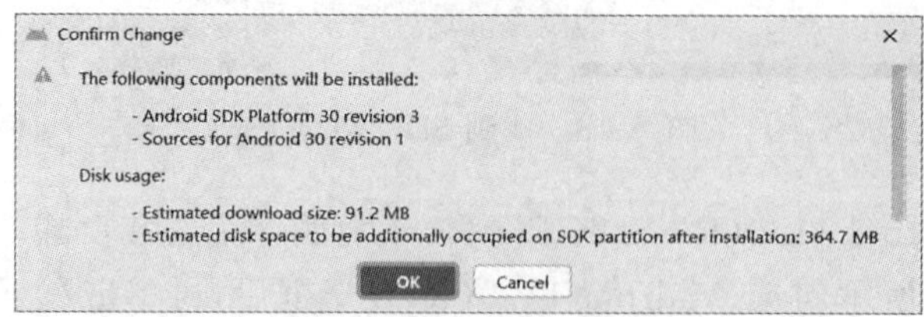

图 A-21 确认安装 SDK 界面

之后会如图 A-22 所示出现 SDK 下载过程界面。

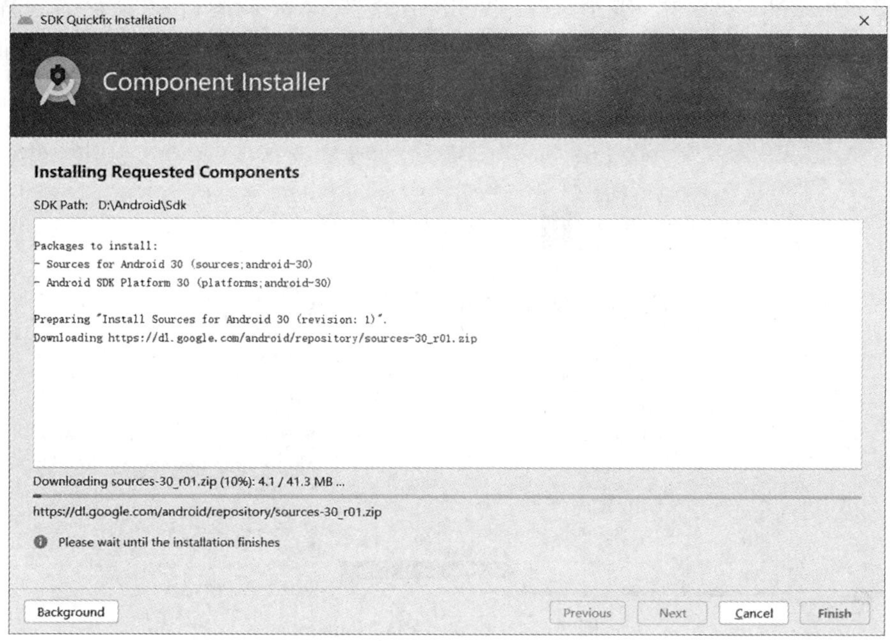

图 A-22　SDK 下载过程界面

最后，安装完毕后单击 Finish 按钮即可。如图 A-23 所示在 SDK 管理界面中发现 Status 变为 Installed，表示安装成功。

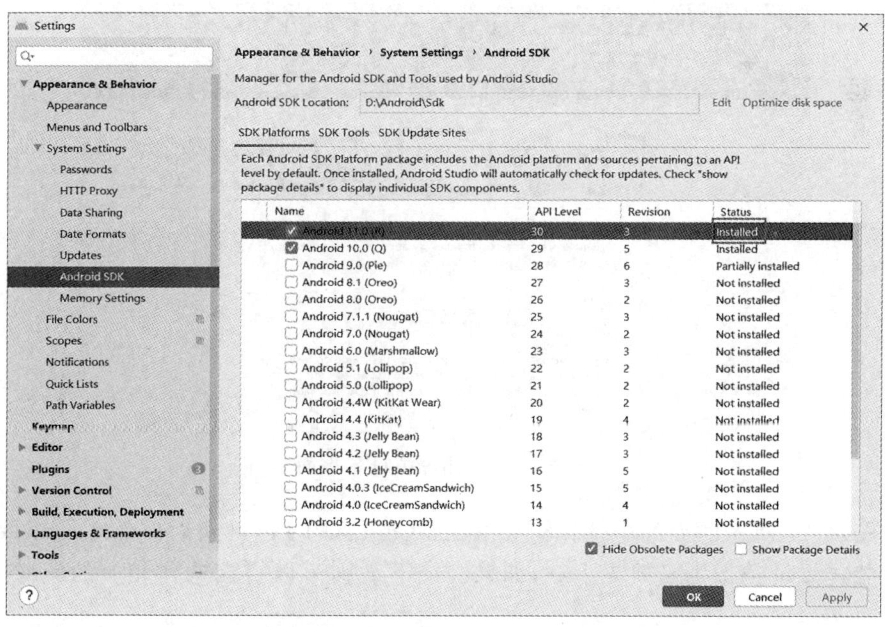

图 A-23　SDK 安装成功界面

4. 创建和启动 Android 虚拟设备

需要一台 Android 手机,或者一台 Android 虚拟设备来运行所开发的程序。AVD Manager 是 Android Virtual Device 虚拟设备的管理器。创建和启动 Android 虚拟设备首先要打开 Android Studio 的 AVD Manager,如图 A-24 所示。

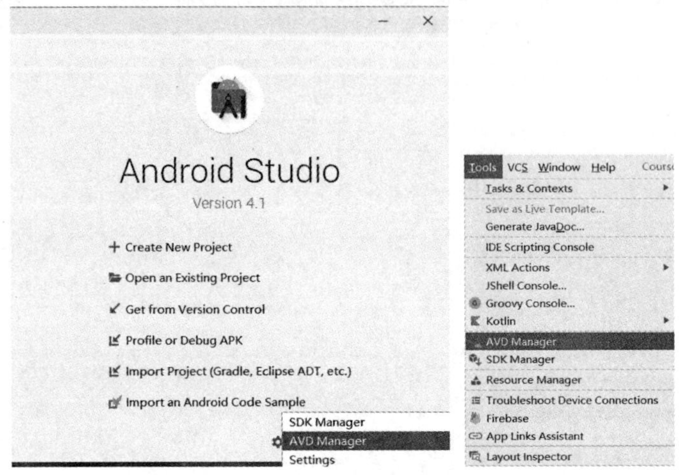

图 A-24　找到 AVD Manager

如图 A-25 所示,单击 Create Virtual Device 按钮。如图 A-26 所示,在 Configuration 界面中选择想要创建的设备后单击 Next 按钮,这里以 Pixel 4 XL 为例。

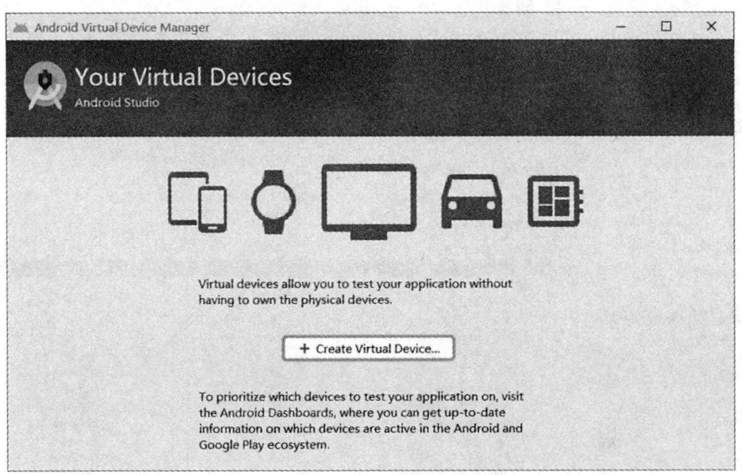

图 A-25　创建虚拟设备界面

在如图 A-27 所示的界面中选择需要的 Android API Level 所对应的系统镜像,如果之前没有安装过系统镜像则需要先下载,如果已经下载则可以直接选择相应的镜像并创建虚拟设备。

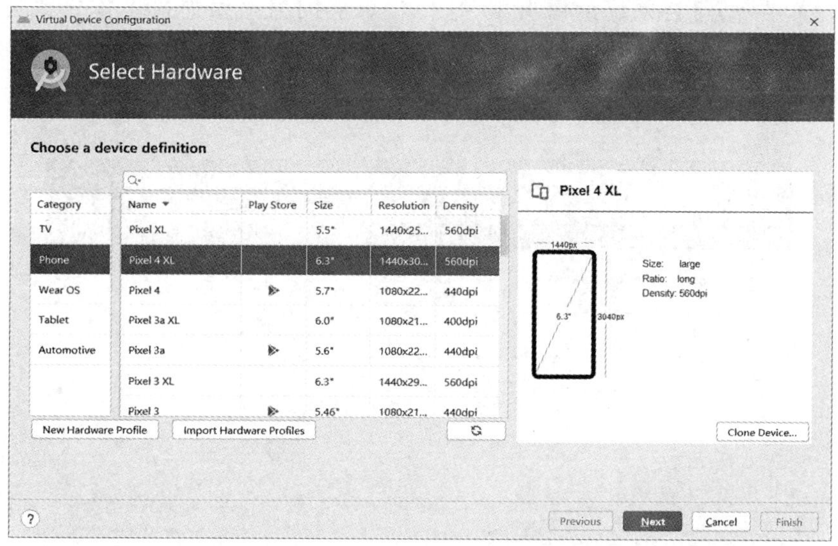

图 A-26　选择虚拟设备类型界面

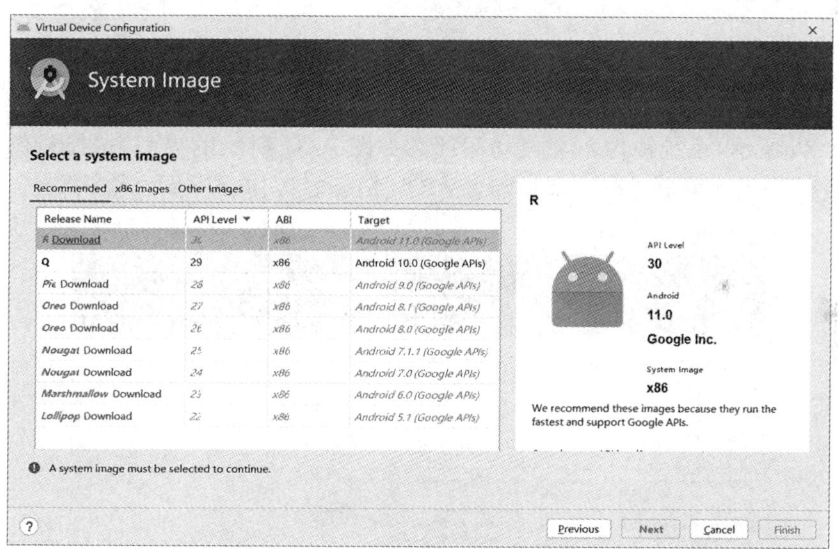

图 A-27　选择虚拟设备镜像界面

如图 A-28 所示，这里选择下载一个基于 API Level 30 的 x86 的系统镜像，单击 Download 按钮。

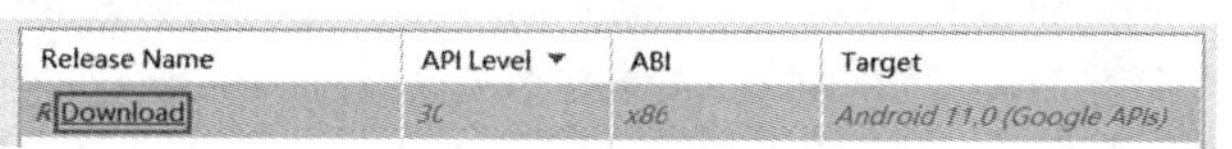

图 A-28　下载镜像界面

如图 A-29 所示，等待系统镜像下载（这一步可能因为网络连接不佳导致失败或中断，如果已经下载了一部分，可以回到上一步继续下载，如果没有任何下载进度可以尝试设置代理、从国内镜像网站下载）。

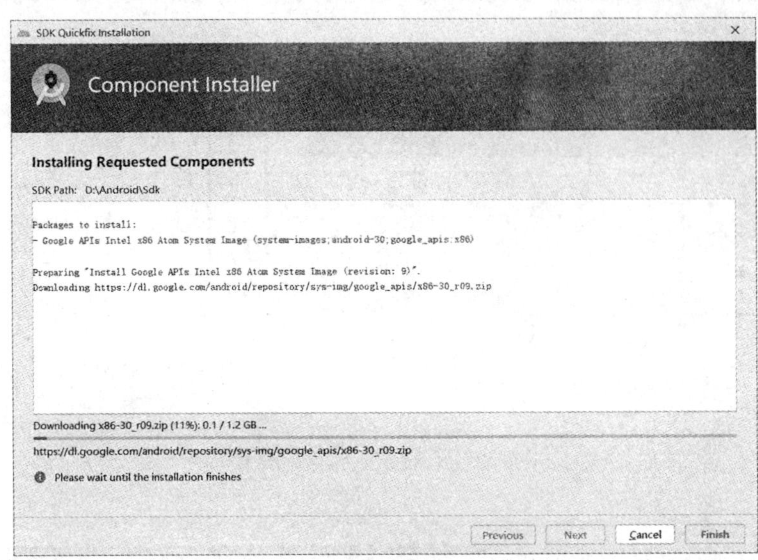

图 A-29　安装镜像过程界面

如图 A-30 所示，系统镜像下载成功后回到如图 A-31 所示的界面，选择镜像，单击 Next 按钮创建设备。如图 A-32 所示，填写配置，单击 Finish 按钮。

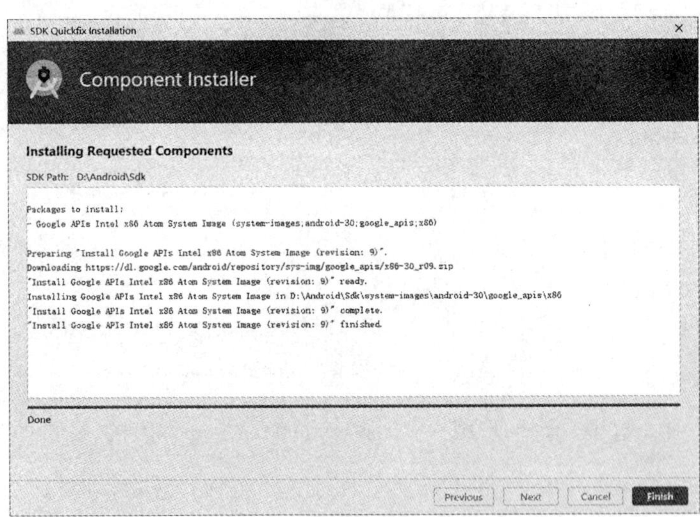

图 A-30　安装镜像完成界面

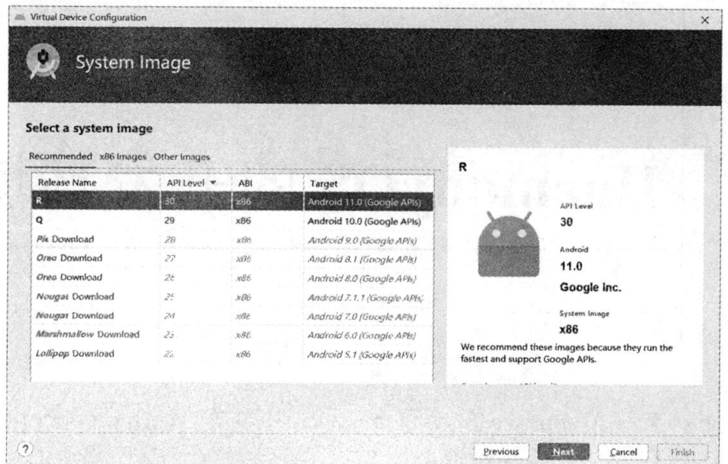

图 A-31　选择已下载镜像界面

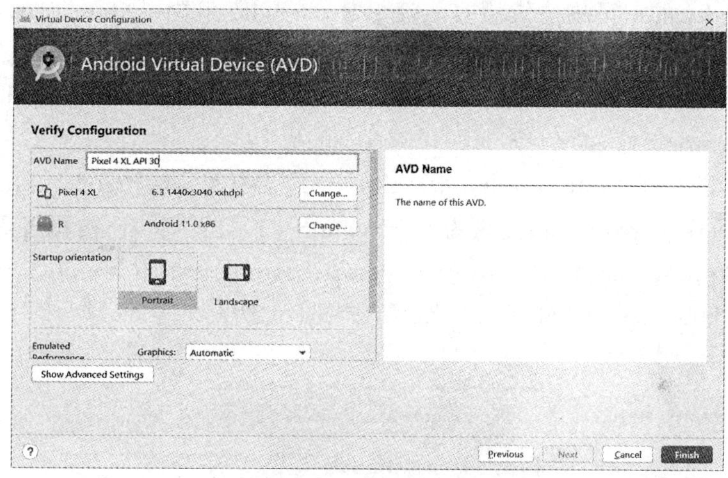

图 A-32　设置虚拟设备配置界面

在图 A-33 所示的界面中单击 Launch 按钮，即可启动设备了。

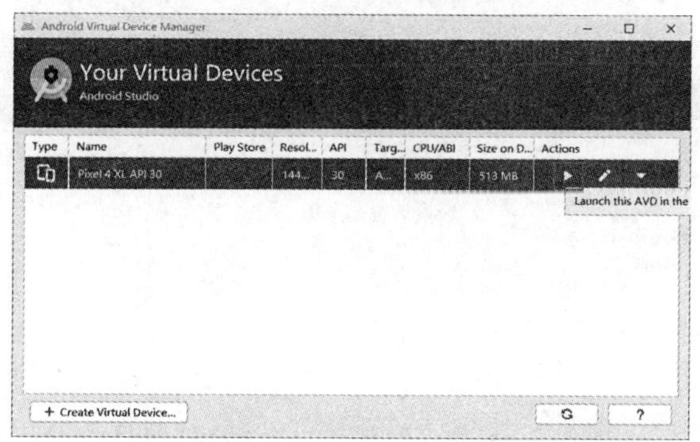

图 A-33　运行虚拟设备界面

附录 B

HarmonyOS 的开发环境配置

DevEco Studio 支持 Windows 系统和 macOS，在开发 HarmonyOS 应用前，需要准备 HarmonyOS 应用的开发环境。环境准备流程如下：

1. 下载、安装 DevEco Studio

DevEco Studio 的编译构建依赖 JDK，DevEco Studio 预置了 Open JDK，版本为 1.8，安装过程中会自动安装 JDK。进入 HUAWEI DevEco Studio 产品页（https://developer.harmonyos.com/cn/develop/deveco-studio#download），下载 DevEco Studio。

2. 安装 HarmonyOS SDK

（1）在菜单栏选择 Configure→Settings 命令或者按快捷键 Ctrl+Alt+S（macOS 为 Configure→Preferences 命令，快捷键为 Command+,），打开 Settings 配置界面。

（2）选择 Appearance & Behavior→System Settings→HarmonyOS SDK 命令，单击 Edit 按钮，设置 HarmonyOS SDK 存储路径，如图 B-1 所示。

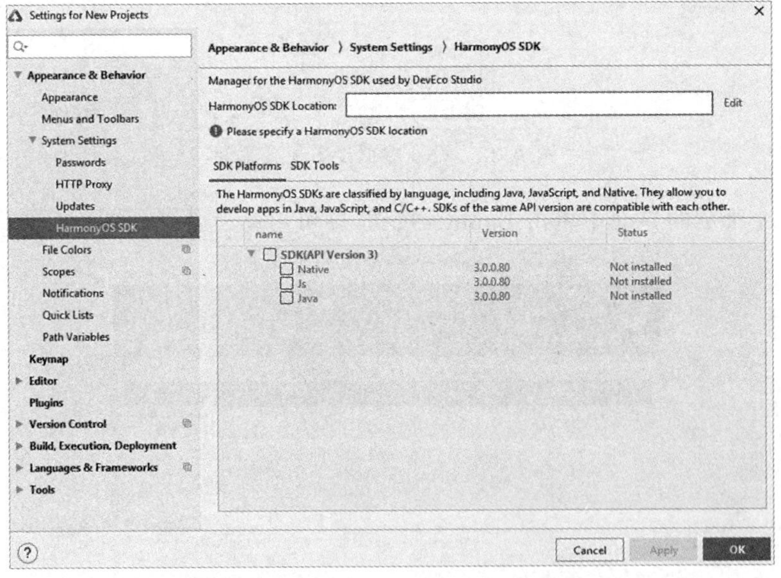

图 B-1 设置 HarmonyOS SDK 存储路径

(3) 选择 HarmonyOS SDK 存储路径(不能包含中文),然后单击 Next 按钮,在弹出的 License Agreement 对话框,单击 Accept 按钮开始下载 SDK。如果本地已有 SDK 包,可选择本地已有 SDK 包的存储路径,DevEco Studio 会增量更新 SDK 及工具链。

(4) 等待 HarmonyOS SDK 及工具下载完成,单击 Finish 按钮,可以看到默认的 SDK Platforms→Java 及 SDK Tools→Toolchains 已完成下载,如图 B-2 所示。

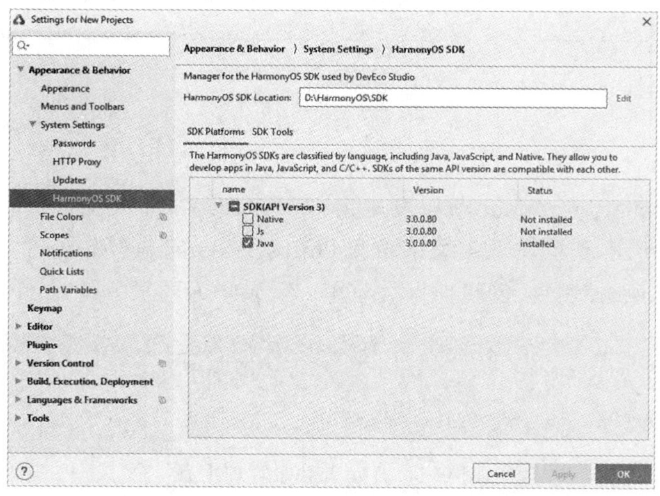

图 B-2　设置 HarmonyOS Java SDK 下载完成

(5) 如果工程还会用到 JavaScript 或者 C/C++语言,可在 SDK Platforms 中,勾选对应的 SDK 包,单击 Apply 按钮,SDK Manager 会自动将 SDK 包和工具链下载到(3)中设置的 SDK 存储路径中,如图 B-3 所示。

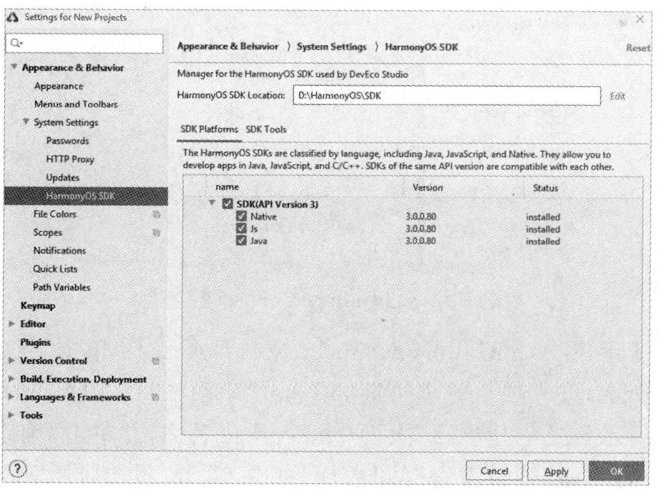

图 B-3　设置 HarmonyOS JavaScript SDK 下载完成

(6) 开发环境配置完成后,可以通过运行 HelloWorld 项目来验证环境设置是否正确。

附录 C

HMS 开发环境配置

1. 创建 AppGallery Connect 项目及应用

(1) 如图 C-1 所示，访问华为开发者联盟（https://developer.huawei.com/consumer/cn/）的 AppGallery Connect 控制台，创建项目及应用。登录华为开发者联盟，单击“管理中心”。

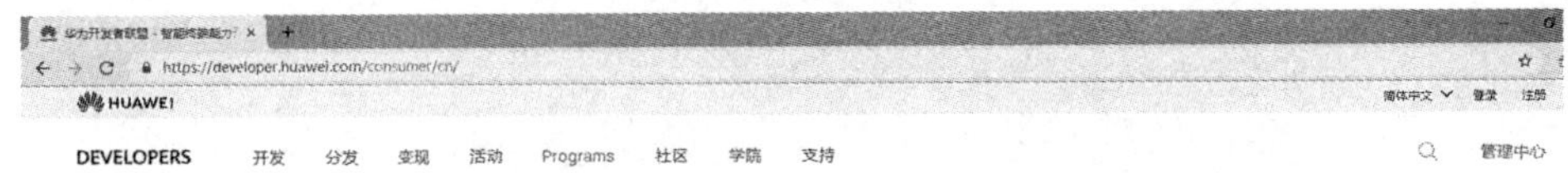

图 C-1　开发者联盟管理中心

(2) 如图 C-2 所示，在“管理中心”中单击 AppGallery Connect，进入 AppGallery Connect 控制台。

图 C-2　AppGallery Connect 控制台

(3) 如图 C-3 所示，在 AppGallery Connect 控制台页面上，单击“我的项目”。

(4) 如图 C-4 所示，进入项目管理页面，并单击“添加项目”按钮。

(5) 如图 C-5 所示，在“创建项目”页面中输入项目名称，并单击“确定”按钮。

(6) 如图 C-6 所示，在“项目设置”的“常规”页中，单击“添加应用”按钮。

(7) 如图 C-7 所示，在“添加应用”页面，根据应用实际情况选择平台、支持设备，填写应用名称、应用包名，选择应用分类（应用、游戏）和默认语言。

图 C-3　控制台页面

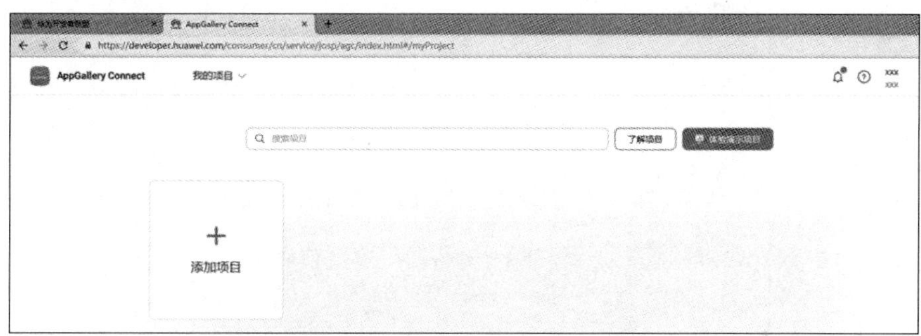

图 C-4　添加项目

图 C-5　创建项目

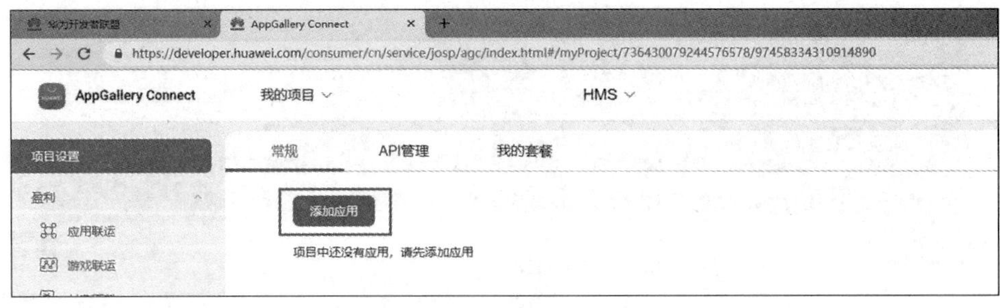

图 C-6 添加应用

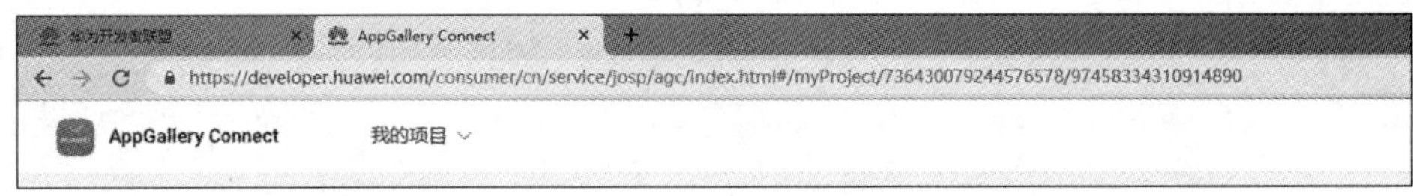

添加应用

* 选择平台：Android iOS 快应用
* 支持设备：手机 VR 手表 大屏 路由器 车机
* 应用名称：HmsDemo 7/64
* 应用包名：com.huawei.hmsdemo 18/64
如需集成HMS SDK中的支付能力进行应用内收费，包名后缀必须为.HUAWEI或.huawei（字母为全部大写或全部小写）。
* 应用分类：应用
* 默认语言：简体中文
确定 取消

图 C-7 添加应用信息

（8）应用创建成功后，自动跳转到对应应用信息页面，如图 C-8 所示，在此页面可以查看到系统分发给此应用的 App ID、API Key、App Secret 等信息。

2. 创建签名文件和指纹

（1）开发者通过 Android Studio 创建一个新的签名文件，并通过签名文件生成 SHA256 指纹。

（2）如图 C-9 所示，在新建的 Android Studio 工程的菜单栏中选择 Build→Generate Signed Bundle/APK 命令。

（3）如图 C-10 所示，在 Generate Signed Bundle or APK 页面，选择 APK 签名，并单击 Next 按钮。

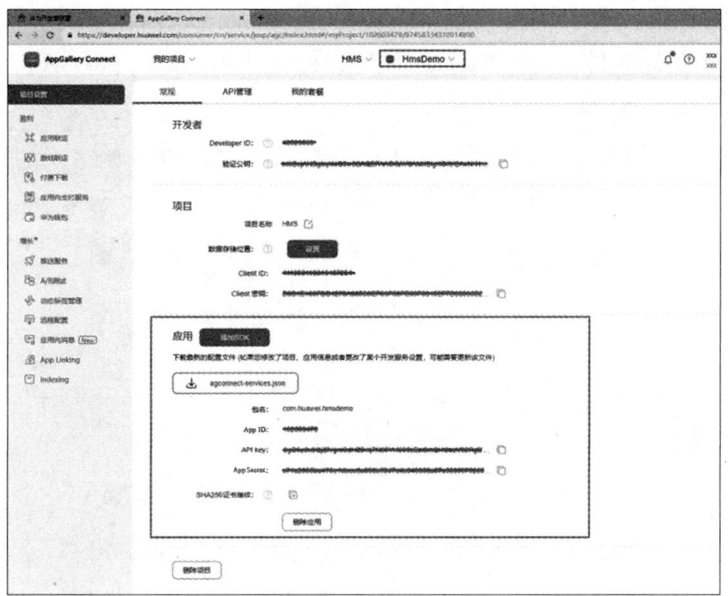

图 C-8　应用创建成功

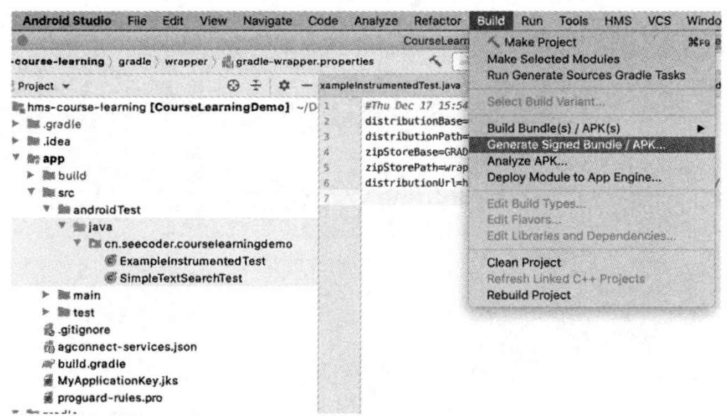

图 C-9　选择 Build→Generate Signed Bundle/APK 命令

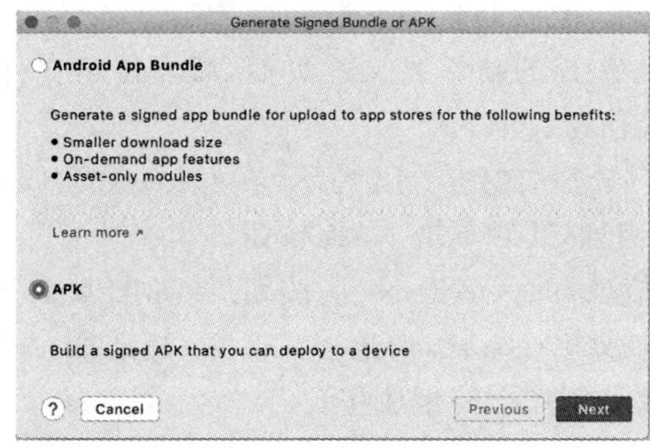

图 C-10　选择 API 签名

（4）如图 C-11 所示，在填写签名文件信息页面，如果已经存在签名文件则单击 Choose existing 按钮选择签名文件，并填写对应签名文件的 Key store password、Key alias、Key password，然后单击 Next 按钮。

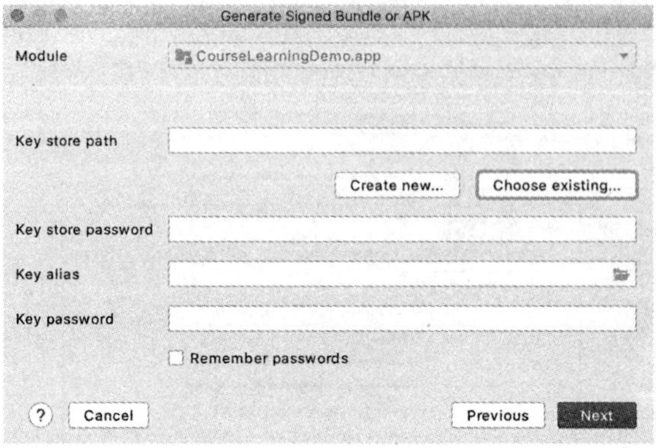

图 C-11　单击 Choose existing 按钮选择已存在签名

（5）如果不存在签名文件，则单击 Create new 按钮，创建一个新的签名文件，如图 C-12 所示。

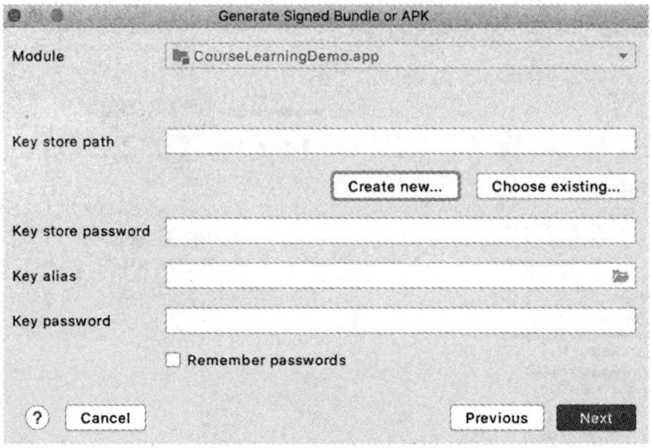

图 C-12　创建签名文件

（6）如图 C-13 所示，在创建的新签名文件页面，填写签名文件的保存地址以及保存文件名称、签名文件的密码等信息。

（7）完成新签名文件创建后，如图 C-14 所示，在 Generate Signed Bundle or APK 页面上会显示对应签名文件的信息，然后单击 Next 按钮。

（8）填写完签名文件信息页面，单击 Next 按钮后，如图 C-15 所示，出现选择签名方式页面，在此页面选择 debug 或者 release，勾选 V1 和 V2 复选框，并单击 Finish 按钮，生成一个签名 APK（此 APK 文件可用作上传生成包）。

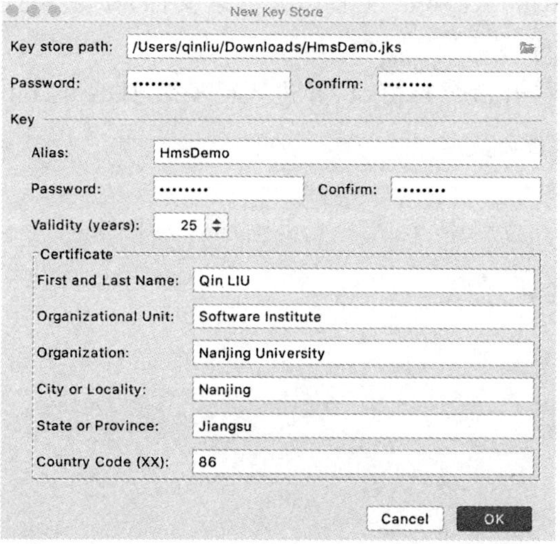

图 C-13 填写创建签名的信息

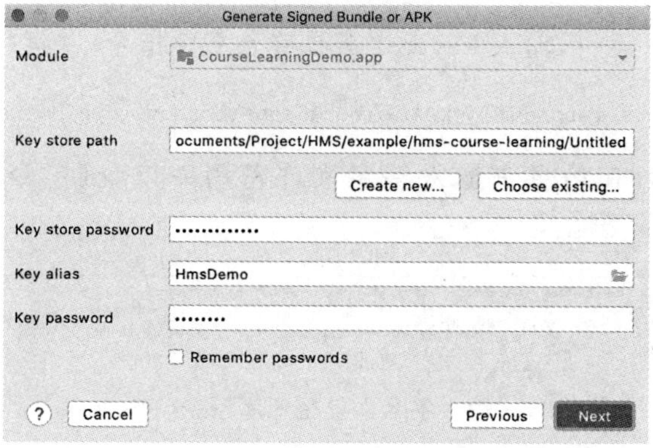

图 C-14 显示生成的签名文件信息

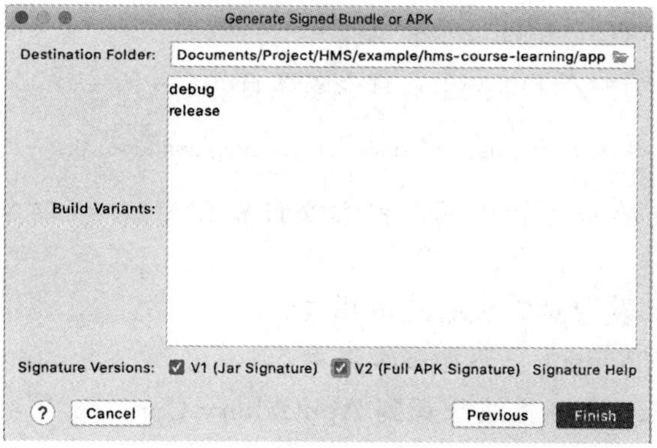

图 C-15 生成一个签名 APK

（9）开发者通过 JDK 的 Keytool 工具以及签名文件，导出 SHA256 指纹。

（10）Windows 操作系统。

① 如图 C-16 所示，打开命令行窗口，并进入已安装 JDK 的 bin 文件夹。

图 C-16 进入 JDK 的 bin 文件夹

② 在 bin 文件夹下运行，输入 keytool 查看签名文件指令，并运行。

```
keytool -list -v -keystore D:\Android\WorkSpcae\HmsDemo\app\HmsDemo.jks
```

③ 如图 C-17 所示，在信息中输入签名文件密钥库口令（口令即生成签名文件时的 password）。

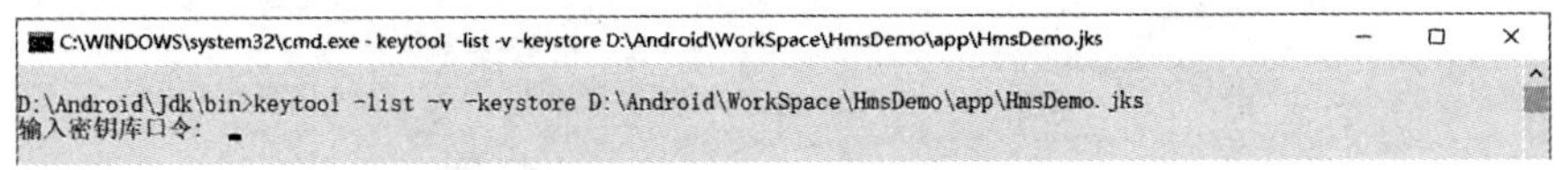

图 C-17 输入签名文件密钥库口令（Windows）

④ 如图 C-18 所示，获取对应 SHA256 指纹。

（11）macOS。

① 如图 C-19 所示，打开 Terminal 终端。

② 在 Terminal 终端输入 keytool 查看签名文件指令，并运行。

```
keytool -list -v -keystore /Users/admin/Downloads/HmsDemo.jks
```

③ 如图 C-20 所示，在命令行中输入签名文件密钥库口令（口令即生成签名文件时的 Password）。

④ 如图 C-21 所示，获取对应 SHA256 指纹。

3. 在 AppGallery Connect 上添加指纹证书

开发者将生成的 SHA256 指纹配置到 AppGallery Connect 上。

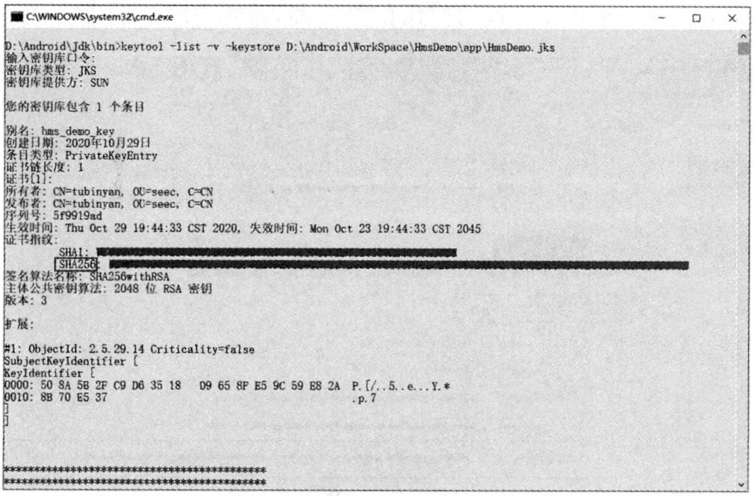

```
C:\WINDOWS\system32\cmd.exe

D:\Android\Jdk\bin>keytool -list -v -keystore D:\Android\WorkSpace\HmsDemo\app\HmsDemo.jks
输入密钥库口令:
密钥库类型: JKS
密钥库提供方: SUN

您的密钥库包含 1 个条目

别名: hms_demo_key
创建日期: 2020年10月29日
条目类型: PrivateKeyEntry
证书链长度: 1
证书[1]:
所有者: CN=tubinyan, OU=seec, C=CN
发布者: CN=tubinyan, OU=seec, C=CN
序列号: 5f9919ad
生效时间: Thu Oct 29 19:44:33 CST 2020, 失效时间: Mon Oct 23 19:44:33 CST 2045
证书指纹:
         SHA1:
         SHA256:
签名算法名称: SHA256withRSA
主体公共密钥算法: 2048 位 RSA 密钥
版本: 3

扩展:

#1: ObjectId: 2.5.29.14 Criticality=false
SubjectKeyIdentifier [
KeyIdentifier [
0000: 50 8A 5B 2F C9 D6 35 18   D9 65 8F E5 9C 59 E8 2A  P.[/..5..e...Y.*
0010: 8B 70 E5 37                                        .p.7
]
]

*******************************************
*******************************************
```

图 C-18　获取对应 SHA256(Windows)

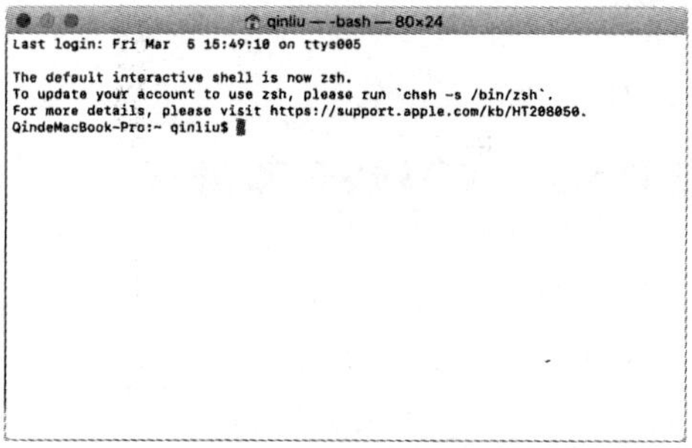

```
qinliu — -bash — 80×24
Last login: Fri Mar  5 15:49:10 on ttys005

The default interactive shell is now zsh.
To update your account to use zsh, please run `chsh -s /bin/zsh`.
For more details, please visit https://support.apple.com/kb/HT208050.
QindeMacBook-Pro:~ qinliu$
```

图 C-19　打开 Terminal 终端

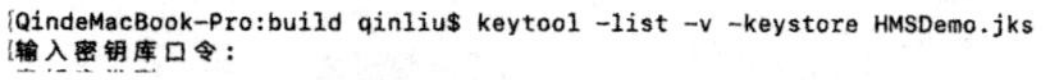

```
QindeMacBook-Pro:build qinliu$ keytool -list -v -keystore HMSDemo.jks
输入密钥库口令:
```

图 C-20　输入签名文件密钥库口令(mac OS)

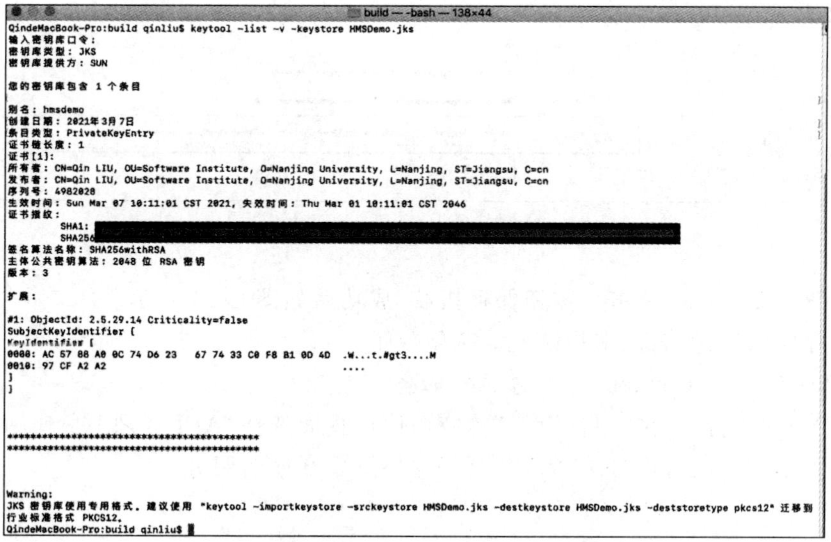

```
build — -bash — 138×44
QindeMacBook-Pro:build qinliu$ keytool -list -v -keystore HMSDemo.jks
输入密钥库口令:
密钥库类型: JKS
密钥库提供方: SUN

您的密钥库包含 1 个条目

别名: hmsdemo
创建日期: 2021年3月7日
条目类型: PrivateKeyEntry
证书链长度: 1
证书[1]:
所有者: CN=Qin LIU, OU=Software Institute, O=Nanjing University, L=Nanjing, ST=Jiangsu, C=cn
发布者: CN=Qin LIU, OU=Software Institute, O=Nanjing University, L=Nanjing, ST=Jiangsu, C=cn
序列号: 4982028
生效时间: Sun Mar 07 10:11:01 CST 2021, 失效时间: Thu Mar 01 10:11:01 CST 2046
证书指纹:
         SHA1:
         SHA256:
签名算法名称: SHA256withRSA
主体公共密钥算法: 2048 位 RSA 密钥
版本: 3

扩展:

#1: ObjectId: 2.5.29.14 Criticality=false
SubjectKeyIdentifier [
KeyIdentifier [
0000: AC 57 88 A0 0C 74 D6 23   67 74 33 C0 F8 B1 0D 4D  .W...t.#gt3....M
0010: 97 CF A2 A2                                        ....
]
]

*******************************************
*******************************************


Warning:
JKS 密钥库使用专用格式。建议使用 "keytool -importkeystore -srckeystore HMSDemo.jks -destkeystore HMSDemo.jks -deststoretype pkcs12" 迁移到
行业标准格式 PKCS12。
QindeMacBook-Pro:build qinliu$
```

图 C-21　获取对应 SHA256(mac OS)

（1）如图 C-22 所示，在项目设置的应用信息页面，添加 SHA256 证书指纹。

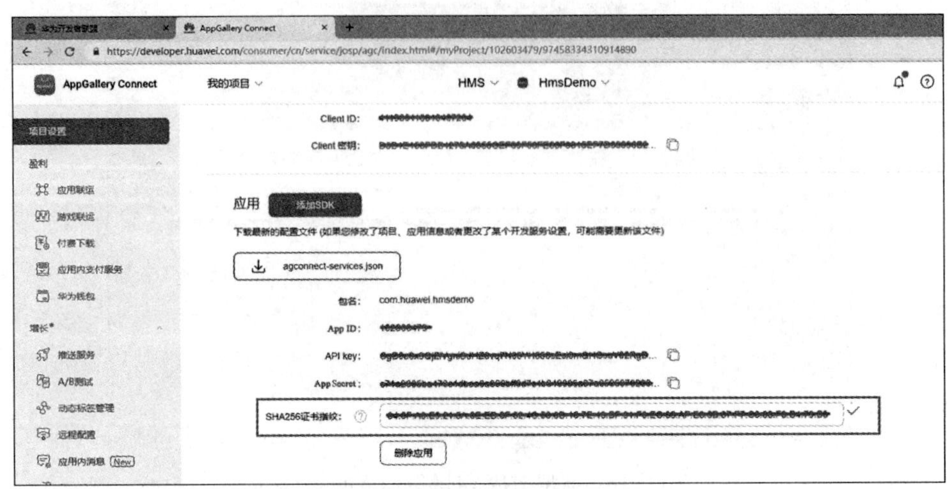

图 C-22　添加 SHA256 证书指纹

（2）如图 C-23 所示，将之前生成的 SHA256 值输入对应输入框中。

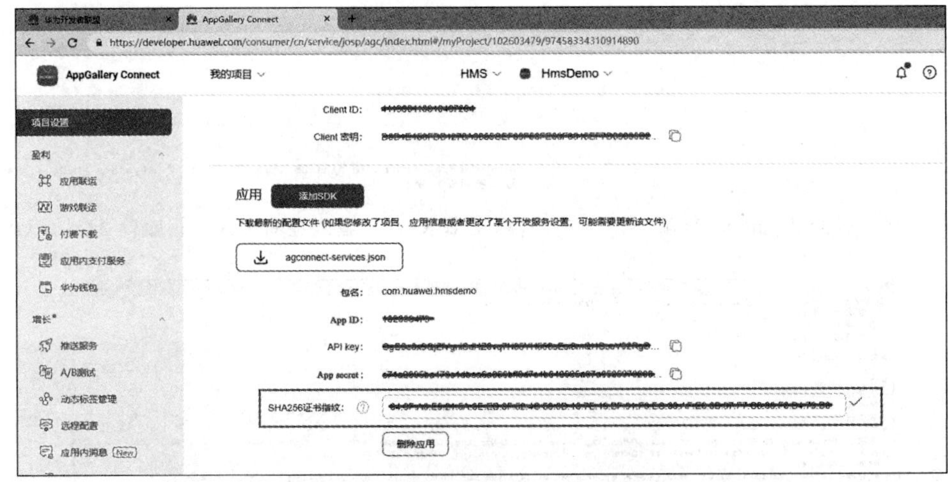

图 C-23　输入 SHA256 证书指纹

（3）如图 C-24 所示，单击√按钮保存指纹，成功后如图 C-24 所示。

（4）保存成功后，签名证书指纹就立刻生效了。

4. 在 AppGallery Connect 上开通 API 服务

（1）如图 C-25 所示，在“项目设置”的应用信息页面选择“API 管理”页。

（2）如图 C-26 所示，在“API 管理”页中选择需要开通的服务。

图 C-24　保存 SHA256 证书指纹

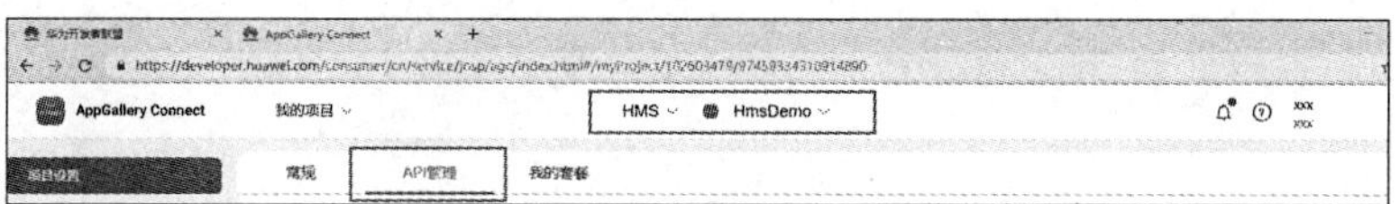

图 C-25　选择“API 管理”页

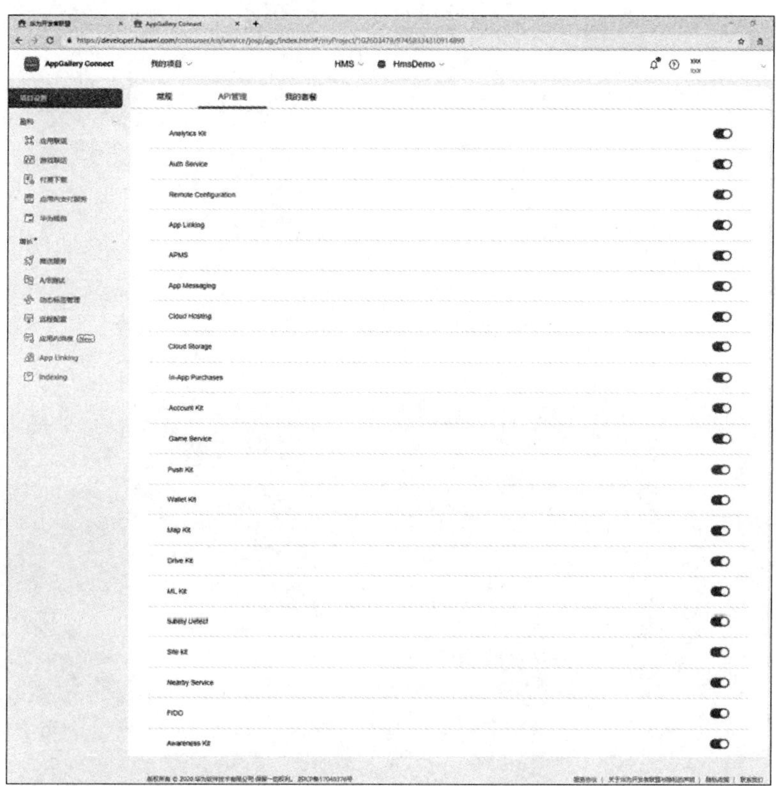

图 C-26　选择要开通的服务